江苏省高等学校重点教材
（编号：2021-1-096）

光纤通信系统
（第二版）

邓建芳　段俊毅◎主　编
李筱林　谭传武◎副主编
　　　　诸叶刚◎主　审

中国铁道出版社有限公司

2024年·北京

内 容 简 介

本书为江苏省高等学校重点教材。全书结合职业院校教学特点,采取模块化和项目式编写方式,共有六个模块,内容包括光纤通信系统组建、SDH 传输系统组建、DWDM 传输系统组建、OTN 传输系统组建、PTN 传输系统组建、传输系统维护与管理等。每个模块细分为不同的项目和任务。

本书为高等职业院校通信专业教学用书,也可作为铁路、城轨等领域通信相关专业的工程技术人员和管理人员培训和自学用书。

图书在版编目(CIP)数据

光纤通信系统/邓建芳,段俊毅主编. —2 版. —北京:中国铁道出版社有限公司,2024.1
ISBN 978-7-113-30776-9

Ⅰ.①光… Ⅱ.①邓… ②段… Ⅲ.①光导纤维通信系统–高等职业教育–教材 Ⅳ.①TN929.11

中国国家版本馆 CIP 数据核字(2023)第 221549 号

书　　名:光纤通信系统(第二版)
作　　者:邓建芳　段俊毅

责任编辑:亢嘉豪　　　　编辑部电话:(010)51873134
封面设计:高博越
责任校对:刘　畅
责任印制:赵星辰

出版发行:中国铁道出版社有限公司(100054,北京市西城区右安门西街 8 号)
网　　址:http://www.tdpress.com
印　　刷:北京市泰锐印刷有限责任公司
版　　次:2017 年 8 月第 1 版　2024 年 1 月第 2 版　2024 年 1 月第 1 次印刷
开　　本:787 mm×1 092 mm 1/16　印张:23　字数:608 千
书　　号:ISBN 978-7-113-30776-9
定　　价:75.00 元

版权所有　侵权必究

凡购买铁道版图书,如有印制质量问题,请与本社读者服务部联系调换。电话:(010)51873174
打击盗版举报电话:(010)63549461

前　言

自光纤问世以来，光纤通信已经走进千家万户，成为通信系统不可替代的神经中枢。目前我国已经建成全球最大的光纤通信网络，固定带宽全面普及，移动通信全面进入 5G 时代。光纤通信构建的 5G 承载网被视为信息基础设施的代表领域。

本书依据《国铁集团关于加快 5G 技术铁路应用发展的实施意见》，结合 5G 移动网络运维 1+X 证书要求，新增 5G 网络传输新技术。充分考虑学生的认知规律，以"光纤通信设备安装调测、传输系统开局、传输系统维护和管理"为课程模块。在课程模块中，紧紧围绕企业真实需求，以工作项目为依托，完全模拟铁路和地铁通信维护工的真实工作场景，采用"任务分析+岗位实践（对应真实工作流程）+成果点评+拓展练习"有机配合的教学形式，引导学生在教师的指导下，独立思考"做什么、怎么做、怎么做得更好"，培养学生处理真实岗位综合问题的能力。学生在课程中将收获知识、技能和职业素养，课程结束可以满足 1+X 技能证书考证要求。

本书的在线课程从培养学生的知识结构、岗位能力和职业素养入手，构建以项目导向、任务驱动为架构，反映学生认知过程和接受能力，注重学生创新意识、实践能力和学习能力培养。课程内容包括大量校内教师知识讲解、技能大师实践操作、相关知识拓展、作业、题库等资源，便于学生课前预习、课后复习、拓展练习。

本书由职业院校专业教师和企业工程师"双元"进行编写，把企业在实际工作中的项目引入到模块中。企业导师和专业教师共同制订教学标准、设计教学模块、编写教学内容、制作教学资源，并且对部分实作要求高、与现场结合紧密的任务，设置企业导师指导环节，促进教学过程中的产教融合。

本书的模块一项目 1 由南京地铁集团有限公司潘文编写，模块一项目 2 任务 1 至任务 3 由南京地铁集团有限公司张宏亮编写，模块一项目 2 任务 4 至任务 5 由南京铁道职业技术学院邓丽敏编写，模块二项目 1、项目 2 和模块三任务 5 由南京铁道职业技术学院段俊毅编写，模块二项目 3 任务 1 和任务 2 由南京铁道职业技术学院李志明编写，模块二项目 3 任务 3 由南京铁道职业技术学院石潇竹编写，模块三任务 1 至任务 2 由中国铁路上海局集团有限公司李军编写，模块三任务 3 至任务 4 由陕西铁路工程职业技术学院夏雪刚编写，模块四由南京铁道职业技术学院邓建芳编写，模块五项目 1 任务 1 至任务 2 由中国移动通信集团公司蔡美珍编写，模块五项目 1 任务 3 和任务 4 由南京铁道职业技术学院宋莉编写，模块五项目 2 由湖南铁道职业技术学院谭传武编写,模块六项目 1 任务 1 至任务 3 由中兴通讯有限公司何良超编写,模块六项目 1 任务 4 至任务 6 由徐州工业职业技术学院凌启东编写,模块六项目 2 由柳州铁道职业技术学院李筱林编写。本书由中国铁路上海局集团有限公司电务部诸叶刚主审,在此表示最诚挚的谢意。

限于编者水平有限,书中难免有疏漏之处,敬请广大读者批评指正。

编 者

2023 年 9 月

目 录

模块一 光纤通信系统组建 1

项目1 光纤器件测试 2
- 任务1：光纤跳线测试 2
- 任务2：无源光纤器件测试 7
- 任务3：有源光纤器件测试 12

项目2 点到点光纤通信系统组建 21
- 任务1：光发送机测试 21
- 任务2：光接收机测试 27
- 任务3：光中继器测试 33
- 任务4：光纤通信系统设计 35
- 任务5：以太网光纤通信系统组建 39

复习思考题 44

模块二 SDH 传输系统开局 45

项目1 SDH 传输系统组建 46
- 任务1：SDH 技术应用分析 46
- 任务2：SDH 传输系统硬件配置 56
- 任务3：SDH 传输系统拓扑建立 63
- 任务4：SDH 传输系统时钟源配置 68

项目2 SDH 传输系统业务开通 76
- 任务1：E1 业务开通 76
- 任务2：E3 业务开通 91
- 任务3：点到点以太网业务开通 102
- 任务4：多点到多点以太网业务开通 108

项目3 SDH 传输网络保护配置 113
- 任务1：SDH 传输系统保护机制分析 114
- 任务2：通道保护配置 118

任务3:复用段保护配置 ………………………………………………………… 125
　复习思考题 ……………………………………………………………………………… 132

模块三　DWDM 传输系统开局 ……………………………………………………… 135
　　　任务1:WDM 技术应用分析 …………………………………………………… 136
　　　任务2:DWDM 系统硬件配置 ………………………………………………… 140
　　　任务3:DWDM 系统拓扑建立 ………………………………………………… 154
　　　任务4:DWDM 系统业务开通 ………………………………………………… 156
　　　任务5:DWDM 网络保护配置 ………………………………………………… 164
　复习思考题 ……………………………………………………………………………… 172

模块四　OTN 传输系统开局 ………………………………………………………… 173
　　　任务1:OTN 技术应用分析 …………………………………………………… 174
　　　任务2:OTN 开销监测 ………………………………………………………… 181
　　　任务3:OTN 传输系统硬件配置 ……………………………………………… 194
　　　任务4:OTN 传输系统拓扑建立 ……………………………………………… 209
　　　任务5:OTN 传输系统业务开通 ……………………………………………… 213
　　　任务6:OTN 传输系统光功率调测 …………………………………………… 233
　　　任务7:OTN 网络保护配置 …………………………………………………… 239
　复习思考题 ……………………………………………………………………………… 256

模块五　PTN 传输系统开局 ………………………………………………………… 257
　项目1　PTN 传输系统组建 …………………………………………………………… 258
　　　任务1:PTN 技术应用分析 …………………………………………………… 258
　　　任务2:PTN 传输系统硬件配置 ……………………………………………… 261
　　　任务3:PTN 传输系统拓扑建立 ……………………………………………… 266
　　　任务4:PTN 传输系统时钟配置 ……………………………………………… 274
　项目2　PTN 传输系统业务开通 ……………………………………………………… 281
　　　任务1:E1 业务开通 …………………………………………………………… 281
　　　任务2:点到点以太网业务开通 ……………………………………………… 287
　　　任务3:点到多点以太网业务开通 …………………………………………… 292
　　　任务4:多点到多点以太网业务开通 ………………………………………… 298
　　　任务5:网络保护配置 ………………………………………………………… 303
　复习思考题 ……………………………………………………………………………… 307

模块六 传输系统维护与管理 ··· 308

  项目1 传输系统维护 ··· 309

    任务1：传输系统维护规程 ··· 309

    任务2：E1通道误码测试 ·· 318

    任务3：以太网通道性能测试 ·· 328

    任务4：系统抖动性能测试 ··· 330

    任务5：波分系统性能测试 ··· 337

    任务6：系统保护倒换测试 ··· 341

  项目2 传输系统典型故障处理 ··· 345

    任务1：传输系统R-LOS告警故障处理 ··· 345

    任务2：传输系统单个业务不通故障处理 ·· 350

    任务3：传输系统网元脱管故障处理 ·· 353

    任务4：波分系统误码率过高故障处理 ··· 356

  复习思考题 ··· 359

参考文献 ··· 360

模块一　光纤通信系统组建

【学习目标】

本项目围绕光纤通信系统组建,以项目为载体,介绍了光纤通信系统组建所需的光纤器件、光端机、系统设计和工程实施。教学内容以真实工作任务为导向,突出知识应用性,重在组建光纤通信系统任务的完成过程。要求读者掌握光纤器件、光发送机、光接收机、光中继器相关知识,能够测试光纤通信系统所需器件的性能、进行光纤通信系统设计、完成以太网光纤通信系统组建、实现视频图像的远距离传输。

知识目标:能够分析光纤器件工作原理、光纤通信系统结构和光端机的使用方法。

素质目标:能够在组建光纤通信系统中培养学生主动探索、自主学习的习惯。

能力目标:能够读懂项目任务书,独立测试光纤器件、光端机性能,完成点到点光纤通信系统设计和组建。

【课程思政】

根据企业需求,指导学生设计点对点光纤通信系统,让学生认识我国光纤通信技术日新月异的发展,在情感上收获自豪感。

以项目为载体,将公民道德融入教学过程,通过设计、组建光通信系统,培养学生细致、认真的品质,强化"爱岗敬业"道德规范。

在项目化学习中,带领学生参与光纤通信系统组建工程实践,让学生身临其境体会现场工程师的认真仔细、责任担当,让爱国情操、工匠精神入脑入心。

【情景导入】

项目需求方:中国铁路A局集团有限公司。

项目承接方:中铁B局第C工程分公司。

项目背景:中国铁路A局集团有限公司需要组建点到点光纤通信系统。

担任角色:中铁B局第C工程分公司通信工程师。

项目任务:

1. 光纤跳线测试。
2. 无源光纤器件测试。
3. 有源光纤器件测试。
4. 光发送机测试。
5. 光接收机测试。
6. 光中继器测试。
7. 光纤通信系统设计。
8. 以太网光纤通信系统组建。

项目1 光纤器件测试

任务1：光纤跳线测试

任务：对不同种类的光纤连接器进行分类，理解光纤连接器的性能指标。

要求：能识别不同的光纤连接器，能识别光纤跳线和尾纤，能根据应用场合选择合适的光纤连接器和光纤跳线，测试光纤跳线的插入损耗。

一、知识准备

1. 光纤的连接

将两根光纤进行连接时，必须达到相当高的对准精度，才能使光信号以较小的损耗从一根光纤传播到另外一根光纤中。光纤连接方式通常情况下分为固定连接、活动连接和临时连接三类。

(1) 光纤的固定连接

光纤的固定连接也称为永久性连接，特点是光纤一次性连接完成后不能拆卸，工程上常将这种连接称为光纤接续，一般用于光缆线路中的光纤与光纤之间的连接。尾纤上没有光纤连接器的一端就是通过固定连接与光缆中的光纤连接的，光缆线路中由于光缆断裂或光缆距离不够长时均使用固定连接方式连接光纤。

光纤的固定连接分为熔接法和非熔接法。长途干线或中继线路以熔接法为主，使用光纤熔接机实现光纤连接。光纤接入网目前流行的冷接续法就属于非熔接方式。冷接续法是通过冷接续子进行光纤机械接续，不需要用光纤熔接机。光纤冷接续子内部的主要部件是一个精密的V形槽，在两根尾纤切割平整之后利用冷接续子和适配液来实现两根尾纤的对接，

图1-1 光纤冷接续子

如图1-1所示。冷接续法操作起来简单方便，且比熔接法省时间，整个接续过程可在2 min内完成。

(2) 光纤的活动连接

光纤的活动连接是可以拆卸的连接，通过活动连接器和适配器将两根光纤对准。光纤的活动连接不像固定连接那样能将两根光纤完全对接在一起，连接的两根光纤间必然存在缝隙。光纤的活动连接一般用于光传输设备之间连接、光仪表耦合等方面。

(3) 光纤的临时连接

光纤的临时连接一般采用V形槽对准、弹性毛细管连接、临时熔接等方法。光纤的临时连接用在光缆抢修时使用，用来临时处理光缆线路障碍。

2. 光纤活动连接器

光纤活动连接器是把两个光纤端面精密结合在一起，以实现光纤与光纤之间可拆卸连接的器件，俗称活接头。光纤活动连接器已经广泛应用在光纤配线架（ODF架）、光端机、光纤测试仪器和仪表中，是目前使用数量最多的光纤无源器件。

(1) 光纤连接器的结构

光纤连接器由光纤、陶瓷插芯、陶瓷支撑套管、组成散件和外壳组成，如图1-2所示。

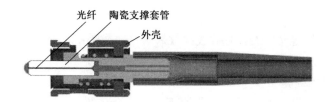

图1-2 光纤连接器结构

光纤连接器常与适配器配合使用,两个光纤连接器插针中装进两根光纤,采用机械和光学结构,通过适配器将光纤的两个端面精密对接起来,实现光纤端面物理接触,以使一根光纤上传输的光能量最大限度地耦合到另一根光纤中。

(2)光纤连接器的端面类型

光纤连接端面有平面接触型(FC型)、物理接触型(PC型)、超级物理端面(UPC型)、斜面接触型(APC)等类型,如图1-3所示。

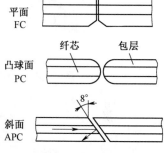

图1-3 光纤连接器的种类

FC型端面呈平面形,对微尘敏感。PC型端面呈球形,接触面集中在端面的中央部分,反射损耗35 dB,多用于测量仪器。UPC型端面由PC演进而来,对端面抛光进行了优化,从而获得了更好的表面光洁度,回波损耗高于50 dB。APC型端面的接触端中央部分仍保持PC型的球面,但端面的其他部分加工成斜面,使端面与光纤轴线的夹角小于90°,这样可以增加接触面积,使光耦合更加紧密;当端面与光纤轴线夹角为8°时,回波损耗高于60 dB。

(3)光纤连接器的性能指标

光纤连接器的性能指标主要有插入损耗、回波损耗、互换性、重复性和稳定性等。

①插入损耗

插入损耗即连接损耗,是指由于连接器的介入而引起传输线路有效功率的损耗,该值越小越好,一般要求不高于0.5 dB。

②回波损耗

回波损耗又称后向反射损耗,是指光纤连接器处后向反射光功率与输入光功率之比的分贝数,该值越大越好。回波损耗反映了光纤连接器对链路光功率反射的抑制能力,回波被损耗得越大,回波就越小。实际应用的光纤连接器插针表面经过专门的抛光处理,回波损耗很大,一般不低于45 dB。

③互换性

光纤连接器的互换性是指光纤连接器各部件互换时插入损耗的变化。每次互换后,其插入损耗变化量越小越好。

④重复性

光纤连接器的重复性是指光纤连接器多次插拔后插入损耗的变化。每次插拔后,插入损耗变化量越小越好。

⑤稳定性

光纤连接器的稳定性是指光纤连接器连接后,插入损耗随时间、环境温度的变化,此值越小越好。

⑥插拔寿命

光纤连接器的插拔寿命用最大可插拔次数来表示,一般由元件的机械磨损情况决定。目前,光纤连接器的插拔寿命一般大于 1 000 次。

(4) 光纤连接器的种类

光纤连接器的种类很多,目前我国应用最广泛的是 FC 型、SC 型、ST 型和 LC 型连接器,如图 1-4 所示。每种光纤连接器都有其对应的光纤适配器来实现光纤的连接。

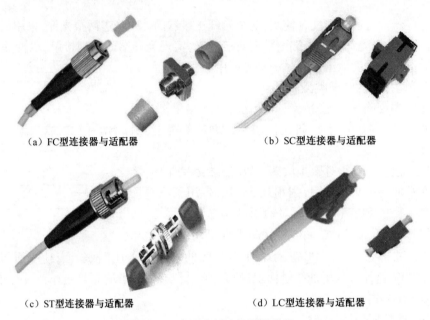

(a) FC 型连接器与适配器　　(b) SC 型连接器与适配器

(c) ST 型连接器与适配器　　(d) LC 型连接器与适配器

图 1-4　常用光纤连接器的种类

①FC 型光纤连接器

FC 型光纤连接器采用金属螺纹连接结构,外壳为圆形,紧固方式为螺丝扣,插针采用外径为 2.5 mm 的精密陶瓷插针,插针端面多采用球面接触 PC 和斜球面接触 APC 两种方式。FC 型光纤连接器的特点是结构简单,操作方便,制作容易。FC 型光纤连接器是目前使用最多的类型,占用空间大,大量用于光缆干线 ODF 架上。

②SC 型光纤连接器

SC 型光纤连接器采用插拔式结构,外壳为矩形,采用工程塑料制造,紧固方式为插拔销闩式,不需要旋转。SC 型光纤连接器所采用的插针与耦合套筒的结构尺寸与 FC 型完全相同,插针端面多采用 PC 或 APC 方式。SC 型光纤连接器的主要特点是价格低廉,插入损耗波动小,抗压强度高,插拔操作方便,操作空间小,安装密度高,广泛用于光纤接入网中。

③ST 型光纤连接器

ST 型光纤连接器采用带键的卡口式锁紧结构,外壳呈圆形,所采用的插针与耦合套筒的结构尺寸与 FC 型完全相同,插针端面多采用 PC 或 APC 方式。ST 连接器的纤芯外露较长,具有很好的互换性,大量用于光纤接入网和有线电视(CATV)中。

④LC 型连接器

LC 型光纤连接器采用插拔式锁紧结构,外壳为矩形,用工程塑料制成,带有按压键。由于它的陶瓷插针外径仅为 1.25 mm,其外形尺寸也相应减少,大大提高了连接器在光纤通信设备上的密度。通常情况下,LC 连接器是以双芯连接器的形式使用,但需要时也可分开为两个单芯连接器。

除了 FC 型、SC 型、ST 型和 LC 型连接器以外,还有 MU 型和 MT-RJ 型连接器。

3. 光纤跳线与尾纤

光纤跳线与尾纤是光纤通信中应用最为广泛的基础元件之一,每根光纤跳线或尾纤里面都只有一根光纤。

光纤跳线两端都有光纤连接器,用来实现光纤的活动连接;光纤跳线两端光模块的收发波长必须一致,常用于 ODF 架或光纤终端盒与光设备相连,以及测试时与测试仪表相连。尾纤只有一端有光纤连接器,另一端是光纤的断头,通过熔接与其他光缆中的光纤相连,常出现在 ODF 架或光纤终端盒内,用于光缆成端。光纤跳线/尾纤使用光纤连接器的类型来命名,如图 1-5 所示。

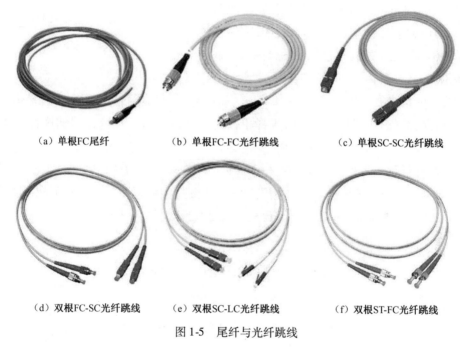

(a) 单根FC尾纤　　(b) 单根FC-FC光纤跳线　　(c) 单根SC-SC光纤跳线

(d) 双根FC-SC光纤跳线　(e) 双根SC-LC光纤跳线　(f) 双根ST-FC光纤跳线

图 1-5　尾纤与光纤跳线

多模光纤跳线/尾纤常为橙色,波长为 850 nm,传输距离约为 2 km。单模光纤跳线/尾纤常为黄色,目前接入网中单模光纤也有蓝色,波长有 1 310 nm 和 1 550 nm 两种,传输距离约为 60 km。

二、任务实施

本任务的目的是能选择合适的光纤适配器将光纤跳线连接起来,测试光纤跳线的插入损耗。

1. 材料准备

FC-FC、FC-SC、FC-LC、SC-ST、LC-ST 光纤跳线各 1 根,插入损耗为 0.2 dB 的 FC 型、SC 型、ST 型、LC 型光纤适配器各若干个,激光光源 1 台,光功率计 1 台。

2. 操作步骤

(1) 光纤跳线和光纤适配器的连接

① 识别光纤跳线的类型;

②识别光纤适配器的类型;

③根据光纤跳线的类型选择合适的光纤适配器,取下光纤适配器和光纤跳线上的防尘帽,用蘸有酒精的脱脂棉擦拭光纤跳线上的光纤接头,将光纤跳线插入到光纤适配器中,进行连接。

连接时注意光纤的卡口方向,SC 型、LC 型以听到"咔嚓"一声为宜,FC 型和 ST 型要将金属外套旋紧不松动为宜。

(2)测试光纤跳线的插入损耗

光纤跳线的插入损耗常采用插入法测试,具体步骤如下:

①用参考光纤跳线连接光源与光功率计,光功率计测得光功率为 P_1。

根据光源和光功率计上光纤适配器的类型选择合适光纤跳线,取下光纤跳线上光纤连接器的防尘帽,用蘸有酒精的脱脂棉清洁连接器插针,一端连接在光源的 OUT 端,另一端在连接光功率计的 IN 端,如图 1-6 所示。

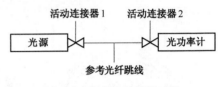

图 1-6　参考光纤跳线连接

设置光源的发光波长(如 1 310 nm)、频率(如 1 kHz),调节发射光功率(如 -5.02 dBm)。设置光功率计的波长与光源波长一致,选择单位为 dBm,稳定几十秒后,测试接收光功率,记为 P_1。

②将被测光纤跳线与光纤适配器插入到参考光纤跳线与光功率计之间,A 端连接光纤适配器,B 端连接光功率计,如图 1-7 所示,用光功率计测得光功率为 P_2'。计算被测光纤跳线 A 端到 B 端的插入损耗 $P_{A-B} = P_1 - P_2' - 0.2$(设光纤适配器的插入损耗为 0.2 dB)。

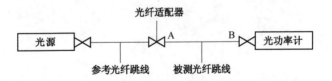

图 1-7　测量光纤跳线 A 端到 B 端方向的插入损耗(一)

③调换被测光纤跳线 A、B 端,如图 1-8 所示,用光功率计测得光功率为 P_2''。计算被测光纤跳线 B 端到 A 端的插入损耗 $P_{B-A} = P_1 - P_2'' - 0.2$(设光纤适配器的插入损耗为 0.2 dB)。

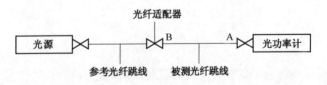

图 1-8　测量光纤跳线 A 端到 B 端方向的插入损耗(二)

通过测试可以看出,光纤跳线 A 端到 B 端与 B 端到 A 端的插入损耗会有所不同,这是由于光纤的制作工艺引起的。在工程应用时,要注意将光纤的 A 端与 B 端相连接。

④计算被测光纤跳线的插入损耗为两个方向插入损耗的平均值,即 $P_{插} = (P_{A-B} + P_{B-A})/2$。

任务2：无源光纤器件测试

任务：掌握光衰减器、光耦合器、光波分复用器、光波长转换器、光隔离器、光开关、光纤光栅等无源光纤器件的功能，掌握各类无源光纤器件的性能参数。

要求：能识别光衰减器、光耦合器、光波分复用器、光波长转换器、光隔离器、光开关、光纤光栅等无源光纤器件，能测试光耦合器的插入损耗。

一、知识准备

在光纤通信系统中，常用到许多光纤通信器件。根据是否需要进行光电能量转换分类，光纤通信器件分为有源光纤器件和无源光纤器件。无源光纤器件工作时不需要外加电源，分为连接用器件和功能性器件。光纤连接器属于连接用无源器件，在前面的任务中已经介绍。光衰减器、光耦合器、波分复用器、波长转换器、光开关、光滤波器等属于功能性无源器件。

1. 光衰减器

光衰减器是用来稳定地、准确地减少光信号功率的无源光纤器件，主要用于调节光缆线路的损耗、测量光端机的灵敏度、校准光功率计等场合。当光纤传输线路上的光信号过强时，会对光接收机造成损坏，这时需要使用光衰减器对光功率进行一定程度的减少。

根据光衰减器的工作原理，可将光衰减器分为位移型光衰减器、直接镀膜型光衰减器、损耗片型光衰减器和液晶型光衰减器。根据损耗器的损耗量是否可调，可将光衰减器分为固定光衰减器和可调光衰减器两种。

(1) 固定光衰减器

固定光衰减器造成的光功率损耗值是固定不变的，具体规格有 3 dB、5 dB、10 dB、15 dB、20 dB、30 dB、40 dB 等标准的损耗量，如图 1-9 所示。

图 1-9　固定光衰减器

(2) 可调光衰减器

可调光衰减器造成的光功率损耗值在一定范围内可调节，如图 1-10 所示。可调光衰减器又可分为分级可调式和连续可调式两种。

对光衰减器性能的要求是：插入损耗低，回波损耗高，分辨率线性度和重复性好，损耗量可调范围大，损耗精度高，器件体积小，质量轻，环境稳定性能好。其中，分辨率线性度取决于损耗元件的特性和所采用的读数显示方式及机械调整结构；重复性也取决于所采用的读数显示方式及机械调整结构。

2. 光耦合器

光耦合器是对光信号进行分路、合路或分配的无源光纤器件，依靠光波导间电磁场的相互

图 1-10　可调光衰减器

耦合来工作。光耦合器可以把一路光信号分配成多路,即分路器,也称分光器。反过来,它也可以把多路光信号合成一路光信号,即合路器(也称合光器),如图 1-11 所示。

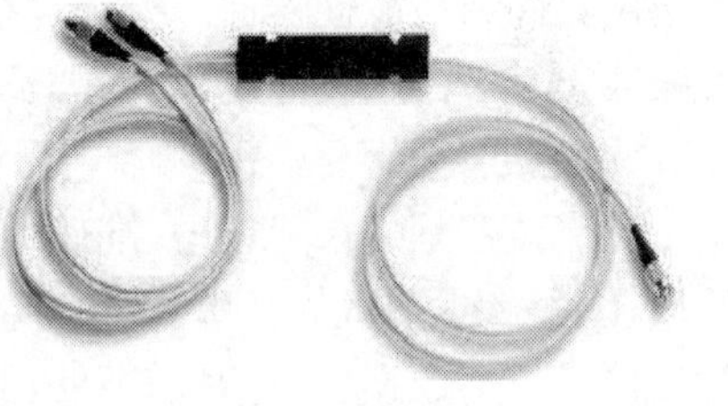

光耦合器对光信号进行分路或合路后光信号功率有所变化。$1:2^N$(N 为正整数)的分光器平均分配出来的光信号功率相比于输入光功率而言,下降 $3 \times N$ dB。

从端口形式上划分,光耦合器包括 X 形(2×2)耦合器、Y 形(1×2)耦合器、树形耦合器以及星形($N \times N$,$N > 2$)耦合器等,如图 1-12 所示。

图 1-11　光耦合器

按制作原理划分,光耦合器分为熔融拉锥型(FBT)和平面波导型(PLC)两种。熔融拉锥型耦合器是将多根除去涂覆层的光纤以一定的方法靠拢,在高温加热下熔融,同时向不同方向拉伸,最终在加热区形成锥体形式的特殊波导结构,通过控制光纤扭转的角度和拉伸的长度,可得到不同的耦合比例,最后把拉锥区用固化胶固定在石英基片上,插入不锈钢管内。平面波导型耦合器采用光刻、腐蚀、显影等半导体工艺技术制作,光波导阵列位于芯片的上表面,光耦合功能集成在芯片上,在芯片两端分别耦合输入端以及输出端的多通道光纤阵列,并进行封装。

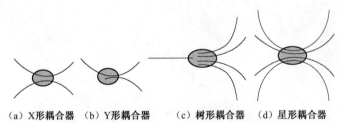

(a) X形耦合器　(b) Y形耦合器　(c) 树形耦合器　(d) 星形耦合器

图 1-12　光耦合器的类型

光耦合器的主要特性指标为插入损耗和隔离度。插入损耗为指定输出端口的光功率相对全部输入光功率的减小值,该值越小越好。隔离度指光耦合器的某一光路输出端口所测到的其他光路的光功率与注入光功率的比值,该值越小隔离度越好,说明各输出口之间的"串话"越小。

3. 波分复用器

波分复用(WDM)技术是将不同波长的光信号合成一束,沿着单根光纤传输,实现多个信号在同一根光纤中传输的技术,每一路信号都由某种特定波长的光来传送。

波分复用系统最核心的器件是波分复用器,即合波器(也称光复用器)和分波器(也称光解复用器),如图 1-13 所示。

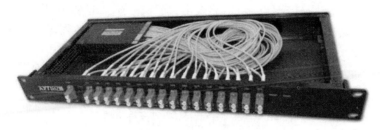

图 1-13　波分复用器

合波器和分波器是特殊的光耦合器,两者处理的各路光信号波长不同。合波器和分波器分别置于光纤两端,实现不同光波的耦合与分离。合波器在波分复用系统的发送端,将多个不同波长的光信号组合在一起,并注入一根光纤中传输。分波器在波分复用系统的接收端,将一根光纤上组合在一起的光信号分离,送入不同的接收终端。合波器和分波器在原理上是相同的,只要改变输入、输出的方向。

波分复用器的主要特性指标除了插入损耗和隔离度以外,还有中心波长、中心波长工作范围等。

4. 光波长转换器

光波长转换器的功能是使光信号从一个波长转换到另一个波长的器件。根据波长的转换机理,光波长转换器分为光电型光波长转换器和全光型光波长转换器。光波长转换器在光交叉互连、光网络管理等领域得到广泛的应用。

(1)光电型光波长转换器

光电型光波长转换器是将波长为 λ_1 的光信号转换成电信号,经过整形后,调制所需波长 λ_2 的半导体激光器(LD),输出波长为 λ_2 的光信号,从而实现波长转换,如图 1-14 所示。光电型光波长转换器技术比较成熟,容易实现,工作稳定。其缺点是装置结构复杂,成本随速率和元件数增加,功耗大,使得它在多波长通道系统中的应用受到限制。

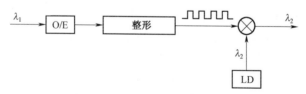

图 1-14　光电型光波长转换器

(2)全光型光波长转换器

全光型光波长转换器不需要将光信号转换成电信号处理,而是直接将光信号从一个波长转换到另一个波长,在光域直接实现波长转换。它将波长为 λ_1 的光信号与需要转换成波长为 λ_2 的连续探测光信号同时耦合进半导体放大器(SOA)。当输入光信号为高电平时,使 SOA 增益发生饱和,从而使连续的探测光受到调制,结果使得输入光信号所携带的信息转换到 λ_2 上,通过滤波器取出 λ_2 光信号,即可实现 λ_1 到 λ_2 的全光波长转换,如图 1-15 所示。全光型光波长转换器克服了光电型光波长转换器速率的瓶颈,工作速率高。其缺点是长波长和短波长变换时不对称,消光比较低。

5. 光隔离器和光环行器

光隔离器的作用是只允许光单向通过而阻止向相反方向通过的无源器件,其作用是对光的方向进行限制,保证光波只能正向传输,避免光缆线路中由于各种因素而产生的反射光返回进入激光器,而影响激光器的工作稳定性,如图 1-16 所示。光信号从光隔离器的输入端进入时,可以畅通无阻地通过,从隔离器的输出端输出,损耗很小;光信号从相反方向进入隔离器,损耗非常大,光信号被损耗,在光纤输入端没有光信号输出。光隔离器可分为偏振相关和偏振无关两种,主要用在激光器的后面和光放大器两端。

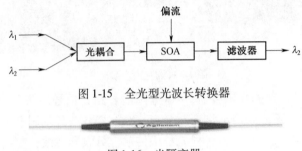

图 1-15　全光型光波长转换器

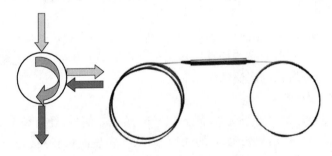

图 1-16　光隔离器

光环行器有多个端口,其工作原理与隔离器类似,主要用于光分插复用器中。典型的环行器一般有三个或四个端口,如图 1-17 所示。

图 1-17　三端口光环行器原理和外形

6. 光开关

光开关是控制光纤传输通路中光信号通或断,或进行光路切换的无源器件。光开关外形如图 1-18 所示,在系统保护、系统监测及光交换技术中广泛应用。光开关有微电机械关开关(MEMS)、电光开关、热光开关和 SOA 光开关等类型。

7. 光纤光栅

光纤光栅是在光纤的纤芯部分因折射率周期性发生变化而形成的。光纤光栅利用向光纤纤芯照射紫外线时折射率上升的现象制作而成。向光纤光栅内射入光时,只有符合折射率周期变化的波长光会受到影响(反射或向光纤外发射),如图 1-19 所示。根据这一特性,可以使光纤本身具有滤波功能。

光纤光栅具有高波长选择性能、易与光纤耦合、插入损耗低、结构简单、体积小等优点,日益受到人们的关注,其应用范围不断扩展到光纤激光器、WDM 合/分波器、超高速系统中的色散补偿器、EDFA 增益均衡器等光纤通信及温度、应变传感等领域中。

二、任务实施

本任务识别各类无源光纤器件,测试光耦合器的插入损耗。

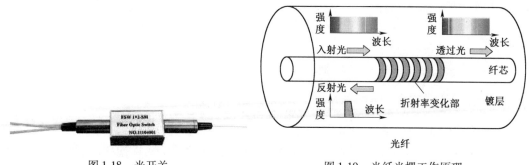

图 1-18 光开关　　　　　　　图 1-19 光纤光栅工作原理

1. 材料准备

固定光衰减器、可调光衰减器、光耦合器、光波分复用器、光波长转换器、光隔离器、光开关、光纤光栅各 1 个，激光光源 1 台，光功率计 1 台，光纤跳线两根。

2. 操作步骤

(1) 识别无源光纤器件

识别固定光衰减器、可调光衰减器、光耦合器、光波分复用器、光波长转换器、光隔离器、光开关、光纤光栅等无源光纤器件，说明其功能和应用场合。

图 1-20 的光耦合器为 1∶8 插片式 PLC 分光器，有 1 个输入端口和 8 个输出端口。

(2) 测试光耦合器的插入损耗

① 校准激光光源与光功率计

激光光源与光功率计如图 1-21 所示。根据激光光源与光功率计适配器类型，选择合适的光纤跳线，连接激光光源的 OUT 端与光功率计的 IN 端。设置激光光源的发光波长、脉冲频率，调节发射光功率。设置光功率计的波长与激光光源波长一致，选择单位为 dBm，稳定几十秒后，按下"清零"键，光功率计读数为 0。

图 1-20 1∶8 插片式 PLC 分光器

(a) JW3116 型手持可调激光光源　　(b) JW3216 型手持式光功率计

图 1-21 激光光源与光功率计

② 测试第一个输出端口的下行插入损耗

断开光功率计上的光纤连接器，连接在光耦合器的输入 IN 端，用另一根光纤跳线连接光耦合器的输出端口 1 与光功率计的 IN 端，如图 1-22 所示。分别设置激光光源波长为 1 310 nm 和 1 550 nm，读取光功率计上的读数。去掉读数前的负数符号后，即为光耦合器输入光功率与输出光功率之间的插入损耗。

图 1-22　光耦合器插入损耗测试

③测试其他输出端口的下行插入损耗

将输出端口 1 换成输出端口 2,重复以上步骤测试光耦合器的插入损耗,直到最后一个输出端口,记录每一个输出端口的插入损耗值。比较测量值与理论值($1:n$ 光耦合器的插入损耗理论值为 $10\lg n$)之间的误差。若误差较大,可拔下光纤跳线进行重新连接或更换相应的光纤跳线。

④计算最大插入损耗与最小插入损耗之差,即为光耦合器插入损耗的均匀性。

任务 3:有源光纤器件测试

任务:了解光源、光电检测器和光放大器的工作原理,掌握光源、光电检测器和光放大器的特性。

要求:能识别光源、光电检测器、光放大器,能测试半导体激光器的 $P\text{-}I$ 特性。

一、知识准备

有源光纤器件需要外加电源才能工作,光源、光电检测器、光放大器属于有源器件。

(一)物理基础知识

光源、光电检测器常使用半导体材料。半导体指常温下导电性能介于导体与绝缘体之间的材料,其能带结构如图 1-23 所示。半导体内部自由电子所填充的能带为导带,价电子所填充的能带为价带。导带和价带之间不允许电子填充,称为禁带。禁带宽度用 E_g 表示,单位为 eV。

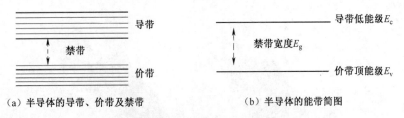

(a)半导体的导带、价带及禁带　　　　(b)半导体的能带简图

图 1-23　半导体的能带结构

光可以被物质材料吸收,物质材料也可以发光。这是因为原子可以通过与外界交换能量的方法,改变电子占据轨道的运动状态。例如,处于较低能级上的电子,在受到外界的激发(光的照射、电子或原子的撞击等)而获得能量时,可以跃迁到高能级。相反的,处于较高能级上的电子可以释放能量跳到低能级。

电子从一个能级转移到另一个能级的过程称为"跃迁"。从低能级 E_1 向高能级 E_2 跃迁时吸收能量,从高能级 E_2 向低能级 E_1 跃迁时释放能量,吸收或放出的能量就是两个能级之间的能量差。如果释放出的能量以光能的形式出现,那么光的频率就与这一能量成正比,表达式为

$$hf = E_2 - E_1 = E_g \tag{1-1}$$

式中，h 为普朗克常数（6.626×10^{-34} J·s），f 是光子的频率，E_2 为高能级，E_1 为低能级，E_g 为材料的禁带宽度。

由于光子的频率与波长成反比，可以得出波长为

$$\lambda = \frac{hc}{E_g} = \frac{1.24}{E_g} \tag{1-2}$$

可见，光与物质相互作用时，发射或吸收光子的波长取决于材料的禁带宽度。不同材料的禁带宽度有所不同。GaAlAs-GaAs 半导体材料的禁带宽度为 1.47 eV，这种材料制成的光源发射光的波长为 0.85 μm。若要产生 1.31~1.55 μm 的发射光，则需要使用禁带宽度在 0.8~0.96 eV 之间的 InGaAsP-InP 材料。

爱因斯坦根据辐射与原子相互作用的量子论提出，光与物质相互作用时，将发生自发辐射、受激辐射和受激吸收三种物理过程。图 1-24(a)~(d)表示出光与物质作用的基本过程。

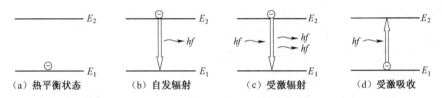

图 1-24　光与物质作用的基本过程

(1) 自发辐射

处于高能级上的电子状态是不稳定的，它将自发地从高能级跃迁到低能级与空穴复合，同时释放出一个光子。由于不需要外部激励，该过程称为自发辐射。半导体发光二极管就是按照这种原理工作的，白炽灯、日光灯等普通光源的发光过程也是自发辐射。

处于高能级上的各个电子都是独立地、自发地、随机地跃迁，彼此无关。不同的电子可能在不同的能级之间跃迁，故辐射出的光子频率各不相同。即使有些电子在相同的能级之间跃迁，辐射出频率相同的光子，但这些光子的相位和传播方向也各不相同，因此自发辐射出的光子频率、相位和方向是随机的，是非相干光，光谱范围很宽。

(2) 受激辐射

在外来光子的激励下，电子从高能级跃迁到低能级与空穴复合，同时释放出一个与外来光子同频、同相的光子。由于需要外部激励，该过程称为受激辐射。

受激辐射产生的光子和外来光子具有完全相同的特征，即它们的频率、相位、振动方向和传播方向均相同，称为全同光子。在受激辐射过程中，通过一个光子的作用可以得到两个全同光子。如果这两个全同光子再引起其他原子产生受激辐射，就能得到更多的全同光子，这就使得受激辐射光具有较窄的光谱范围。在一定的条件下，一个入射光子的作用下可以引起大量原子产生受激辐射，从而产生大量的全同光子，这种现象称为光放大。可见，在受激辐射的过程中，各个原子发出的光是互相有联系的，是相干光，光谱范围窄，受激辐射可以产生光放大。半导体激光二极管就是按照这种原理工作的。

(3) 受激吸收

在外来光子激励下，电子吸收外来光子能量，从低能级跃迁到高能级，变成自由电子，这种过程称为受激吸收。受激吸收在外来光子的激发下才会产生，不是放出能量，而是消耗外来光

能。半导体光电检测器就是按照这种原理工作的。

在原子体系和光子的相互作用中,自发辐射、受激吸收和受激辐射总是同时存在的。在热平衡状态下,高能级上的电子数要少于低能级上电子数,称为粒子数正常分布状态。此时物质的受激吸收总是强于受激辐射。要使物质能对光进行光放大,必须使物质中的自发辐射和受激辐射强于受激吸收,即高能级上的粒子数多于低能级上的粒子数,这种现象称为粒子数的反转分布。能够形成粒子数的反转分布状态的物质称为工作物质。给热平衡状态下的工作物质施加能量,可以把低能级上的粒子激发到高能级上,形成粒子数反转分布。此时的工作物质称为"激活物质"。外加的能量来源称为泵浦源。

(二) 光源

光源是光发送机的核心器件,作用是把电信号转变成光信号,以便在光纤中传输。光源性能的好坏是保证光纤通信系统稳定可靠工作的关键。光纤通信系统对光源的要求为:

(1) 发送光波的中心波长应在 850 nm、1 310 nm 和 1 550 nm 附近,有足够的发送功率。光谱的谱线宽度要窄,以减小光纤色散对带宽的限制。

(2) 电/光转换效率高,发送光束方向性好,以提高耦合效率。

(3) 允许的调制速率要高或响应速度要快,以满足系统大的传输容量。

(4) 器件的温度稳定性好,可靠性高,寿命长。

(5) 器件体积小,质量轻,安装使用方便,价格便宜。

目前光纤通信系统中常用的光源有半导体发光二极管(LED)和半导体激光器(LD)。LED 和 LD 基本都使用 GaAlAs 和 InGaP 材料,可以覆盖整个光纤通信系统工作波长范围,典型值为 0.85 μm、1.31 μm、1.55 μm。短波长常用的材料是 GaAlAs,长波长常用的材料是 InGaP。

1. 半导体发光二极管

(1) 工作原理

半导体发光二极管(LED)通常采用双异质结构,如图 1-25 所示。当 PN 结上没有施加任何偏置电压时,电子与空穴中间隔着有源层,PN 结两端的势垒较高,N 型侧电子难以越过势垒,有源区几乎没有电子和空穴,器件处于热平衡状态。当在 PN 结两端加上正向偏压时,PN 结两侧的势垒变小,有源层宽度变窄,大量电子与空穴进入有源层。电子受到外加电压的作用从低能级跃迁到高能级,形成粒子数反转分布状态。有源层的电子跃迁到价带与空穴复合,将多余的能量转换成光能,以光子的形式辐射出来,即自发辐射发光。

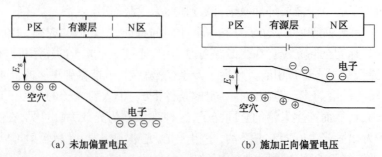

图 1-25 LED 结构示意图及工作原理

按照器件输出光的方式,LED 有面发光型二极管、边发型光二极管及超辐射发光二极管,如图 1-26 所示。面发光型二极管的发射光束垂直于有源层,光束发散角很大,相当一部分光不能进入光纤而损失掉,因而面发光型二极管与光纤的耦合效率很低。边发光型二极管的发射光束平行于有源层,发光面一般小于光纤的横截面,提高了与光纤的耦合效率。面发光型二极管的输出功率比边发光二极管大,但边发光型二极管发光面窄,光功率集中,实际进入光纤的功率并不少。由于边发光型二极管与单模光纤耦合较好,使用较为广泛。

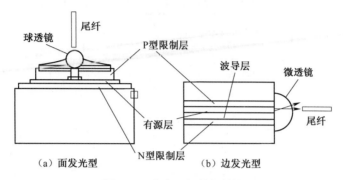

图 1-26　发光二极管的结构

(2)工作特性

光源的光谱特性常用谱线宽度($\Delta\lambda$)来表示。谱线宽度定义为光谱纵模包络或主模光强度下降到最大值一半(即下降 3 dB)时对应的光谱波长宽度。谱线宽度越宽,光信号中包含的频率成分越多,光信号传输时引起的色散越大,系统所能传输的信号速率就越低。

LED 是非相干光源,发光以自发辐射为主,发出的是荧光,发光功率较小,光谱较宽,InGaAsP-InP 材料的 LED 谱线宽度一般为 70~100 nm,如图 1-27 所示。这使得光信号在光纤中传输时色散较大。

光源的光功率特性常用 P-I 曲线表示,表明输出光功率随注入驱动电流变化的关系。LED 的 P-I 曲线如图 1-28 所示。当驱动电流较小时,P-I 曲线的线性较好,线性范围大,调制时信号失真小,也没有阈值电流的限制,只要有注入电流,就有光功率输出。当驱动电流过大时,由于 PN 结发热而产生饱和现象,使 P-I 曲线的斜率减少,处于非线性区。一般情况下,LED 的工作电流为 50~100 mA,输出光功率为几十 μW。由于光辐射角大(约 40°~120°),耦合到光纤中的功率只有几 μW。LED 的温度特性比较好,使用时不需要温度控制电路。

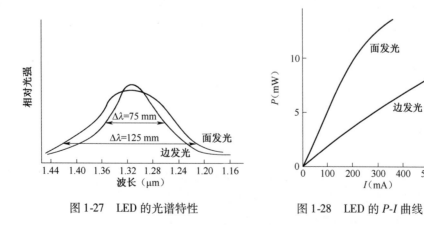

图 1-27　LED 的光谱特性　　　　图 1-28　LED 的 P-I 曲线

LED 的优点是寿命长、稳定可靠、调制方便、价格低。缺点是谱线宽、功率小、调制速率低。因此,LED 常用于低速、短距离系统。

2. 半导体激光二极管

(1) 工作原理

LD 主要由工作物质、激励源和光学谐振腔构成,如图 1-29 所示。

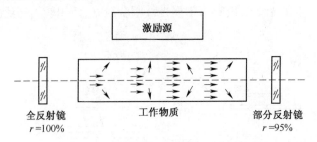

图 1-29　半导体激光二极管的结构示意图

激光器的工作物质可以是气体、液体、固体,也可以是半导体,主要作用是提供合适的能带结构,以使激光器能够在要求的波长处发光。LD 采用的工作物质是半导体材料。激励源的主要作用是使工作物质形成粒子数反转分布状态,为受激放大提供条件。激励方式有多种,半导体 LD 采用电激励方式。

光学谐振腔由放在激光工作物质两端相互精确平行的两块平面反射镜构成,一块反射镜是反射系数 r 为 100% 的全反射镜,另一块反射镜是反射系数 r 为 95% 左右的部分反射镜。光学谐振腔是 LD 特有的,光在谐振腔来回往返,实现受激辐射放大,形成光的正反馈。谐振腔要满足谐振条件

$$q\lambda = 2nL \tag{1-3}$$

式中,λ 为激光波长,n 为激活物质的折射率,L 为光学谐振腔的腔长,q 为纵模模数,取值范围是有限个正整数。由于受激辐射光只在沿谐振腔轴向方向(纵向)形成驻波,因此称为纵模。当 q 不同时,可能有不同的波长值,即有若干个谐振频率。当 $q = 1$ 时,为单纵模;当 $q > 1$ 时,为多纵模。

当给半导体 LD 的 P-N 结加上足够大的正向偏压时,注入有源区的电子足够多,使得有源区处于粒子数反转分布状态,电子与空穴复合,自发辐射产生方向各异的光子。那些传播方向与谐振腔反射镜垂直的光子会在有源层内部传播,碰撞其他电子,发生受激辐射,光子被放大。产生的光子经过光学谐振腔来回反射,碰撞其他电子再次发生受激辐射,光强不断加强,经谐振腔选频,当谐振腔中的光增益大于光损耗时,建立起稳定的激光振荡,从部分反射镜输出稳定的激光。

在光纤通信系统中,常用的半导体激光器有从有源层边沿发光的法布里-珀罗激光器(F-PLD)、分布反馈激光器(DFB-LD)、多量子阱激光器(MQWLD)和从有源层垂直方向发光的垂直激光器(VCSEL)。

(2) 工作特性

半导体 LD 的 P-I 曲线如图 1-30 所示。从曲线可以看出它有一个"拐点",对应的电流称为阈值电流 I_{th}。为使激光器稳定工作,阈值电流越小越好。当注入电流小于阈值电流时,激光器处于自发辐射状态,发出的是荧光,激光器输出功率很小,光功率随电流增加很缓慢。当注入电流超

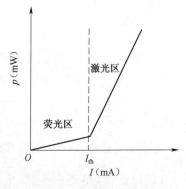

图 1-30　LD 的 P-I 曲线

出阈值电流时,自发辐射已足够强,引起强烈的受激辐射,随即达到了谐振条件,激光器发出激光,激光器输出功率急剧增加,光功率随电流增大而急剧上升,P-I 曲线线性变化。使用激光器时,只有注入电流大于阈值电流 I_{th} 时,激光器才能建立起稳定的激光振荡,从而获得激光输出。

半导体 LD 的光谱随着注入电流变化而变化。当注入电流小于阈值电流时,激光器发出的是荧光,光谱很宽,相干性很差,如图 1-31(a)所示;当电流大于阈值电流时,激光器发出的是相干的激光,光谱很窄,相干性很好,谱线中心强度急剧增加,如图 1-31(b)所示。

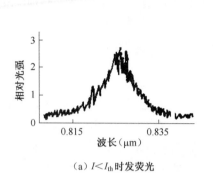 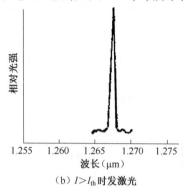

(a) $I<I_{th}$ 时发荧光　　　　(b) $I>I_{th}$ 时发激光

图 1-31　LD 的光谱特性

LD 经历了由多纵模激光器、单纵模激光器到可调谐激光器的发展过程。多纵模激光器的谱线宽度为 3~5 nm,单纵模激光器谱线宽度约为 0.1 nm。谱线宽度越小,光信号中包含的频率成分越少,光源的相干性越好,光信号传输时引起的色散越小。

与 LED 相比,温度对 LD 的阈值电流、输出光功率及峰值工作波长的影响较大。随着温度的升高,LD 的阈值电流加大,输出光功率降低,峰值工作波长向长波方向漂移。LD 的温度特性如图 1-32 所示。因此,光发送机一般需采用自动控制电路来稳定激光器的输出光功率,还要加恒温或散热装置来控制激光器本身的温度。LD 的寿命定义为阈值电流增大为初始 1.5 倍的时间,约为 10^5 h。

由于 LD 相干性好、发光功率大、光谱窄、调制方便、便于与光纤耦合、体积小,是光纤通信最为合适的光源,常用于大容量、长距离光通信系统。

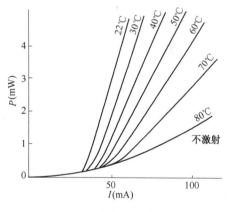

图 1-32　LD 的温度特性

(三) 光电检测器

光电检测器的主要作用是将从光纤传输过来的光信号变换成电信号,其性能的好坏将对光接收机的灵敏度产生重要影响。经过长距离传输后,从光纤传来的光信号很微弱,光纤通信系统对光电检测器的基本要求是:

(1) 在系统的工作波长上具有足够高的响应度,即对一定的入射光功率,能够输出尽可能大的光电流。

(2) 具有足够快的响应速度,能够适用于高速或宽带系统。

(3) 具有尽可能低的噪声,以降低器件本身对信号的影响。

(4) 具有良好的线性关系,以保证信号转换过程中的不失真。

(5) 具有较小的体积、较长的工作寿命等。

光电检测器是利用半导体的光电效应制成的。半导体 P 区的多数载流子是空穴,N 区的多数载流子是电子。在 PN 结的结合区中,多数载流子会扩散到对方的区域,形成自建电场。载流子在自建电场区域耗尽,故自建电场区又称为载流子耗尽区。当光照射到半导体的耗尽区时,若光子能量大于半导体材料的禁带宽度,则半导体材料中价带的电子将吸收光子的能量,从价带跃迁到导带,导带中出现光电子,价带中出现光空穴,即光电子-空穴对,它们合起来称为光生载流子。光生载流子在外加反向偏压的作用下,在外电路中形成光电流。

光纤通信系统常用的光电检测器有 PIN 光电二极管和雪崩光电二极管(ADD)两种,它们都是工作在反向偏压下。

1. PIN 光电二极管

由于耗尽区是产生光生载流子的主要区域,一般都希望入射光尽可能多地在耗尽区内被吸收,这就要求半导体有较宽的耗尽区。实践和理论分析表明,耗尽区的宽度与外加偏压及半导体的掺杂浓度有关。虽然增加反向偏压可以增加耗尽区的宽度,但外加反向偏压受到 P-N 结击穿电压的限制。解决这个矛盾的方法是在掺杂浓度很高的 P^+ 区和 N^+ 区之间加上一层轻掺杂的 N 型半导体区,即本征区(I 区)。I 区很厚,吸收系数很大。这就是 PIN 光电二极管,其结构及电场强度分布如图 1-33 所示。

当 PIN 器件两端加上足够大的反向偏压时,入射光很容易进入材料内部被充分吸收,产生大量电子-空穴对,I 区的载流子就完全耗尽,这样耗尽区遍及整个 I 区,因而作用区很宽,产生光电流的效率很高,可以更有效地产生光电流。反向偏压不能无限制增大,耗尽区太宽将会使光生载流子在其中漂移的时间太长,影响光电检测器的响应速度。兼顾各种因素,实际设计

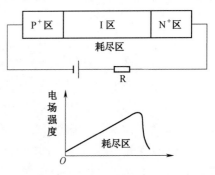

图 1-33 PIN 结构及电场强度分布

I 区的厚度为数十至一百微米。为了降低接触电阻,便于与外电路连接,P^+ 区和 N^+ 区都是重掺杂的,厚度均为几微米。

在光纤通信系统中,接收机接收的光是很微弱的,约为几 μW。PIN 光电二极管仅能将光信号转换成电信号,但不能对电信号产生增益。PIN 光电二极管转换后的光电流只有几 μA。这就需要高增益的放大器来放大电流。而高增益放大器会引入相当大的噪声,携带信息的信号将淹没在放大器自身产生的噪声中,影响接收机的灵敏度。

2. 雪崩光电二极管

如果能在光电流信号进入接收机的放大电路之前,先在光电检测器内部放大,就能减少放大器引入的噪声,有雪崩增益的光电二极管(APD)应运而生。与 PIN 管不同,雪崩光电二极管在结构设计上已考虑到能承受高反向偏压(50～200 V),是利用半导体材料的雪崩倍增效应制成的,其结构及电场强度分布如图 1-34 所示。

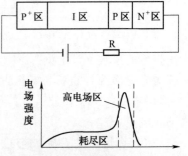

图 1-34 APD 结构及电场强度分布

其中,N^+、P^+分别为重掺杂的 N 型和 P 型半导体,I 是轻掺杂的 P 型半导体。未加电压时,N^+ 与 P 层之间形成 PN 结。当很高的反向偏压加于 APD 两端时,大部分电压降落在 PN^+ 结上,从而在 PN^+ 结内部形成一个高电场区。高电场区电场强度超过雪崩临界电场,足以使进入该区的光生载流子发生碰撞电离。P 区和 I 区都成为耗尽区,用光照射光敏面时,光生载流子在电场的作用下,分别向耗尽区两端漂移,进入高电场区后被加速,具有很大的动能。这些高速、大动能的光生载流子与半导体晶格的原子发生猛烈碰撞,使束缚在价带上的电子得到能量跃迁到导带,产生一批新的电子-空穴对,这种现象称为"碰撞电离"。新的载流子和原来的光生载流子继续被强电场加速,继续发生碰撞电离,产生更多的电子-空穴对。如此多次碰撞,耗尽层中的载流子数量迅速增加,光生电流迅速增大,形成雪崩倍增效应。可见,雪崩光电二极管既可以检测光信号,又能放大光信号电流。

(四) 光放大器

光信号在光纤中传输时,不可避免会存在着一定的损耗和色散,损耗导致光信号能量的降低,色散使光信号脉冲展宽,从而限制了光纤通信传输距离和码元速率的提高。因此,每隔一定距离就要设置一个中继站,以对光信号进行放大和再生。传统的中继器是采用光电光再生器,转换过程复杂,成本高。光放大器不需要经过任何光电、电光转换,而是直接对光信号进行放大。

1. 光放大器种类

光放大器有利用稀土掺杂的光纤放大器(如掺铒光纤放大器 EDFA、掺镨光纤放大器 PDFA)、利用半导体制作的半导体光放大器(SOA)、利用光纤非线性效应制作的非线性光纤放大器(如拉曼光纤放大器 RFA、布里渊光纤放大器 BFA)三种类型。表 1-1 为三种光放大器的比较。目前应用最为广泛的是 EDFA 和 RFA。

表 1-1　三种光放大器的比较

放大器类型	原理	激励方式	工作长度	噪声特性	与光纤耦合	与光偏振关系	稳定性
掺稀土光纤放大器	粒子数反转	光激励	数米到数十米	好	容易	无	好
半导体光放大器	粒子数反转	电激励	100 μm ~ 1 mm	差	很难	大	差
光纤拉曼放大器	光学非线性效应	光激励	数千米	好	容易	大	好

2. 掺铒光纤放大器(EDFA)

EDFA 主要由掺铒光纤、泵浦光源、光耦合器、光隔离器及光滤波器等组成,如图 1-35 所示。掺铒光纤是一段长度约为 10 ~ 100 m 的掺铒石英光纤,纤芯中注入了微量的稀土元素铒离子,浓度为 25 mg/kg。泵浦光源为半导体激光器,输出功率为 10 ~ 100 mW,工作波长为 980 nm 或 1 480 nm。

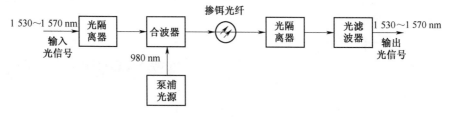

图 1-35　EDFA 结构

合波器将信号光和泵浦光合在一起送入掺铒光纤中。光隔离器抑制光反射,保证光信号只能正向传输,以确保光放大器稳定工作。光滤波器滤出剩余的泵浦光等的噪声,降低噪声对光纤通信系统的影响,提高系统的信噪比。

EDFA 的工作原理是利用掺铒光纤中 Er^{3+} 离子的受激吸收和受激辐射实现光信号的放大。图 1-36 为 EDFA 工作原理。Er^{3+} 离子从低到高有 3 个工作能级:基态 E_1、亚稳态 E_2、激发态 E_3。Er^{3+} 离子在未受到任何光激励情况下,处在最低能级 E_1 上。当泵浦光源产生的 980 nm 或 1 480 nm 激光不断地激发掺铒光纤,处于基态的 Er^{3+} 离子吸收泵浦光的能量

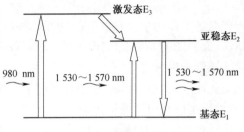

图 1-36　EDFA 工作原理

后,从基态 E_1 跃迁到激发态 E_3,Er^{3+} 离子在激发态 E_3 不稳定,其存活寿命很短约 1 μs,很快以非辐射方式跃迁到亚稳态 E_2,在亚稳态 E_2 上 Er^{3+} 离子存活寿命较长可达 11 ms。由于泵浦光源不断激发,亚稳态 E_2 上的 Er^{3+} 离子不断增加,基态 E_1 上的 Er^{3+} 离子不断减少,形成了离子数反转分布状态。当波长为 1 530～1 570 nm 的信号光通过掺铒光纤时,处于亚稳态 E_2 上的 Er^{3+} 离子受激辐射跃迁到基态 E_1 上,并且辐射出与输入光信号中的光子一样的全同光子,从而增加了信号光中光子的能量,实现了信号光在掺铒光纤中的放大。

EDFA 工作波长在 1 530～1 570 nm 范围,与光纤的最小损耗窗口一致,同时还具有增益高(约为 30～40 dB)、输出功率高(10～15 dBm)、插入损耗低(可低至 0.1 dB)、增益特性与偏振状态无关等优点。但是 EDFA 只能放大 1 550 nm 左右的光波,还存在增益不平坦等缺点。

3. 拉曼放大器(RFA)

RFA 主要由泵浦光源、光隔离器、合波器等组成,如图 1-37 所示。泵浦光源产生 1 480 nm 的泵浦光,经光隔离器后,与输入的信号光一起通过合波器耦合到一段光纤中。在这段光纤内利用受激拉曼散射效应使泵浦光能量向信号光转移,从而实现信号光的放大。

RFA 的工作原理是基于石英光纤中的受激拉曼散射效应。拉曼散射效应是指当输入到光纤中的光功率达到一定数值时(如 500 mW,即 27 dBm 以上),光纤结晶晶格中的原子会受到震动而相互作用,从而产生散射现象,其结果将较短波长的光能量向较长波长的光转移。拉曼散射作为一种非线性效应本来是对系统有害的,因为它将较短波长的光能量转移到较长波长的光上,使波分系统的各复用通道的光信号出现不平衡。RFA 正是利用了拉曼散射效应使泵浦光能量向光纤中传输的光信号转移,实现对光信号的放大,其工作原理如图 1-38 所示。

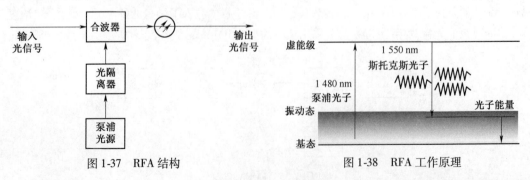

图 1-37　RFA 结构　　　　　图 1-38　RFA 工作原理

泵浦光子入射到光纤,光纤中电子受激吸收从基态跃迁到虚能级,虚能级的大小是由泵浦

光的能量决定的。处在虚能级的电子在信号光的感应下跃迁到振动态能级,同时发出一种与信号光相同频率、相同相位、相同方向的光子,而剩余能量被介质以分子振动的形式吸收。

RFA 具有很宽的增益谱,被放大光的波长主要取决于泵浦光的发射波长,理论上只要有合适的拉曼泵浦源,就可以对光纤窗口内任一波长的信号进行放大。例如,泵浦光的发射波长为 1 240 nm 时,可对 1 310 nm 波长的光信号进行放大;泵浦光的发射波长为 1 450 nm 时,可对 1 550 nm 波长 C 波段的光信号进行放大;泵浦光的发射波长为 1 480 nm 时,可对 1 550 nm 波长 L 波段的光信号进行放大等。另外,RFA 还具有噪声低、结构简单、成本低的特点。但是单级 RFA 的增益不高(小于 15 dB),且增益具有偏正相关性,所需的泵浦光功率高,泵浦效率低(10%~20%)。

实际应用中,常将 EDFA 和 RFA 二者配合使用,可以有效降低光纤通信系统总噪声,提高系统的信噪比,从而延长无中继传输距离及总传输距离。

二、任务实施

本任务的目的测试半导体激光器的 *P-I* 特性。

1. 材料准备

尾纤型半导体激光器 1 个,电流源 1 个,光功率计 1 台,光纤跳线 1 根,电缆 2 根。

2. 操作步骤

(1)设备连接

使用电缆将电流源的正极和负极分别连接到半导体激光器的正极(1 脚)和负极(2 脚)上,使用光纤跳线连接半导体激光器的输出接口和光功率计的输入接口,如图 1-39 所示。

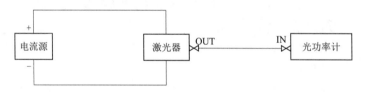

图 1-39 半导体激光器 *P-I* 特性测试

(2)将电流源的调节旋钮调节到最小值,打开电流源电源。

(3)打开光功率计电源开关,设置工作波长与激光器工作波长一致(如 1 310 nm),设置单位为 W。

(4)缓慢调节电流源的调节旋钮,使工作电流从 0 mA 逐渐增加到 21 mA,每次增加 3 mA,记录光功率计上的读数。注意:工作电流最大不超过 30 mA,否则会损坏激光器。

(5)根据测试数据,绘制 *P-I* 曲线。

(6)通过绘制 *P-I* 曲线的线性部分,斜率相差最大的直线交点处的电流值为激光器的阈值电流。

项目 2 点到点光纤通信系统组建

任务 1:光发送机测试

任务:了解光纤通信系统组成,掌握常见的传输线路码型的波形和特点,理解光发送机的工作原理,掌握光发送机性能指标的计算和测试。

要求:能识别光发送机的电路组成部分,能根据性能指标选择合适的光发送机,会测试光发送机的性能指标。

一、知识准备

(一)光纤通信系统组成

光纤通信系统就其拓扑而言是多种多样的,有星型结构、环型结构、总线结构和树型结构等。其中最简单的是点到点传输结构,其他结构的光纤通信系统都是由点到点传输结构构成的。不同的应用环境和传输体系,对光纤通信系统设计的要求是不一样的,本项目只研究点到点传输的光纤通信系统。

点到点光纤通信系统一般由光发送机、光中继器、光接收机、光纤线路组成。图 1-40 所示为单向点到点光纤通信系统组成框图。双向光纤通信系统将光发送机和光接收机合在一起,称为光端机。

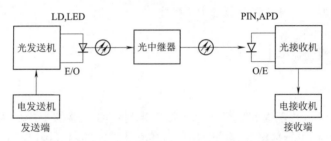

图 1-40　单向点到点光纤通信系统组成

光发送机位于光纤通信系统的起始端,其作用是将电发送机发送过来的电信号转换成光信号码流,具体做法是先将电信号数字化,然后对光源发出的光波进行调制,成为已调光信号,将其耦合到光纤中进行传输。

光发送机发出的光信号在光纤中传输时,不仅幅度被损耗,脉冲波形被展宽,还夹杂着许多噪声。为了进行长距离的传输,需要每隔一定距离设置一个光中继器。光中继器的作用是补偿光信号的幅度损耗,对畸变失真的信号波形进行整形,恢复光信号的形状。

光接收机位于光纤通信系统的末端,其作用是将从光纤传输过来的微弱光信号经光电检测器,将其转换成电信号,并对电信号进行足够的放大,输出一个适合于定时判决的脉冲信号到判决电路,使之能够正确地恢复出原始电信号,送给电接收机。

为了使光纤通信系统正常运行,还需要自动倒换系统、告警处理系统、电源系统等备用或辅助系统。

(二)传输线路码型

1. 常见的传输线路码型

信号在传输线路上进行远距离传输时,需要使用不同的传输线路码型。常见的传输线路码型有单极性不归零码(NRZ)、单极性归零码(RZ)、双极性交替反转码(AMI)、高密度双极性码(HDB3)、传号反转码(CMI)、曼彻斯特码(双相码)等,如图 1-41 所示。

(1)单极性不归零码(NRZ)

NRZ 码由高电平(或低电平)表示 1,低电平(或高电平)表示 0,码型为单极性,信号占空比为 100%。NRZ 码提取时钟困难,码间干扰大,无误码检测功能。

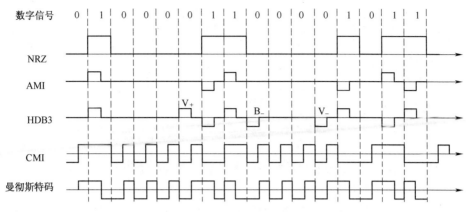

图 1-41 常见的传输线路码型

(2) 双极性交替反转码(AMI)

AMI 码有 +1、0、-1 三种状态,占空比为 50%。+1、-1 都表示 1,交替出现;0 表示空号。AMI 码能提取时钟,可进行误码检测,但不能克服长连零现象。

(3) 高密度双极性码(HDB3)

HDB3 码有 +1、0、-1 三种状态,在 AMI 的基础上将第 4 个 0 改为破坏码 V_+ 或 V_-,相邻 V 码的极性必须相同。当相邻 V 码间有偶数个 1 时,将四个连零码中的第一个 0 更改为与该破坏脉冲相同极性的脉冲 B_+ 或 B_-。HDB3 码保留 AMI 码的所有优点,并能克服长连零现象。

(4) 信号反转码(CMI)

CMI 码将普通二进制序列中的 0 变换成 01,将二进制序列中的 1 交替变换成 00 和 11 两位码。

(5) 曼彻斯特码

曼彻斯特码将普通二进制序列中的 0 变换成 01,将二进制序列中的 1 交替变换成 10。差分曼彻斯特码是对于二进制的 1 在开始处不跳变,对于二进制的 0 则在开始处进行跳变。曼彻斯特编码将时钟和信息包含在信号码流中,在传输代码信息的同时,也将时钟同步信号一起传输到对方。

(6) $mBnB$ 码

$mBnB$ 码也称为分组码,它是将码流中 m 个码元分为一组,记为 mB,称为一个码字。然后把一个码字变换为 n 个二进制码,记为 nB,并在同一时隙内输出。这种码型是把 mB 变换为 nB,其中 m 和 n 都是正整数,通常 $n = m + 1$,如 1B2B、3B4B、5B6B、8B9B 等。

(7) 加扰 NRZ 码

ITU-T 推荐 SDH 统一采用加扰 NRZ 码。

2. 数字光纤通信系统传输的线路码型

在进行数字光纤通信传输时,要考虑传输信道的特点,将其转换成不同的与信道相匹配的线路码型。数字光纤通信系统的光发送机和光接收机接口有电接口和光接口两种。

(1) 电接口码型

电接口与电发送机或电接收机相连,其接口码型应与电发射机或电接收机的码型一致。数字光纤通信系统常用的电接口有 PCM 电接口和以太网电接口。PCM 电发送机或电接收机码型常采用 PCM 接口码型,见表 1-2。以太网电接口常采用曼彻斯特码。

表 1-2　PCM 接口码型

PCM 各次群	接口码速率	接口码型
基群(E1)	2.048 Mbit/s	HDB3
二次群	8.448 Mbit/s	HDB3
三次群	34.368 Mbit/s	HDB3
四次群	139.264 Mbit/s	CMI

(2) 光接口码型

在光纤通信系统中,由于光电器件都有一定的非线性,适宜采用二进制码,用光脉冲的有无来表示二进制码的"1"和"0"。

光接口用于连接光端机和光纤线路,所使用的线路码型要适合光纤线路传输。数字光纤通信系统中对传输的线路码型要求如下:

① 避免信号码流中出现长连"0"和长连"1",以利于接收端时钟的提取。

② 信息传号密度均匀,使信息变化不引起光功率输出的变化,相应地保持 LD 发热温度恒定,提高 LD 的使用寿命。

③ 能进行不中断业务的误码检测。

④ 尽可能地提高传输码型的传输效率。

⑤ 功率谱密度中无直流成分,且只有很小的低频成分,可以改善发送端光功率检测电路的灵敏度,使输出光功率稳定。

在 PDH、以太网、波分光纤通信系统中,常使用的线路编码为 $mBnB$。在 SDH 光纤通信系统中,广泛使用的线路编码是加扰的 NRZ 码,它是利用一定规则对信号码流进行加扰。最有效的加扰方法是在发送端利用一个随机序列与原信号序列进行异或运算,使得加扰后信号也变成了随机信号,"0"和"1"出现的概率相同。在接收端,需要一个与发送端完全一致,并在时间上同步的随机序列来解扰。ITU-T 规范了 SDH 的加扰方式,采用标准的 7 级扰码器。扰码生成多项式为 $1+x^6+x^7$,扰码序列长为 $2^7-1=127$。

(三) 光发送机工作原理

光发送机位于数字光纤通信系统的起始端,其作用是将电信号码流转换成光信号码流,具体做法是将数字化的电信号对光源发出的光波进行调制,成为已调光信号,然后将其耦合到光纤中进行传输。光发送机包括均衡放大、码型变换、复用、扰码、时钟提取、光源、光源的调制电路、自动温度控制电路(ATC)、自动功率控制电路(APC)、光源检测和保护电路等,如图 1-42 所示。

(1) 均衡放大

均衡放大电路补偿由电端机发送过来由电缆传输所产生的损耗和畸变,保证电、光端机之间信号的幅度、阻抗匹配,以正确译码。

(2) 码型变换

电端机送来的信号码元一般是双极性归零码,不适合在光纤中传输。光纤只能用有光或无光来分别对应"1"和"0"码元,只能传输单极性不归零码。光发送机需要使用码型变换电路来将电端机发送的码元变换为单极性不归零码(如 NRZ 码)。例如,PDH 电端机送来的信号码元是 HDB3 码或 CMI 码,经均衡放大后仍是 HDB3 码或 CMI 码。HDB3 码是双极性归零码,CMI 码是归零码,都不适合在光纤中传输,故需要使用码型变换电路来将 HDB3 码或 CMI 码变换为 NRZ 码。

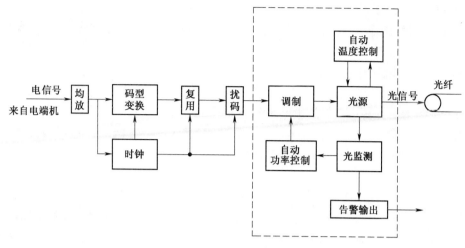

图 1-42　直接调制光发送机的构成框图

(3) 复用

复用是用一个传输信道同时传送多个低容量的信号以及开销信息的过程。例如,将 63 个 E1 帧时分复用成 STM-1 帧。

(4) 扰码

当信号码流中出现长连"0"或"1"时,接收端从信号码流中提取时钟信号困难。为了避免长连"0"或"1"现象的发生,数字光发送机中需添加扰码电路。扰码电路是利用一定规则对可能含有长连"0"或"1"信号码流进行扰码,使信号达到"0""1"等概率出现,利于接收端提取时钟信号。经过扰码后的信号码流传输到接收端后,还要进行解扰码,来还原原始信号码流。

(5) 时钟提取

码型变换、复用和扰码都是以时钟信号为依据。在均衡放大电路之后,发送机中的时钟提取电路提取电端机发送过来信号码流中的时钟信号,供给码型变换、复用和扰码等电路使用。

(6) 调制电路

光源调制电路将经过扰码后的电信号码流转换成光信号码流,它们所携带的信息不变。光信号的调制分为直接调制和间接调制。直接调制也称内调制,是直接用电信号调制光源,直接控制光源输出光信号的有无。这种方式简单、经济且容易实现,但是会引起输出光脉冲的相位抖动,即啁啾效应。啁啾效应使光纤的色散增加,限制了光纤通信系统容量的提高。间接调制也称外调制,是在光源的输出通路上外加调制器对光波进行调制,控制光信号的有无,可以减少啁啾效应,用于高速大容量的光通信系统中。常用的间接调制器有电折射调制器、马赫-曾德尔干涉仪(M-Z)型调制器、声光布拉格调制器、电吸收(EA)调制器等。

(7) 光源

光源产生作为光载波的光信号,是光发送机的核心器件,其作用是把电信号转变成光信号,以便在光纤中传输。光源性能的好坏是保证光纤通信系统稳定可靠工作的关键。目前光纤通信系统使用的光源有 LED 和 LD。

(8) 自动温度控制(ATC)和自动功率控制(APC)电路

光发送机的光源使用一段时间后将出现老化,会使输出光功率降低,APC 电路通过监测输出光功率的变化调整调制器的工作电流,使输出光功率保持稳定。

LD 对温度很敏感,随着温度的升高,它输出的光功率和光谱的中心波长都会发生变化。需要使用自动温度控制电路来稳定 LD 工作温度和输出光功率。

(9)其他保护、监测电路

除了上述电路以外,光发送机还有一些保护、监测电路,如光源过流保护电路、无光告警电路、LD 寿命告警等。光源过流保护电路是防止光源二极管的反向冲击电流过大而损坏光源。当光发送机电流故障、输入信号中断或激光器失效时,都将使激光器"长时间"不发光,这时无光告警电路发出告警指示。当激光器的工作偏流大于原始值的 3~4 倍时,LD 寿命告警电路发出告警信号。

图 1-42 中虚线框内的电路属于光发送电路部分,虚线框外属于编码电路部分。最初许多厂家将两者分成不同的电路板来制作,随着集成电路的发展,生产企业将光发送电路和编码电路集成在一块电路板上制作。图 1-43 所示为 WTOS-02C 型视频光发送机的电路,光发送电路和编码电路集成在一块电路板上实现。

图 1-43　WTOS-02C 型视频光发送机

(四)光发送机性能指标

光发送机主要指标有平均发送光功率、消光比和调制特性。光纤通信系统对光发送机的要求是:有合适的输出光功率、较好的消光比、调制特性好。

1. 平均发送光功率

光发送机的平均发送光功率是光发送机的一个重要参数,其大小决定了容许的光纤线路损耗,从而决定了通信距离。平均发送光功率指在发送"0""1"码等概率的情况下,光发送机输出的平均光功率,记为 P_T,工程上用 dBm 为单位。

平均发送光功率越大,光纤通信的中继距离就越长。但是发送光功率太大,光纤通信系统会处于非线性状态,也会损坏光接收机,将对光纤通信产生不良影响。故光发送机要有合适的输出光功率。

2. 消光比

消光比定义为光发送机发送全"1"码的光功率 P_{11} 与发送全"0"码的光功率 P_{00} 之差。

由于伪随机码中"0"和"1"码等概率,因而,发送全"1"码时的光功率为伪随机码时光功率 P_T 的 2 倍(即高 3 dB),$P_{11} = 3 + P_T$。

理想情况下,光源"0"码调制时,光发送机应没有光功率输出。但实际上由于光发送机自身的缺陷,在"0"码时会有很小的光功率输出,这将给光纤通信系统引入噪声,造成光接收机的灵敏度降低。为了保证接收机有足够的灵敏度,光发送机要有较好的消光比,一般要求大于 10 dB。

3. 调制特性

光发送机的调制特性好是指光源的 P-I 曲线在使用范围内有好的线性特性。否则,将产生非线性失真。

二、任务实施

本任务的目的是测试光发送机的平均发送光功率和消光比两个性能指标。

1. 材料准备

码型发生器 1 台、光发送机 1 台、光功率计 1 台、2 m 光纤跳线 1 根、电缆 1 根。

2. 实施步骤

(1) 平均发送光功率测试

平均发送光功率的测试步骤如下:

①如图 1-44 所示连接光发送机和光功率计。

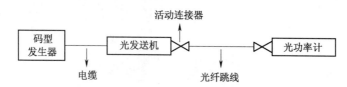

图 1-44 光发送机性能指标的测试原理

用电缆连接光发送机的电输入端与码型发生器的码型输出端[码型发生器送 $2^{23}-1$ 的伪随机码(伪随机码中"0""1"码等概率),使光发送机正常工作。],用光纤跳线连接光发送机的输出端和光功率计的 IN 接口。

②用光功率计测得的光功率为光发送机的平均发送光功率。

设置光功率计的波长与光发送机工作波长(如 1 310 nm)一致,选择单位为 dBm,稳定几十秒后,测试接收光功率,记为 P_T。

(2) 消光比测试

消光比的测试步骤如下:

①连接光发送机和光功率计,码型发生器 $2^{23}-1$ 的伪随机码。

②拔出光发送机中的编码盘电路,即将光端机的输入信号切掉,此时光发送机无编码信号送入,即发送全"0"码,测出接收到的光功率,记为 P_{00}。

③根据 $EXT = 3 + P_T - P_{00}$ 计算出消光比。

由于目前光发送机电路集成度较高,难以切断编码器的输入,给消光比的测试造成困难。

任务 2:光接收机测试

任务:理解光接收机的工作原理,掌握光接收机性能指标的计算和测试方法。

要求:能识别光接收机的电路组成部分,能根据性能指标选择合适的光接收机,会测试光接收机的性能指标。

一、知识准备

（一）光接收机工作原理

光发送机发出的光信号在光纤中传输一段距离后,不仅幅度被损耗,脉冲波形被展宽,还夹杂着许多噪声。光接收机的作用是将从光纤传输过来的微弱光信号经光电检测器转换成电信号,并对电信号进行足够的放大,输出一个适合于定时判决的脉冲信号送到判决电路,使之能够正确地恢复出原始数字电信号。

光接收机由光电检测器、前置放大器、主放大器、均衡器、再生判决电路和自动增益控制电路(AGC)等电路组成,如图1-45所示。光发送机有扰码、复用和码型变换电路,为了实现信号的透明传输,光接收机还需有解扰码、解复用和码型反变换电路,还原与电发送端发出相同的数字电信号,送到电接收机。

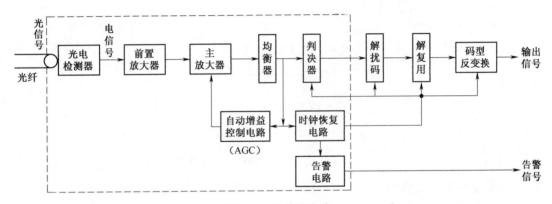

图 1-45　光接收电路

(1) 光电检测器

光电检测器的功能是把光信号变为电信号,便于其后的电路进行放大。光纤通信系统中,常用的光电检测器有 PIN 和 APD 两种,它们都是工作在反向偏压下。PIN 使用简单,只需 10～20 V 偏压即可工作,不需要专门的偏压控制电路,但 PIN 没有增益。APD 具有 10～200 倍的增益,使信噪比得到有效的改善,但使用比较复杂,需要专门的偏压控制电路,以提供 200 V 左右的偏压,还要采取温度控制措施使 APD 的倍增系数不受温度影响。

(2) 放大器

光电检测器输出的光电流十分微弱,需要将这种微弱的电信号通过多级放大器进行放大,才能保证通信的质量。光接收机的放大器分为前置放大器和主放大器两部分。前置放大器着重于优良的信噪比,把来自光电检测器的微弱电压放大到 mV 量级。主放大器主要用来提供高的增益,把来自前置放大器的信号放大到适合判决电路所需的电压,它的输出一般为 1～3 V。

(3) 均衡器

均衡器的作用是对主放大器输出的有失真的数字脉冲信号进行整形,使之成为最有利于判决且码间干扰最小的正弦波形。主放大器输出的信号存在脉冲拖尾现象,在邻码判决时刻对邻码存在干扰。经过均衡器均衡后的波形瞬时值在本码判决时刻最大,波形的拖尾在邻码判决时刻的瞬时值为零,从而减少了对邻码的干扰。

图 1-46 显示了光接收机中各电路的信号波形。

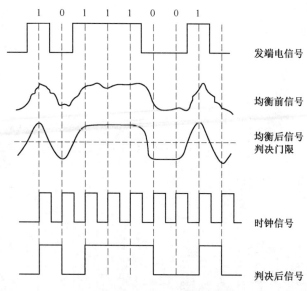

图 1-46 光接收机中的信号

均衡器输出信号的各种可能状态和状态之间的变化,经过高速示波器反复扫描、叠加后看到的波形很像睁开的眼睛,称为眼图。"眼"在垂直方向和水平方向的张开度,直接显示了光纤通信系统的传输特性,"眼"张开得大表示系统性能优良。

观察眼图可以估算出光接收机码间干扰的大小,图 1-47 分别是理想的眼图和实际测得的眼图。

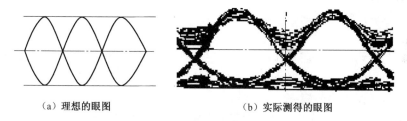

(a) 理想的眼图　　　　　(b) 实际测得的眼图

图 1-47 光接收机的眼图

当输出端信噪比很大时,眼图张开度主要受码间干扰的影响。眼图测量时将接收机均衡输出的脉冲序列送到示波器的 Y 轴,用时钟信号作为外触发,使与其码元周期同步,此时示波器上就会显示出随机序列像人眼的图形。如果接收的信号没有干扰及波形的畸变,各段波形完全重复,恰似睁开的眼睛,示波器既细又清晰。而当码间干扰,波形畸变加上噪声时,扫描示波线不能完全重合,眼图线迹就变得既粗又不清晰。

(4) 自动增益控制(AGC)电路

AGC 电路是为了适应光接收机接收到的光功率的变化而设的。光源随时间变化渐渐老化导致光功率变小、环境温度的变化导致光纤损耗改变、通信距离不同或选用的光纤不同,都会使进入接收机的光功率不同。这就要求接收机有一定范围的自动增益控制能力,根据均衡后的电压值调节主放大器的增益使得主放大器输出的信号幅度变化不大。

(5) 再生判决电路

再生判决电路由判决器和时钟恢复电路组成,它是对均衡器输出的正弦波形在最佳时刻进行取样,将取样幅度与判决门限值进行比较,判决出码元是"0"还是"1",从而恢复成电发送端发出的矩形波信号。

图 1-45 中的虚线框内属于光接收电路部分,虚线框外的解扰码、解复用、码型反变换属于译码电路部分。最初许多厂家将两者分成不同的电路板来制作,随着集成电路的发展,生产企业将译码电路和光接收电路集成在一块电路板上制作。图 1-48 所示为 WTOS-02C 型视频光接收机电路板,译码电路和光接收电路集成在一块电路板上实现。

图 1-48　WTOS-02C 型视频光接收机

(二) 光接收机性能指标

光接收机性能指标有灵敏度和动态范围两种。光纤通信系统对光接收机的要求是:有较高的灵敏度和较大的动态范围。

1. 灵敏度

灵敏度是与误码率联系在一起的。在数字光纤通信系统中,接收的光信号经检测、放大、均衡后进行判决再生。由于光接收电路中噪声的存在,接收信号就有被误判的可能。误码率是指接收码元被错误判决的概率。

误码率越大,说明发生误码的机会越多,信号失真程度也越大。一旦误码率超过一定值,通信将不能正常进行,因此系统对误码率有一个指标要求。不同的系统对误码率的要求不同。市话单波系统要求误码率低于 1×10^{-10},长途干线单波系统要求误码率低于 1×10^{-11},光纤接入网和波分系统要求误码率低于 1×10^{-12}。

灵敏度是指系统在满足一定误码率门限条件下,光接收机允许的最低接收光功率,表示为 $P_{R\min}$,工程上常用 dBm 为单位。

光接收机接收灵敏度反映光接收机接收微弱光信号的能力。灵敏度越高,光接收机的质量越好,系统的中继距离就越长。

2. 动态范围

动态范围是指光接收机保证接收电路正常工作的前提下,所允许的接收光功率的变化范围,即所容许的最大接收光功率(即过载光功率 $P_{R\max}$)与最小接收光功率(即灵敏度 $P_{R\min}$)之差,表示为 D,工程上常用 dB 为单位。

光接收机的过载光功率表示它接收强信号的能力。当接收机接收的光功率开始大于灵敏度时,信噪比的改善会使误码率变小。但是若光功率继续增加到一定程度,接收机前置放大器将进入非线性区域,继而发生饱和或过载,使信号脉冲波形产生畸变,导致码间干扰迅速增加,误码率开始变大。当误码率刚好为系统的门限值($BER_{市话}=1\times10^{-10}$、$BER_{长途}=1\times10^{-11}$或 $BER_{波分}=1\times10^{-12}$)时,其接收机的接收光功率为光接收机的过载光功率。这时如果接收光功率仍在继续增加,接收光功率将大于过载光功率,系统误码率将继续恶化,严重时会导致接收设备损坏。

当接收光功率介于接收灵敏度和过载光功率之间时,系统误码率会在系统规定的误码率以下,这个范围称为光接收机的动态范围,即接收机的正常工作范围。图1-49显示光接收机动态范围与接收灵敏度和过载光功率之间的关系。

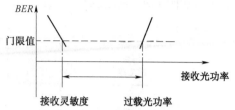

图1-49 光接收机动态范围示意图

随着时间的增长,光源的输出光功率也将有所变化。当光缆路由变化或环境温度变化时,光缆线路上的损耗将发生变化。因而,保证光接收机有一定的动态范围,才能适应不同的光缆路由和环境条件,满足设备性能下降和光线路维护(如增加接头点)中光损耗变化的需要。一台质量好的光接收机应有较宽的动态范围。在市话和长途干线光纤通信系统中,要求光接收机的动态范围应不小于18 dB。

为了避免光接收机处于过载状态而受到损坏,在工程使用时,要求接收光功率比灵敏度高3 dB,比过载光功率低5 dB。故在光纤通信系统调测和维护时,最好在光纤线路上增加一个光衰减器,防止损坏接收器件。

例如:某市话光纤通信系统中光接收机灵敏度为 -41 dBm($BER=10^{-10}$),动态范围为 39 dB。若光接收机接收到的光功率为 800 μW,该光纤通信系统能否正常工作?如果需系统正常工作,可采取何种措施?

解:因为 $D = P_{R\max} - P_{R\min}$

故 $P_{R\max} = D + P_{R\min} = 39 + (-41) = -2$ dBm

将 800 μW 转换为 dBm 单位:

$$P_{收} = 10\lg\left(\frac{800\ \mu W}{1\ mW}\right) = 10\lg\left(\frac{800\times10^{-3}\ mW}{1\ mW}\right)$$
$$= 10\lg(2^3\times10^{-1}) = 10\lg 2^3 + 10\lg 10^{-1}$$
$$= 9 - 10 = -1\ dBm$$

可见 -1 dBm > -2 dBm,即 $P_{收} > P_{\max}$,接收到的光功率为 800 μW 时接收端光功率过载,系统不能正常工作。

若需系统正常工作,接收光功率应介于 -41 dBm $+3$ dB ~ -2 dBm -5 dB,即 -38 dBm ~ -7 dBm。可在接收机之前增加大于 -1 dBm $-(-7$ dBm$) = 6$ dB 且小于 -1 dBm $-(-38$ dBm$) = 37$ dB 的光衰减器,使光接收机接收到的光功率高于接收灵敏度3 dB且低于过载光功率5 dB。

若光接收机接收到的光功率低于灵敏度,需要更换灵敏度更高的光接收机或在光发送机和光接收机之间增加光中继器。

二、任务实施

本任务的目的是测试光接收机的灵敏度和动态范围两个性能指标,观察光接收机的眼图。

1. 准备材料

由码型发生器和误码检测仪组成的误码分析仪1台、光发送机1台、光接收机1台、光衰减器 1 台、光功率计 1 台、高速示波器 1 台、2 m 光纤跳线 3 根、电缆两根。

2. 灵敏度测试步骤

光端机接收灵敏度的测试步骤如下：

(1) 如图 1-50 所示，连接光端机和仪器，码型发生器送 $2^{23}-1$ 伪随机码。

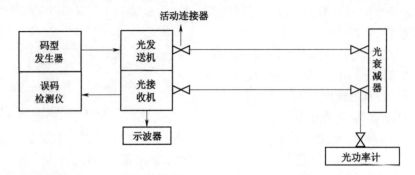

图 1-50　光接收机性能指标的测试原理

用电缆连接光发送机的电输入端与误码分析仪的输出端，用电缆连接光接收机的电输出端与误码分析仪的输入端，用电缆连接光接收机的眼图输出端与示波器的输入端。用光纤跳线连接光发送机的发送端和光衰减器的 IN 接口，用光纤跳线连接光接收机的接收端和光衰减器的 OUT 接口。设置误码分析仪光标置于"结果"位置，选择"34M""$2^{23}-1$""HDB3""BE"。

(2) 调节光衰减器增大

调节光衰减器处于适当位置，观察示波器出现清晰的眼图，观察误码仪测得的误码率 $BER<$ 系统门限值，观察光端机误码告警信号灯处于熄灭状态。

逐步增大光衰减器的损耗，使输入到光接收机的光功率逐步减少，直至系统处于误码状态，观察误码仪测得的误码率 $BER>$ 系统门限值，观察误码告警灯被点亮示波器出现眼图模糊；误码严重时光端机会出现失步告警。

然后略微减少光衰减器的损耗，使输入到光接收机的光功率略增大，当系统处于误码告警临界点（$BER=$ 系统门限值），稳定一段时间。由于误码是随机出现的，因此必须保持一定的测试时间。测试时间与系统的速率和误码率有关，速率越低，误码率越小，所需的测试时间就越长。

(3) 测试接收光功率

为了减少光接收机光纤接口的损坏率，使用另外 1 根光纤跳线来替换光衰减器与光接收机之间的光纤跳线。取下光衰减器 OUT 接口上的光纤连接器，用光纤跳线连接光衰减器 OUT 接口和光功率计的 IN 接口，此时测得光功率为光端机的接收灵敏度 $P_{R\min}$。

3. 动态范围测试步骤

光端机光接收机动态范围的测试步骤如下：

(1) 连接光端机和仪器。

(2) 调节光衰减器减少

调节光衰减器处于适当位置，观察示波器出现清晰的眼图，误码仪测得的误码率 $BER<$ 系统门限值，光端机告警信号灯处于熄灭状态。逐步减少光衰减器的损耗，使输入到光接收机的光功率逐步增大，直至系统处于误码告警状态，观察误码仪测得的误码率 $BER>$ 系统门限值，观察示波器出现眼图模糊，误码严重时光端机会出现失步告警。

略微增大光衰减器的损耗，使输入到光接收机的光功率略减少，当系统处于误码告警临界点（BER = 系统门限值），稳定一段时间。

(3) 测试接收光功率

取下光衰减器 OUT 接口上的光纤连接器，用光纤跳线连接光衰减器的 OUT 接口和光功率计的 IN 接口，此时测得的光功率为光接收机的过载光功率 P_{Rmax}。

注意：在实际使用中，为了避免接收光功率大于过载光功率损坏器件的现象发生，目前许多厂家生产的光接收机的动态范围较宽，过载光功率较高，常大于发送机的最大发送光功率，从而难以测试到过载光功率。

(4) 计算动态范围

过载光功率 P_{Rmax} 与接收灵敏度 P_{Rmin} 之差即为动态范围。

任务 3：光中继器测试

任务：掌握光中继器的功能和作用，掌握光中继器的工作原理。
要求：能区分光电型中继器和全光型中继器，测试光中继器对光信号的放大作用。

一、知识准备

由于光纤本身具有损耗特性和色散特性，经过一段距离的传输后，使得光信号的幅度会下降和波形畸变。对于长距离的传输，需要每隔一定距离设置一个光中继器。光中继器的作用是补偿光信号的幅度损耗，对畸变失真的信号波形进行整形，恢复光信号的形状和时钟信号，即再放大、再整形、再定时，简称 3R。

光中继器分为光电型中继器和全光型中继器。

1. 光电型中继器

光电型中继器是先用光电检测器将光纤送来的微弱的光信号转换成电信号，经过放大、整形和再生，恢复出原来的数字电信号，然后再对光源进行调制，产生光信号向下一段光纤传输，如图 1-51 所示。光电型中继器并不是直接将光接收机和光发送机结合在一起，只是光接收电路和光发送电路的组合，不包括光接收机的译码电路部分和光发送机的编码电路部分。

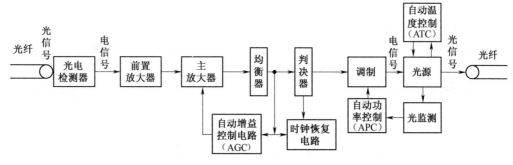

图 1-51 光电型中继器

2. 全光型中继器

全光型中继器是利用光发大器直接在光域对微弱的光信号进行幅度放大，其结构如图 1-52 所示。目前，全光型中继器对波形的整形不起作用。

全光型中继器主要是利用 EDFA 实现对光信号的放大。掺铒光纤放大器的波长为 1 550 nm。实际使用时，将掺铒光纤放大器安放在光纤线路中，两端与传输光纤直接对接，将 1 550 nm 波长的光信号直接放大,实现光信号的中继。

全光型中继器设备简单,没有光—电—光的转换过程,工作频带宽。全光型中继器使用光放大器作中继器时对波形的整形不起作用。

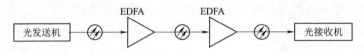

图 1-52　EDFA 用作光信号放大的全光型中继器

二、任务实施

本任务的目的是测试光中继器对光信号的放大作用。

1. 材料准备

光发送机 1 台,光接收机 1 台,光中继器 1 台,光衰减器 1 台,2 m 光纤跳线 3 根,50 km 光纤跳线 1 根。

2. 实施步骤

(1) 如图 1-50 所示,连接光端机和仪器,码型发生器送 $2^{23}-1$ 伪随机码。用光衰减器模拟工程中的光缆线路损耗。

(2) 调节光衰减器增大

调节光衰减器处于适当位置,观察示波器出现清晰的眼图。然后逐步增大光衰减器的损耗,系统处于临界误码告警状态,观察示波器出现眼图模糊,光端机出现失步告警。说明此时接收光功率刚低于灵敏度。

(3) 测试光衰减器输出光功率

取下光衰减器 OUT 接口上的光纤连接器,连接到光功率计的 IN 接口,测得光衰减器输出光功率 P_1。

(4) 测试光中继器的放大作用

取下光功率计的 IN 接口上的光纤连接器,连接到光中继器的 IN 接口上。用一根 2 m 的光纤跳线连接光中继器的 OUT 接口和光功率计的 IN 接口,测得光中继器的输出光功率 P_2。计算光中继器对光信号的放大为 $P_2 - P_1$。

(5) 光中继器延长了传输距离

取下连接光中继器和光功率计的光纤跳线。用一根 50 km 的光纤将光中继器和光接收机连接起来,如图 1-53 所示。观察示波器出现清晰的眼图,光端机告警消失。说明此时接收光功率介于灵敏度和过载光功率之间,光纤通信系统处于正常工作状态。可见,由于光中继器的插入,可以至少延长 50 km 的光纤传输距离。

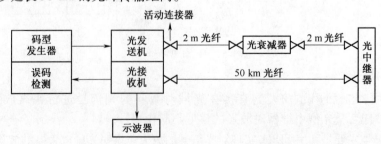

图 1-53　光中继器延长了光纤传输距离

任务4:光纤通信系统设计

任务:理解数字光纤通信系统的设计步骤,掌握光纤通信系统工作波长、光纤类型、光检测器、光源的选定方法。

要求:能进行数字光纤通信系统简单设计,会计算出光纤通信系统的最长中继距离和最短中继距离。

一、知识准备

光纤通信系统的描述和指标有比特率、传输距离、码型和误码率等,其中误码率是保证传输质量的基本指标,受多种因素制约,与光探测器性能、前置放大器性能、码速、光波形、消光比以及线路码型有关。光纤通信系统设计的任务就是要通过适当选择器件以减小系统噪声的影响,确保系统达到要求的性能。

光纤通信系统设计的主要步骤如下:

1. 确定传输容量

首先根据通信系统的业务要求确定光纤通信系统的传输容量。光纤通信系统的传输带宽越大,传输容量就越大。系统的传输带宽除了与光纤的色散特性有关以外,还与光发射机和光接收机等设备有关。工程上常用系统上升时间来表示系统的传输带宽。系统的上升时间定义为:在阶跃脉冲作用下,系统响应从幅值的10%上升到90%所需要的时间,如图1-54所示。系统带宽与上升时间成反比,脉冲上升时间越短,调制的带宽就越大,系统容量越大。

光纤通信系统的传输容量还与通道数量及单通道速率有关,如10 Gbit/s的单通道系统、40×100 Gbit/s的四十通道系统。

2. 确定工作波长

在系统的传输容量确定后,就应确定系统的工作波长,然后选择工作在这一区域内的光纤器件。如果系统传输距离不太远,工作波长可以选择在850 nm窗口;如果传输距离较远,应选择1 310 nm或1 550 nm窗口。远距离单波长系统常采用1 310 nm窗口和1 550 nm。由于1 550 nm附近的工作频带比1 310 nm较大,波分

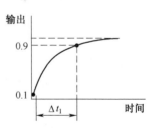

图1-54 系统上升时间

复用系统一般选择1 550 nm窗口。光纤接入网的以太网无源光网络(EPON)和吉比特无源光网络(GPON)也采用波分技术,上行采用1 310 nm波长,下行采用1 490 nm波长。

3. 选择光纤类型

光纤类型的选择应该根据通信容量的大小和工作波长来决定。多模光纤和单模光纤除了工作模式上的差别外,在带宽、损耗常数、尺寸和价格等方面存在较大差异。

多模光纤的带宽比单模光纤带宽小得多,损耗比单模光纤大得多,但芯径较大,数值孔径也较大,有利于光源光功率耦合到光纤中,且对于光纤连接器和适配器的要求都不高,比较适用于低速、短距离的系统和网络,典型的应用有计算机局域网、光纤用户接入网等。

单模光纤的带宽较宽,损耗较低,比较适合高速、长距离的系统,典型的应用有SDH、DWDM、OTN系统等。单波长系统或粗波分系统常采用G.652单模光纤,波分复用系统一般选用G.655、G.656单模光纤或G.652单模光纤加色散补偿光纤,光纤接入网中采用G.652或

G.657 单模光纤。

选定光纤类型以后,还要确定光纤的损耗系数、色散系数、光纤的平均接头损耗,光通道功率代价、光缆富余度,以及光缆成端时光纤适配器与尾纤的熔接损耗。

4. 光接收机选取

光接收机的核心器件是光电检测器,光电检测器的选取通常放在光源之前。接收灵敏度和过载光功率是选择光电检测器主要考虑的参数,此外还应综合考虑成本和复杂程度。PIN与APD相比,结构简单,成本较低,但灵敏度没有APD高,目前它们经常与前置放大器组合成组件使用。光电检测器确定后,就选定光接收机。随着光接收机的选定,光接收机的接收灵敏度和动态范围就确定。

5. 光发送机选取

光发送机最核心的器件是光源,光源的选择要考虑系统的色散、数据速率、传输距离和成本等参数。LD 的谱线宽度比 LED 的要窄得多。在波长 800~900 nm 的区域里,LED 的谱线宽度与石英光纤色散特性的共同作用将带宽距离积限制在 150 Mbit/(s·km)以内,要达到更高的数值,在此波长区域内就要用 LD 激光器。当波长在 1 300 nm 附近时,光纤的色散很小,此时使用 LED 可以达到 1 500 Mbit/(s·km) 的带宽距离积。若采用 InGaAsP 激光器,则 1 300 nm 波长区域上的带宽距离积可以超过 25 Gbit/(s·km)。在 1 550 nm 波长区域内,单模光纤的极限带宽距离积约为 500 Mbit/(s·km)。

一般而言,LD 耦合进光纤的功率比 LED 要高出 10~15 dB,因此采用 LD 可以获得更大的无中继传输距离,但是价格要昂贵许多,所以要综合考虑加以选择。光源确定后,就选定光发送机。随着发送机的选定,光发送机的平均发送光功率和消光比就确定。

6. 中继距离预算

当两个站点之间的传输距离确定后,需要预算出中继距离(即中继器距发送机之间的距离)。若中继距离小于两个站点之间的传输距离,则需要在站点中间增加光中继器。

当光源和光电检测器选定以后,色散和损耗是限制光纤通信系统中继距离的最终决定因素。中继距离的预算分为损耗受限系统和色散受限系统两种情况。

(1)损耗受限系统中继距离预算

当光纤通信系统的传输带宽(包括光纤、光源和光检波器的带宽)与系统码速率相比足够大时,系统带宽对光接收机灵敏度的影响可以忽略,中继距离由光信号发送端(S点)和光信号接收端(R点)之间的光通道损耗决定,这种系统称为损耗限制系统。

数字光纤通信系统设计的基本方法是最坏值设计法。所谓最坏值设计法,就是在设计中继距离时,将所有参数值都按最坏值选取,而不管其具体分布如何。在用最坏值法设计数字光纤通信系统时,对光纤设备和光缆线路都预先设定富余度。通常发送机富余度取 1dB 左右,而接收机富余度取 2~4 dB,设备总富余度为 3~5 dB。设备富余度是一个估计值,用于补偿器件老化、温度波动以及将来可能加入的链路器件引起的损耗。

光发送机发送的光功率减去光纤链路的损耗和系统富余度,即为光接收机的接收光功率。光纤链路的损耗包括光纤损耗、连接器损耗、接头损耗、分路器和损耗器等元件设备的插入损耗。图 1-55 显示了光纤通信系统整个光通道损耗的组成,包括光纤适配器损耗、尾纤熔接损耗、光纤本身损耗、光纤接头损耗、光缆富余度和设备富余度、光通道功率代价。

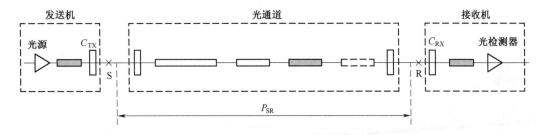

图 1-55 光通道损耗的组成

按照 ITU-T G.957 的规定,允许的光通道损耗 P_{SR} 为

$$P_{SR} = P_T - P_R - P_0 \tag{1-4}$$

式中,P_T 为发送光功率,P_R 为接收光功率,P_0 为光通道功率代价。P_0 与发送机光源特性及光通道色散和反射特性有关,可以等效为附加接收损耗。

实际 S-R 点的允许损耗为

$$\begin{aligned} P_T - P_R &= P_{SR} + P_0 \\ &= A_f \cdot L + A_S \cdot N + M_C L + M_e + 2A_C + P_0 \\ &= A_f \cdot L + A_S \cdot \left[\text{Roundup}\left(\frac{L}{L_f}\right) + 1 \right] + M_C L + M_e + 2A_C + P_0 \\ &\approx \left(A_f + \frac{A_S}{L_f} + M_C \right) \cdot L + A_S + M_e + 2A_C + P_0 \end{aligned} \tag{1-5}$$

式中,N 为光纤熔接接头数量,Roundup( ) 是向上取整函数,如 Roundup(2.1) 为 3,Roundup$\left(\frac{L}{L_f}\right)$ 为光纤段数。由于光发送机到光接收机之间的中继段光纤两端在 ODF 架中各有 1 个熔接接头,N 为光纤段数加 1。A_f 为光纤的平均损耗系数,L 为光纤中继距离,A_S 为光纤接头平均损耗,L_f 为单盘光缆的盘长(一般为 2 km),M_C 为光缆富余度,M_e 为设备富余度,A_C 为光纤配线架或光缆终端盒上的光纤适配器及尾纤熔接损耗,按两个考虑。

当接收光功率取最小值即灵敏度 P_{Rmin} 时,可以计算出损耗受限系统最大中继距离为

$$L'_{max} = \frac{P_T - P_{Rmin} - A_S - P_0 - M_e - 2A_C}{A_f + \frac{A_S}{L_f} + M_C} \tag{1-6}$$

若要保证接收光功率变化不超过动态范围 D,应该满足 $P_0 + M_e + M_c \cdot L \leq D$。当刚好相等时,对应的中继距离最小,即

$$L_{min} = \frac{P_T - P_{Rmin} - D - A_S - 2A_C}{A_f + \frac{A_S}{L_f}} \tag{1-7}$$

(2) 色散受限系统中继距离预算

当光纤的损耗很小而系统的传输速率又足够高时,再生中继段距离由 S 和 R 点之间光通道总色散所限定,这种系统称为色散限制系统。可以根据色散来估算中继距离。

在光纤通信系统中,使用不同类型的光源,光纤色散对系统的影响各不相同。

① 采用多纵模激光器(MLM-LD)和 LED 时,系统的色散受限最大中继距离为

$$L''_{max} = \frac{10^6 \cdot \varepsilon}{f_b \cdot D_m \cdot \delta_\lambda} \tag{1-8}$$

式中,ε 为与光源有关的系数,光源为 MLM-LD 时 ε 取 0.115,光源为 LED 时 ε 取 0.306;f_b 为信号比特率,D_m 是光纤色散系数,δ_λ 为光源最大均方根谱线宽度。

②对于采用单纵模激光器直接调制时,假设光脉冲为高斯波形,允许的脉冲展宽不超过发送脉冲宽度的 10%,系统的色散受限最大中继距离为

$$L''_{max} = \frac{71\,400}{\alpha D_m \lambda^2 f_b^2} \tag{1-9}$$

式中,λ 为工作波长,D_m 是光纤色散系数,f_b 为信号比特率,α 为啁啾系数,当采用普通分布反馈式(DFB)激光器作为光源时,α 取值范围为 4~6;当采用新型的量子阱激光器时,α 取值范围为 2~4。

③对于采用单纵模激光器间接调制时,系统的色散受限最大中继距离为

$$L''_{max} = \frac{c}{D_m \lambda^2 f_b^2} \tag{1-10}$$

式中,c 为光速,λ 为工作波长,D_m 为光纤色散系数,f_b 为信号比特率。

例如:2.5 Gbit/s 光纤通信系统的工作波长 λ 为 1 550 nm,光纤色散系数 D_m 为 17 ps/(nm·km),采用啁啾系数为 3 的普通量子阱激光器时色散受限最大中继距离为 93 km;采用啁啾系数为 0.5 的电吸收 EA 调制器色散受限最大中继距离达 559 km;采用 M-Z 型外调制器的系统色散受限最大中继距离可以延长到 1 175 km 左右。

实际系统设计分析时,首先根据式(1-7)计算出最小中继距离 L_{min}。然后根据式(1-6)预算出损耗受限最大中继距离 L'_{max},根据式(1-8)至式(1-10)预算出色散受限最大中继距离 L''_{max},选择 L'_{max} 和 L''_{max} 的最小值作为最大中继距离,即 $L_{max} = \min\{L'_{max}, L''_{max}\}$。若 $L'_{max} < L''_{max}$,有 $L_{max} = L'_{max}$,则该系统为损耗受限系统;若 $L''_{max} < L'_{max}$,有 $L_{max} = L''_{max}$,则该系统为色散受限系统。

最后选定的传输距离 L 应介于最小中继距离和最大中继距离之间,即满足 $L_{min} \leq L \leq L_{max}$。

二、任务实施

本任务的目的是设计一个单波 2.5 Gbit/s 高速铁路光纤通信系统,沿途具备设站条件的候选站点间的距离为 30~58 km,系统设计要求设备富余度 M_e 为 4 dB。

1. 材料准备

无。

2. 实施步骤

(1)确定传输容量

系统传输容量为 2.5 Gbit/s。

(2)确定工作波长

由于是单波光纤通信系统,工作窗口选择 1 310 nm。

(3)选择光纤类型

根据上述 58 km 的最长站间距离选择 L-16.2 系统(其目标距离 80 km)的 G.652 单模光纤,单盘光缆在 1 310 nm 波长处的损耗系数 A_f 为 0.28 dB/km,单个光纤接头的损耗 A_S 为 0.1 dB,单盘光缆的盘长 L_f 为 2 km,活动连接器损耗 A_C 为 0.25 dB,光纤色散系数 D_m 为 20 ps/(nm·km)。光缆富余度 M_c 为 0.05 dB/km,光通道功率代价 P_0 为 2 dB。

(4)光电检测器选取

根据站点间距离选择 APD 光电检测器,确定光接收机动态范围为 23 dB,灵敏度 P_{Rmin} 为 -34 dBm。

(5)光源选取

光源选择量子阱单纵模激光器,采用直接调制,啁啾系数为 $\alpha = 3$。光发送机平均发送光功率 P_T 为 $-2 \sim 1$ dBm。系统速率为 2.5 Gbit/s,则 f_b 为 0.002 5 Tbit/s。

(6)中继距离预算

依据式(1-11)可以计算出系统的最小中继距离为

$$L_{min} = \frac{P_T - P_{Rmin} - A_S - 2A_C - D}{A_f + \frac{A_S}{L_f}} = \frac{-2 - (-34) - 2 \times 0.25 - 23 - 0.1}{0.28 + \frac{0.1}{2}} = \frac{8.4}{0.33} = 25.45$$

依据式(1-10)可以计算出损耗受限系统的最大中继距离为

$$L'_{max} = \frac{P_T - P_{Rmin} - 2A_C - P_0 - M_e - A_S}{A_f + \frac{A_S}{L_f} + M_C} = \frac{1 - (-34) - 2 \times 0.25 - 2 - 4 - 0.1}{0.28 + \frac{0.1}{2} + 0.05} = \frac{28.4}{0.38} = 74.74$$

依据式(1-13)可以计算出色散受限系统的最大中继距离为

$$L''_{max} = \frac{71\,400}{\alpha D_m \lambda^2 f_b^2} = \frac{71\,400}{3 \times 20 \times 1\,310^2 \times 0.002\,5^2} = 110.9$$

由于 $L'_{max} < L''_{max}$,最大中继距离 $L_{max} = \min\{L'_{max}, L''_{max}\} = 74.74$ km,此系统为损耗受限系统。

经计算,站点间的距离 30~58 km 包含在 $L_{min} \sim L_{max}$ 即 25.45~74.74 km 范围内,该系统能满足 30~58 km 无中继传输距离的要求。

若计算得出的 L_{min} 和 L_{max} 不能满足 $L_{min} < L < L_{max}$ 条件,则需要重新调整步骤 3~步骤 5 所选择器件的参数,使光纤的距离 L 介于 L_{min} 和 L_{max} 之间。

任务 5:以太网光纤通信系统组建

任务:了解光端机和光模块的功能,认识以太网光纤通信系统各组成部件。

要求:能识别光纤收发器,能组建以太网光纤通信系统。

一、知识准备

(一)光端机与光模块

1. 光端机

在光纤通信系统中,常使用双向通信,光发送机与光接收机集成在一起统称为光端机。根据应用范围分类,光端机分为传输光端机、视频光端机、以太网光端机。PDH 光端机、SDH 光端机、OTN 光端机均属于传输光端机范畴。以太网光端机不进行速率的变换,只是进行电信号和光信号之间的转换,一般称为光收发器。视频光端机主要是传输视频信号。目前应用较为广泛的网络摄像机和监视器之间连接主要采用以太网光收发器进行连接。

2. 光模块

随着光纤的普及应用,交换机、路由器、OLT、ONU 等设备中常嵌入光模块来进行光/电和电/光转换。光模块由光电子器件、功能电路和光接口等组成,光电子器件包括发送和接收两部分。其中,光模块的发送部分原理为:输入一定码率的电信号经内部的驱动芯片处理后驱动 LD 或 LED 发射出相应速率的调制光信号,其内部带有光功率自动控制电路,使输出的光信号功率保持稳定。光模块的接收部分原理为:一定码率的光信号输入模块后由光检测二极管转换为电信号,经前置放大器后输出相应码率的电信号。在输入光功率小于灵敏度或大于过载光功率时,光模块会输出一个告警信号。

(1) 光模块按照速率分为:以太网应用的 100Base、1000Base、10GE、40GE,SDH 应用的 155 Mbit/s、622 Mbit/s、2.5 Gbit/s、10 Gbit/s、40 Gbit/s 和 OTN 应用的 10 Gbit/s、40 Gbit/s、100 Gbit/s。

(2) 光模块按照封装分为:1×9、SFF、GBIC、SFP、XENPAK、X2、XFP、QSFP、BIDI,各种封装如图 1-56 所示。

图 1-56　光模块的封装形式

1×9 封装为焊接型光模块,一般速度不高于千兆,多采用 SC 接口。

SFF 封装为焊接小封装光模块,一般速度不高于千兆,多采用 LC 接口。由于 SFF 小封装模块采用了与铜线网络类似的 MT-RJ 接口,大小与常见的以太网铜线接口相同。

GBIC 封装全称为千兆以太网接口转换器,是将千兆位电信号转换为光信号的接口器件,采用 SC 接口。

SFP 封装为小型可插拔收发光模块,目前最高速率可达 4 Gbit/s,多采用 LC 接口。SFP 可以简单地理解为 GBIC 的升级版本。SFP 模块体积比 GBIC 模块减少一半,比 X2 和 XFP 封装也更紧凑。SFP+光模块的外形和 SFP 光模块是一样的,用于 10 Gbit/s 以太网和 8.5 Gbit/s

光纤通信系统。

XENPAK 封装应用在万兆以太网,采用 SC 接口,安装到电路板上时需要在电路板上开槽,实现较复杂,无法实现高密度应用。

X2 光模块由 XENPAK 光模块的标准演变而来,只有 XENPAK 的一半左右,可以直接放到电路板上,因此适用于高密度的机架系统和 PCI 网卡应用。

XFP 封装为 10 Gbit/s 光模块,多采用 LC 接口。相比 SFP+ 光模块,XFP 光模块还具有信号调制功能、串行/解串器、MAC、时钟和数据恢复(CDR)以及电子色散补偿(EDC)功能,尺寸更大,功耗更高。

QSFP 采用四通道 10 Gbit/s SFP 接口,是为了满足市场对更高密度的可插拔解决方案而产生的,传输速率达到 40 Gbit/s。

BIDI 光模块使用 WDM(波分复用)双向传输技术,实现了在一根光纤上同时进行光通道内的双向传输。BIDI 光模块只有一个插孔,通过整合的双向耦合器在一根光纤上进行信号的发射与接收。

(3)根据功能分为:光接收模块、光发送模块、光收发一体模块和光转发模块等。

光收发一体化模块是光纤通信中重要的器件,其主要功能是实现光/电或电/光变换,包括光功率控制、调制发送,信号探测、IV 转换以及限幅放大判决再生功能,此外还有防伪信息查询、TX-disable 等功能,常见的光收发一体化模块有 SFP、SFF、SFP+、GBIC、XFP、1×9 等封装。

光转发模块除了具有光电变换功能外,还集成很多的信号处理功能,如 MUX/DEMUX、CDR、功能控制、性能量采集及监控等功能。常见的光转发模块有 200/300pin、XENPAK、X2/XPAK 等。

3. 光模块的主要参数

(1)传输速率

光模块的传输速率有 100 Mbit/s、1 Gbit/s、2.5 Gbit/s、10 Gbit/s、40 Gbit/s、100 Gbit/s 等类型。

(2)传输距离

光模块的传输距离分为短距、中距和长距三种。一般认为 2 km 及以下为短距离,2~20 km 为中距离,20 km 以上为长距离。用户需要根据自己的实际组网情况选择合适的光模块,以满足不同的传输距离要求。

光模块可传输的距离主要受到损耗和色散两方面限制。对于百兆、千兆的光模块,色散受限中继距离远大于损耗受限中继距离,可以不考虑色散。

(3)中心波长

中心波长是指光信号传输所使用的光波段。目前常用的光模块的中心波长主要有 850 nm 波段、1 310 nm 波段以及 1 550 nm 波段三种。850 nm 波段多用于小于 2 km 的短距离传输;1 310 nm 和 1 550 nm 波段多用于 2 km 以上的中长距离传输。

(4)接口指标

光模块的接口指标有输出光功率、接收灵敏度、动态范围、过载光功率等。

二、任务实施

任务情景:某高铁站场安装有一台摄像机,车站的监控机房内有一台监视器,摄像机距监视器距离为 10 km。要求在监视器上可以看到摄像机拍摄到的视频图像,实现实时监控。

本任务的目的是使用光收发器和光纤组建一个点到点以太网光纤通信系统,进行视频信号的远距离传输。

1. 材料准备

光纤收发器两台,光纤跳线 4 根,可调光衰减器两个,网络摄像头 1 台,计算机 1 台,网线两根。

2. 实施步骤

(1)任务分析:若摄像机与监视器之间的距离在 100 m 以内可以采用网线直连。本任务中摄像机与监视器之间的距离为 10 km,需要采用光纤进行远距离传输,可通过组建点到点以太网光纤通信系统来实现,光端机的光信号和电信号速率可以相同,无需复用和解复用功能。选用 HTB-1100S 型以太网光纤收发器,用带光衰减器的光纤线路模拟 10 km 光缆线路,用计算机的显示器作为监视器。

(2)识别光纤收发器各接口和指示灯

HTB-1100S 型以太网光纤收发器如图 1-57 所示,包括 Tx 和 Rx 两个 SC 光接口,1 个 RJ-45 以太网电接口,1 个 5 V DC 电源接口。

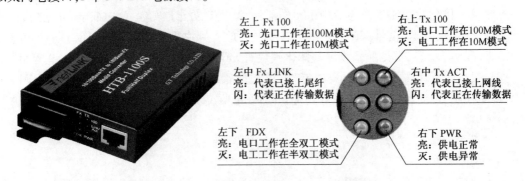

图 1-57　HTB-1100S 光纤收发器外形与指示灯

HTB-1100S 光纤收发器有 6 个指示灯:左上指示灯为 Fx 100,指示光纤线路光接口的传输速率;左中指示灯为 Fx LINK,指示光纤线路光接口的工作状态;左下指示灯为 FDX,指示该光收发器的工作模式;右上指示灯为 Tx 100,指示以太网电接口的传输速率;右中指示灯为 Tx ACT,指示以太网电接口的工作状态;右下指示灯为 PWR,指示该光收发器的供电状态。

(3)识别光纤收发器参数

HTB-1100S 光纤收发器的参数见表 1-3。

表 1-3　HTB-1100S 光纤收发器参数

名称	参数	名称	参数
适配器类别	SC/ST	最小发送光功率	−10.0 dBm
光纤类别	单模光纤	最大发送光功率	−3 dBm
波长	1 310 nm	灵敏度	−33.0 dBm
典型距离	40 km	链路预算	23.0 dB

(4)连接光纤收发器电源

用电源适配器连接在光纤收发器的 5 V DC 接口上,观察光纤收发器的左下 FDX 和右下 PWR 指示灯亮,说明电源连接正确。

(5) 连接光纤收发器的光纤线路

用光纤跳线将光纤收发器 1 的 Tx 和光纤收发器 2 的 Rx 相连,用光纤跳线将光纤收发器 2 的 Tx 和光纤收发器 1 的 Rx 相连。为了模拟任务中 10 km 光缆线路,光纤跳线中间插入光衰减器,如图 1-58 所示。从光纤收发器的性能参数可以看出,光衰减器、光纤跳线、光纤适配器组成的最大链路损耗不可大于 23 dB。

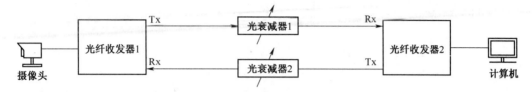

图 1-58　光纤通信系统连接示意图

(6) 调节光衰减器使光收发器工作正常

调节光衰减器 1,使光纤收发器 2 接收光功率介于灵敏度和过载光功率之间,观察光纤收发器 2 的左上 Fx 100 和左中 Fx LINK 显示灯亮,说明光纤收发器 2 接收光信号正常。

调节光衰减器 2,使光纤收发器 1 接收光功率介于灵敏度和过载光功率之间,观察光纤收发器 1 的左上 Fx 100 和左中 Fx LINK 显示灯亮,说明光纤收发器 1 接收光信号正常。

(7) 使用网线将网络摄像机和计算机分别连入两个光纤收发器的以太网接口。观察光纤收发器的右上 Tx 100 和右中 Tx ACT 显示灯亮,说明电信号收发正常。

(8) 将计算机的 IP 地址与网络摄像机的 IP 地址设置在同一网段(如摄像机的 IP 地址为 192.168.1.2,计算机的 IP 地址为 192.168.1.1,子网掩码均为 255.255.255.0)。在计算机上 Ping 通网络摄像机的 IP 地址,如图 1-59 所示。丢包率为 0%(0% Loss),说明计算机与网络摄像机已联通。

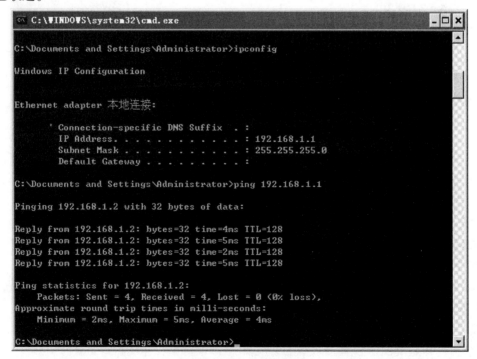

图 1-59　计算机上 Ping 通网络摄像机的 IP 地址

(9) 打开计算机的 IE 浏览器,输入摄像机的 IP 地址(如 192.168.1.2),进入摄像机的登录界面,输入用户名(如 admin)和密码(如 admin)。若在计算机监视器上能看到拍摄的视频图像,说明光纤通信系统正常工作。若在计算机监视器上看不到拍摄的视频图像,需要调节光衰减器的损耗,使光纤通信系统工作正常。

复习思考题

1. 常见的光纤连接器有哪些?
2. 常见的功能型无源光纤器件有哪些? 分别有哪些功能?
3. 已知可调光衰减器损耗范围为 1~10 dB,输入功率为 2 mW,输出功率为多少?
4. 已知 1:16 的分光器输入功率为 3 dBm,每个输出端平均的输出功率为多少?
5. 光纤通信系统对光源有什么要求?
6. 简述 LD 光源的光谱特性和光功率特性。
7. 构成激光器的必备部件有哪些? 简述各部件功能。
8. 简述激光产生的过程。
9. 光纤通信系统对光电检测器有什么要求?
10. 简述 APD 的雪崩倍增效应。
11. 画出 EDFA 的组成框图,简述各组成部分的功能。
12. 简述 EDFA 的特点。
13. 画出光发送机的电路组成框图。简述各组成部分的功能。
14. 为什么光送机需要进行温度控制和功率控制?
15. 画出光接收机的电路组成框图。简述各组成部分的功能。
16. 已知 OTR600I 光模块输出光功率为 $-10 \sim -3$ dBm,接收灵敏度为 -26 dBm($BER \leqslant 10^{-10}$),最大输入 -4 dBm。该光模块可否近距离直接相连? 为什么?
17. 已知 EPON 光纤接入网使用 1:32 分光器,OLT 光模块的输出光功率为 $2 \sim 7$ dBm,ONU 光模块的接收灵敏度为 -37 dBm($BER \leqslant 10^{-12}$),接收过载光功率为 0 dBm。实验时可否近距离直接相连? 为什么?
18. 已知某光端机灵敏度为 -40 dBm($BER \leqslant 10^{-10}$),动态范围为 38 dB。若收到的光功率为 -1 dBm,该光纤通信系统能否正常工作? 如需系统正常工作,可采取何种措施?
19. 简述光纤通信系统设计的步骤。
20. 在进行光纤通信系统设计时,损耗计算得出的最大中继距离为 55 km,损耗计算得出的最小中继距离为 25 km,色散计算得出的最大中继距离为 105 km。
    (1) 该系统为损耗受限系统还是色散受限系统? 说明原因。
    (2) 若该系统所有可设站点之间的传输距离为 30~60 km,该设计是否满足系统要求? 如不满足,应如何调节参数?
21. 在进行光纤通信系统设计时,计算得出损耗受限系统的最大中继距离为 65 km,最小中继距离为 35 km,站点之间的传输距离为 30~60 km,应如何调节参数?
22. 组建点到点以太网光纤通信系统时,仅摄像机侧光收发器的光纤连接 Fx Link 指示灯不亮,分析故障原因,说明故障解决方法。

模块二　SDH 传输系统开局

【学习目标】

本项目围绕 SDH 传输系统组建,分析了 SDH 技术的应用,重点介绍了 SDH 传输系统开局配置、业务开通和网络保护配置。教学内容选取中兴 ZXMP S385 为例,以 SDH 系统组建任务实施为导向,突出课程应用性,重在系统组建任务的完成过程。学习目标包括创建网元、配置单板、创建纤缆连接、配置时钟等 SDH 传输系统开局配置,开通 E1 业务、E3 业务、以太网业务、公务电话业务、配置网络保护等 SDH 传输系统组建任务。

知识目标:能够分析 SDH 传输系统的设备工作原理和业务开通流程。

素质目标:能够在组建 SDH 传输系统过程中,树立按章作业的安全意识。

能力目标:能够独立完成 SDH 传输系统开局配置、业务开通和网络保护配置。

【课程思政】

指导学生独立设计铁路 SDH 传输系统,让学生深刻体会我国铁路通信的大发展,提升爱国爱党爱社会主义热情。

以项目为载体,将公民道德融入教学过程,在组建 SDH 传输系统中,强化遵守规则、按章作业的安全意识,强化"爱岗敬业"道德规范。

在项目化学习中,带领学生参与工程实践,让学生身临其境领体会现场工程师在传输系统组建、调试过程中的认真仔细、责任担当,让铁色文化、工匠精神入脑入心。

【情景导入】

项目需求方:中国铁路 A 局集团有限公司。

项目承接方:中铁 B 局第 C 工程分公司。

项目背景:中国铁路 A 局集团有限公司需要在管辖范围内建设 SDH 传输系统。

担任角色:中铁 B 局第 C 工程分公司通信工程师。

项目任务:

1. SDH 技术应用分析。
2. SDH 网络管理系统安装。
3. SDH 传输系统硬件配置。
4. SDH 传输系统拓扑建立。
5. SDH 传输系统时钟配置。
6. E1、E3 业务开通。
7. 两种以太网业务开通。
8. 公务电话业务开通。

9. SDH 传输网络保护机制分析。
10. 通道保护配置。
11. 复用段保护配置。
12. 网元数据库下载。

项目1　SDH 传输系统组建

SDH 传输系统开局配置包括 SDH 网络管理系统安装、SDH 传输系统硬件配置、SDH 传输系统拓扑建立、SDH 传输系统时钟配置等步骤。

任务1：SDH 技术应用分析

任务：掌握 SDH 技术的优点和帧结构,理解 SDH 开销的含义和作用,理解指针的含义和作用。

要求：能分析国铁集团专用传输网的分层以及各层采用的传输技术。

一、知识准备

传输系统采用的传输技术主要有准同步数字体系(PDH)、同步数字体系(SDH)、密集波分复用(DWDM)、分组传送网(PTN)、光传送网(OTN)和切片分组网(SPN)等。对于大型的 SDH 和 OTN 网络,可融合智能光交换网络(ASON)等新型技术。我国公共通信网骨干层以 OTN 或 DWDM 技术为主,中继层主要采用 OTN 或 DWDM 技术,接入层较多采用 SDH/MSTP 技术、PTN 技术、SPN 技术或基于 IP 的无线接入网(IPRAN)技术。专用通信网骨干层主要采用 OTN 技术,汇聚层和接入层采用 SDH/MSTP 技术、PTN 技术或开放互联网络技术。

1. SDH 技术特点

SDH 是在 PDH 基础上发展而来的。PDH 是数字通信发展初期使用的数字传输体系,有 E 系列和 T 系列两大体系、三种地区性标准,使国际间的互通存在困难,主要兴盛于 20 世纪 80 年代至 20 世纪 90 年代初。

1988 年 ITU-T 接受了同步光网络(SONET)的概念,并进行适当的修改,重新命名为同步数字体系(SDH),使之成为不仅适于光纤,也适于微波和卫星传输的技术体制。1989 年,ITU-T 发表了 G.707、G.708 和 G.709 三个标准,从而揭开了现代信息传输崭新的一页,随后得到空前的应用和发展,直到现在还广泛应用在许多专用通信网的汇聚层和接入层中。

SDH 技术与传统的 PDH 技术相比,有下面明显的优点：

(1)统一的比特率,标准的光接口。

在 PDH 中,世界上存在着欧洲、北美及日本三种体系的速率等级。而 SDH 中实现了统一的比特率,此外还规定了统一的光接口标准,因此为不同厂家设备间互联提供了可能。

(2)极强的网管能力。

在 SDH 帧结构中规定了丰富的网管字节,使得网络管理能力大大加强。只要通过软件加载的方式,可实现对各网络单元的分布式管理,可提供满足各种要求的能力。

(3)强大的自愈功能。

SDH 设备可组成带有自愈保护能力的环网形式,这样可有效地防止传输媒介被切断,通信业务全部终止的情况。

(4)采用同步复用,分插灵活。

在 SDH 中,各种不同等级的码流在帧结构净负荷内的排列是有规律的,而净负荷与网络是同步的,因而只需利用软件即可使高速信号一次直接分出低速支路信号,避免了 PDH 对全部高速信号进行逐级分解后再重新复用的过程,网络结构和设备都大大简化,而且数字交叉连接的实现也比较容易。

为了适用 IP 技术的发展,在 SDH 的基础上增加了以太网接口和异步传输模式(ATM)接口,及其业务处理能力,形成了多业务传送平台(MSTP)。

2. SDH 帧结构

SDH 具有规范的光接口,能适应各种网络组织形式,并有很强的保护恢复能力和强大的网管功能,成为目前最广泛使用的光传输技术之一。SDH 具有统一规范的速率,信号以同步传送模块(STM)的形式传输。SDH 有 5 个速率等级,见表 2-1。基本模块是 STM-1,高等级速率 STM-N(N = 4、16、64、256)信号是将 N 个 STM-1 信号按字节间插同步复用得到的。

表 2-1 SDH 的速率等级

SDH 速率等级	标称速率	简 称
STM-1	155.520 Mbit/s	155M
STM-4	622.080 Mbit/s	622M
STM-16	2 488.320 Mbit/s	2.5G
STM-64	9 953.280 Mbit/s	10G
STM-256	39 813.120 Mbit/s	40G

SDH 的帧结构必须适应同步数字复用、交叉连接和交换的功能,同时为了便于实现支路信号的插入和取出,希望支路信号在一帧内的分布是有规律的、均匀的。为此 ITU-T 规定了 SDH 是以字节为单位的矩形块状帧结构,如图 2-1 所示。

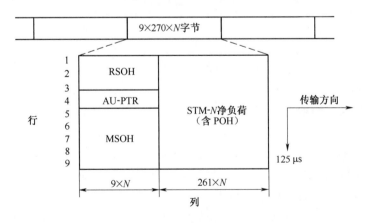

图 2-1 STM-N 帧结构

STM-1 的帧结构是由 270 列 9 行字节组成的,帧长度为 270 × 9 = 2 430 个字节,每字节含 8 bit,共有 2 430 × 8 = 19 440 bit。STM-N(N = 1、4、16、64)帧由 270 × N 列和 9 行字节组成。

这种块状帧结构中字节的传输是从左向右、由上而下按顺序逐行进行的。

STM-N 信号的帧周期为 125 μs，其帧频为 8 000 Hz（即 8 000 帧/s）。可以算出 STM-1 的传输速率为 270×9×8 bit/125 μs = 155.520 Mbit/s，STM-4 的传输速率为 270×4×9×8 bit/125 μs = 622.080 Mbit/s，STM-16 的传输速率为 270×16×9×8 bit/125 μs = 2 488.320 Mbit/s，STM-64 的传输速率为 270×64×9×8 bit/125 μs = 9 953.280 Mbit/s。

SDH 整个帧结构大体上可以分为段开销、信息净负荷和管理单元指针三个区域。

(1) 段开销(SOH)区域

段开销是指 STM 帧结构中为了保证信息灵活传送所附加的字节，这些附加字节是主要用来供网络运行、管理和维护(OAM)使用的。

(2) 信息净负荷区域

信息净负荷区域是帧结构中存放各种客户信息的地方。图 2-1 中第 1 至第 9 行、第 10×N 至第 270×N 列的 261×9×N 个字节都属于净负荷区域。

为了实时监测用户信息在传递过程中是否有损坏，在将低速信号进行打包的过程中还加入了监控开销字节——通道开销(POH)字节。POH 作为净负荷的一部分，与业务信息一起装载在 STM-N 中传送，负责对通道性能进行监视、管理和控制。

(3) 管理单元指针(AU-PTR)区域

AU-PTR 用来指示信息净负荷的第一个字节在 STM-N 帧中的准确位置，以便在接收端能正确地分解信号帧。图 2-1 中第 4 行、第 1 至第 9×N 列的 9×N 个字节是指针所处的位置。指针就是一组码，其数值大小表示信息在净负荷区域中所处的位置，通过调整指针可以调整净负荷包封和 STM-N 帧之间的频率和相位，以便在接收端正确地分解出支路信号。SDH 采用指针技术，消除了常规准同步系统中滑动缓存器引起的延时和性能损伤。

3. SDH 开销

(1) 段开销

段开销是相当丰富的，包括再生段开销(RSOH)和复用段开销(MSOH)。RSOH 位于 STM-N 帧结构的第 1 至第 3 行、第 1 至第 9×N 列，MSOH 位于第 5 至第 9 行、第 1 至第 9×N 列。对于 STM-1 而言，有 216 bit（3 行×9 字节/行×8 bit/字节）的 RSOH 和 360 bit（5 行×9 字节/行×8 bit/字节）的 MSOH 用于网络运行、维护和管理。STM-1 帧的段开销字节如图 2-2 所示。

① 定帧字节：A1 和 A2

段开销中，A1 和 A2 为定帧字节，起定位的作用，用以识别一帧的起始位置。A1、A2 有固定的值，A1 = F6H(11110110)，A2 = 28H(00101000)。STM-N 中有 3×N 个连续的 A1 和 3×N 个连续的 A2。通过 A1、A2 字节，接收端可从信息流中定位、分离出 STM-N 帧，再通过指针定位到帧中的某一个低速信号。

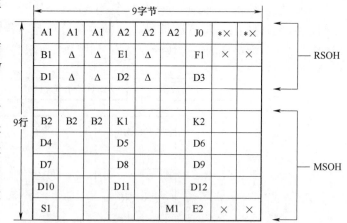

图 2-2 STM-1 帧的段开销字节

②再生段踪迹字节:J0

J0 为再生段踪迹字节,用于确定再生段是否正确连接。该字节被用来重复发送"段接入点识别符",段的接收端通过该字节确认与其预定段的发送端之间是否处于持续的连接状态。通过 J0 字节可使运营者提前发现和解决故障,缩短网络恢复时间。

③数据通信通路(DCC)字节:D1~D12

D1~D12 为 DCC 字节,为网元和网络管理系统之间、网元和网元之间传递 OAM 信息提供通路。其中,D1~D3 是再生段数据通路字节(DCCR),用于再生段终端间传送 OAM 信息;D4~D12 是复用段数据通路字节(DCCM),用于在复用段终端间传送 OAM 信息。

④公务联络字节:E1、E2

E1 和 E2 为公务联络字节,用于光纤连通但业务未通或业务已通时各站间的公务联络。E1 和 E2 分别提供一个 64 kbit/s 的公务联络语音通道。E1 属于 RSOH,用于再生段之间的公务联络;E2 属于 MSOH,用于复用段之间的公务联络。

⑤使用者通路字节:F1

F1 为使用者通路字节,提供速率为 64 kbit/s 的数据或语音通路,保留给使用者(通常指网络提供者)用于特定维护目的的临时公务联络。

⑥奇偶校验字节:B1、B2

B1 为比特间插奇偶校验 8 位码(BIP-8),用于再生段层的误码监测。B2 为比特间插奇偶校验 $N \times 24$ 位码(BIP-24$\times N$),用于复用段层的误码监测。

⑦自动保护倒换字节:K1、K2

K1、K2(b1~b5 比特)为自动保护倒换(APS)通路字节,用作传送复用段的自动保护倒换信令,保证设备能在发生故障时自动切换,响应时间较快,自动保护倒换一般小于 50 ms。K1(b1~b4 比特)为倒换请求类型;K1(b5~b8 比特)表示请求倒换的信道号;K2(b1~b4 比特)表示已经倒换的信道号;K2(b5 比特)表示保护类型,为 0 表示 1+1 保护,为 1 表示 1:N 保护。

K2(b6~b8 比特)为复用段远端接收缺陷指示(MS-RDI)字节。这是一个对告的信息,由接收端回送给发送端,表示接收端检测到来话故障或正收到复用段告警指示信号。当接收端收信劣化,将回送给发送端 MS-RDI 告警信号,以使发送端知道接收端的状态。若收到的 K2 的 b6~b8 比特为 110 码,则此信号为对端对告的 MS-RDI 告警信号;若收到的 K2 的 b6~b8 比特为 111,则此信号为本端收到复用段告警指示信号(MS-AIS),此时要向对端发 MS-RDI 信号,即在发往对端的信号帧 STM-N 的 K2 的 b6~b8 比特放入 110 码。

⑧同步状态字节:S1

S1(b5~b8 比特)为同步状态字节,不同的比特组合表示 ITU-T 规范的不同时钟质量级别,使设备能据此判定接收的时钟信号质量,以此决定是否切换时钟源,即切换到更高质量的时钟源上。S1(b5~b8 比特)的值越小,表示相应的时钟质量级别越高。

⑨复用段远端误码块指示字节:M1

M1 为复用段远端误码块指示(MS-REI)字节。这是个对告信息,由接收端回发给发送端。M1 字节用来传送接收端由 B2(BIP-$N \times 24$)所检出的误块数,以便发送端据此了解接收端的收信误码情况。

图 2-2 中△为与传输媒质有关的字节,专用于具体传输媒质的特殊功能,例如用单根光纤做双向传输时,可用此字节来实现辨明信号方向的功能。×为国内保留使用的字节,∗为不扰码字节,所有未做标记字节的用途待由将来的国际标准确定。

(2)通道开销

通道开销位于信息净负荷区域。根据监测通道速率的高低,通道开销又分为高阶通道开销和低阶通道开销。

①高阶通道开销(HP-POH)

我国 SDH 交叉颗粒为虚容器 VC12、VC3 和 VC4,分别对应于 PDH 的一次群、三次群和四次群业务。我国的 VC-4POH 属于 HP-POH。HP-POH 的位置在 VC-4 帧中的第 1 列,共 9 个字节,如图 2-3 所示。

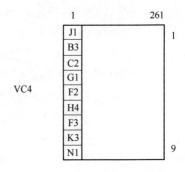

图 2-3 高阶通道开销的结构

J1 为通道踪迹字节。AU-PTR 指针指的是 VC-4 的起点在 AU-4 中的具体位置,即 VC-4 的第一个字节的位置,以使接收端能根据 AU-PTR 的值,正确地在 AU-4 中分离出 VC-4。J1 是 VC-4 的起点,则 AU-PTR 所指向的正是 J1 字节的位置。J1 被用来重复发送高阶通道接入点标识符,使该通道接收端能据此确认与指定的发送端是否处于持续连接状态。要求收发两端 J1 字节相匹配即可。

B3 为通道 BIP-8 字节,负责监测 VC-4 信号在 STM-N 帧中传输的误码性能。监测机理与 B1、B2 相类似,只不过 B3 是对 VC-4 帧进行 BIP-8 校验。

C2 为信号标记字节,用来指示 VC 帧的复接结构和信息净负荷的性质,例如通道是否已装载、所载业务种类和它们的映射方式。

G1 为通道状态字节,用来将通道终端的状态和性能情况回送给 VC-4 通道源设备,从而允许在通道的任一端或通道中任一点对整个双向通道的状态和性能进行监视。

F2、F3 为使用者通路字节,提供通道单元间的公务通信(与净负荷有关)。

H4 为 TU 位置指示字节,指示有效负荷的复帧类别和净负荷的位置,例如作为 TU-12 复帧指示字节或 ATM 净负荷进入一个 VC-4 时的信元边界指示器。

K3 的 b1~b4 比特用作高阶通道 APS,b5~b8 比特保留待用。

N1 为网络运营者字节,用于特定的管理目的。

②低阶通道开销(LP-POH)

我国的 VC-12POH 和 VC-3POH 属于 LP-POH。VC-12POH 监控的是 VC-12 通道级别的传输性能,也就是监控 2 Mbit/s 的 PDH 信号在 STM-N 帧中传输的情况。VC-3POH 监控的是 VC-3 通道级别的传输性能,位于 VC-3 帧的第一行,其组成和功能与 HP-POH 是一样的。

图 2-4 显示了一个 VC-12 的复帧结构,由 4 个 VC-12 基帧组成。VC-12POH 位于每个 VC-12 基帧的第一个字节,一组低阶通道开销共有 V5、J2、N2、K4 四个字节。

V5 为通道状态和信号标记字节,是复帧的第一个字节,TU-PTR 指示的是 VC-12 复帧的起点在 TU-12 复帧中的具体位置,也就是 TU-PTR 指示的是 V5 字节在 TU-12 复帧中的具体位置。V5 具有误码校测、信号标记和 VC-12 通道状态表示等功能,可以看出 V5 字节具有高阶通道开销 G1 和 C2 两个字节的功能。

J2 为 VC-12 通道踪迹字节,作用类似于 J0、J1,被用来重复发送内容由收发两端商定的低阶通道接入点标识符,使接收端能据此确认与发送端在此通道上是否处于持续连接状态。接收端和发送端的 J0、J1、J2 字节必须设置一致,否则将产生踪迹失配。

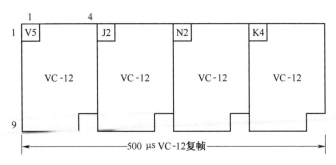

图 2-4 VC-12 POH 结构

N2 为网络运营者字节,用于特定的管理目的。

K4 的 b1~b4 比特用作低阶通道 APS,b5~b8 比特保留待用。

4. 管理单元指针

SDH 中的管理单元指针是一种指示符,其值定义为 VC-n 相对于支持它的传送实体参考点的帧偏移。SDH 的指针除了指明 VC 在 AU/TU 帧中的起始位置外,还有以下四个作用:

①当网络处于同步工作状态时,指针用来进行同步信号间的相位校准。

②当网络失去同步时,指针用作频率和相位校准。

③当网络处于异步工作状态时,指针用作频率跟踪校准。

④指针还可以用来容纳网络中的相位抖动。

SDH 的管理单元指针分为 AU PTR 和 TU PTR。AU PTR 包括 AU-4 PTR 和 AU-3 PTR。TU-PTR 包括 TU-3 PTR、TU-2 PTR、TU-11 PTR 和 TU-12 PTR。在我国的复用映射结构中,有 AU-4 PTR、TU-3 PTR 和 TU-12 PTR,此外还有表示 TU-12 位置的指示字节 H4。

(1) AU-4 PTR

在 VC-4 进入 AU-4 时,需要加上 AU-4 PTR。

$$AU-4 = VC-4 + AU-4\ PTR$$

AU-4 PTR 用于指示 VC-4 首字节在 AU-4 净负荷中的具体位置,便于接收端据此正确分离出 VC-4。AU-4 PTR 由处于 AU-4 帧第 4 行、第 1~9 列的 9 个字节组成,如图 2-5 所示。

AU-4 PTR = H1,Y,Y,H2,1*,1*,H3,H3,H3

其中,Y = 1001SS11,SS 是未规定值的比特,1* = 11111111(FFH)。

H1、H2 是表示指针的字节,它们中的指针值指出 VC-4 起始字节的位置。H1、H2 字节可以看作一个码字,其中最后 10 个比特(b7~b16 比特)携带具体指针值,共可提供 2^{10} = 1 024 个指针值。而 AU-4 指针值的有效范围为 0~782。因为 VC-4 帧内共有 9 行×261 列 = 2 349 字节,所以需要用 2 349/3 字节 = 783(AU-4 以 3 个字节为单位调整)个指针值来表示。该值表示了指针和 VC-4 第一个字节间的相对位置。指针值每增减 1,代表 3 个字节的偏移量。指针值为 0 表示 VC-4 的首字节将从最后一个 H3 字节后面的那个字节开始。H3 为负调整机会字节,用于帧速率调整,负调整时可携带额外的 VC 数据。

(2) 频率调整

①正调整

当 VC-4 帧速率比 AU-4 帧速率低时,需要正调整来提高 VC-4 帧速率,此时可以在 H3 后面的 0# 位置插入 3 个固定填充的空闲字节(即正调整字节),从而增加 VC-4 帧速率。对应的用来指示 VC-4 帧起始位置的指针值也要加 1。应注意的是 AU-4 指针值为 782 时,加 1 后为 0。

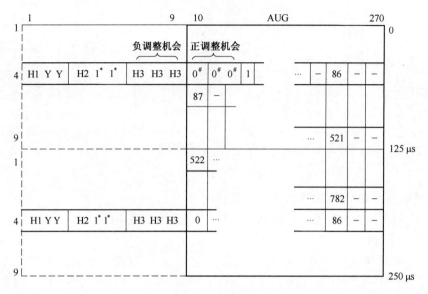

图 2-5 AU-4 PTR

进行正调整时由指针值码字中的 5 个 I 比特的反转来表示,随后在最后一个 H3 字节后面立即安排有 3 个正调整字节,而下一帧的 5 个 I 恢复,其指针值将是调整后的新值($n \rightarrow n+1$),如图 2-6 所示。

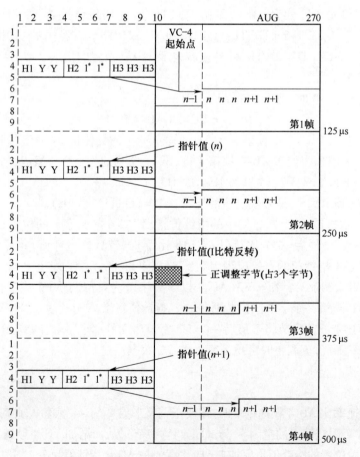

图 2-6 AU-4 指针正调整

在接收端,将按 5 个 I 比特中是否多数反转来决定是否有正调整,以决定是否解读 0# 位置的内容。

② 负调整

当 VC-4 帧速率比 AU-4 帧速率高时,需要负调整来降低 VC-4 的帧速率。做法是利用 H3 字节来存放实际 VC 净负荷的 3 个字节,使 VC 在时间上向前移动一个调整单位(3 个字节),而指示其起始位置的指针值也应减 1。要注意的是 AU-4 指针值是 0 时,减 1 后为 782。

进行负调整时由指针值码字中的 5 个 D 比特反转来表示,随后在 H3 字节中立即存放 3 个负调整字节(VC 净负荷),而下一帧的 5 个 D 恢复,其指针值将是调整后的新值($n \rightarrow n-1$),如图 2-7 所示。

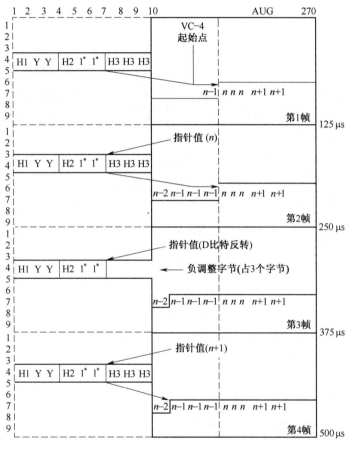

图 2-7 AU-4 指针负调整

在接收端,将按 5 个 D 比特中是否多数反转来决定是否有负调整,并决定是否解读 H3 字节的内容。

③ 理想情况

当 VC-4 帧速率与 AU-4 帧速率相等时,无需调整,H3 字节是填充伪信息,0# 位置是 VC 净负荷。

以上的调整,当频率偏移较大,需要连续多次指针调整时,相邻两次指针调整操作之间至少间隔 3 帧(即每个第 4 帧才能进行操作),这 3 帧期间的指针值保持不变。

(3) TU-3 PTR

在 VC-3 进入 TU-3 时,需要加上 TU-3 PTR。

$$TU\text{-}3 = VC\text{-}3 + TU\text{-}3\ PTR$$

TU-3 PTR 位于 TU-3 帧的第一列的前 3 个字节,如图 2-8 所示。

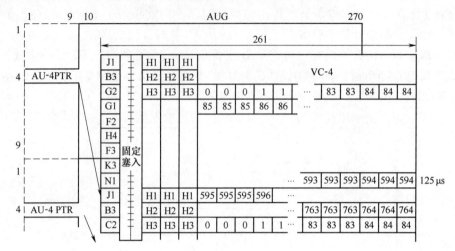

图 2-8　TU-3 指针位置

与 AU-4 指针值类似,H1、H2 字节中的指针值指出 VC-3 起始字节的位置,而 H3 字节用于帧速率调整,负调整时可携带 VC 数据。TU-3 按单个字节为单位调整,因而需要 9 行 × 85 列 = 765 个指针值来表示。TU-3 指针值编号为 0 ~ 764。指针值每增减 1,代表 1 个字节的偏移量。

(4) TU-12 PTR

在 VC-12 进入 TU-12 时,需要加上 TU-12 PTR。

$$TU\text{-}12 = VC\text{-}12 + TU\text{-}12\ PTR$$

TU-12 PTR 位于 TU-12 帧的第一列的第 1 个字节,4 个子帧构成一个复帧,形成 TU-12 的指针 V1、V2 和 V3,如图 2-9 所示。

与 TU-3 指针值类似,其 V1、V2 字节中的指针指出 VC-12 起始字节的位置,而 V3 字节为负调整机会,V3 后的一个字节(35 号)为正调整机会。TU-12 按单个字节为单位调整,因而需要 35 × 4 = 140 个指针值来表示,TU-12 指针值编号为 0 ~ 139。

二、任务实施

本任务的目的是分析国铁集团专用传输网的分层,以及各层采用的传输技术。

1. 材料准备

国铁集团专用传输网结构图。

2. 实施步骤

国铁集团专用传输网分为骨干传输网、局干传输网、接入传输网,如图 2-10 所示。

(1) 骨干传输网

骨干传输网节点布设在国铁集团和铁路局集团公司所在地、省会城市及干线铁路交汇点,构建环型或网孔型结构,主要承载国铁集团到 18 个铁路局集团公司,以及各铁路局集团公司之间的通信信息。骨干层传输网采用 OTN + SDH 技术,构成 6 个传输环,OTN 为 40 波或 16 波,单波主要速率为 100 Gbit/s 或 10 Gbit/s。

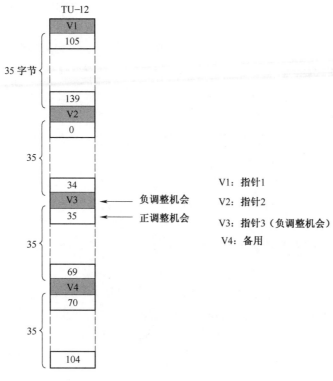

图 2-9　TU-12 指针位置

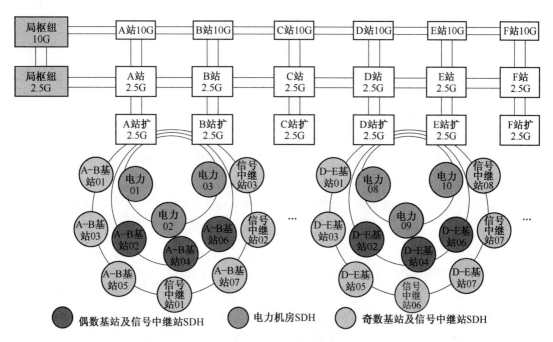

图 2-10　国铁集团传输网组网

(2) 局干传输网

局干传输网节点布设在通信枢纽、铁路交汇点及铁路枢纽、客、货运作业较集中的车站,以链型 1+1 拓扑网络为主,主要承载集团公司内较大通信站点之间的通信信息,实现集团公司内各站段间及各站段至集团公司调度所的业务传送。局干传输网采用 SDH/MSTP 技术,主要速率为 100 Gbit/s、10 Gbit/s 和 2.5 Gbit/s,可利用局干传输网 OTN 承载。

(3) 接入传输网

接入传输网节点布设在车站信号楼、站房、区间信号中继站、区间基站、牵引变电所、分区所、开闭所、电力配电所、工区、公安派出所等处,构成一个或多个自愈环,主要承载各铁路车站以及区间等站点的通信信息,提供高速铁路沿线车站、区间的移动基站、信号中继站、牵引供电站和电力供电段所有业务节点的业务接入和传输。图 2-10 中每两个相邻的大站之间为一个区间。为了表达方便,仅绘制出了 AB 区间和 DE 区间的接入层环网。接入传输网采用 SDH/MSTP 技术,主要速率为 2.5 Gbit/s、622 Mbit/s 和 155 Mbit/s。

任务 2:SDH 传输系统硬件配置

任务:掌握 SDH 网元的特点,掌握 ZXMP S385 硬件基本配置单元,掌握各单板的功能。

要求:能根据传输网络选择合适的网元类型,能配置中兴 S385 子架及单板。

一、知识准备

1. SDH 网元

SDH 传输网中的节点称为网络单元,简称网元,也可称为网络站点。SDH 传输网是由网络单元和连接网络单元的传输介质组成的。SDH 传输网使用的传输介质主要有光纤和微波,目前以光纤为主。SDH 网元主要有终端复用器(TM)、分插复用器(ADM)、数字交叉连接设备(DXC)和再生中继器(REG)四种。

(1) 终端复用器(TM)

TM 位于 SDH 传输网的末端节点(即终端),为双端口器件,一端为支路接口,另一端为西向(W)或东向(E)线路接口,如图 2-11 所示。TM 负责将 PDH 信号或低于线路 STM-N 速率的 STM-M($M<N$)低速支路信号复用到高速线路信号 STM-N 中。反过来,它还可以从高速线路上传输来的 STM-N 信号中解复用出 PDH 信号或低速的 STM-M 支路信号。

例如:终端复用器可以将支路中 1 个或多个 2 Mbit/s 的业务信号复用到 1 个线路上 STM-1 中的任意位置,也可以从 1 个线路上 STM-1 信号中分解出 2 Mbit/s 支路业务信号。

(2) 分插复用器(ADM)

ADM 是 SDH 网络中应用最多的设备,设在 SDH 传输网的中间转接节点,为三端口器件,一端为支路接口,另两端为线路光接口(默认左侧为西向和右侧为东向),如图 2-12 所示。与 TM 不同的是,ADM 有两个方向的线路光接口。

ADM 将同步复用和数字交叉连接功能综合于一体,利用内部的交叉连接矩阵,不仅实现了低速率的支路信号可灵活的插入/分接到高速的 STM-N 中的任何位置,还可以在东向(E)和西向(W)两个方向的线路接口之间灵活地对通道进行交叉连接(俗称穿通)。

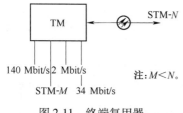

图 2-11 终端复用器

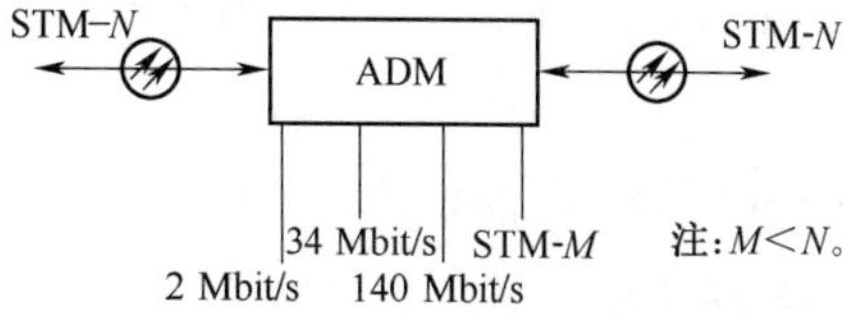

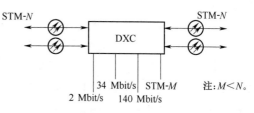

图 2-12 分插复用器

（3）数字交叉连接设备（DXC）

DXC 常用于网状网中心节点，为多端口器件，一端为支路接口，另外有两个以上线路接口，如图 2-13 所示。DXC 可对多路 STM-N 线路信号进行交叉连接，还可以上/下低速业务。

DXC 接口较多，其容量比 ADM 大，具有一定的智能恢复功能。

通常用 DXCm/n 来表示一个 DXC 的类型和性能（$m \geq n$），m 表示可接入 DXC 的最高速率等级，n 表示在交叉矩阵中能够进行交叉连接的最低速率级别。m 越大表示 DXC 的承载容量越大，n 越小表示 DXC 的交叉灵活性越大。数字 0 表示 64 kbit/s 电路速率，数字 1、2、3、4 分别表示 PDH 体制中的 1~4 次群速率，其中 4 代表 SDH 体制中的 STM-1 等级，数字 5 和 6 分别代表 SDH 体制中的 STM-4 和 STM-16 等级。例如，DXC1/0 表示接入端口的最高速率为 PDH 一次群信号，而交叉连接的最低速率为 64 kbit/s；DXC4/1 表示接入端口的最高速率为 STM-1，而交叉连接的最低速率为 PDH 一次群信号。m、n 群次与速率对应见表 2-2。

图 2-13 数字交叉连接设备

表 2-2 m、n 群次与速率对应表

m 或 n	0	1	2	3	4	5	6	7	8
速率	64 kbit/s	2 Mbit/s	8 Mbit/s	34 Mbit/s	140 Mbit/s 155 Mbit/s	622 Mbit/s	2.5 Gbit/s	10 Gbit/s	40 Gbit/s

在实际应用中，许多厂家将 ADM 和 DXC 集成在一起。例如，中兴的 S385 设备既可以作为 ADM 使用，又可以作为 TM 或 REG 使用，甚至可以作为 DXC 使用。用户可以配置不用的单板来使其充当不同类型的网元。

（4）再生中继器（REG）

REG 设在网络的中间局站，为两端口器件，如图 2-14 所示。SDH 传输网的再生中继器（REG）有两种，一种是全光再生中继器，另一种是光电型的再生中继器。REG 的作用是完成信号的再生整形，使线路噪声不积累，延长光纤的传输距离。REG 可以将东西向的线路信号进行放大处理，但没有交叉连接和复用/解复用功能，不能对东西向线路信号进行交叉连接，也不能将它们分插/复用变为低速支路信号。

图 2-14 再生中继器

2. 中兴 ZXMP S385 设备

中兴 SDH 光传输设备有 ZXMP S200、ZXMP S320、ZXMP S325、ZXMP S330、ZXMP S380、ZXMP S385、ZXMP S390、ZXONE 5800 等。本项目以 ZXMP S385 为例说明 SDH 传输系统组建。

ZXMP S385 是一款 STM-16/64 MSTP 设备,具有大容量灵活的业务调度能力、强大的多业务接入能力、高可靠性、完善的设备保护、完备智能的网络保护等特点。ZXMP S385 分为硬件和软件系统结构,两个系统结构既相对独立,又协同工作。

ZXMP S385 软件系统由各单板软件、网络代理和网管软件组成。单板软件在各单板中运行,管理、监视和控制本单板的运行。网络代理在主控板 NCP 中运行,监控网元各单板的运行状况,响应网管命令,并反馈命令执行结果,以实现网管对网元的管理和控制。网管软件实现对各网元统一管理和监控,具有故障管理、性能管理、安全管理、配置管理、维护管理和系统管理功能。

ZXMP S385 硬件系统包括基本配置单元和硬件单板,基本配置单元包括子架、机柜、电源分配箱、防尘单元。ZXMP S385 子架高度为 17U(1U = 4.445 cm),带 1 个风扇插箱。2 m 机柜可以配置 1 个子架,2.2 m 和 2.6 m 机柜按实际需求可以配置 1~2 个子架。配置双子架时,需要配置导风单元。如图 2-15 所示为高度为 2 m 的 ZXMP S385 机柜内功能分区示意图。

ZXMP S385 子架由侧板、横梁和金属导轨等组成,可完成散热、屏蔽功能。背板固定在子架中,是连接各单板的载体,也是 ZXMP S385 同外部信号的连接界面。告警灯板位于机柜前门上方,带有运行指示灯,用于指示机柜内设备的工作状态。

每个子架配置 1 个风扇插箱,风扇插箱里面装有独立的 3 个风扇盒。每个风扇

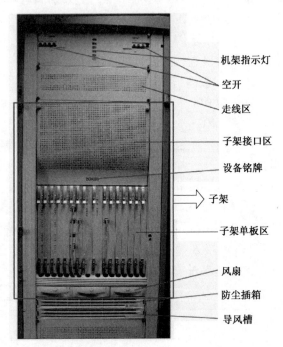

图 2-15　ZXMP S385 机柜内的功能分区

盒通过风扇盒后面的插座和风扇背板进行电气连接。风扇盒有单独的锁定功能,面板上设有运行、告警指示。

电源分配箱安装在 ZXMP S385 机柜上方,用于接收外部输入的主、备电源。电源分配箱对外部电源进行滤波和防雷等处理后,分配主、备电源各 6 对至各子架。电源分配箱设有绿、黄、红 3 种颜色的指示灯,分别指示设备的电源正常、主要或次要、紧急告警状态。

ZXMP S385 子架插板如图 2-16 所示,图中数字代表槽位序号。上半框 15 个槽位,下半框 16 个槽位,除去公共板卡槽位,可用业务槽位 14 个。上半框一般安插接口板,下半框安插业务板。通过子架中单板的不同配置实现设备的各项功能。

3. ZXMP S385 硬件单板

ZXMP S385 硬件单板分为监控子系统、交叉子系统、通用控制子系统、业务接入与汇聚子系统。

(1)监控子系统

监控子系统由网元控制板 NCP、公务板 OW 组成,提供通信总线、网管管理接口、监控信道传输功能。

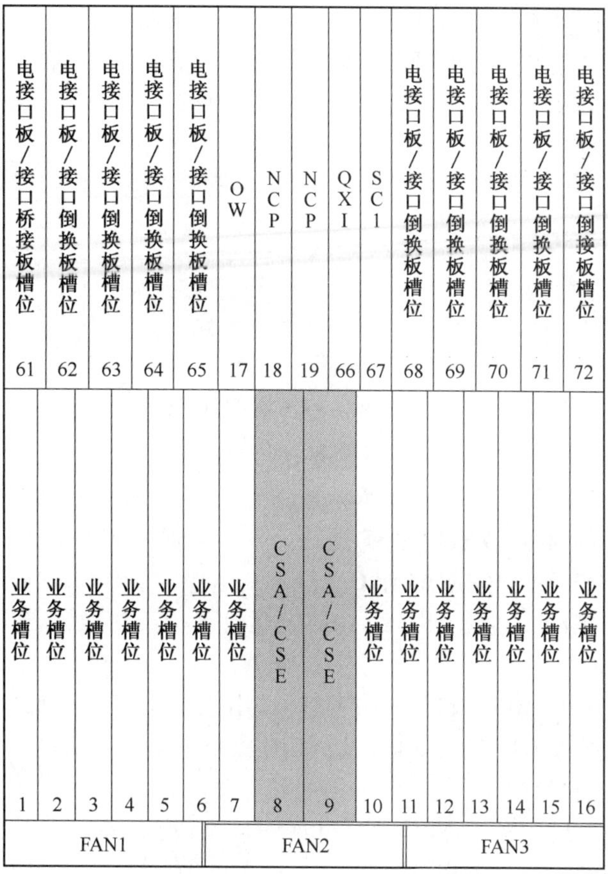

电接口板/接口桥接板槽位	电接口板/接口倒换板槽位	电接口板/接口倒换板槽位	电接口板/接口倒换板槽位	电接口板/接口倒换板槽位	OW	NCP	NCP	QXI	SC1	电接口板/接口倒换板槽位	电接口板/接口倒换板槽位	电接口板/接口倒换板槽位	电接口板/接口倒换板槽位	电接口板/接口倒换板槽位
61	62	63	64	65	17	18	19	66	67	68	69	70	71	72
业务槽位	业务槽位	业务槽位	业务槽位	业务槽位	业务槽位	CSA/CSE	CSA/CSE	业务槽位	业务槽位	业务槽位	业务槽位	业务槽位	业务槽位	业务槽位
1	2	3	4	5	6	7	8	9	10	11	12	13	14	15	16
FAN1						FAN2			FAN3					

图 2-16 ZXMP S385 子架插板示意图

① 网元控制板（NCP）

NCP 板提供设备网元管理功能，是系统网元级监控中心。NCP 板上连网管，下接单板监控信息，具备纵向和横向实时处理和通信的能力。NCP 板能在网管不接入的情况下，收集网元的管理信息并简单控制管理网元。

NCP 板的网元管理功能包括：完成网元的初始配置；接收网管命令并加以分析；通过通信口对各个单板发布指令，执行相应操作；将各个单板的上报消息转发网管；控制设备的告警输出和监测外部告警输入；在网管配合下，硬复位和软复位各单板。

NCP 板支持 1+1 保护，通过配置两块 NCP 实现，分别安插在 18 和 19 槽位。系统配置两块 NCP 板且都正常工作时，两块 NCP 板同时工作，但是备用 NCP 板只是接收数据，不向外发送数据。在主用 NCP 板不能正常工作时，备用 NCP 板成为主用。NCP 板支持单板软件的远程升级。

② 公务板（OW）

OW 板主要实现系统的公务电话功能，安插在 17 槽位。OW 板采用 STM-N 信号中的公务字节，结合网管和 CSA/CSE 板交叉处理，实现 PCM 语音编码、公务电话呼叫等功能。

(2) 交叉子系统

交叉子系统由时钟交叉板 CS 和时钟接口板 SCI 组成，为设备提供时钟支持，实现业务的接入、交叉、复用和解复用。

① 时钟交叉板（CS）

时钟单元完成系统定时及网同步的功能。实现网同步的目的是使各节点时钟的频率和相位都控制在预先确定的容差范围内,以使网内的数字流可实现正确有效的传输和交换,避免因时钟不同步而对传送数据产生滑动损伤。时钟单元的功能由 CS 板和 SCI 板配合实现。时钟单元在系统中的位置以及与其他单板间的连接关系如图 2-17 所示。

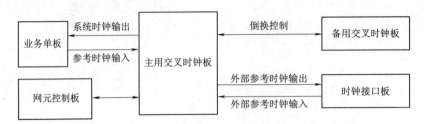

图 2-17 时钟单元与其他单板的连接关系

CS 板是整个系统功能的核心,完成多业务方向的业务交叉互通、1:N PDH 业务单板/数据业务单板保护倒换控制以及实现网同步等功能,安插在 8、9 槽位上,采用主从同步方式,提供符合 G.813 规范的时钟信号。ZXMP S385 提供 CSA 和 CSE 两种交叉板,以适应不同的系统和不同的组网选择。CSA 板可以完成 64 组 622 Mbit/s 速率(共 40 Gbit/s)的业务交叉功能,CSE 板可以完成 72 组 2.5 Gbit/s 速率(共 180 Gbit/s)的业务交叉功能。

②时钟接口板(SCI)

SCI 板为 CSA/CSE 板提供 4 路外部参考时钟输出接口和 4 路外部参考时钟输入接口,安插在 67 槽位。SCI 板有 2.048 Mbit/s 接口板 SCIB 以及 2.048 MHz 接口板 SCIH 两种版本。

(3)通用控制子系统

通用控制子系统由风扇盒 FAN、Qx 接口板(QxI)组成,为子架提供电源和散热功能。Qx 接口板(QxI)提供电源接口、告警指示单元接口、列头柜告警接口、辅助用户数据接口、网管 Qx 接口和扩展框接口,安插在 66 槽位。Qx 接口完成 NCP 与网管的通信,采用遵循 TCP/IP 协议的以太网接口。FAN 安插在子架底部,为子架提供通风散热功能。

S385 使用双电源系统接入机房 -48 V 电源,在时钟接口板 SCI 板/QxI 接口板中完成 -48 V 直流电源的处理。

(4)业务接入与汇聚子系统

业务接入与汇聚子系统业务接入与汇聚子系统提供业务接入、业务汇聚、客户信号性能监测等功能,包括光线路板和业务支路板。本任务重点介绍光线路板,业务支路板将在下一个项目中介绍。

ZXMP S385 系统提供 STM-64/16/4/1 光线路板,见表 2-3,以满足不同组网环境的多种需要。

表 2-3 ZXMP S385 光线路板

光线路板名称	可安插槽位	接口数量	各接口速率
OL64 板	1~7、10~16	1	STM-64 标准光接口(速率 9 953.280 Mbit/s)
OL16 板	1~7、10~16	1	STM-16 标准光接口(速率 2 488.320 Mbit/s)
OL4 板	1~7、10~16	4	STM-4 标准光接口(速率为 622.080 Mbit/s)
OL1 板	1~7、10~16	8	STM-1 标准光接口(速率为 155.520 Mbit/s)

根据不同的组网要求,S385 可以配置成 TM、ADM、REG。无论是哪一种网元,必须安插功能板和线路板。S385 功能板包括 NCP、CS、OW。线路板根据线路速率选插不同的线路板,并根据需要和光接口数量配置光板数量,如果某 ADM 网元有两个 STM-16 光线路侧接口,由于 OL16 单板只有一个光接口,该 ADM 网元需配置两块 OL16 光板。

二、任务实施

本任务为中兴 S385 站 1～站 4 网元配置单板,使之分别作为 STM-1 TM、STM-4 ADM、STM-16 DXC、STM-64 REG 使用。

1. 材料准备

高 2 m 的 19 英寸机柜,ZXMP S385 子架 4 套,单板若干,ZXONM E300 网管 1 套。

2. 实施步骤

在 E300 网管系统上进行数据配置时,网元先设为离线状态。当所有数据配置完成后,将网元改为在线,下载网元数据库。数据下载后设备即可正常运行。

SDH 传输系统数据配置一般按照如下步骤进行:创建网元→配置单板→建立连接→配置时钟源→配置复用段保护→配置业务→配置公务。硬件配置包括创建网元、配置单板,步骤如下:

(1)启动网管:启动 Server→启动 GUI

在服务器上点击"开始"→"程序"→"ZXONM E300"→"Server"启动 Server,启动成功后工具栏右下角会出现 图标。在客户端上点击"开始"→"程序"→"ZXONM E300"→"GUI"启动 GUI,用户名默认为 root,密码为空。

(2)创建网元

创建网元步骤如下:在客户端操作窗口中,单击"设备管理"→"创建网元"选项,或单击工具条中的 按钮,弹出"创建网元"对话框。通过定义网元的名称、标识、IP 地址(192.1.×.18)、系统类型、设备类型、网元类型、速率等级、网元状态(离线)等参数,在网管客户端创建网元,如图 2-18 和图 2-19 所示。网元 IP 地址为网元 MCC 管理 IP 地址。在一个传输网中,每个网元的 MCC 管理 IP 地址不能重复。

图 2-18 创建网元

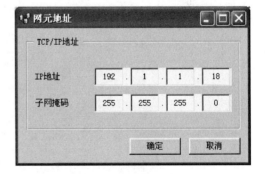

图 2-19 设置网元 IP 地址

根据表 2-4 网元规划创建站 1～站 4 网元。站 3 为 DXC,可用 ADM 实现。

表 2-4 SDH 网元规划表

网元名称	网元标识	网元地址	系统类型	设备类型	网元类型	速率等级	在线/离线
站 1	1	192.1.1.18	ZXMP S385	ZXMP S385	TM	STM-64	离线
站 2	2	192.1.2.18	ZXMP S385	ZXMP S385	ADM	STM-64	离线
站 3	3	192.1.3.18	ZXMP S385	ZXMP S385	ADM	STM-64	离线
站 4	4	192.1.4.18	ZXMP S385	ZXMP S385	REG	STM-64	离线

若添加错误网元,可以根据下列方法删除网元:选中要删除的网元,确保网元处于离线状态,单击"设备管理"→"删除网元"选项,点击"确定",即可删除网元。如果要删除的网元中已配置有时钟或业务,需要先删除时钟和业务,并使网元处于离线状态,才能删除网元。

(3)安装单板

① 为站 1 配置单板,使之作为提供 1 个 STM-1 线路接口的 TM 使用。

配置基本单板 QXI、SCI、OW、SCIB 各 1 块,NCP、CS 各 2 块(主、备用),FAN 板 3 块,见表 2-5。配置光板 OL1 1 块,每块 OL1 板提供 8 个标准 STM-1 光接口。

表 2-5 站 1 单板配置表

单板名称	NCP	OW	CS	OL1
数量	2 块	1 块	2 块	1 块

双击拓扑图中的站 1 网元图标,弹出子架配置界面,网管系统将自动安插 QXI、SCI、FAN 板。NCP、OW、CS、OL1 等单板需要手工安装。手工安装单板步骤为:点击选中右侧的单板类型,子架上可配置该单板的槽位将变成亮黄色,单击选中要安装的槽位,添加手工单板。本任务中添加了两块 NCP 板和两块 CS,分别用作主用和备用,增加设备的可靠性。站 1 单板配置如图 2-20 所示。

CS 板还需选择"预设属性",添加 CS、SC、TCS,否则默认为 CSA 板。具体做法为:先点击右侧的 图标,使其变亮,选中 CS 板,右击选择"模块管理",添加 CS、SC、TCS,配置单板属性,如图 2-21 所示。

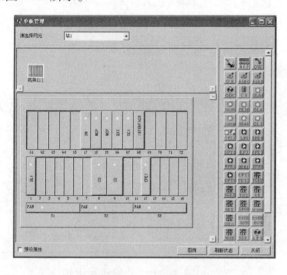

图 2-20 站 1 单板配置

图 2-21 CS 模块配置

② 为站 2 配置单板,使之作为提供 2 个 STM-4 线路接口的 ADM 使用。

配置基本单板 QXI、SCI、OW、SCIB 各 1 块,NCP、CS 各 2 块(主、备用),FAN 板 3 块,见表 2-6。配置光板 OL4 1 块,每块 OL4 板提供 4 个标准 STM-4 光接口。

表 2-6 站 2 单板配置表

单板名称	NCP	OW	CS	OL4
数量	2 块	1 块	2 块	1 块

③为站3配置单板,使之作为提供4个STM-16线路接口 DXC使用。

配置基本单板 QXI、SCI、OW、SCIB 各1块,NCP、CS 各2块(主、备用),FAN 板3块,见表2-7。配置光板 OL16 4块,每块 OL16 板提供1个标准 STM-16 光接口。

表2-7 站3单板配置表

单板名称	NCP	OW	CS	OL16
数量	2块	1块	2块	4块

④为站4配置单板,使之作为提供2个STM-64 线路接口的 REG 使用。

配置基本单板 QXI、SCI、OW、SCIB 各1块,NCP、CS 各2块(主、备用),FAN 板3块,见表2-8。配置光板 OL64 2块,每块 OL64 板提供1个标准 STM-64 光接口。REG 不支持业务分接/插入,不需要配置支路板。

表2-8 站4单板配置表

单板名称	NCP	OW	CS	OL64
数量	两块	1块	两块	两块

若添加错误单板,则根据下列方法删除单板:先点击右侧的图标,使其变亮,选中要删除的单板,右键选择拔板,即可删除单板。如果单板已配置业务和保护,需要先删除业务或保护,才能删除单板。

任务3:SDH 传输系统拓扑建立

任务:掌握链型、星型、树型、环型、网状型 SDH 传输系统网络结构的特点。
要求:能规划网元间的光纤连线,配置站点间的光纤链路,组建环带链传输网拓扑。

一、知识准备

SDH 传输系统是由网元和连接网元的传输介质构成的。根据网元之间的连接关系,SDH传输网的物理拓扑结构有链型、星型、树型、环型和网状型,如图2-22所示。

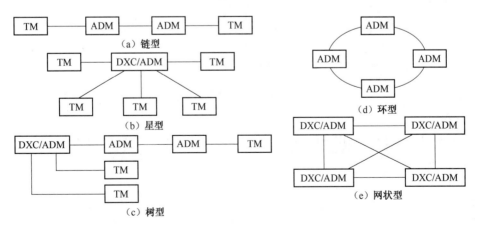

图2-22 SDH 基本物理拓扑类型

(1) 链型

链型网络也称线型网络,是将网中的所有网元节点一一串联,而首尾两端开放。这种拓扑的特点是较经济,在 SDH 网的早期用得较多。

(2) 星型

星型网络的特点是可通过特殊网元节点来统一管理其他网元节点,利于分配带宽,节约成本,但星型网络存在特殊节点的安全保障和处理能力的潜在瓶颈问题。

(3) 树型

树型网络可看成是链型拓扑和星型拓扑的结合。与星型网络相同,树型网络也存在特殊网元节点的安全保障和处理能力的潜在瓶颈问题。

(4) 环型

环型网络实际上是指将链型网络首尾相连,从而使网上任何一个网元节点都不对外开放的网络拓扑形式。环型网络是当前传输网使用最多的网络拓扑形式,主要是因为它具有很强的生存性即自愈功能较强,常用于本地接入网和局间中继网。

(5) 网状型

将所有网元节点两两相连就形成了网状型网络拓扑,这种网络拓扑为两网元节点间提供多个传输路由,使网络的可靠性更强,不存在瓶颈问题和失效问题,但是由于系统的冗余度高必会使系统有效性降低,成本高且结构复杂。网状型网主要用于本地骨干网和长途干线网中,以提供网络的高可靠性。

实际的 SDH 网络拓扑结构通常是多种结构的结合,如链型网和环型网的结合,构成一些较复杂的网络拓扑结构。

ZXMP S385 提供大容量的高低阶交叉能力,设备业务槽位丰富。可提供多路 ECC 的处理能力,完全满足复杂组网的要求。支持 STM-1/STM-4/STM-16/STM-64 级别的线型网、环型网、枢纽型网络、环带链、相切环和相交环等复杂网络拓扑。

二、任务实施

本任务的目的是配置站点间的光纤链路,组建图 2-23 所示的环带链拓扑结构 SDH 传输网络,所有两个相邻站之间均在 60 km 左右。站 3 为网关网元,连接网管服务器。

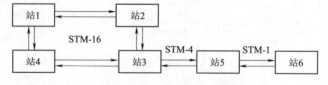

图 2-23 环带链传输网络连接图

1. 材料准备

高 2 m 的 19 英寸机柜,ZXMP S385 子架 6 套,单板若干,ZXONM E300 网管 1 套,G.652 光纤跳线 12 根。

2. 实施步骤

(1) 启动网管。

(2) 创建网元。

规划并填写网元参数,见表 2-9,根据规划在网管客户端创建网元。

表 2-9 环带链网络网元规划表

网元名称	网元标识	网元地址	系统类型	设备类型	网元类型	速率等级	在线/离线
站 1	1	192.1.1.18	ZXMP S385	ZXMP S385	ADM&REG	STM-64	离线
站 2	2	192.1.2.18	ZXMP S385	ZXMP S385	ADM&REG	STM-64	离线
站 3	3	192.1.3.18	ZXMP S385	ZXMP S385	ADM&REG	STM-64	离线
站 4	4	192.1.4.18	ZXMP S385	ZXMP S385	ADM&REG	STM-64	离线
站 5	5	192.1.5.18	ZXMP S385	ZXMP S385	ADM&REG	STM-64	离线
站 6	6	192.1.6.18	ZXMP S385	ZXMP S385	TM	STM-64	离线

(3) 安装单板

规划并填写表 2-10 中各网元单板安装数量。

表 2-10 环带链网络单板配置表

网元名称	NCP	OW	CS	OL16	OL4	OL1
站 1	两块	1 块	2 块	2 块	—	—
站 2	两块	1 块	2 块	2 块	—	—
站 3	两块	1 块	2 块	2 块	1 块	—
站 4	两块	1 块	2 块	2 块	—	—
站 5	两块	1 块	2 块	—	1 块	1 块
站 6	两块	1 块	2 块	—	—	1 块

根据规划为站 1 安装单板,站 1 网元配置的单板如图 2-24 所示。

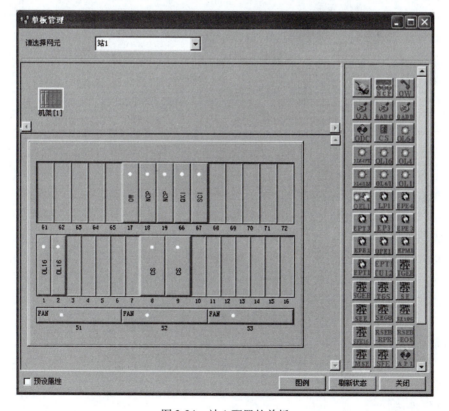

图 2-24 站 1 配置的单板

如果要添加若干个相似配置的网元,可以在单板安装之后,使用复制、粘贴的方法添加:选中已配置好单板的网元,使用快捷键 Ctrl + C 复制网元,然后用快捷键 Ctrl + V 粘贴网元,填写新建网元的 ID。选择"窗口"→"锁定拓扑图",单击去掉前面的"√",移动网元到合适位置。右击选中网元属性,更改网元名称,配置单板,完成其他网元和单板的创建。注:新复制网元 IP 地址会自动修改,若不满足规划要求,可以自行修改。

在完成站 1 的单板配置后,可以使用复制、粘贴的方法添加站 2 网元,如图 2-25 所示。

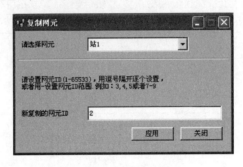

图 2-25　复制站 2 网元

(4) 连接网元

连接网元要预先做好连接关系的规划,可以避免盲目工作,条理清楚。规划并填写各网元间光纤连接表,见表 2-11。注意,光纤连接两端的速率等级必须相同。

表 2-11　环带链网络网元间光纤连接表

序　号	源网元端口号	目的网元端口号
1	站 1 的 OL16[1-1-1]端口 1	站 2 的 OL16[1-1-2]端口 1
2	站 2 的 OL16[1-1-1]端口 1	站 3 的 OL16[1-1-2]端口 1
3	站 3 的 OL16[1-1-1]端口 1	站 4 的 OL16[1-1-2]端口 1
4	站 4 的 OL16[1-1-1]端口 1	站 1 的 OL16[1-1-2]端口 1
5	站 3 的 OL4[1-1-4]端口 1	站 5 的 OL4[1-1-4]端口 2
6	站 5 的 OL1[1-1-1]端口 1	站 6 的 OL1[1-1-1]端口 2

在客户端操作窗口中,首先选中要建立连接的网元,单击"设备管理"→"公共管理"→"网元间连接配置"菜单项,或单击工具栏中的 ![] 按钮,弹出连接配置对话框,根据规划表选中源网元的源端口和目的网元的目的端口,单击"增加",将网元间连接关系添加到下方的连接配置窗口中,如图 2-26 所示。由于默认方向为"双向",左边的网元和右边的网元只要按照正确的连接方法连接就可以,不用考虑方向。

源单板和目的单板名称由单板名称、机架 ID、子架 ID 和槽位号组成,例如 OL16[1-1-2]表示该单板是一块安装在机架 ID 为 1,子架 ID 为 1,2 号槽位的 OL16 板。确定选择连接正确后,点击"增加",然后点击"应用",会发现拓扑图上的两个网元间出现光纤连线,如图 2-27 所示。

单击站点间的光纤,右击选择属性,可以查看该连接的信息,如图 2-28 所示。

注意:REG 网元默认已建立两个线路口的中继连接,如果需要将 REG 网元内与其他网元建立连接关系,需要先删除中继关系。

(5) 光纤连接管理

若要删除错误连接,具体做法如下:选中删除的连接,右击选择网元间连接或选中要建立连接的网元,单击"设备管理"→"公共管理"→"网元间连接配置",弹出"连接配置"对话框,选择源网元和目的网元,选中要删除的连接,单击"删除",再单击"应用",即可删除不需要的连接。

不同的图标代表不同的光纤连接状态,见表 2-12。根据光纤连接表,检查网元之间的连接状态是否正常。若光纤连接不正常,需要排除故障,重新连接。

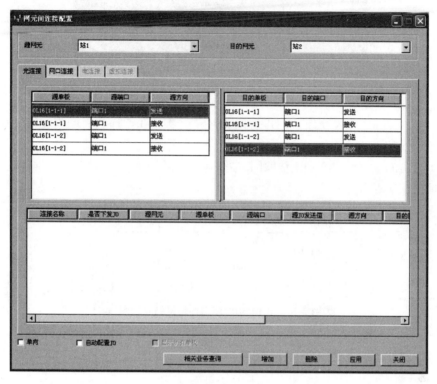

图 2-26 网元间连接配置

图 2-27 网元连接图

图 2-28 网元间连接的详细信息

表 2-12 光纤连接状态图示

图标	光纤连接状态
▭	正常状态
▬▬▬	光纤断
F	保护倒换

根据规划配置其他网元间连接关系,形成如图 2-29 所示的环带链拓扑。

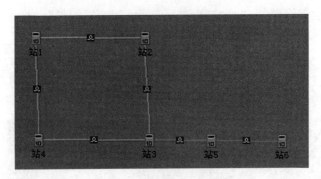

图 2-29 环带链网元连接图

(6) 设置网关网元

选择站点 3，选择"设备管理"→"设置网关网元"，将站 3 添加到右侧网关网元列表中，将站 3 设置为网关网元。

拓展任务：组建相切环型 SDH 传输网，站 3 为网关网元，通过与站 3 连接网管可以管理其他站点，如图 2-30 所示。

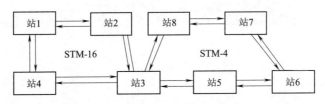

图 2-30 相切 SDH 环型传输网络连接图

任务 4：SDH 传输系统时钟源配置

任务：理解数字传输网同步的方式，掌握 SDH 网元时钟源的类型，理解公共传输网和铁路专用传输网主从同步的时钟结构。

要求：能配置主从同步环带链 SDH 传输系统中各网元的时钟源，并通过设置网元内多个时钟源的优先级，提高传输系统时钟的可靠性。

一、知识准备

所有的数字网都要解决网同步。网同步是使网中所有节点的时钟频率和相位都控制在预先确定的容差范围内，以便使网内各节点的全部数字流实现正确有效的通信。在通信信号的传输过程中，同步是十分重要的，如果不能同步，就会在数字交换机的缓存器中产生信息比特的溢出和取空，导致数字流的滑动损伤，造成数据出错。由于时钟频率不一致产生的滑动在所有使用同一时钟的系统中都会出现，影响很大，因而必须有效控制。

1. 同步方式

目前数字网时钟同步有四种基本方式，即伪同步方式、主从同步方式、准同步方式和异步方式。

(1) 伪同步方式

伪同步是指数字网中有两个或两个以上的节点具有极高的精度和稳定度的时钟，它们相互独立,毫无关联,一般用铯原子钟。由于时钟精度高,网内各局的时钟虽不完全相同(频率和相位),但误差很小,接近同步,于是称之为伪同步。伪同步方式适用于国际间的数字传输网中。

(2) 主从同步方式

主从同步指网内设一个时钟主局,配有高精度时钟,网内各局均受控于该全局(即跟踪主局时钟,以主局时钟为定时基准),并且逐级下控,直到网络中的末端网元——终端局。主从同步方式适用于一个国家或地区内部的数字传输网。

(3) 准同步方式

当网同步中有一个节点或多个节点时钟的同步路径和替代路径都不能使用时,失去所有外同步链路的节点从时钟将进入保持模式或自由运行模式。

(4) 异步方式

当网络节点时钟出现大的频率偏差时,则网络工作于异步方式。如果节点时钟频率准确度低于 ITU-TG.813 要求时,SDH 网络不再维持正常业务,而将发送 AIS 告警。

一般伪同步方式用于国际数字网中,也就是一个国家与另一个国家的数字网之间采取这样的同步方式,例如中国和美国的国际局均各有一个铯时钟,二者采用伪同步方式。主从同步方式一般用于一个国家、地区内部的数字网。

我国公共数字同步网采用三级节点时钟结构和主从同步的方式。全网分为 31 个同步区,各同步区域基准时钟(LPR)接收全国基准时钟(PRC)的时钟信息,而同步区内的各级时钟则同步于 LPR,最终也同步于主用 PRC。

我国公共传输网采用"四级主从同步"的网络结构,如图 2-31 所示。在北京、武汉各建立了一个以铯原子钟,包括我国北斗导航定位系统(BDS)或美国全球定位系统(GPS)接收机的高精度基准钟 PRC;在除北京、武汉以外的其他省中心各建立一个以 BDS 或 GPS 接收机加铷原子钟构成的高精度区域基准钟 LPR;LPR 以 BDS、GPS 信号为主用,当 BDS 或 GPS 信号故障和降质时,该 LPR 将转为经地面链路直接和间接跟踪北京或武汉的 PRC;各省以本省中心的 LPR 为基准组建省内的三级时钟,且配置稳定性低于二级时钟的具有保持功能的高稳定晶体时钟。在远端模块、数字终端设备中,同步跟踪三级时钟,配置一般晶体时钟。

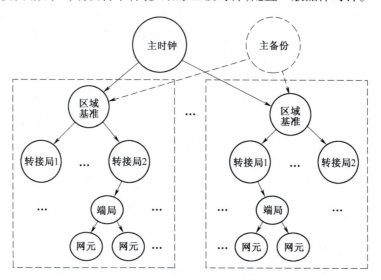

图 2-31　我国的数字同步网

国铁集团专用时钟同步网由骨干同步网和铁路局集团公司同步网组成。骨干传输网的时钟由 PRC 提供,铁路局集团公司传输网时钟由区域基准时钟设备(LPR)或集团公司综合定时供给设备(BITS)设备提取,接入传输网主要采用从光线路提取时钟方式。

2. SDH 时钟等级

主从同步一般采用等级制,目前 ITU-T 将 SDH 各级时钟划分为四级,时钟质量级别由高到低分别为:

(1)全国基准主时钟(PRC)——满足 G.811 规范,精度达 1×10^{-11}。

(2)转接局从时钟(SSU-T)——满足 G.812 规范(中间局转接时钟),精度达 5×10^{-9}。

(3)端局从时钟(SSU-L)——满足 G.812 规范(本地局时钟),精度达 1×10^{-7}。

(4)SDH 网元时钟(SEC)——满足 G.813 规范(SDH 网元内置时钟),精度达 4.6×10^{-6}。

在正常工作模式下,传到相应局的各类时钟的性能主要取决于同步传输链路的性能和定时提取电路的性能。在网元工作于保护模式或自由运行模式时,网元所使用的各类时钟的性能,主要取决于产生各类时钟的时钟源的性能(时钟源相应的位于不同的网元节点处),因此高级别的时钟须采用高性能的时钟源。为了避免链路太长影响时钟信号的质量,ITU-T G.803 规定,基准定时链路上 SDH 网元时钟个数不能超过 60 个。

3. 时钟源的类型

目前,实际使用的时钟源的类型主要有以下四种:

(1)铯原子钟

铯原子钟是长期频率稳定性高和精度很高的时钟,其长期频偏优于 1×10^{-11}。

(2)铷原子钟

铷原子钟的频率可调范围大于铯原子钟,长期稳定度低一个量级左右,但有出色的短期稳定度和低成本特性,寿命约十年。

(3)外基准注入

外基准注入方法是采用外部时钟源注入,作为本站时钟。外部时钟可以通过接收 BDS 或 GPS 信号来实现,也可以通过大楼综合定时系统(BITS)来实现。

BDS 或 GPS 方式实现外部时钟源注入的方法是,在网元重要节点局安装 GPS 或 BDS 接收机,提供高精度定时,形成 LPR,该地区其他的下级网元在主时钟基准丢失后仍采用主从同步方式跟踪这个 BDS 或 GPS 提供的基准时钟。

BIT 方式实现外部时钟源注入的方法是,在较大的局站中设备采用 BITS 接收机,接收国内基准或其他(如 BDS、GPS)定时基准同步,具有保持功能,局内需要同步的 SDH 设备均受其同步。BITS 性能稳定,可靠精度可达二级或三级时钟水平。BITS 可以滤除传输中产生的抖动、漂移,将高精度的、理想的同步信号提供给楼内的各种设备。

(4)石英晶体振荡器

石英晶体振荡器的可靠性高,寿命长,价格低,但长期频率稳定性不好。一般高稳定度的石英晶振作为长途交换局和端局的从时钟。低稳定度的石英晶振作为远端模块或数字终端设备的时钟。

4. SDH 网元时钟源种类

SDH 网元包括 TM、ADM、DXC、REG 等,这些网元的同步配置和时钟要求不同。目前 SDH 网元同步参考的时钟源主要有以下四种:

(1)外部时钟源:直接利用外部输入站的时钟。ADM 和 DXC 优先采用这种方式。

(2)线路时钟源:从接收的STM-N信号中提取时钟。该方式是目前应用最为广泛的。

(3)支路时钟源:从来自纯PDH网或交换系统的E1支路信号中提取时钟。该方式一般不用,因为SDH/PDH网边界处的指针调整会影响时钟质量。

(4)设备内置时钟源:由网元内置的功能模块提供时钟。

同时,SDH网元也可以通过功能块向外提供时钟源输出接口。

5. SDH传输网时钟设计

SDH网络时钟源规划的原则为:网络任一时刻只有一个主时钟,避免时钟成环。网络中同时存在多个主时钟或时钟成环,会导致时钟互锁,造成频率不稳,从而导致网络性能下降,产生不可预知的故障。为了增加网络时钟的可靠性,每个网元配置多级时钟源,优先级值越低,优先级越高。当优先级高的时钟源出现故障时,启用优先级低的时钟源。

下面通过图2-32说明SDH环形传输网时钟源的设计。

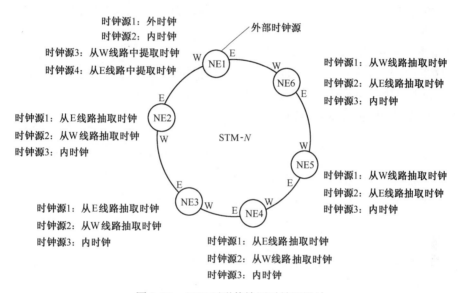

图2-32 SDH环形传输网时钟源设计

图中,首先设置网元NE1为时钟主站,第1级时钟源以外部时钟源为本站的时钟基准,作为该SDH传输网络的主时钟,其他网元跟踪这个时钟基准,以此作为本地时钟的基准。为了增加网络时钟的可靠性,网元NE1还配置采用设备内部时钟源的第2级时钟源。当第2级时钟源的优先级比第1级时钟源低,仅当第1级时钟源故障时,才启用第2级时钟源。第3级时钟源、第4级时钟源均设计为从光纤线路提取时钟。若第1级时钟源和第2级时钟源都出现故障时,启用优先级更低的第3时钟源,从西向(W)线路端口提取时钟。当网元NE1启用第3时钟源或第4时钟源时,从西向(W)或东向(E)线路端口提取时钟,该网元变为时钟从站。

该SDH传输网络的其他网元NE2~NE6为时钟从站,它们可以从两个线路端口(西向或东向)接收信号STM-N中提取出时钟信息,不过考虑到转接次数和传输距离对时钟信号的影响,从站网元最好从最短的路由和最少的转接次数的端口方向提取。例如,网元NE5跟踪西向(W)线路端口的时钟,NE3跟踪东向(E)线路端口的时钟较适合。为了增加网络时钟的可靠性,每个时钟从站网元均需要配置一个内部时钟源作为它的最后一级时钟源。仅当所有的线路端口都无法提取到时钟时,才启用内部时钟源,网元变为时钟主站。

6. 主从同步从时钟的工作模式

在主从同步的数字网中,从站(下级站)的时钟通常有以下三种工作模式:

(1)正常工作模式——跟踪锁定上级时钟模式

此时从站跟踪锁定的时钟基准是从上一级站传来的,可能是网络中的主时钟,也可能是上一级网元内置时钟源下发的时钟,也可是本地区的 GPS 或 BDS 时钟。与从时钟工作的其他两种模式相比较,该工作模式精度最高。

(2)同步保持模式

当所有定时基准丢失后,从时钟进入同步保持模式,此时从站时钟源利用定时基准信号丢失前所存储的最后频率信息作为其定时基准而工作。也就是说从时钟有"记忆"功能,通过"记忆"功能提供与原定时基准较相符的定时信号,以保证从时钟频率在长时间内与基准时钟频率只有很小的偏差。但是由于振荡器的固有振荡频率会慢慢地漂移,故该工作方式提供的较高精度时钟不能持续很久(通常持续 24 h)。同步保持工作模式的时钟精度仅次于正常工作模式的时钟精度。

(3)自由振荡模式

当从时钟丢失所有外部基准时,也失去了定时基准记忆或处于保持模式太长,从时钟内振荡器就会工作于自由振荡模式。该模式的时钟精度最低,实属万不得已而为之。通常 SDH 设备定时单元的缺省操作模式就是自由振荡模式。

二、任务实施

本任务是配置主从同步环带链 SDH 传输网中各网元的时钟源,其中站 3 的时钟源为该传输网的主时钟。主时钟的第 1 时钟源采用外部时钟,从时钟的第 1 时钟源从 STM-N 线路信号中提取时钟。

1. 材料准备

高 2 m 的 19 英寸机柜,ZXMP S385 子架 6 套,单板若干,ZXONM E300 网管 1 套,G.652 光纤跳线 12 根。

2. 实施步骤

(1)启动网管,创建站 1~站 6 网元,安装单板,建立环带链传输网络,如图 2-33 所示。

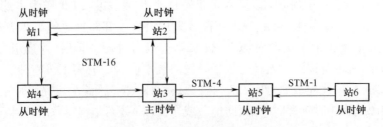

图 2-33 环带链传输网络时钟分配

(2)规划并填写网元时钟源

SDH 网络时钟规划首先确定网络中的主时钟网元的定时源,按优先级从高到低的顺序为:外部时钟、内部时钟、线路时钟;然后确定其他从时钟网元定时源,按优先级从高到低的顺序为:线路时钟、内部时钟。线路提取时钟时优先从距主时钟最近的线路提取。

本任务中站 3 占据重要位置,选为主时钟网元,第 1 时钟源为外时钟,第 2 时钟源为内时钟,第3、4时钟源为从线路中抽取时钟。其他网元时钟均为从时钟,从时钟网元的第1时钟源配置为从线路中抽取时钟。每个网元可以从它与其他网元连接的所有光纤线路中提取时钟。当有多个光纤线路可以抽取时钟时,优先从距主时钟最近的线路提取,然后再从距主时钟第二近的线路提取,如此下去,直到所有的线路都提取完时钟。从时钟网元的最后一级时钟源配置为内时钟。

例如,站4网元的第1时钟源可以从OL16[1-1-2]端口1(连接站3)和OL16[1-1-1]端口1(连接站1)两条线路提取时钟,但从OL16[1-1-2]端口1线路传递过来的时钟比从OL16[1-1-1]端口1距主时钟网元站3更近,故选择第1时钟源从OL16[1-1-2]端口1线路提取;站4网元的第2时钟源从OL16[1-1-1]端口1线路提取,站4网元的第3时钟源采用内时钟。因此,可以规划出环带链网络各网元的时钟源,见表2-13。

表2-13 网元时钟源规划表

网元名称	第1时钟源 (优先级:1)	第2时钟源 (优先级:2)	第3时钟源 (优先级:3)	第4时钟源 (优先级:4)
站1	OL16[1-1-1]端口1 线路抽时钟	OL16[1-1-2]端口1 线路抽时钟	内时钟	—
站2	OL16[1-1-1]端口1 线路抽时钟	OL16[1-1-2]端口1 线路抽时钟	内时钟	—
站3	外时钟	内时钟	OL16[1-1-1]端口1 线路抽时钟	OL16[1-1-2]端口1 线路抽时钟
站4	OL16[1-1-2]端口1 线路抽时钟	OL16[1-1-1]端口1 线路抽时钟	内时钟	—
站5	OL4[1-1-4]端口2 线路抽时钟	OL1[1-1-1]端口1 线路抽时钟	内时钟	—
站6	OL1[1-1-1]端口2 线路抽时钟	内时钟	—	—

(3) 为网元新建时钟源

根据时钟源规划,为每个网元新建时钟源。本任务只列出站1时钟源的配置,根据站1完成其他站点时钟源的配置。站1时钟源的配置如下:

在客户端操作窗口中,选择站1网元,单击"设备管理"→"SDH管理"→"时钟源"菜单项,或单击工具栏中的 ▣ 按钮,弹出时钟源配置对话框。单击"新建",出现定时源配置窗口。

首先为站1新建第1时钟源从OL16[1-1-1]单板的端口1线路提取时钟,优先级为1,如图2-34所示。

接着新建站1的第2时钟源从单板OL16[1-1-2]端口1线路抽时钟,优先级为2。第3时钟源为内时钟,优先级为3。

(4) 启用SSM

在"时钟源配置"的"SSM字节"中"启用SSM",如图2-35所示。只有启用SSM字节,在"时钟源配置"的"定时源配置"中的"自动SSM"才会生效。

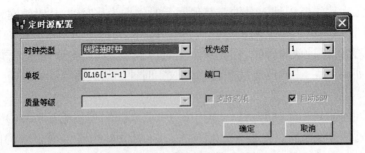

图 2-34　站 1 线路 1 抽时钟配置

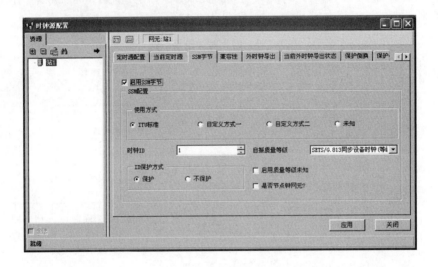

图 2-35　站 1 配置 SSM

站 1～站 6 时钟源配置分别如图 2-36～图 2-41 所示。注意：时钟配置时要尤其小心，一旦时钟配置错误，将影响到站点间业务的连通。

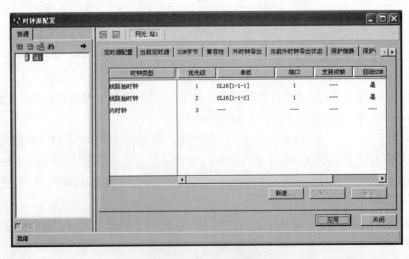

图 2-36　站 1 时钟源配置

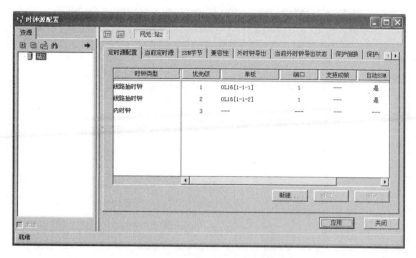

图 2-37 站 2 时钟源配置

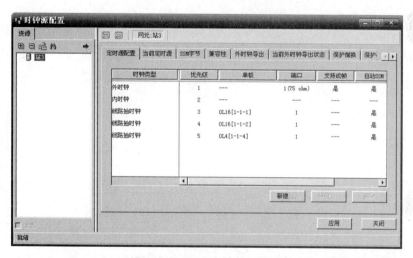

图 2-38 站 3 时钟源配置

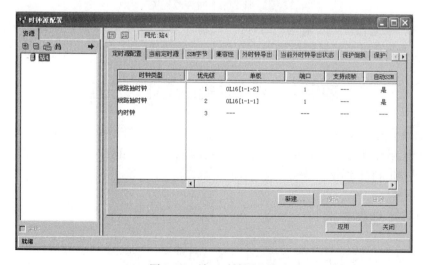

图 2-39 站 4 时钟源配置

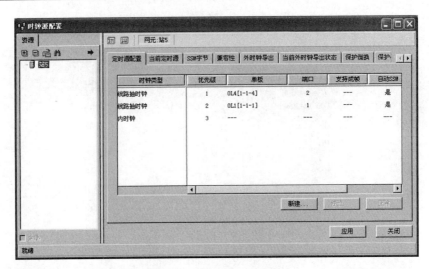

图 2-40 站 5 时钟源配置

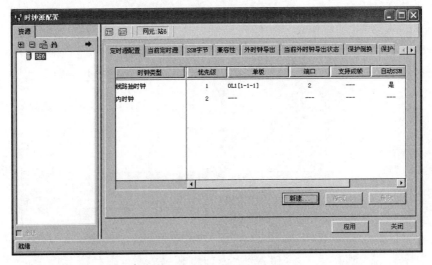

图 2-41 站 6 时钟源配置

拓展任务:根据环带链传输网的时钟配置,将环带链 SDH 传输网中的主时钟网元更改为站 1 网元,完成各网元的时钟源配置。

项目 2　SDH 传输系统业务开通

完成 SDH 传输系统开局配置后,根据业务需求进行业务开通配置和测试。SDH 传输系统可以传送低等级 SDH 业务和 PDH 业务(E1、E3、E4),扩展成 MSTP 后还可以承载以太网业务(Eth、FE、GE)和 ATM 业务。

任务 1:E1 业务开通

任务:理解 SDH 的复用结构,掌握 E1 业务信号复用进 STM-N 的过程。
要求:能配置 E1 支路板,能开通 SDH 传输系统两个站点间不带保护的 E1 业务。

一、知识准备

1. SDH 复用结构

SDH 复用包括两种情况：一种是由低速 STM-M 信号复用成高速 STM-N（$N>M$）信号；另一种是由 PDH 支路信号（如 E1、E3、E4）复用成 SDH 信号 STM-N。

(1) STM-M 信号复用成 STM-N 信号

STM-M 信号复用成 STM-N 信号，复用的方法主要通过字节间插的同步复用方式来完成的，复用的基数是 4，即 $4\times$STM-1→STM-4，$4\times$STM-4→STM-16，$4\times$STM-16→STM-64。在复用过程中保持帧频不变（8 000 帧/s），这就意味着高一级的 STM-N 信号是低一级的 STM-N 信号速率的 4 倍。在进行字节间插复用过程中，各帧的信息净负荷和指针字节按原值进行字节间插复用，ITU-T 对段开销另有规范。在同步复用形成的 STM-N 帧中，STM-N 的段开销并不是所有低阶帧中的段开销间插复用而成，而是舍弃某些低阶帧中的段开销。

(2) 各级 PDH 支路信号复用成 STM-N 信号

SDH 网的兼容性要求 SDH 的复用方式既能满足异步复用（如将 PDH 支路信号复用进 STM-N），又能满足同步复用（如 STM-M→STM-N），而且能方便地由高速 STM-N 信号分接出低速信号，同时不造成较大的信号时延和滑动损伤，这就要求 SDH 需采用自己独特的一套复用步骤和复用结构。在这种复用结构中，通过指针调整定位技术来取代 125 μs 缓存器，用以校正支路信号频差和实现相位对准。

PDH 各种支路的业务信号进入 SDH 的 STM-N 帧都要经过映射、定位、复用 3 个过程。

①映射

PDH 的信号具有一定频差，E1 的速率范围为 2.048 Mbit/s ± 50 ppm，E3 的速率范围为 34.368 Mbit/s ± 20 ppm，E4 的速率范围为 139.264 Mbit/s ± 15 ppm。具有一定频差的 PDH 各种速率信号首先进入相应的容器（C）里，完成码速调整等适配功能。由标准容器出来的数字流加上 POH 后就构成虚容器（VC），将各种速率信号适配装入 VC 相应过程称为映射。

映射相当于信号打包，实质是使各支路信号与相应的 VC 容量同步，以便使 VC 成为可以独立进行传送、复用和交叉连接。SDH 的映射方式有字节同步浮动模式、字节同步锁定模式、比特同步锁定模式和异步映射浮动模式。其中，最通用的映射工作方式是异步映射浮动模式。

②定位

定位的目的是使接收端能正确地从 STM-N 中拆离出相应的 VC，进而分离出 PDH 低速信号，也就是实现从 STM-N 信号中分接出低速支路信号的功能。

定位是一种将帧偏移信息收进支路单元或管理单元的过程，即以附加于 VC 上的指针指示和确定 VC 帧的起点在支路单元（TU）或管理单元（AU）净负荷中的位置。定位伴随着指针调整，在发生相对帧相位偏差使 VC 帧起点"浮动"时，指针值亦随之调整，从而始终保证指针值准确指示 VC 帧起点的位置。

③复用

复用是指将多个 TU 适配到高阶 VC4 或把多个 AU 适配到复用段的过程。例如，将低阶 TU-12 复用形成 TUG-2、TUG-3，形成 VC4 或由 AUG 复用形成 STM-N 帧。复用是通过字节间插方式实现的。

ITU-T 规定了一整套完整的映射复用结构（即映射复用路线），通过这些路线可将 PDH 数字信号以多种方法复用成 STM-N 信号。ITU-T G.707 建议的复用路线如图 2-42 所示。

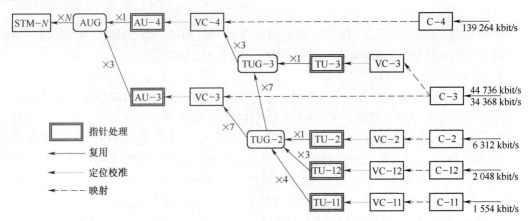

图 2-42 ITU-T 规定的 SDH 映射复用结构

复用结构是由一系列基本单元组成，而复用单元实际上就是一种信息结构。不同的复用单元，信息结构不同，因而在复用过程中所起的作用也不同。

从图 2-71 中可以看到此复用结构包括一些基本的复用单元：容器（C）、虚容器（VC）、支路单元（TU）、支路单元组（TUG）、管理单元（AU）和管理单元组（AUG），这些复用单元的下标表示与此复用单元相应的信号级别。在图中从一个有效负荷到 STM-N 的复用路线不是唯一的，有多条复用路线，也就是说有多种复用方法。例如：2 Mbit/s 的信号有两条复用路线，可用两种方法复用成 STM-N 信号。ITU-T 规定的 SDH 映射复用结构不支持 8 Mbit/s 的 PDH 支路信号，也就是说 8 Mbit/s 的 PDH 支路信号是无法复用成 STM-N 信号的。

尽管一种信号复用成 SDH 的 STM-N 信号的路线有多种，但我国的光同步传输网技术体制规定了以 2 Mbit/s 信号为基础的 PDH 系列作为 SDH 的有效负荷，并选用 AU-4 的复用路线，其结构如图 2-43 所示。

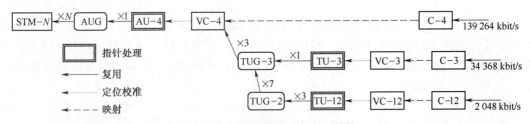

图 2-43 我国的 SDH 映射复用结构

我国 SDH 允许有三个 PDH 支路信号输入口，分别是 PDH 四次群 E4（速率为 139.264 Mbit/s，简写 140 M）、三次群 E3（速率为 34.368 Mbit/s，简写 34 M）和基群 E1（速率为 2.048 Mbit/s，简写 2 M）。在 SDH 中，一个 STM-1 能装载 63 个 E1、3 个 E3 或 1 个 E4 支路信号。

2. E1 复用进 STM-N 信号

由于传输设备与业务设备之间的接口大多采用 E1 接口，故 E1 信号的映射和同步复用是最重要的，也是最复杂的。

E1 支路信号映射复用进 STM-N 的映射方式有三种：异步映射、比特同步映射和字节同步映射。异步映射对映射信号的特性没有任何限制，也无需网同步，仅利用净负荷的指针调整即可将信号适配装入 SDH 帧结构中；字节同步映射和比特同步映射都要求映射信号与网络同步。由此可见异步映射要求最低，它是当前运用最多的映射方法。

与 E3 和 E4 相比，E1 复用进 STM-N 信号是 PDH 信号映射复用进 STM-N 最复杂的一种方式。从 E1 信号到 STM-N 信号的复用过程如图 2-44 所示，复用结构是 3-7-3 结构，STM-N 可装入 $N \times 3 \times 7 \times 3 = 63 \times N$ 个 E1 信号。

$$E1 \xrightarrow{\text{适配}} C\text{-}12 \xrightarrow{+VC12\ POH} VC\text{-}12 \xrightarrow{+TU\text{-}12\ PTR} TU\text{-}12 \xrightarrow{\times 3} TUG\text{-}2 \xrightarrow{\times 7} TUG\text{-}3$$

$$\xrightarrow{\times 3 + VC4\ POH} VC\text{-}4 \xrightarrow{+AU\text{-}4\ PTR} AU\text{-}4 \xrightarrow{\times 1} AUG \xrightarrow{\times N + SOH} STM\text{-}N$$

图 2-44　从 E1 信号复用到 STM-N 信号的步骤

E1 业务速率为 2.048 Mbit/s ±50 ppm，E1 业务复用进 STM-N 信号具体步骤为：

① E1 信号经过码速调整适配成 C-12

经 SDH 复用的各种速率的业务信号都应首先通过码速调整适配装进一个与信号速率级别相对应的标准容器：E1 业务信号经过码速调整适配成 C-12，E3 业务信号经过码速调整适配成 C-3，E4 业务信号经过码速调整适配成 C-4。容器的主要作用就是进行速率调整。E1 的信号装入 C-12 也就相当于将其打了个包封，使 E1 信号的速率调整为标准的 C-12 速率。

为了便于速率的适配采用了复帧的概念，即将 4 个 C-12 基帧组成一个复帧，如图 2-45 所示。C-12 的基帧帧频也是 8 000 帧/s，其复帧的帧频就成了 2 000 帧/s。在此，C-12 采用复帧不仅是为了码速调整，更重要的是为了适应低阶通道(VC-12)开销的安排。

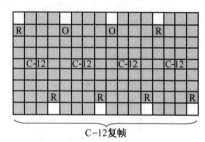

图 2-45　C-12 复帧

若 E1 信号的速率是标准的 2.048 Mbit/s，那么装入 C-12 时正好是每个基帧装入 32 个字节(256 bit)的有效信息。但当 E1 信号的速率不是标准速率 2.048 Mbit/s 时，那么装入每个 C-12 的平均比特数就不是整数。例如：E1 速率是 2.046 Mbit/s 时，那么将此信号装入 C12 基帧时平均每帧装入的比特数是：$(2.046 \times 10^6\ \text{bit/s})/(8\ 000\ \text{帧/s}) = 255.75$ bit 有效信息，比特数不是整数，因此无法进行装入。若此时取 4 个基帧为一个复帧，那么正好一个复帧装入的比特数为：$(2.046 \times 10^6\ \text{bit/s})/(2\ 000\ \text{帧/s}) = 1\ 023$ bit，可在前三个基帧每帧装入 256 bit(32 字节)有效信息，在第 4 帧装入 255 bit 的有效信息，这样就可将此速率的 E1 信号完整地适配进 C-12 中去。其中第 4 帧中所缺少的 1 个比特是填充比特。

C-12 基帧结构是 34 个字节的带缺口的块状帧。C-12 基帧结构是 $9 \times 4 - 2 = 34$ 字节，是在 32 字节的基础上添加了 2 字节。C-12 复帧中每个 C-12 基帧添加的 2 字节内容都不一样。其中，D 为信息比特，C1、C2 为调整控制比特，S1、S2 为调整机会比特，O 为开销比特，R 为固定塞入比特。

C-12 复帧 = $(32 \times 3 \times 8 + 31 \times 8 + 7)D + 1S1 + 1S2 + 3C1 + 3C2 + (5 \times 8 + 9)R + 8O$
　　　　　= $1\ 023D + 1S1 + 1S2 + 3C1 + 3C2 + 49R + 8O$

C-12 速率 = $136/4 \times 8$ bit/帧 × 8 000 帧/s = 2.176 Mbit/s

当 C1C1C1 = 000 时，S1 为信息比特 I；当 C1C1C1 = 111 时，S1 为填充塞入比特 R。同样，

当 C2C2C2 = 000 时，S2 = I；当 C2C2C2 = 111 时，S2 = R，由此实现速率的正/零/负调整。因而，可以计算出 C-12 能容纳的信息速率。

C-12 能容纳的信息速率 = (1 023D + S1 + S2)/4 × 8 000 帧/s = 2.046 ~ 2.050 Mbit/s

也就是说当 E1 信号适配进 C-12 时，只要 E1 信号的速率范围在 2.046 Mbit/s ~ 2.050 Mbit/s 的范围内，就可以将其装载进标准的 C-12 容器中。PDH E1 速率处于 C-12 能容纳的信息速率范围内，能适配装入 C-12。

② C-12 加 VC-12 POH 构成 VC-12

为了在 SDH 网的传输中能实时监测任何一个 2 Mbit/s 通道信号的性能，在每个 C-12 帧前插入 VC-12 的通道开销（VC-12 POH）字节，使其成为 VC-12 的信息结构。VC-12 POH 属于低阶通道开销，一个复帧有一组低阶通道开销，共 4 个字节：V5、J2、N2、K4。它们分别加在上述 C-12 复帧的左上角 4 个缺口处，如图 2-46 所示。因为 VC 在 SDH 传输系统中是一个独立的实体，因此对 2 Mbit/s 的业务的调配都是以 VC-12 为单位的。图 2-47 显示了完整的 VC-12 复帧中各字节内容。

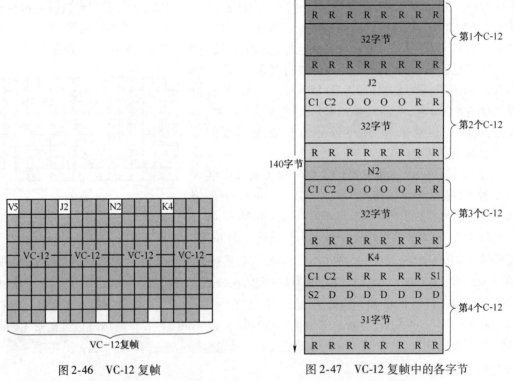

图 2-46　VC-12 复帧

图 2-47　VC-12 复帧中的各字节

一组通道开销监测的是一个复帧在网络上传输的状态，一个 C1-2 复帧循环装载的是 4 帧 PCM30/32 的信号。因此，一组 LP-POH 监控和管理的是 4 帧 PCM30/32 信号的传输。

③ VC-12 定位校准（加 TU-12 PTR）形成 TU-12

为了使接收端能正确定位 VC-12 帧，在 VC-12 复帧的 4 个缺口上再加上 4 个字节（V1 ~ V4）支路单元指针（TU-12 PTR），这就形成了 TU-12 信息结构（完整的 9 行 × 4 列），如图 2-48、图 2-49 所示。V1 ~ V4 就是 TU-PTR，指示复帧中第一个 VC-12 的首字节在 TU-12 复帧中的具体位置。

④3 个 TU-12 复用形成 TUG-2

3 个 TU-12 经过字节间插复用合成 TUG-2,此时的帧结构是 9 行 ×12 列,如图 2-48、图 2-49 所示。TUG-2 速率为 9 行 ×12 列 ×8 bit/帧 ×8 000 帧/s =6.912 Mbit/s。

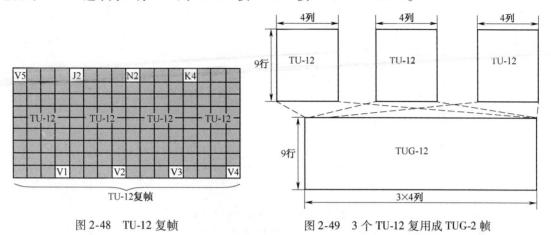

图 2-48 TU-12 复帧　　　　图 2-49 3 个 TU-12 复用成 TUG-2 帧

⑤7 个 TUG-2 复用形成 TUG-3

7 个 TUG-2 经过字节间插复用合成 TUG-3 的信息结构。7 个 TUG-2 合成的信息结构是 9 行 ×84 列,为满足 TUG-3 的信息结构 9 行 ×86 列,则需在 7 个 TUG-2 合成的信息结构前加入两列固定塞入比特 R,如图 2-50 所示。

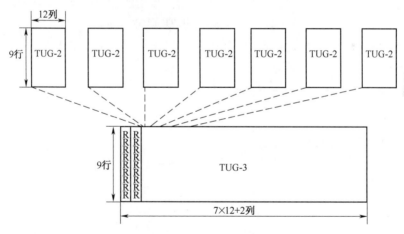

图 2-50 7 个 TUG-2 复用成 TUG-3 帧

⑥3 个 TUG-3 复用成 VC-4

3 个 TUG-3 经字节间插复用并加上两列的塞入字节和一列 VC-4 的通道开销(VC-4 POH)字节的形成 VC-4,如图 2-51 所示。VC-4 POH 由 J1、B3、C2、G1、F2、H4、F3、K3、N1 等组成。

⑦VC-4 定位校准(加 AU-4PTR)形成 AU-4

VC-4 加上 AU-4 管理单元指针(AU-4 PTR)后形成 AU-4。在 VC-4 前的第 4 行加 9 列的 AU-PTR(H1、Y、Y、H2、1*、1*、H3、H3、H3),构成 AU-4 帧,如图 2-52 所示。

⑧AU-4 直接复用形成 AUG

⑨N 个 AUG 复用形成 STM-N

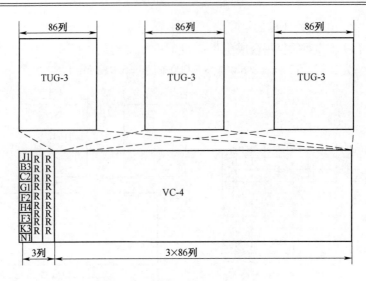

图 2-51　3 个 TUG-3 复用成 VC-4

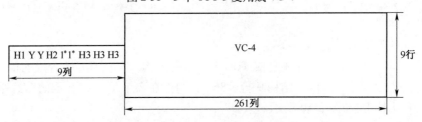

图 2-52　VC-4 加 AU-4PTR 形成 AU-4

N 个 AUG 按字节间插方式复用,并加上 $N\times 3$ 行 $\times 9$ 列的 RSOH 和 $N\times 5$ 行 $\times 9$ 列的 MSOH,构成 STM-N,如图 2-53 所示。

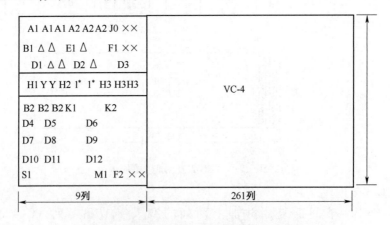

图 2-53　AUG 加上 RSOH 和 MSOH 构成 STM-1

3. ZXMP S385 设备的 E1 支路单板

ZXMP S385 设备提供了丰富的业务接口,包括:STM-64/16/4/1 等 SDH 光接口,STM-1 电接口,E1/T1、E3/T3 等 PDH 电接口,POS 接口,FE/GE 以太网接口,ATM 接口以及 SAN 接口。其中 E1 业务支路子系统实现 E1 电信号的异步映射/去映射的功能,并提供两组 1:$N(N\leqslant 9)$ 支路保护功能,包括电处理板、电接口板、电接口转换板和电接口桥接板。

E1 电处理板实现 PDH 电接口 E1 的映射和解映射,有 EPE1$\times$63(75) 和 EPE1$\times$63(120)

两种类型,每块 E1 电处理板可提供 63 路 E1 接口,可以安插在 1~5、12~16 槽位中。E1 电处理板还可以配合接口倒换板、接口桥接板完成系统 1:$N(N \leq 9)$ 支路保护功能。

E1 电接口板只在无 1:$N(N \leq 9)$ 支路保护功能时使用,配合电处理板完成 E1 信号与外部支路板的连接,包括 EIE1×63 和 EIT1×63 两种,可安插在 61~65、68~72 槽位。每块 EIE1×63 电接口板可提供 63 路 75 Ω 的 E1 接口,每块 EIT1×63 电接口板可提供 63 路 120 Ω 的 E1 接口。

电接口转换板完成 EPE1 板的 E1 信号与外部支路板的连接,完成工作板 E1 信号与保护板 E1 信号之间的切换,实现 E1 接口的保护,有 ESE1×63 和 EST1×63 两种,可安插在 61~65、68~72 槽位。每块 ESE1×63 板提供 63 路 75 Ω E1 接口,EST1×63 板提供 63 路 120 Ω E1 接口。

电接口桥接板 BIE1 完成工作板 E1 信号到保护板的分配和转接,只在 E1 信号 1:N 支路保护时使用,可安插在 61~65、68~72 槽位。

不同的业务需要配置不同的支路单板,ZXMP S385 设备可实现的业务和支路单板配置见表 2-14。

表 2-14 S385 设备的 E1 支路子系统

实现业务	所需配置的支路单板
63 路 E1 电接口(75 Ω)业务处理	EPE1×63(75)电处理板 + EIE1×63 电接口板
63 路 E1 电接口(120 Ω)业务处理	EPE1×63(120)电处理板 + EIT1×63 电接口板
带 1:$N(N \leq 9)$ 保护的 63 路 E1 电接口业务处理	EPE1×63(75)电处理板 + ESE1×63 电接口倒换板 + BIE1 电接口桥接板
带 1:$N(N \leq 9)$ 保护的 120 Ω E1 电接口业务处理	EPE1×63(75)电处理板 + EST1×63 电接口倒换板 + BIE1 电接口桥接板

二、任务实施

本任务的目的是配置 E1 支路板,进行时隙配置,开通如图 2-54 所示的环带链 SDH 传输系统站点间不带保护的 E1 业务。

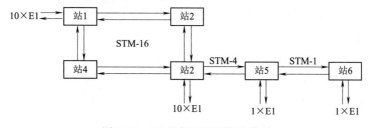

图 2-54 E1 业务开通网络连接图

1. 材料准备

高 2 m 的 19 英寸机柜,ZXMP S385 子架 6 套,单板若干,ZXONM E300 网管 1 套,G.652 光纤跳线 12 根。

2. 实施步骤

(1) 启动网管。

(2) 创建站 1~站 6 网元,安装单板,建立环带链传输网络。除安装公共单板和光线路板以外,有 E1 业务的站 1、站 3、站 5、站 6 在 12 槽位各安装一块 EPE1 单板。

(3) 配置站 1~站 6 网元时钟,站 3 网元为主时钟,其他网元为从时钟。

(4)配置站 5 和站 6 两个相邻站点间的 1 个 E1 业务。

①规划业务时隙

规划并填写各网元业务时隙规划表,见表 2-15。

表 2-15 相邻站 E1 业务时隙规划表

业务类型	上/下业务		上/下业务	
	支路	线路	线路	支路
TU12/VO12	站 5: EPE1[1-1-12]1	站 5: OL1[1-1-1][1-1]1	站 6: OL1[1-1-1][2-1]1	站 6: EPE1[1-1-12]2

OL1[1-1-1][1-1]1 表明在机柜号为 1、子架号为 1、1 槽位上的 OL1 单板第 1 个光端口的第 1 个 AUG 中的第 1 个 TU12。OL1[1-1-1][2-1]1 表明在机柜号为 1、子架号为 1、1 槽位上的 OL1 单板第 2 个光端口的第 1 个 AUG 中的第 1 个 TU12。EPE1[1-1-12]2 表明在机柜号为 1、子架号为 1、12 槽位上的 EPE1 单板第 2 个 2M 电端口。

由于每块 OL1 单板提供 8 个 STM-1 光端口,每个 STM-1 光端口包括 63 个 TU12。每个 2M 业务信号用一个 TU12 来装载。在组建网络拓扑时,站 5 的 OL1[1-1-1]端口 1 和站 6 的 OL1[1-1-1]端口 2 使用光纤连接。在配置它们之间的业务时,光接口要与光纤连接端口保持一致,且站 5 和站 6 的 TU12 序号必须完全对应。但两个站点支路板 EPE1 上选择的 2M 端口序号可以不同。

②单击选择站 5 网元,单击"设备管理"→"SDH 管理"→"业务配置"菜单项或右击网元选择业务配置或单击工具条中的 ✦ 按钮,弹出业务配置对话框。

业务配置对话框中左侧树为接收端光线路板的时隙,右侧树为发送端光线路板的时隙,下方为已安装支路板的支路,已配业务用 * 符号标识。

下方的支路时隙列表中显示了当前支路板支持的支路速率和序号,可以看出一个 EPE1 支路板包含了 63 个 2M 支路接口。

树形图中最上面显示的是当前站点已安装的光板信息,如 OL1[1-1-1]和 OL4[1-1-4]说明当前站点在槽位 1 上安装 1 块 OL1 光板,在槽位 4 上安装 1 块 OL4 光板。

单击光板信息前面的"+"符号,可以展开该光板包含的光接口名称,如 port(1)。可以看出 OL1 光板有 8 个 STM-1 光接口,OL4 光板有 4 个 STM-4 光接口,OL16 光板有 1 个 STM-16 光接口,OL64 光板有 1 个 STM-64 光接口。

单击光接口 port 名称前面的"+"符号,可以展开该光接口下包含的 AUG 数量,1 个 STM-1 光接口只包含 1 个 AUG,1 个 STM-4 光接口包含 4 个 AUG,1 个 STM-16 光接口包含 16 个 AUG,1 个 STM-64 光接口包含 64 个 AUG。单击 AUG 前面的"+"符号,可以展开 AUG 包含的 AU4 数量,可以看出 1 个 AUG 包含 1 个 AU4。

单击 AU4 前面的"+"符号,可以展开 AU 包含的 TUG3 数量,可以看出 1 个 AU4 包含 3 个 TUG3。

单击 TUG3 前面的"+"符号,可以展开 TUG3 包含的 TUG2 数量,可以看出 1 个 TUG3 包含 7 个 TUG2。

单击 TUG2 前面的"+"符号,可以展开 TUG2 包含的 TU12 数量,可以看出 1 个 TUG2 包含 3 个 TU12。1 个 STM-1 光接口包含 63 个 TU12,在 TU12 后面的括号内注明了当前 TU12 的序号。一个 TU12 可以装载一个 2M 业务。这里的树形结构与 E1 复用进 STM-1 信号步骤一致。

③在操作方式下方点击"选择配置",在左侧接收端光板 OL1[1-1-1]下 port(1)的时隙中选择一个 TU12 或在右侧为发送端光板 OL1[1-1-1]下 port(1)的时隙中选择第 1 个 TU12,在

下方为支路板的支路中选择一个 2M,将在选中的 TU12 和 2M 支路间形成一条红色虚线。红色虚线表明当前线为未确定下发的时隙配置线或保护配置线。由于默认为双向配置方式,只需要在接收端或发送端选择一个 TU12,系统将自动选择另一端对应的 TU12。

④点击"确认",确认配置,系统将自动选择另一端对应的 TU12 与支路相连。选中的接收端 TU12、发送端 TU12 和 2M 支路间将形成两条白色实线。白色实线表明当前线为已确认但未下发的时隙配置线。

⑤点击"应用",将配置下发到 NCP 板。白色实线将变成绿色实线,如图 2-55 所示。绿色实线表明当前线为已确认并下发的时隙配置线。

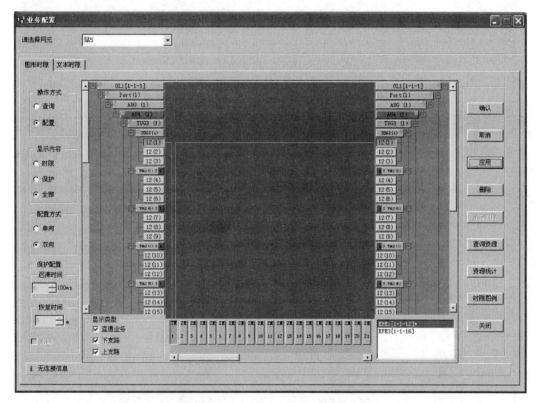

图 2-55　已确认并下发的时隙配置

⑥点击"文本时隙"选项卡,将操作方式选择为"查询",查看已配置的业务信息,如图 2-56 所示。

图中业务类型中 TU12/VC12 表明配置的时隙为 TU12/VC12,业务速率为 2 Mbit/s;源板位和宿板位下方为光纤连接站点的光接口中 AUG 号或支路板,例如,OL1[1-1-1][1-1]表明槽位 1 中板卡的端口 1 中的第 1 个 AUG;时隙号表明当前业务使用的是 AUG 中的时隙序号,例如,时隙号为 1 表明当前业务使用的是当前 AUG 中的第一个 TU12 时隙。双向中 Y 表明当前业务条目为双向业务。

若出现业务配置错误,可以在文本时隙或图形时隙中将操作方式选择为配置,选中要删除业务线或条目,单击"删除",然后点击"应用",即可删除不需要的业务。删除网元之前,要将所有已配置的业务都删除。

站 6 网元进行业务配置,完成步骤(1)~(4)。

站 5 和站 6 的接口 AUG 号和时隙号必须完全对应。站 5 的 OL1[1-1-1]光口 1 和站 6 的 OL1

[1-1-1]光口2使用光纤连接,业务配置时站5选择了OL1[1-1-1]port(1)中AUG(1)的TU12(1),那么站6就要选择OL1[1-1-1]port(2)中AUG(1)的TU12(1),但是站5和站6的2M端口号可以选择不同,即站5可以选为EPE1的1号2M,站6可以选为EPE1的2号2M,如图2-57和图2-58所示。

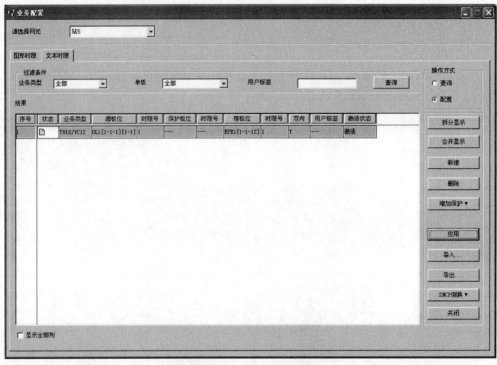

图2-56 站5已配置的时隙

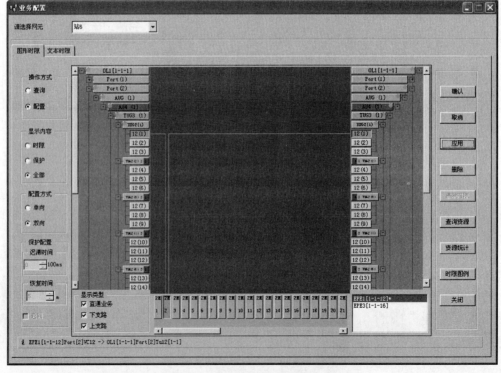

图2-57 站6的业务配置图形时隙

⑦查询业务配置的正确性

右击站 5 或站 6 网元,选择相关业务查询,点击列出的业务,将在上方的拓扑图窗口中看到业务路由拓扑图,如图 2-59 所示。

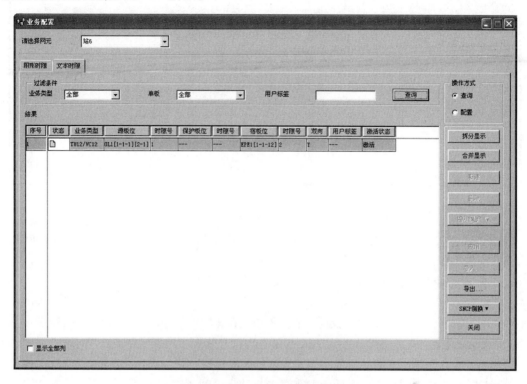

图 2-58　站 6 的业务配置文本时隙

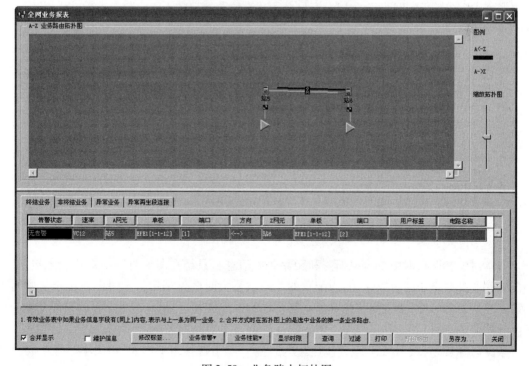

图 2-59　业务路由拓扑图

单击"显示时隙",可以查看站 5 和站 6 配置的详细时隙信息,如图 2-60 所示。

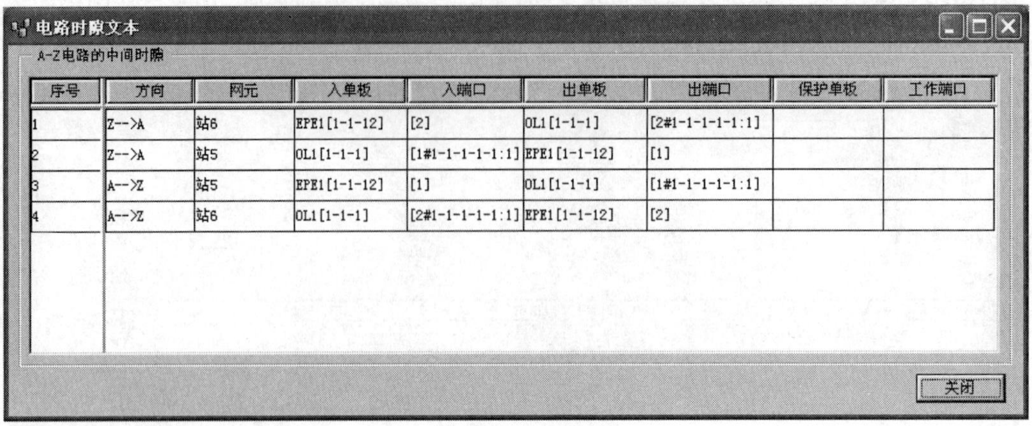

电路时隙文本

A-Z电路的中间时隙

序号	方向	网元	入单板	入端口	出单板	出端口	保护单板	工作端口
1	Z-->A	站6	EPE1[1-1-12]	[2]	OL1[1-1-1]	[2#1-1-1-1-1:1]		
2	Z-->A	站5	OL1[1-1-1]	[1#1-1-1-1-1:1]	EPE1[1-1-12]	[1]		
3	A-->Z	站5	EPE1[1-1-12]	[1]	OL1[1-1-1]	[1#1-1-1-1-1:1]		
4	A-->Z	站6	OL1[1-1-1]	[2#1-1-1-1-1:1]	EPE1[1-1-12]	[2]		

关闭

图 2-60 电路时隙文本

从图中可以看出,站 5 配置 OL1[1-1-1][1#1-1-1-1-1:1] 到 EPE1[1-1-12][1] 的电路业务,站 6 配置 OL1[1-1-1][2#1-1-1-1-1:1] 到 EPE1[1-1-12][2] 的电路业务。

(5) 配置途经站 2 在站 1 与站 3 之间传送的 10 个 E1 业务

① 规划业务时隙

规划并填写各网元业务时隙规划表,见表 2-16。在相邻站点间配置电路业务时,每个站点都要上、下支路,对电路业务进行分接和插入。在跨站点之间配置电路业务时,中间站点对业务不进行分接和插入,而是从东向接口线路交叉连接到西向接口线路,或从西向接口线路交叉连接到东向接口线路,俗称中间穿通。本任务中在站 1 与站 3 之间传送的 10 个 E1 业务在站 2 网元进行中间穿通。在进行配置业务的中间穿通时,可以在线路接口的不同时隙中进行灵活调度。

表 2-16 跨站点 E1 业务时隙规划表

业务类型	上/下业务		中间穿通		上/下业务	
	支路	线路	线路	线路	线路	支路
TU12/VC12	站1: EPE1[1-1-12] 1-10	站1: OL16[1-1-1] [1-1]1-10	站2: OL16[1-1-2] [1-1]1-10	站2: OL16[1-1-1] [1-1]11-20	站3: OL16[1-1-2] [1-1]11-20	站3: EPE1[1-1-12] 1-10

注意:站 1 的 OL16[1-1-1]光口 1 和站 2 的 OL16[1-1-2]光口 1 已使用光纤连接,站 2 的 OL16[1-1-1]光口 1 和站 3 的 OL16[1-1-2]光口 1 已使用光纤连接,它们之间的光接口 AUG 号和 TU12 序号必须完全对应。但站 1 和站 3 支路板上的 2M 端口号可以不同。

② 站 1 配置业务

文本时隙和图形时隙都可以新建和删除业务信息。只是在图形时隙中新建业务更直观,当配置的业务数量小时可以采用;当配置的业务数量大时建议采用文本时隙。由于文本时隙不需要逐层打开时隙,更方便删除业务。当出现错误配置时,利用文本时隙可以很方便地查询已配置的业务条目。

根据时隙规划,站 1 配置 10 个 E1 业务上/下。单击选择站 1 网元,在文本时隙中将操作方式选择为"配置",在文本时隙中点击"新建",在弹出的新建时隙对话框中选择业务类型为

TU12/VC12,源端单板为OL16[1-1-1],端口为1,AUG为1,时隙号为1-10;选择宿端单板为EPE1[1-1-12],时隙号为1-10,如图2-61所示。点击"应用"关闭新建时隙对话框,在业务配置中点击"应用",将配置数据下发。

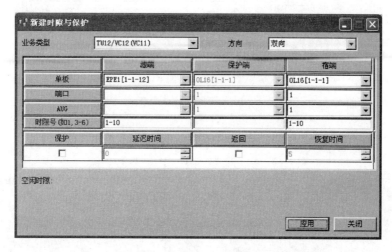

图 2-61 站 1 配置跨站点 E1 业务文本时隙

③站 2 配置业务

根据时隙规划,站 2 配置 10 个 E1 业务穿通。选择业务类型为 TU12/VC12,选择源端单板为 OL16[1-1-2],端口为 1,AUG 为 1,时隙号为 1-10;选择宿端单板为 OL16[1-1-1],端口为 1,AUG 为 1,时隙号为 11-20,如图 2-62 所示。

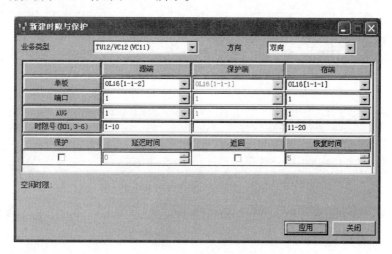

图 2-62 站 2 配置跨站点 E1 业务文本时隙

④站点 3 配置业务

根据时隙规划,站 3 配置 10 个 E1 业务上/下。选择业务类型为 TU12/VC12,选择源端单板为 OL16[1-1-2],端口为 1,AUG 为 1,时隙号为 11-20;选择宿端单板为 EPE1[1-1-12],时隙号为 1-10,如图 2-63 所示。

⑤查询业务配置的正确性

右击站 1 或站 3 网元,查看业务路由拓扑图,如图 2-64 所示。

⑥单击显示时隙,查看站 1、站 2 和站 3 配置的详细时隙信息,如图 2-65 所示。

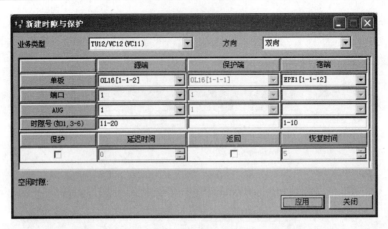

图 2-63　站 3 配置跨站点 E1 业务文本时隙

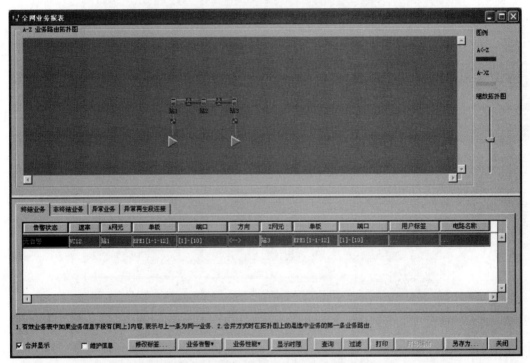

图 2-64　跨站点 E1 业务路由拓扑图

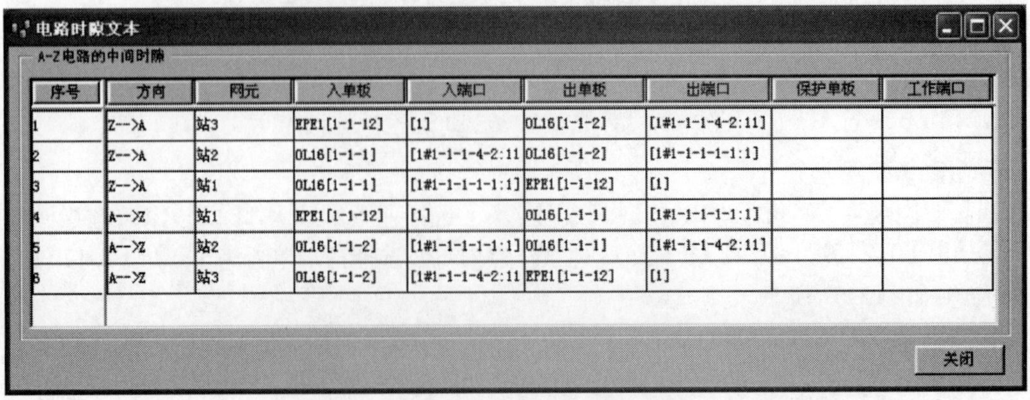

图 2-65　跨站点 E1 业务电路时隙文本

拓展任务:请完成站3和站4之间5个E1业务的开通,途经站2和站3在站1与站5之间开通20个E1业务,途经站3和站5在站4和站6之间开通30个E1业务。

任务2:E3业务开通

任务:掌握E3和E4业务信号复用进STM-N的过程。
要求:能配置E3支路板。开通SDH传输系统两个站点间的不带保护的E3业务。

一、知识准备

除了E1业务信号以外,我国SDH映射复用结构还支持E3和E4业务信号的复用。

1. E3复用进STM-N信号

E3业务速率为34.368 Mbit/s ± 20 ppm,E3业务复用进STM-N信号的复用路线为:34M→C-3→VC-3→TU-3→TUG-3→VC-4→AU-4→STM-N。STM-N能复用进$3N$路E3信号。E3复用进STM-N信号的具体步骤为:

①E3信息经码速调整,形成C-3。

C-3基帧由C-3子帧(T1、T2和T3)组成,每个子帧为3行84列,如图2-66所示。

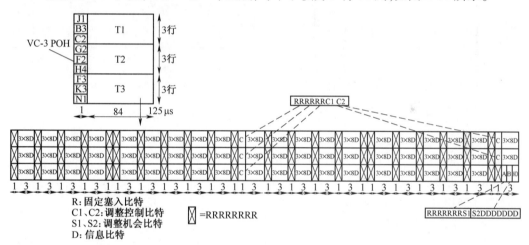

图2-66 C-3基帧

C-3子帧中,C字节包括6个R码和两个C码(C1和C2码),因此每个子帧中有5个C1码和5个C2码,1比特S1码和1比特S2码。由5个C1码控制一个S1码,5个C2码控制一个S2码,当5个C1全为0时S1 = D,当5个C1全为1时S1 = R。C2与C1的情况相同。

每个C-3子帧中有3行 × (20 + 20 + 19)8D + 5C + 1A + 1B + 3行×22Y + 1Y
$$= 1\,431D + 1S1 + 1S2 + 5C1 + 5C2 + 573R。$$

C-3速率 = 9行 × 84列 × 8 bit/帧 × 8 000 帧/s = 48.384 Mbit/s。

当支路信号速率大于C-3标称速率时,采用负码速调整,令C1C1C1C1C1 = C2C2C2C2C2 = 00000,相应的S1 = S2 = D;当支路信号速率小于C-3标称速率时,采用正码速调整,令C1C1C1C1C1 = C2C2C2C2C2 = 11111,相应的S1 = S2 = R;当支路信号速率等于C-3标称速率时,采用0码速调整,令C1C1C1C1C1 = 11111,C2C2C2C2C2 = 00000,相应的S1 = R,S2 = D。

C-3能容纳的信息速率 = (1 431D + S1 + S2) × 3行 × 8 000 帧/s = 34.344 ~ 34.392 Mbit/s。

PDH E3 支路信号的速率范围为 34.368 Mbit/s ± 20 ppm,即 34.369 ~ 34.367 Mbit/s,正处于 C-3 能容纳的净负荷范围之内,所以能适配地装入 C-3。

②C-3 映射(加 POH)成 VC-3。

在 C-3 的 3 个子帧前依次插入 VC-3 POH(J1、B3、C2、G1、F2、H4、F3、K3、N1),构成 VC-3 帧(9 行 × 85 列),如图 2-67 所示。

VC-3 速率 = 9 行 × 85 列 × 8 bit/帧 × 8 000 帧/s = 48.960 Mbit/s。

③VC-3 定位校准(加 PTR)形成 TU-3。

在 VC-3 前加 3 字节的 TU-PTR(H1、H2、H3),构成 TU-3 帧。

④TU-3 复用成 TUG-3。

TU-3 加 6 个填充字节形成 TUG-3,如图 2-68 所示。

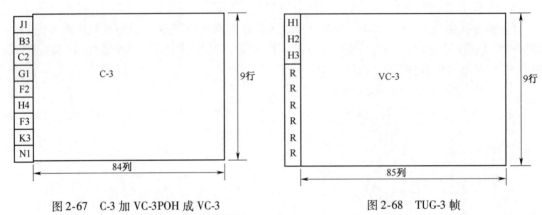

图 2-67 C-3 加 VC-3POH 成 VC-3 　　　　图 2-68 TUG-3 帧

TUG-3 速率 = 9 行 × 86 列 × 8 bit/帧 × 8 000 帧/s = 49.536 Mbit/s。

⑤3 个 TUG-3 复用进 VC-4。

⑥VC-4 定位校准(加 PTR)形成 AU-4。

⑦AU-4 直接复用形成 AUG。

⑧N 个 AUG 复用形成 STM-N。

2. E4 复用进 STM-N 信号

E4 业务速率范围是 139.264 Mbit/s ± 15 ppm,E4 业务信号复用进 STM-N 信号的复用路线为 140M→C-4→VC-4→AU-4→STM-N。STM-N 能复用进 N 路 E4 信号。E4 复用进 STM-N 信号具体步骤为:

①E4 信息经码速调整(适配),形成 C-4。

首先将 E4 信号经过正码速调整(比特塞入法)适配进 C-4,C-4 是用来装载 E4 信号的标准信息结构。140 Mbit/s 的信号装入 C-4 也就相当于将其打了个包封,使 139.264 Mbit/s 信号的速率调整为标准的 C-4 速率。C-4 的帧结构是以字节为单位的块状帧,帧频是 8 000 帧/s,也就是说经过速率适配,139.264 Mbit/s 的信号在适配成 C-4 信号后就已经与 SDH 传输网同步。这个过程也就是将异步的 139.264 Mbit/s 信号装入 C-4。

C-4 基帧由 9 个 C-4 子帧构成,如图 2-69 所示。

C-4 每个子帧为 C-4 基帧的一行(260 列),每个子帧为一个速率调整单元,分成 20 个字节块,每个字节块 13 个字节。每个字节块的首字节依次为 W、X、Y、Y、Y、X、Y、Y、Y、X、Y、Y、Y、X、Y、Y、Y、X、Y、Z。每个字节块的后 12 个字节方的是 E4 信息比特,共 12 × 8 = 96 字节。

每个 C-4 子帧 = (12×20+1)W + 13Y + 5X + 1Z = 1934D + 1S + 5C + 130R + 10O。

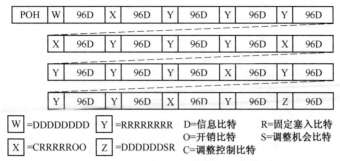

图 2-69 C-4 基帧

C-4 信号的帧有 260 列 × 9 行(PDH 信号在复用进 STM-N 中时,其块状帧总是保持是 9 行),则 C-4 速率 = 9 行 × 260 列 × 8 bit/帧 × 8 000 帧/s = 149.760 Mbit/s。

当支路信号速率大于 C-4 标称速率时,CCCCC = 00000,相应的 S = D;当支路信号速率小于 C-4 标称速率时,CCCCC = 11111,相应的 S = R。由此实现速率的正/零/负调整。从而,可以计算出 C-4 能容纳的信息速率。

C-4 能容纳的信息速率 = (1934D + S) × 9 行 × 8 000 帧/s = 139.248 ~ 139.320 Mbit/s。

G.703 规范标准的 PDH E4 信号速率范围是 139.264 Mbit/s ± 15 ppm,处于 C-4 能容纳的信息速率范围内,通过速率适配可将这个速率范围的 E4 信号,调整成标准的 C-4 速率 149.760 Mbit/s,也就是说能够装入 C-4 容器。

②C-4 映射(加 POH)成 VC-4。

在 C-4 的 9 个子帧前依次插入 VC-4 POH(J1、B3、C2、G1、F2、H4、F3、K3、N1),构成 VC-4 帧,如图 2-70 所示。

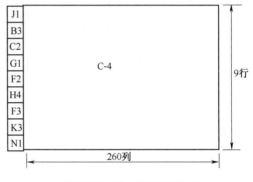

图 2-70 C-4 映射成 VC-4

VC-4 速率 = 9 行 × 261 列 × 8 bit/帧 × 8 000 帧/s = 150.336 Mbit/s。

③VC-4 定位校准(加 PTR)形成 AU-4。

④AU-4 直接复用形成 AUG。

⑤N 个 AUG 复用形成 STM-N。

3. S385 设备的 E3 支路单板

E3 支路系统实现 PDH E3 电信号的异步映射/去映射的功能,并提供两组 1:$N(N\leq 4)$ 支路保护功能。中兴 S385 设备的 E3 支路单板有:E3 电处理板 EPE3×6、带 1:$N(N\leq 4)$ 保护的 E3 电接口倒换板 ESE3×6、E3 电接口桥接板 BIE3。每块 E3 支路单板最大均可接入 6 路 E3 业务。

E3 电处理板 EPE3×6 实现 PDH 电接口 E3 的映射和解映射,每块 E3 电处理板可提供 6 路 E3 接口,可以安插在 1~5、12~16 槽位中。E3 电处理板还可以配合接口倒换板、接口桥接板完成系统 1:$N(N\leq 4)$ 支路保护功能。

E3 电接口倒换板 ESE3×6 只在无 1:$N(N\leq 4)$ 支路保护功能时使用,配合电处理板完成

E3 信号与外部支路板的连接,可安插在 61~65、68~72 槽位。每块 ESE3×6 电接口倒换板可提供 6 路 E3 接口。

E3 电接口桥接板 BIE3 完成工作板 E3 信号到保护板的分配和转接,只在 E3 信号 1:N 支路保护时使用,可安插在 61~65、68~72 槽位。

不同的业务需要配置不同的支路单板,ZXMP S385 设备可实现的业务和支路单板配置见表 2-17。

表 2-17 S385 设备的 E3 支路子系统

实现业务	所需配置的支路单板
6 路 E3 电接口业务处理	EPE3×6 电处理板 + ESE3×6 电接口板
带 1:$N(N\leqslant 4)$ 保护的 6 路 E3 电接口业务处理	EPE3×6 电处理板 + ESE3×6 电接口倒换板 + BIE3 电接口桥接板

二、任务实施

本任务的目的是配置 E3 支路板,进行时隙配置,开通如图 2-71 所示的环带链 SDH 传输系统站点间不带保护的 E3 业务。

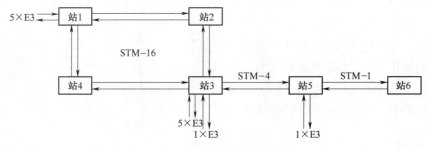

图 2-71 E3 业务开通网络连接

1. 材料准备

高 2 m 的 19 英寸机柜,ZXMP S385 子架 6 套,单板若干,ZXONM E300 网管 1 套,G.652 光纤跳线 12 根。

2. 实施步骤

(1)启动网管。

(2)创建站 1~站 6 网元,安装单板,建立环带链传输网络。除安装公共单板和光线路板以外,有 E3 业务的站 1、站 3、站 5 在 13 槽位各安装一块 EPE3 单板。

(3)配置站 1~站 6 网元时钟,站 3 网元为主时钟,其他网元为从时钟。

(4)站 3 和站 5 两个相邻站点间的 1 个 E3 业务配置。

①规划业务时隙

E3 电路业务需要通过 TU3/VC3 时隙来承载,每个 AUG 包含 3 个 VC3 通道。一个 STM-1 光接口包含 1 个 AUG,一个 STM-4 包含 4 个 AUG,一个 STM-16 光接口包含 16 个 AUG,一个 STM-64 光接口包含 64 个 AUG。当 E3 业务超过 3 个时,需要配置多个 AUG 中的 TU3/VC3 时隙。

规划并填写各网元业务时隙规划表,见表 2-18。

②单击选择站 3 网元,单击"设备管理"→"SDH 管理"→"业务配置"菜单项或右击网元选择业务配置或单击工具条中的 按钮,弹出业务配置对话框弹出业务配置对话框。下方的支路时隙列表中显示了当前支路板支持的支路速率和序号,可以看出一个 EPE3 支路板包

含 6 个 E3 支路接口。

表 2-18 相邻站 E3 业务时隙规划表

业务类型	上/下业务		上/下业务	
	支路	线路	线路	支路
TU3/VC3	站3：EPE3[1-1-13]1	站3：OL4[1-1-4][1-1]1	站5：OL4[1-1-4][2-1]1	站5：EPE3[1-1-13]3

③在操作方式下方点击选择配置，在左侧接收端光板 OL4[1-1-4]下 port(1)的 AUG(1)时隙中选择第一个 TUG3(E3 业务经码速调整直接映射到 TUG3)，在下方 EPE3 支路板的支路中选择一个 34M。

④点击"确认"，确认配置，系统将自动选择另一端对应的 TUG3 与支路相连。

⑤点击"应用"，将配置下发到 NCP 板，图形时隙配置如图 2-72 所示。

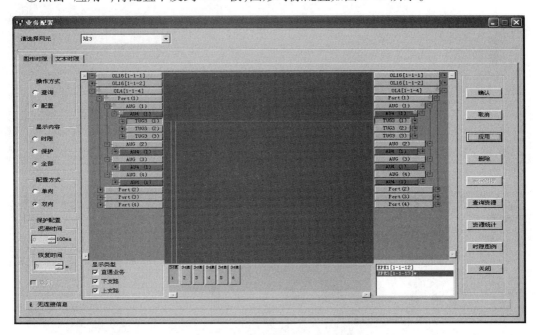

图 2-72 站 3 配置 E3 业务图形时隙

⑥点击"文本时隙"选项卡，将操作方式选择为"查询"，查看已配置的业务信息，如图 2-73 所示。

业务类型中 TU3/VC3 表明配置的时隙为 TU3/VC3，业务速率为 34 Mbit/s；源板位和宿板位下方为光纤连接两个站点的光接口中 AUG 号，如 OL4[1-1-4][1-1]表明槽位 4 中板卡的端口 1 中的第 1 个 AUG；时隙号表明当前业务使用的是 AUG 中的时隙序号，如时隙号为 1 表明当前业务使用的是当前 AUG 中的第一个 TU3 时隙。双向中 Y 表明当前业务条目为双向业务。

站 5 网元进行业务配置，完成步骤(1)~(4)。

注意：站 3 和站 5 的接口与 TU3 序号必须完全对应。站 3 的 OL4[1-1-4]光口 1 和站 5 的 OL4[1-1-4]光口 2 使用光纤连接，业务配置时站 3 选择了 OL4[1-1-4]port(1)中 AUG(1)的 TU3(1)，那么站 5 就要选择 OL4[1-1-4]port(2)中 AUG(1)的 TU3(1)。但是站 3 和站 5 的 34M 端口号可以选择不同，即站 3 可以选择 EPE3(1 号 34M)，站 5 可以选择 EPE3(3 号

34M),如图 2-74 和图 2-75 所示。

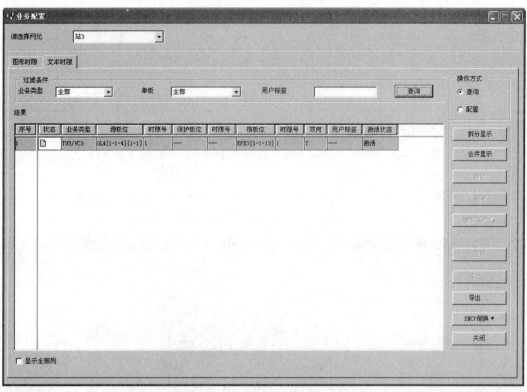

图 2-73　站 3 配置 E3 业务文本时隙

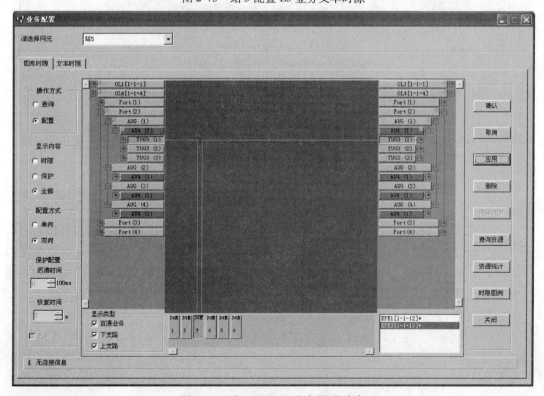

图 2-74　站 5 配置 E3 业务图形时隙

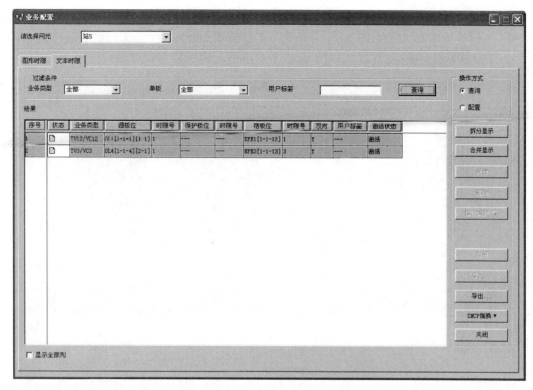

图 2-75　站 5 配置 E3 业务文本时隙

图 2-75 中列出两条业务配置信息，第一条为前一个任务中站 5 与站 6 之间配置的一个 2M 业务，第二条为本任务中站 3 和站 5 之间配置的一个 E3 业务。

⑦查询业务配置的正确性

右击站 3 或站 5 网元，查看业务路由拓扑图，如图 2-76 所示。详细时隙信息如图 2-77 所示。

站 3 配置 OL4[1-1-4][1#1-1-1]到 EPE3[1-1-13][1]的电路业务，站 5 配置 OL4[1-1-4][2#1-1-1]到 EPE3[1-1-13][3]的电路业务。

(5) 途经站 2 在站 1 和站 3 间传送 5 个 E3 业务配置

①规划业务时隙

规划并填写各网元业务时隙规划表，见表 2-19。每个 AUG 中最多有 3 个 TU3 时隙，在 AUG(1) 中规划两个 TU3 时隙，从 AUG(2) 中规划 3 个 TU3 时隙。

表 2-19　跨站点 E3 业务时隙规划表

序号	业务类型	上/下业务		中间穿通		上/下业务	
		支路	线路	线路	线路	线路	支路
1	TU3/VC3	站1： EPE3[1-1-13] 1-2	站1： OL16[1-1-1] [1-1] 2-3	站2： OL16[1-1-2] [1-1] 2-3	站2： OL16[1-1-1] [1-1] 2-3	站3： OL16[1-1-2] [1-1] 2-3	站3： EPE3[1-1-13] 2-3
2	TU3/VC3	站1： EPE3[1-1-13] 3-5	站1： OL16[1-1-1] [1-2] 1-3	站2： OL16[1-1-2] [1-2] 1-3	站2： OL16[1-1-1] [1-2] 1-3	站3： OL16[1-1-2] [1-2] 1-3	站3： EPE3[1-1-13] 4-6

注意:站 1 的 OL16[1-1-1]光口 1 和站 2 的 OL16[1-1-2]光口 1 已使用光纤连接,站 2 的 OL16[1-1-1]光口 1 和站 3 的 OL16[1-1-2]光口 1 已使用光纤连接,它们之间的光接口和 AUG 号与 TU3 时隙号必须完全对应。但站 1 和站 3 支路板上的 34M 端口号可以不同。

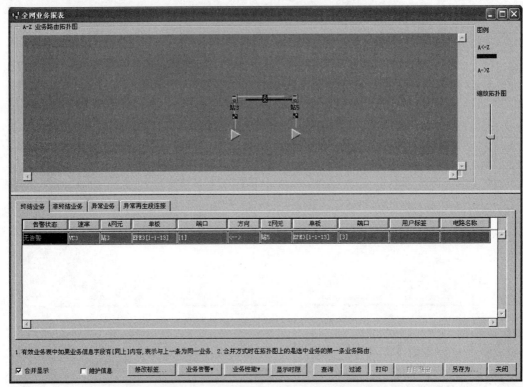

图 2-76　站 3 和站 5 间 E3 业务路由拓扑

序号	方向	网元	入单板	入端口	出单板	出端口	保护单板	工作端口
1	Z-->A	站5	EPE3[1-1-13]	[3]	OL4[1-1-4]	[2#1-1-1]		
2	Z-->A	站3	OL4[1-1-4]	[1#1-1-1]	EPE3[1-1-13]	[1]		
3	A-->Z	站3	EPE3[1-1-13]	[1]	OL4[1-1-4]	[1#1-1-1]		
4	A-->Z	站5	OL4[1-1-4]	[2#1-1-1]	EPE3[1-1-13]	[3]		

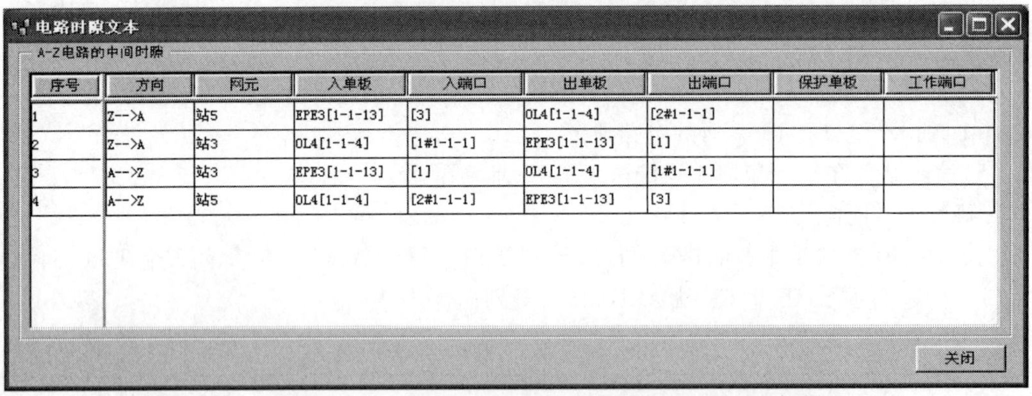

图 2-77　站 3 和站 5 间 E3 电路时隙文本

②站 1 配置业务

根据时隙规划,站 1 配置 5 个 E3 业务上/下。选择业务类型为 AU3/TU3/VC3,源端单板为 OL16[1-1-1],端口为 1,AUG 为 1,时隙号为 2~3(点击时隙号后面的空格将在下窗口显示该 AUG 中空闲的时隙号);选择宿端单板为 EPE3[1-1-13],时隙号为 1~2,如图 2-78 所示。

继续选择源端单板为 OL16[1-1-1],端口为 1,AUG 为 2,时隙号为 1~3;选择宿端单板为 EPE3[1-1-13],时隙号为 3~5,如图 2-79 所示。

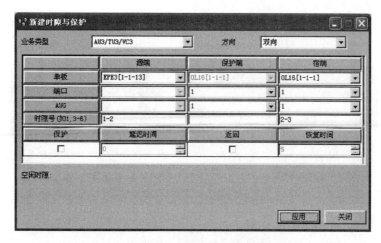

图 2-78　站 1 配置跨站点 E3 业务文本时隙(1)

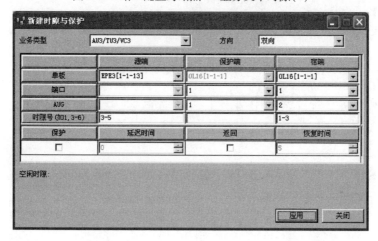

图 2-79　站 1 配置跨站点 E3 业务文本时隙(2)

③站 2 配置业务

根据时隙规划,站 2 配置 5 个 E3 业务穿通。选择站 2 网元,选择业务类型为 AU3/TU3/VC3,源端单板为 OL16[1-1-2],端口为 1,AUG 为 1,时隙号为 2~3;选择宿端单板为 OL16[1-1-1],端口为 1,AUG 为 1,时隙号为 2~3,如图 2-80 所示。

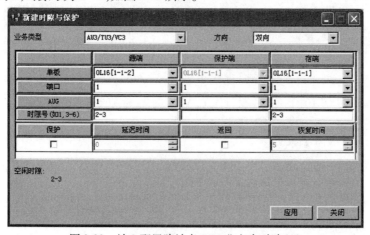

图 2-80　站 2 配置跨站点 34M 业文本时隙(1)

选择源端单板为 OL16[1-1-2]，端口为 1，AUG 为 2，时隙号为 1～3；选择宿端单板为 OL16[1-1-1]，端口为 1，AUG 为 2，时隙号为 1～3，如图 2-81 所示。

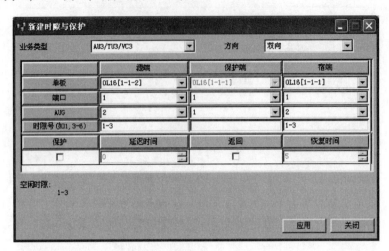

图 2-81　站 2 配置跨站点 E3 业务文本时隙(2)

④站点 3 配置业务

根据时隙规划，站 3 配置 5 个 E3 业务上/下。选择业务类型为 AU3/TU3/VC3，源端单板为 OL16[1-1-2]，端口为 1，AUG 为 1，时隙号为 2～3；选择宿端单板为 EPE3[1-1-13]，时隙号为 2～3，如图 2-82 所示。

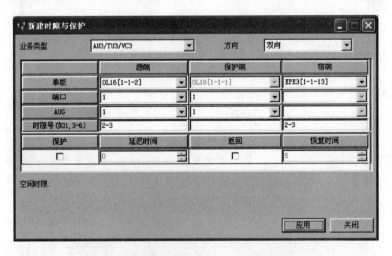

图 2-82　站 3 配置跨站点 E3 业务文本时隙(1)

选择源端单板为 OL16[1-1-2]，端口为 1，AUG 为 2，时隙号为 1～3；选择宿端单板为 EPE3[1-1-13]，时隙号为 4～6，如图 2-83 所示。

⑤查询业务配置的正确性

右击站 1 或站 3 网元，查看业务路由拓扑图，如图 2-84 所示。详细时隙信息，如图 2-85 所示。

拓展任务：请完成站 1 与站 2 之间 4 个 E3 业务的开通，途经站 2 和站 3 在站 1 与站 5 之间 8 个 E3 业务的开通。

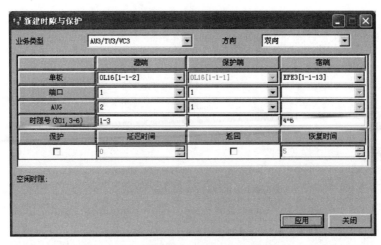

图 2-83　站 3 配置跨站点 E3 业务文本时隙(2)

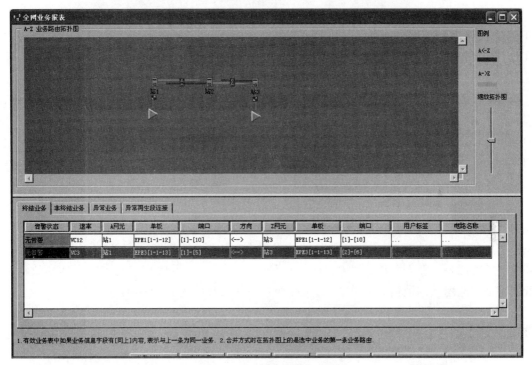

图 2-84　跨站点 E3 业务路由拓扑

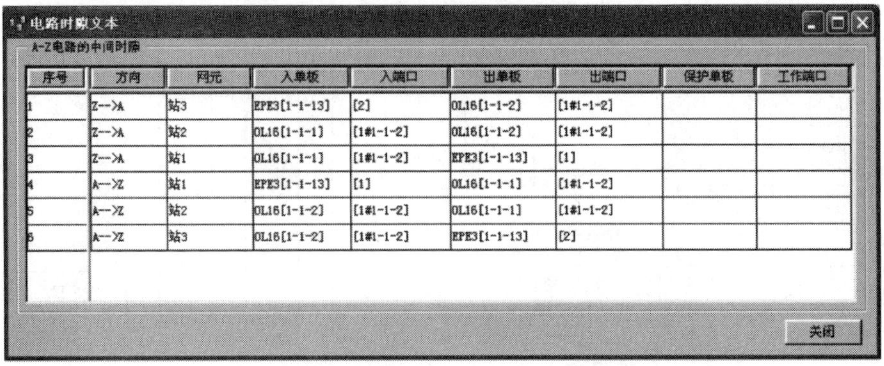

图 2-85　跨站点 E3 业务电路时隙文本

任务3：点到点以太网业务开通

任务：掌握 MSTP 的功能和特点，掌握 MSTP 对以太网业务的处理过程。

要求：能配置以太网支路板，规划以太网业务时隙，开通 SDH 传输系统两个站点间的点到点以太网业务。

一、知识准备

最初 SDH 主要是针对语音业务的多路复用传输技术，随着Internet技术的发展和在 Internet 开展的各项应用的普及，数据业务量已经大大超过了语音业务量，因此要求在 SDH 传输技术上增加多种业务传送的功能。于是，基于 SDH 技术的多业务传送平台(MSTP)得到了较为广泛的应用，很好地兼容了原有 SDH 技术，同时也满足了数据业务的传送功能。

MSTP 将 SDH 传输技术、以太网、ATM、PoS(PPP over SDH)等多种技术进行有机融合，以 SDH 技术为基础，将多种业务进行汇聚并进行有效适配，实现多业务的综合接入和传送，实现 SDH 从纯传输网转变为传送网和业务网一体化的多业务平台。

MSTP 同时支持时分复用和分组交换两种技术，不仅能提供基于时分复用的专用通道，而且能直接提供以太网接口，甚至具有 ATM 信元交换和以太网二层、三层交换的能力。MSTP 不但提供 IP、ATM 和 SDH 多业务的接入能力，而且能够对数据业务进行统计复用，提高带宽的利用率。MSTP 能够开展电信级的以太网业务，提供端到端的服务质量(QoS)保证，并具备网络的弹性，非常适合提供政企客户业务。MSTP 主要解决数据分组的高效传输问题，是对数据网进行优化和补充，可以根据业务需要取代接入层的部分数据路由设备。

1. MSTP 功能

MSTP 在基于 TDM 传送的 SDH 功能之上，增加了 EoS(Ethernet over SDH)和 AoS(ATM over SDH)两大关键功能，实现同一平台的技术融合，使单一设备能适应 TDM、ATM、以太网等多种业务的需要。在 MSTP 平台中，TDM 业务、ATM 业务、IP 业务都可高效接入和高效传输，既能满足日益增长的数据业务的需求，又能兼容目前大量应用的 TDM 业务。

MSTP 的接口主要类型有 PDH 接口(E1/T1、E3/T3)、SDH 接口(STM-N)、以太网接口(FE、GE)和 ATM 接口(155M)等，如图 2-86 所示。PDH、SDH 接口加上 VC 映射和段开销处

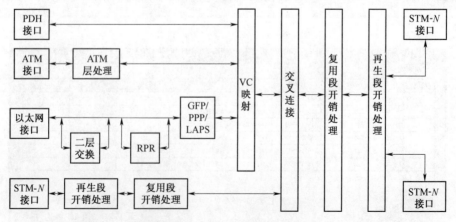

图 2-86　基于 SDH 的 MSTP 功能框图

理部分,就是原来 SDH 的设备框图。可见,MSTP 是在 SDH 之上添加 ATM 和以太网接口以及相应的信号处理部分。

以太网业务首先经过以太网处理模块实现流控制、虚拟局域网(VLAN)处理、二层交换、性能统计等功能,然后再利用通用成帧规程(GFP)、LAPS 或 PPP 等协议封装映射到 SDH 相应的虚容器中。

2. ZXMP S385 设备的以太网业务单板

ZXMP S385 可以提供 FE、GE 以太网业务接入,其中 GE 具有透传或二层交换功能,其以太网接口单板主要有:

(1)双路透传千兆以太网板(TGE2B)

TGE2B 板用于完成将两路用户侧 1 000 Mbit/s 以太网数据透明转发到 SDH 侧,从用户侧接收以太网信号,进行相应的封装协议处理后,映射到 VC-4 的虚级联组,经过指针和开销的再生后送往背板。TGE2B 板发送以太网信号是上述的逆过程。

(2)增强型智能以太网处理板(SEC)

SEC 板完成 10 M/100 Mbit/s 和 1 000 Mbit/s 自适应以太网业务的接入、L2 层的数据转发以及以太网数据向 SDH 数据的映射,并提供 10 M/100 Mbit/s 电业务的 1:N 保护功能,从用户侧接收以太网数据帧,进行二层交换,根据学习查找的结果发送到相应的系统侧端口,将该端口的以太网帧进行相应的封装协议处理后,映射到 VC-12/VC-3/VC-4 的虚级联组,再经过指针和开销的再生送往系统背板。SEC 板发送以太网数据是上述的逆过程。ZXMP S385 有 SEC×48 和 SEC×24 两种增强型智能以太网处理板。SEC×48 可实现 48:1 的汇聚比,SEC×24 可实现 24:1 的汇聚比。SEC 板用户侧提供 8 个 10 M/100 Mbit/s 以太网接口和 1 个 1 000 Mbit/s 以太网接口,系统侧提供 48 个或 24 个 10 M/100 Mbit/s 以太网接口,系统侧带宽分别为 1.25 Gbit/s 或 622 Mbit/s。

3. 以太网端口模式

SEC 板用户端口和系统端口的 VLAN 处理模式包括接入模式、干线模式、TLS 接入模式和透传模式。

(1)接入模式

当用户端口和系统端口处于接入模式时,接收数据帧不带 VLAN 标识,由本端口按照基于端口的虚拟局域网 ID 号(PVID)添加一层 VLAN 后进行交换。如果端口采用接入模式,需设置端口速率、双工模式和 PVID。

(2)干线模式

当用户端口和系统端口处于干线模式时,接收数据帧必须携带 VLAN 标识,未携带 VLAN 标识的数据帧将被过滤,发送侧不剥离 VLAN。

(3)TLS 接入模式

TLS 接入模式下,无论接收到的数据帧是否携带 VLAN 标识,均由本端口按标签协议标识符(TPID)、PVID 和 QoS 优先级固定添加一层 VLAN 标签后进行交换。转发时,如果单板 TPID 与数据帧 VLAN 标签中的 TPID 匹配,则剥离最外层 VLAN 标签后转发该数据帧;如果不匹配,则直接转发该数据帧。

(4)透传模式

透传模式下,用户端口与 VCG(EOS)端口一一对应,业务在两个端口之间透明传送。设置用户端口是否支持传递链路状态,仅在用户端口为透传模式,且 VCG(EOS)端口使用 GFP

封装方式时该设置项有效。

S385 设备可承载的以太网业务包括以太网专线业务(EPL)、以太网虚拟专线业务(EV-PL)、以太网专用 LAN 业务(EPLAN)以及以太网虚拟专用 LAN 业务(EVPLAN)。不同的业务类型对 VLAN 处理模式不同。

EPL 业务采用点到点透传模式,在线路上独占带宽,且与其他业务完全隔离,安全性高,适用于大客户专线应用。EPL 业务在 MSTP 传输网络上进行传输时,网元对来自以太网接口的数据帧不经过二层交换,直接进行协议封装和速率适配,然后映射到 SDH 的虚容器中,再通过 SDH 网元进行点到点传送。该类业务由以太网单板提供透明传输通道,将用户端口与 VCG(EOS)端口(即系统端口)一一绑定,数据帧只在绑定的用户端口和 VCG(EOS)端口之间转发。

二、任务实施

本任务的目的是配置以太网支路板,进行时隙配置,开通 MSTP 环带链传输网络中站 1 和站 3 站点间两个相互隔离带宽为 10 Mbit/s 的点到点透传以太网业务(仅相同透传 ID 的业务之间可以相互通信),如图 2-87 所示。使用用户口 1、2,透传端口 ID 为 1、2。

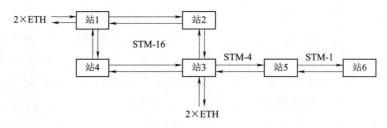

图 2-87 点到点以太网业务开通网络连接

1. 材料准备

高 2 m 的 19 英寸机柜,ZXMP S385 子架 6 套,单板若干,ZXONM E300 网管 1 套,G.652 光纤跳线 12 根。

2. 实施步骤

(1)启动网管。

(2)创建站 1~站 6 网元,安装单板,建立环带链传输网络。除安装公共单板和光线路板以外,有以太网业务的站 1、站 3 在 16 槽位各安装一块 SE 单板。

(3)配置站 1~站 6 网元时钟,站 3 网元为主时钟,其他网元为从时钟。

(4)设置 SE 板

①启用端口:双击站 1 和站 3 网元,在安装单板管理窗口中右键点击 SE 板,在弹出的右键菜单中选择进入以太网接入适配管理,在端口属性界面启动用户端口 1、2 和系统 VCG(EOS)端口 1、2,如图 2-88 所示。端口被启用后,与该端口相关的设置才能生效。

②设置端口模式:进入"VLAN 标记"菜单,将用户端口 1、2 和系统 VCG(EOS)端口 1、2 的 VLAN 处理模式设置成透传模式,并设置这两个端口的透传端口 ID 分别为 1、2,如图 2-89所示。注意:用户口和系统口必须一致,当设置多组透传业务时透传端口 ID 要选择不同的值。

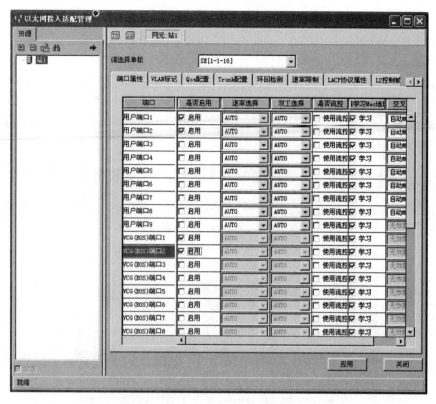

图 2-88 以太网端口属性配置

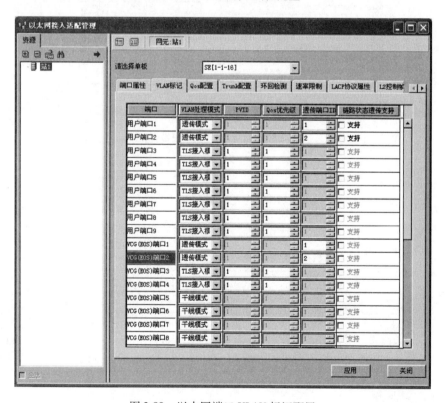

图 2-89 以太网端口 VLAN 标记配置

③设置 VCG 端口容量:在站 1 和站 3 安装单板对话框中右键点击 SE 板,在弹出的右键菜单中选择进入"VCG 端口容量设置",选择系统 VCG(EOS)端口 1 的封装方式为 GFP,选择时隙类型为 VC12,选中 1#AUG 的 TU12(1) ~ TU12(5)时隙,点击"增加"按钮,选中的时隙添加到时隙列表中,如图 2-90 所示。继续选择系统 VCG(EOS)端口 2 的封装方式为 GFP,时隙类型为 VC12,选中 1#AUG 的 TU12(6) ~ TU12(10)时隙,添加到时隙列表中。注意:每块 SE 板有 4 个 AUG,每个 AUG 有 63 个 TU12 时隙。每个 TU12 时隙带宽为 2 Mbit/s,两个端口各配置 5 个 TU12 时隙,带宽为 5 × 2 Mbit/s = 10 Mbit/s。

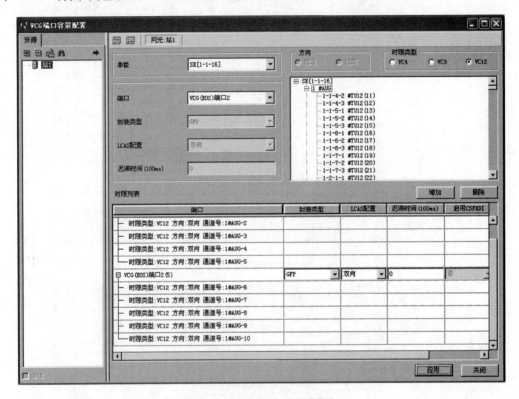

图 2-90　以太网端口分配带宽

(5)以太网业务配置

①规划业务时隙

规划并填写各网元业务时隙规划表,见表 2-20。两个端口各自带宽为 10 Mbit/s,提供这两个以太网业务的网元间需要为其提供 20 Mbit/s 独享带宽,故规划 10 个 TU12 时隙。

表 2-20　点到点以太网业务时隙规划表

业务类型	上/下业务		中间穿通		上/下业务	
	支路	线路	线路	线路	线路	支路
TU12/VC12	站 1: SE[1-1-16] [1-1]1-10	站 1: OL16[1-1-1] [1-1]1-10	站 2: OL16[1-1-2] [1-1]1-10	站 2: OL16[1-1-1] [1-1]1-10	站 3: OL16[1-1-2] [1-1]1-10	站 3: SE[1-1-16] [1-1]1-10

②站 1 配置业务

根据时隙规划,站 1 配置以太网板与光线路板间 10 个 TU12 业务的上/下连接。

③站 2 配置业务

根据时隙规划,站 2 配置 10 个 TU12 业务穿通。

④站 3 配置业务

根据时隙规划,站 3 配置以太网板与光线路板间 10 个 TU12 业务的上/下连接。

⑤查询业务配置的正确性

右击站 1 或站 3 网元,选择相关业务查询,点击列出的业务,将在上方的拓扑图窗口中看到业务路由拓扑图,如图 2-91 所示。单击"显示时隙",可以查看站 1、站 2 和站 3 配置的详细时隙信息。

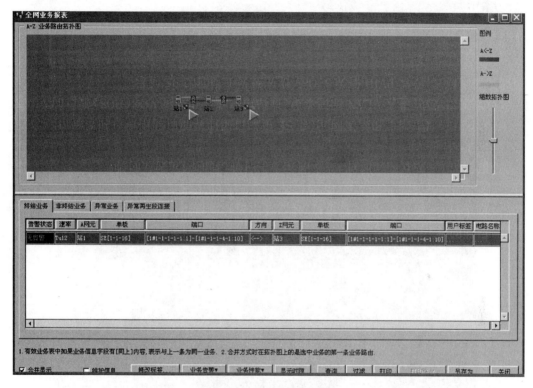

图 2-91 以太网业务查询

如果一块以太网板的系统端口通过 SDH 网络与另外一块以太网板的系统端口连接,那么为这两个系统端口分配的带宽必须相同。

(6)业务测试

业务配置成功后可以利用网管或者外接业务设备来进行测试。利用网管测试时,需要事先设置 SE 板的 IP 地址,然后选择配置业务和数据板 IP 地址的网元,选择"维护"→"以太网维护"→"数据板 Ping 功能",在全网数据单板中选择目的单板,点击"启动 Ping",进行连通性测试,如图 2-92 所示。

外接业务设备来进行业务测试时,使用网线将两台计算机分别连在站 1 和站 3 的 SE 板用户口 1 上,并设置两台计算机 IP 地址为同一个网段(如 192.168.1.1 和 192.168.1.2),互相 Ping 对方的 IP 地址,进行连通性测试,如图 2-93 所示。丢包率为 0% 说明两台计算机已连通,点到点以太网业务开通正确。再将两台计算机分别连在站 1 和站 3 的 SE 板用户口 2 上进行连通性测试。

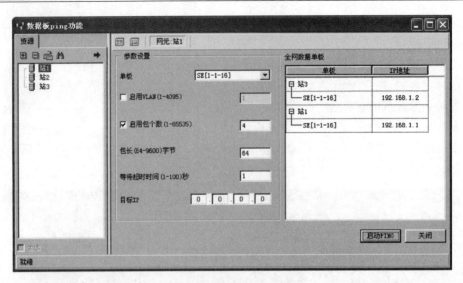

图 2-92　数据板 Ping 测试

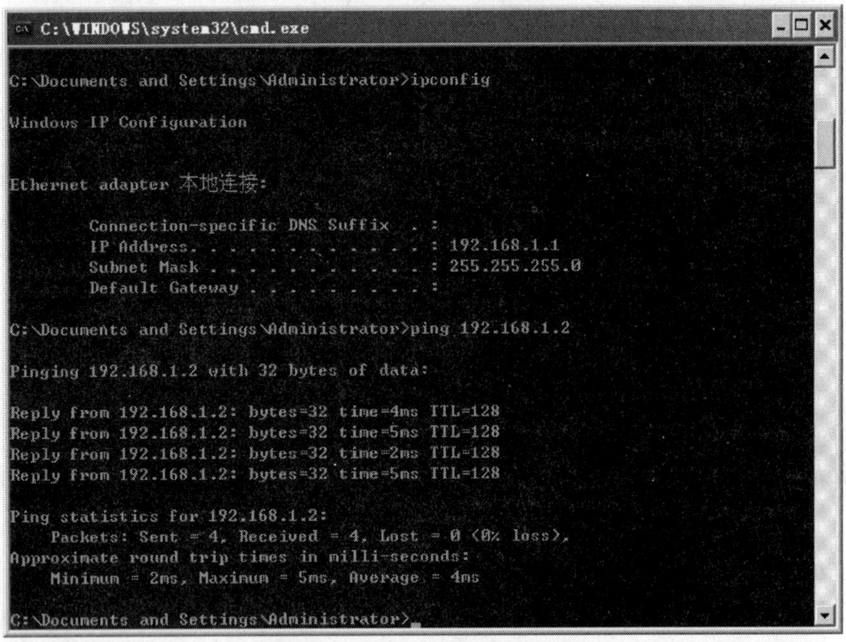

图 2-93　两台计算机连通性测试

拓展任务：请开通 MSTP 环带链传输网络中站 2 和站 4 两个站点间两个带宽为 100 Mbit/s 点到点透传以太网业务。

任务 4：多点到多点以太网业务开通

任务：了解虚拟局域网业务的特性，掌握 SDH 传输系统站点间虚拟局域网业务的信号流向。

要求：能配置以太网支路板，规划以太网业务时隙，开通 SDH 传输系统两个站点的多点到多点以太网业务。

一、知识准备

1. 虚拟局域网

虚拟局域网（VLAN）是一种逻辑广播域，是在一个物理网络上划分出来的逻辑网络。VLAN 是以局域网交换机为基础，通过交换机软件实现根据功能、部门、应用等因素将设备或用户组成虚拟工作组或逻辑网段的技术，其最大的特点是在组成逻辑网时无须考虑用户或设备在网络中的物理位置。

VLAN 能按照分工的不同或者部门的不同组织 VLAN，而无须考虑使用者的实际位置。不同 VLAN 之间的流量是被隔离的。VLAN 一般基于工作功能、部门或项目团队来逻辑地分割交换网络，而不管使用者在网络中的物理位置。同组内全部的工作站和服务器共享在同一 VLAN，不管物理连接和位置在哪里。

VLAN 具有控制网络中的广播风暴、提高网络的安全性、简化网络管理、提高组网灵活性、提供基于第二层的通信优先级服务等优点，是交换式网络的灵魂，不仅从逻辑上对网络用户和资源进行有效、灵活、简便管理提供手段，同时提供极高的网络扩展和移动性。

2. VLAN 的实现方式

VLAN 的划分可以根据功能、部门或应用而无须考虑用户的物理位置。以太网交换机的每个端口都可以分配给一个 VLAN。分配在同一个 VLAN 的端口共享广播域（一个站点发送希望所有站点接收的广播信息，同一 VLAN 中的所有站点都可以听到），分配在不同 VLAN 的端口不共享广播域。虚拟局域网既可以在单台交换机中实现，也可以跨越多个交换机。

从实现的方式，所有 VLAN 均是通过交换机软件实现的；从实现的机制或策略，VLAN 分为静态 VLAN 和动态 VLAN 两种。

（1）静态 VLAN

在静态 VLAN 中，由网络管理员根据交换机端口进行静态的 VLAN 分配，当在交换机上将其某一个端口分配给一个 VLAN 时，其将一直保持不变直到网络管理员改变这种配置，所以又称为基于端口的 VLAN。

（2）动态 VLAN

动态 VLAN 是指交换机上以连网设备的 MAC 地址、逻辑地址（如 IP 地址）或数据包协议等信息为基础，将交换机端口动态分配给 VLAN 的方式。

总之，不管以何种机制实现，分配在同一个 VLAN 的所有主机共享一个广播域，而分配在不同 VLAN 的主机将不会共享广播域。也就是说，只有位于同一 VLAN 中的主机才能直接相互通信，而位于不同 VLAN 中的主机之间是不能直接相互通信的。通过虚拟局域网配置功能可同时创建多个属性完全相同的 VLAN，适用于 VLAN 多且属性相同的情况。每个 VLAN 可包含多个端口，以太网业务只能在具有相同 VLAN ID 的端口之间收发。

MSTP 网元通过 VLAN 方式实现一个或多个用户侧以太网物理接口与一个或多个独立的系统侧的 VC 通道之间数据包交换。处于同一 VLAN 的以太网用户设备之间，可以实现 EPLAN 和 EVPLAN 多点到多点通信。将每个用户端口划分为不同 VLAN，可实现 EVPL 点到点通信。

二、任务实施

本任务的目的是配置以太网支路板，进行时隙配置，开通 MSTP 环带链传输网络中站 1 和站 5 两个站点间的两个带宽为 100 Mbit/s 的多点到多点以太网业务（具有相同 VLAN ID 的业务之间均可以相互通信），如图 2-94 所示。使用用户端口 3 和 4，VLAN ID 为 3。

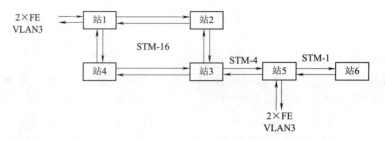

图 2-94 多点到多点以太网业务开通网络连接

1. 材料准备

高 2 m 的 19 英寸机柜,ZXMP S385 子架 6 套,单板若干,ZXONM E300 网管 1 套,G.652 光纤跳线 12 根。

2. 实施步骤

(1)启动网管。

(2)创建站 1~站 6 网元,安装单板,建立环带链传输网络。除安装公共单板和光线路板以外,有以太网业务的站 1、站 5 在 16 槽位各安装一块 SE 单板。

(3)配置站 1~站 6 网元时钟,站 3 网元为主时钟,其他网元为从时钟。

(4)设置 SE 板

①启用端口:双击站 1 和站 5 网元,在 SE 板端口属性界面启用用户口和系统口。

②设置端口模式:进入 VLAN 标记菜单,选择用户端口和系统 VCG(EOS)端口的 VLAN 处理模式为接入模式,设置 PVID 值为 3,QoS 优先级为 1,如图 2-95 所示。

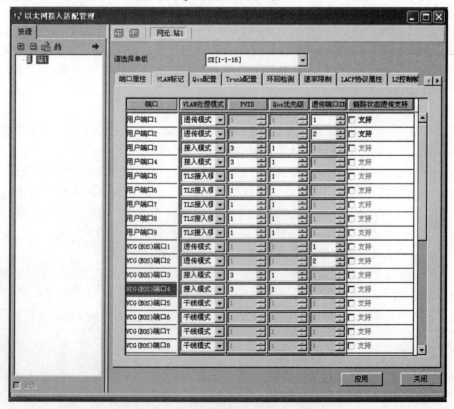

图 2-95 以太网端口 VLAN 标记配置

PVID 为 VLAN 标记号,设置范围为 1~4 095。PVID 仅在用户端口为接入模式、TLS 接入模式时,该设置项有效。VLAN 名称和 ID 是 VLAN 在网络中的唯一标识,不能重复。用户端口所属的 VLAN 的 ID 必须与数据端口属性页面中该端口所设的 PVID 相同。

QoS 业务的优先级设置范围为 1~8,数值越大,表示业务优先级越高。QoS 业务的优先级仅在用户端口为接入模式、TLS 接入模式时,该设置项有效。

③设置 VCG 端口容量:双击站 1 和站 5 网元,在 SE 板 VCG 端口容量设置,选择系统口的封装方式为 GFP,为 VCG(EOS)端口 3 分配 1#AUG 的 TU12(11)~TU12(60)时隙,为 VCG(EOS)端口 4 分配 2#AUG TU12(1)~TU12(50)时隙。每个端口配置 50 个 TU12 时隙,带宽为 50×2 Mbit/s = 100 Mbit/s。

(5)创建用户

选择"业务管理"→"客户管理"菜单,创建用户,如图 2-96 所示。

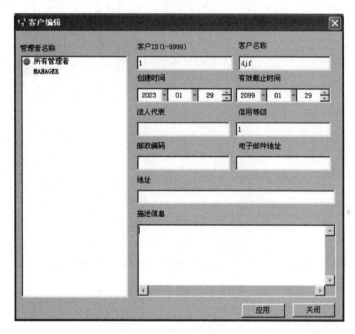

图 2-96 创建业务管理客户

(6)创建 VLAN

①选择"设备管理"→"以太网管理"→"虚拟局域网配置",弹出"数据板虚拟局域网配置"对话框。

②单击"增加 VLAN"按钮,弹出"增加 VLAN"对话框,输入 VLAN 的起始 ID 和终止 ID。

单击"增加"按钮,新建的 VLAN 出现在 VLAN 列表中,如图 2-97 所示。

单击"应用"按钮,保存 VLAN 信息,返回"虚拟局域网配置"对话框,"虚拟局域网信息"列表中将增加该 VLAN 的信息。

图 2-97 创建 VLAN 成功

③单击虚拟局域网信息列表中待配置的 VLAN,单板端口信息中将显示客户端操作窗口中所选网元智能以太网板的配置信息。

④在"单板端口信息"中,展开待配置的网元单板下的端口,选择用户端口 3、4,单击 ◀ 按钮,在"已配置单板的虚拟局域网信息"中将增加该端口的信息,如图 2-98 所示。在"已配置单板的虚拟局域网信息"中单击选择端口,单击 ▶ 按钮,删除该端口在 VLAN 中的配置。

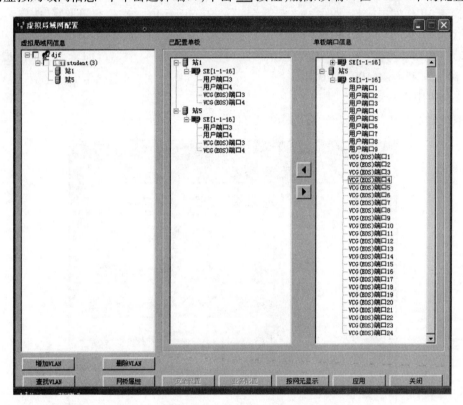

图 2-98　添加已配置单板的虚拟局域网信息

⑤单击"应用"按钮,保存并下发配置命令。

站 1 和站 5 都要创建 VLAN,并将用户端口添加到创建的 VLAN 中。

(7) 业务配置

规划并填写各网元业务时隙规划表,见表 2-21。根据业务时隙规划,按照时隙交叉配置的方法建立站 1 和站 5 以太网板的系统端口与光线路板的连接,配置站 2 和站 3 的穿通业务。

表 2-21　多点到多点以太网业务时隙规划

序号	业务类型	上/下业务		中间穿通		中间穿通		上/下业务	
		支路	线路	线路	线路	线路	线路	线路	支路
1	TU12/VC12	站1: SE[1-1-16] [1-1]11-60	站1: OL16[1-1-1] [1-1]11-60	站2: OL16[1-1-2] [1-1]11-60	站2: OL16[1-1-1] [1-1]11-60	站3: OL16[1-1-2] [1-1]11-60	站3: OL4[1-1-4] [1-1]11-60	站5: OL4[1-1-4] [2-1]11-60	站5: SE[1-1-16] [1-1]11-60
2	TU12/VC12	站1: SE[1-1-16] [1-2]1-50	站1: OL16[1-1-1] [1-2]1-50	站2: OL16[1-1-2] [1-2]1-50	站2: OL16[1-1-1] [1-2]1-50	站3: OL16[1-1-2] [1-2]1-50	站3: OL4[1-1-4] [1-2]1-50	站5: OL4[1-1-4] [2-2]1-50	站5: SE[1-1-16] [1-2]1-50

(8)生成树协议配置

当以太网业务构成环型或网型网络时,为避免业务成环,建议配置虚拟网桥的生成树协议。选择"设备管理"→"以太网管理"→"虚拟局域网配置",将 VLAN 中成环的单板运行生成树协议。为当前 VLAN 启动生成树协议:

①在虚拟局域网配置对话框的"虚拟局域网信息"中,单击需要配置的 VLAN。

②在"已配置单板"中,单击待配置的单板,点击左下方的"网桥属性"按钮,弹出"网桥属性"对话框。

③根据需要,修改网桥的各项参数。在"STP 设置"中,选中"使能",如图 2-99 所示。

图 2-99 虚拟网桥属性配置

④单击"VLAN STP"按钮,选择 STP 设置为使能。

⑤单击"确定"按钮,保存并下发配置命令。

(9)测试

业务配置完成后,可以利用网管或者外接业务设备来进行测试。

拓展任务:请开通 MSTP 环带链传输网络中站 4 和站 5 两个站点间 3 个带宽为 100 Mbit/s 的多点到多点以太网业务。

项目3　SDH 传输网络保护配置

SDH 传输系统承载着语音、数据、视频图像等重要信息,传输系统的保护与恢复能力对于整个网络的运行能力有着重大的影响。如果传输系统失效,将造成巨大的社会影响和经济损失。为了提高 SDH 传输系统的可靠性,还需要进行传输系统进行网络保护配置。

任务1：SDH 传输系统保护机制分析

任务：理解传输系统保护机制的功能，掌握 SDH 网络不同保护类型的优缺点。
要求：能分析国铁集团专用传输网采用的网络保护机制。

一、知识准备

(一) 传输系统保护分类

传输系统保护分为设备级保护和网络级保护。

1. 设备级保护

设备级保护是指在硬件上采用冗余设计，对业务总线、开销总线、时钟总线采用双总线的结构体系，大大提高了系统的可靠性和稳定性。传输设备常采用两块电源板、主控板、交叉时钟板，实现 1+1 设备级保护，一块作为主用单板，另一块作为备用单板。线路单板和支路单板常采用 1:N 硬件保护方式。

2. 网络级保护

传输系统一旦出现故障，将导致局部甚至整个网络瘫痪。为了提高网络的可靠性和安全性，要求传输网络有较高的生存能力，即传输网络具有自愈功能。网络级保护是指传输网络发生故障时，无需人为干预，网络自动地在极短的时间（ITU-T 规定为 50 ms）内，使业务自动从故障中恢复传输，使用户几乎感觉不到网络出了故障。具备这种自愈能力的网络称为自愈网。

自愈是传输网络具有自愈功能的先决条件是有冗余的备用信道，节点交叉连接能力强大。自愈仅是通过备用信道将失效的业务恢复，而不涉及具体故障的部件和线路的修复或更换，所以故障点的修复仍需人工干预才能完成，例如光缆断还需人工接续。

要理解自愈技术，首先要明确界定再生段、复用段和通道。再生段是指在两个设备的再生段终端功能块（如 REG）之间的维护区段，如 TM 和 REG 之间的 STM-4。复用段是指在两个设备的复用段终端功能块（如 ADM）之间的维护区段，如 TM 和 ADM 之间 STM-4。通道是复用段中的某个 VC 通道之间的维护区段，如 TM 和 ADM 之间的一个 VC-12 通道。再生段、复用段和通道的基本位置如图 2-100 所示。

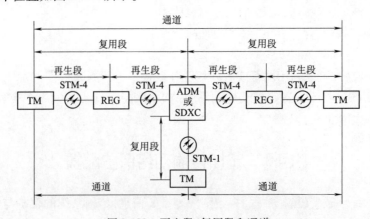

图 2-100　再生段、复用段和通道

当网络发生自愈保护时,业务切换到保护通道的方式有恢复方式和不恢复方式两种。恢复方式是当工作路由故障被恢复后,工作路由从保护路由倒回工作路由。不恢复方式是即使工作路由故障恢复后倒换仍保持,不恢复到工作路由。

(二)SDH 网络保护机制

根据适用的网络拓扑结构分类,SDH 网络中的自愈保护可以分为链型网络保护、环型网络保护和子网连接保护三大类。

1. 链型网络保护

链型网络多使用四纤线性保护方式,以复用段或通道为基础,采用分段保护。当出现故障时,由工作通道倒换到保护通道,使业务得以继续传送。线性保护有 1+1 线性保护和 1:N 线性保护两种方式。

(1)1+1 线性保护

1+1 线性保护方式采用双发选收的保护机制。正常情况下,工作路由和保护路由同时传送主业务信号,但接收端仅从工作路由接收主业务信号。当工作路由故障时,接收端切换到保护路由接收主业务信号。当采用 1+1 线性复用段保护时,工作路由和保护路由是永久性桥接的,因而 1+1 方式不可能提供无保护的额外业务。1+1 线性保护如图 2-101 所示。

(2)1:N 线性保护

1:N 线性保护方式是 $N(N=1\sim14)$ 个工作路由共用 1 个保护路由。正常情况下,工作路由传送优先级高的主业务信号,保护路由传送优先级低的额外业务信号。当其中任意一个工作路由出现故障时,保护路由丢弃额外业务信号,根据自动保护倒换(APS)协议,通过将故障路由上的主业务信号切换到保护路由上传送。其中 1:1 方式是 1:N 方式的一个特例,1:1 线性保护如图 2-102 所示。

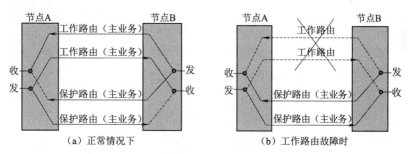

图 2-101 1+1 线性保护

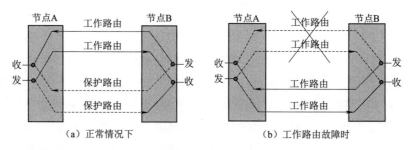

图 2-102 1:1 线性保护

2. 环型网络保护

目前传输系统使用最多的拓扑结构是环型网,其自愈能力比链型网更强。

按照进入环的支路信号与经由该支路信号分路节点返回的支路信号的方向是否相同来分类,自愈环可以分为单向环和双向环。正常情况下,单向环中所有业务信号按同一方向在环中传输。双向环中,进入环的支路信号按同一个方向传输,而由该支路信号分路节点返回的支路信号按相反的方向传输。

按照一对节点间所用光纤的最小数量来区分,可以分为二纤环和四纤环。按照保护的业务级别,可将自愈环划分为通道保护环、复用段保护环和子网连接保护(SNCP)三大类。

(1) 通道保护环

通道保护环中业务量的保护是以 VC 通道为基础的,倒换与否按某一个 VC 通道信号质量的优劣而定,通常利用接收端是否收到简单的 TU-AIS 信号来决定该通道是否应进行倒换。例如在 STM-16 环上,若接收端收到第 4 个 VC4 的第 48 个 TU-12 有 TU-AIS,那么就仅将该通道切换到保护信道上去。通道保护环往往使用专用保护,在正常情况下保护信道也传主用业务(业务为 1+1 保护),保护时隙为整个环专用,信道利用率不高。

(2) 复用段保护环

复用段保护环中业务量的保护是以复用段为基础的,倒换与否按每一对节点间的复用段信号质量的优劣而定。倒换是由 K1、K2(b1~b5)字节所携带的 APS 协议来启动的,当复用段出现问题时,环上整个 STM-N 或 1/2 STM-N 的业务信号都切换到备用信道上。复用段保护倒换的条件是 LOF、LOS、MS-AIS、MS-EXC 告警信号。复用段保护环往往使用公用保护,正常情况下主用信道传主用业务,保护信道传额外业务(业务为 1:1 保护),保护时隙由每对节点共享,信道利用率高。复用段保护环也可以使用专用保护方式,但用得较少。

(3) 子网连接保护

子网连接保护(SNCP)是指对某一子网连接预先安排专用的保护路由,一旦子网发生故障,专用保护路由便取代子网承担在整个网络中的传送任务,适用于所有拓扑结构。SNCP 的子网是广义上的子网,即一条链或一个环都是一个子网。

SNCP 是一种 1+1 方式,采用单端倒换的保护,如图 2-103 所示。SNCP 主要用于对跨子网业务进行保护,具有双发选收的特点,不需要 APS 协议。

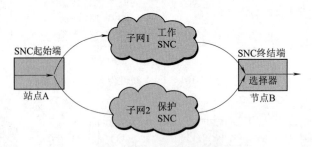

图 2-103 子网连接保护 SNCP

SNCP 每个传输方向的保护通道都与工作通道走不同的路由。正常情况下,业务在工作子网和保护子网上同时传送。节点 A 和 B 之间通过 SNCP 传送业务,即站点 A 通过桥接的方式分别通过子网 1(工作 SNC)和子网 2(保护 SNC)将业务传向节点 B,而节点 B 则按照倒换准则从两个方向选取一路业务信息。当工作子网连接失效或性能劣于某一规定水平时,工作子网连接将由保护子网连接代替。SNCP 作为通道层的保护还可用于不同的网络结构中,如网状网及环网等。

SDH 自愈环的各种保护方式比较见表 2-22。

表 2-22 SDH 自愈环各种保护方式的比较

项目	通道保护环	复用段保护环	子网连接保护(SNCP)
节点数	K	K	K
线路速率	STM-N	STM-N	STM-N
环传输容量	STM-N	$K/2 \times$ STM-N 或 $K \times$ STM-N	STM-N
APS 协议	不用	用	不用
倒换时间	<20 ms	20~50 ms	50 ms 左右
节点成本	低	中	很低
系统复杂性	简单	复杂	简单
主要应用场合	本地接入网等集中型业务	干线网、本地骨干网和本地中继网等分散型业务	本地接入网等各类业务

与其他保护方案相比,SNCP 保护在接入网应用中具有成本低、无需 APS 协议支持、组网灵活、系统简单等突出的特点,被较多厂家所采用。

(三)ZXMP S385 提供的保护

1. 完善的设备级保护

ZXMP S385 在硬件上实现了机柜外电源保护、单板电源保护和子架电源接入保护等多种保护。S385 采用冗余设计,对业务总线、开销总线、时钟总线采用双总线的结构体系,大大提高可靠性。采用两块交叉时钟板,实现交叉时钟的 1+1 保护。PDH 业务单板实现 1:N 硬件业务保护;E1/T1 业务单板实现 1:N 保护;E3/T3、STM-1 电接口和 FE 电接口同样可实现 1:N 保护。

2. 完备、智能的网络保护

ZXMP S385 支持完善的网络级保护,能够实现 ITU-T 所建议的组网特性,保护方式包括 1+1 线性复用段保护、链路 1:N 保护、二纤单向通道保护环、二纤双向复用段保护环、四纤双向复用段保护环功能、双节点互连保护(DNI)、子网连接保护(SNCP)、逻辑子网保护(LSNP)。

二、任务实施

本任务的目的是分析国铁集团专用传输网采用的网络保护机制。

1. 材料准备

国铁集团专用传输网络结构图。

2. 实施步骤

国铁集团专用传输网络由骨干传输网、局干传输网和接入传输网组成。骨干传输网由 10 Gbit/s 的 SDH/MSTP 设备连接到 OTN 传输网上,采取的网络保护方式为四纤双向复用段保护环和 1+1 线性复用段保护。局干传输网由 2.5 Gbit/s、10 Gbit/s 的 SDH/MSTP 设备构成,采取的网络保护方式为四纤双向复用段保护环、二纤双向复用段保护环和 1+1 线性复用段保护。接入传输网采用 2.5 Gbit/s、622 Mbit/s、155 Mbit/s 的 SDH/MSTP 设备实现基站、电路、信号中继站等业务设备的接入,采取的网络保护方式为二纤双向复用段保护环、二纤单向通道保护环和 1+1 线性复用段保护。

任务2:通道保护配置

任务:掌握二纤单向通道保护、二纤双向通道保护的网络保护机理。
要求:能配置传输网络的二纤单向通道保护,提高传输网络的可靠性。

一、知识准备

通道保护中业务量的保护是以通道为基础的,可以应用在环型网络和链型网络中,主要有二纤单向通道保护和二纤双向通道保护两种方式。通道保护的工作路由和保护路由可以为不同光纤上的 VC 通道,也可以为同一光纤上不同的 VC 通道。

1. 二纤单向通道保护

二纤单向通道保护通常由两根光纤实现,其中一根光纤为工作路由,记为 W 光纤;另一根光纤为保护路由,记为 P 光纤,如图 2-104 所示。工作路由和保护路由都用于传送业务信号。单向通道保护使用"首端桥接,末端倒换"的双发选收结构,是一种 1+1 保护方式。发送时,工作路由和保护路由同时携带业务信号并分别向两个方向传输,而接收端只选择其中较好的一路,默认选择接收工作路由传输来的业务信号。

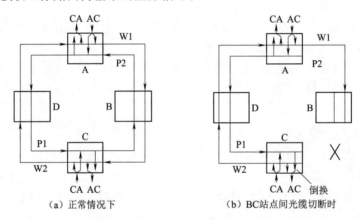

(a)正常情况下　　　　　　(b)BC站点间光缆切断时

图 2-104　二纤单向通道保护

以站点 A 和站点 C 进行通信为例说明二纤单向通道保护工作原理。网络正常时如图 2-104(a)所示,站点 A 将要传送的业务信号 AC 同时馈入工作路由 W1 光纤和保护路由 P1 光纤,其中 W1 按顺时针方向将业务信号送入站点 C,而 P1 按逆时针方向将同样的业务信号送入站点 C。接收端 C 同时收到来自两个方向的业务信号,按照通信信号的优劣决定选择哪一路信号,默认从 W1 光纤上接收传送来的业务信号。同理,从站点 C 以同样的方法完成到站点 A 的通信。站点 C 将要传送的业务信号 CA 同时馈入工作路由 W2 和保护路由 P2 光纤,其中 W2 按顺时针方向将业务信号送入站点 A,而 P2 按逆时针方向将同样的业务信号送入站点 A。接收端 C 同时收到来自两个方向的业务信号,默认选用从 W2 光纤上传送来的业务信号。

当 BC 站点间的光缆被切断时,两根光纤同时被切断,如图 2-104(b)所示。在站点 C 上从 W1 光纤上传送的 AC 信号丢失,则按照通道选优的准则,倒换开关将由 W1 光纤倒换到 P1 光纤,站点 C 接收从 P1 光纤传来的 AC 信号,从而使 AC 间业务信号得以维持,不会丢失。站点 A 仍然从 W2 光纤上接收从站点 C 发往站点 A 的信号,不发生保护倒换。

二纤单向通道保护环不能用保护路由传送额外业务,业务容量固定不变,恒定为 STM-N,

与环上的站点数和网元间的业务分布无关。

2. 二纤双向通道保护

二纤双向通道保护仍采用两根光纤,可分为1+1和1:1两种保护方式。其中的1+1保护方式与单向通道保护环基本相同(双发选收),只是返回信号沿相反方向(双向)而已。二纤双向通道保护采用1:1保护方式时,在保护路由中可传送优先级较低的额外业务。只在故障出现时,才从工作路由倒换到保护路由,需要APS协议支持。

以站点A和站点C进行通信为例说明1+1二纤双向通道保护工作原理。网络正常时如图2-105(a)所示,站点A将要传送的业务信号AC同时馈入工作路由W1和保护路由P1光纤。其中W1按顺时针方向将业务信号送入站点C,而P1按逆时针方向将同样的业务信号送入站点C。接收端C同时收到来自两个方向的支路信号,默认选择由W1光纤传送来的业务信号。站点C发往站点A的业务信号CA从C点同时馈入工作路由W2和保护路由P2光纤。其中W2按逆时针方向将业务信号送入分路站点C,而P2按顺时针方向将同样的支路信号送入分路站点A。接收端A同时收到来自两个方向的支路信号,默认选择由W2光纤传送来的业务信号。

当BC站点间的光缆被切断时,两根光纤同时被切断,如图2-105(b)所示,从站点A发往站点C途经B的W1光纤上传送的AC业务信号和从C发往A途经B的W2光纤上传送的CA业务信号均丢失。按照通道选优的准则,站点C的倒换开关迅速由W1光纤倒换到P1光纤,站点A的倒换开关迅速将由W2光纤倒换到P2光纤,站点C接收由P1光纤传来的AC信号,站点A接收由P2光纤传来的CA信号。

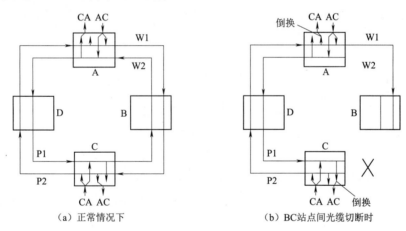

(a) 正常情况下　　　　　(b) BC站点间光缆切断时

图2-105　二纤双向通道保护

二纤双向通道保护业务容量与二纤单向通道保护一样,恒定为STM-N。实际工程应用中,二纤单向通道保护比二纤双向通道保护应用更多。

二、任务实施

本任务的目的是使用二纤单向通道保护提高网络的可靠性,配置站1和站3之间1个E1业务信号的通道保护,如图2-106所示。站1往站3的工作路由为站1—站2—站3,保护路由为站1—站4—站3,保护路由也传送主用业务。站3往站1的工作路由为站3—站4—站1,保护路由为站3—站2—站1。

1. 材料准备

高2 m的19英寸机柜,ZXMP S385子架6套,单板若干,ZXONM E300网管1套,G.652光纤跳线12根。

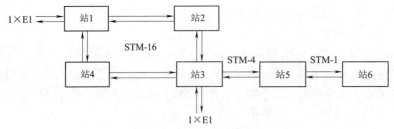

图 2-106 单向通道保护配置网络连接

2. 实施步骤

(1) 启动网管。

(2) 创建站 1~站 6 网元,安装单板,建立环带链传输网络。除安装公共单板和光线路板以外,有 E1 业务的站 1 和站 3 在 12 槽位各安装一块 EPE1 单板。

(3) 配置站 1~站 6 网元时钟,站 3 网元为主时钟,其他网元为从时钟。

(4) 业务配置

① 填写各网元业务时隙规划表,见表 2-23。

表 2-23 单向通道保护网元业务时隙规划表

	业务类型	上业务		中间穿通(单向)		下业务	
		支路	线路	线路	线路	线路	支路
站1到站3的工作路由	TU12/VC12	站1:EPE1[1-1-12]1	站1:OL16[1-1-1][1-1]1	站2:OL16[1-1-2][1-1]1	站2:OL16[1-1-1][1-1]1	站3:OL16[1-1-2][1-1]1	站3:EPE1[1-1-12]1
	业务类型	上业务		中间穿通(单向)		下业务	
		支路	线路	线路	线路	线路	支路
站3到站1的工作路由	TU12/VC12	站3:EPE1[1-1-12]1	站3:OL16[1-1-1][1-1]1	站4:OL16[1-1-2][1-1]1	站4:OL16[1-1-1][1-1]1	站1:OL16[1-1-2][1-1]1	站1:EPE1[1-1-12]1
	业务类型	上业务		中间穿通(单向)		下业务	
		支路	线路	线路	线路	线路	支路
站1到站3的保护路由	TU12/VC12	站1:EPE1[1-1-12]1	站1:OL16[1-1-2][1-1]1	站4:OL16[1-1-1][1-1]1	站4:OL16[1-1-2][1-1]1	站3:OL16[1-1-1][1-1]1	站3:EPE1[1-1-12]1
	业务类型	上业务		中间穿通(单向)		下业务	
		支路	线路	线路	线路	线路	支路
站3到站1的保护路由	TU12/VC12	站3:EPE1[1-1-12]1	站3:OL16[1-1-2][1-1]1	站2:OL16[1-1-1][1-1]1	站2:OL16[1-1-2][1-1]1	站1:OL16[1-1-1][1-1]1	站1:EPE1[1-1-12]1

注意:方向要选为单向,且工作路由和保护路由上站点支路板 EPE1 上选择的 2M 端口序号一定要相同,才能达到单向通道保护的目的。

② 配置工作路由:配置站1—站2—站3 的 1 个 E1 业务和站3—站4—站1 的 1 个 E1 业务。单击选择站 1 和站 3 网元,在文本时隙选择业务类型为"TU12/VC12",方向为"单向",配置源端单板和时隙号、宿端单板和时隙号,如图 2-107 所示。

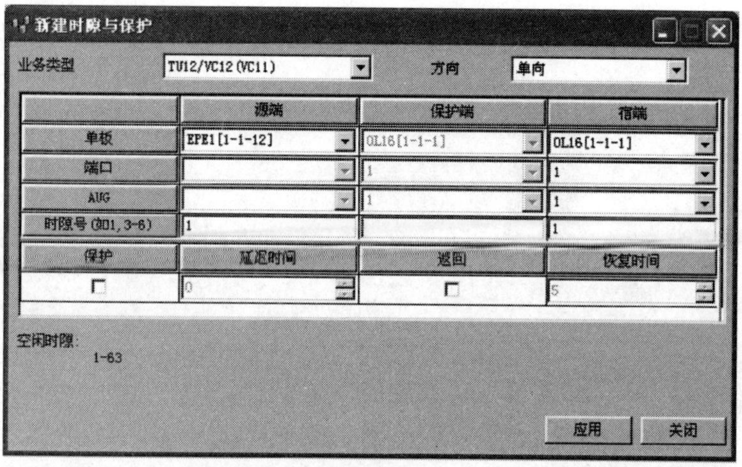

(a) 上业务

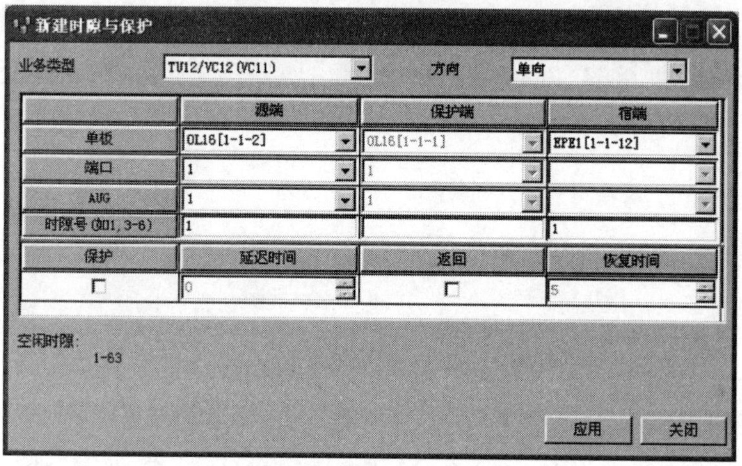

(b) 下业务

图 2-107　站 1 和站 3 新建时隙

选择站 2 和站 4 网元，在文本时隙中选择业务类型为"TU12/VC12"，方向为"单向"，配置源端单板和时隙号、宿端单板和时隙号，如图 2-108 所示。

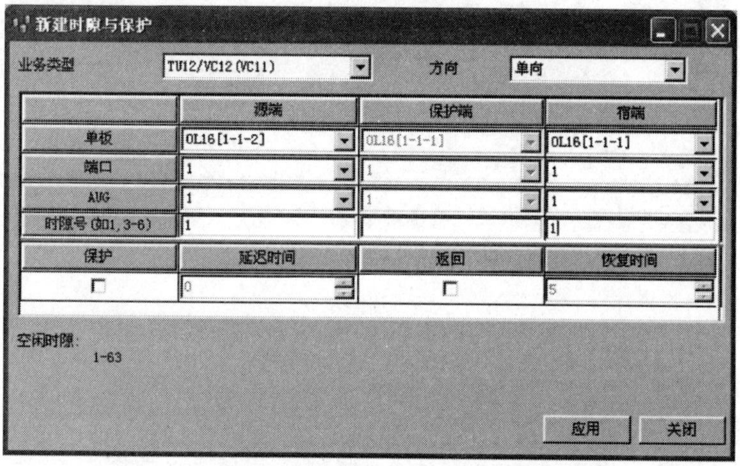

图 2-108　站 2 和站 4 新建时隙

有业务接收的站点可以查询到业务,站 1 和站 3 查询业务工作路由拓扑如图 2-109 所示和图 2-110 所示。

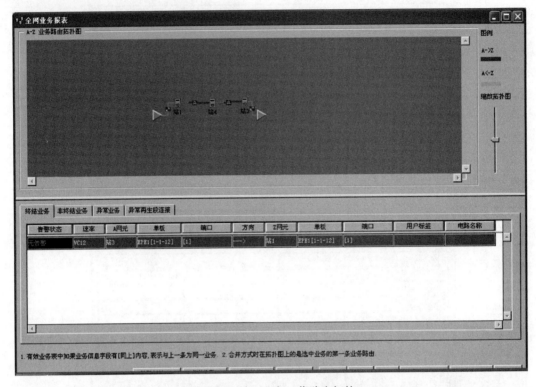

图 2-109　站 1 业务工作路由拓扑

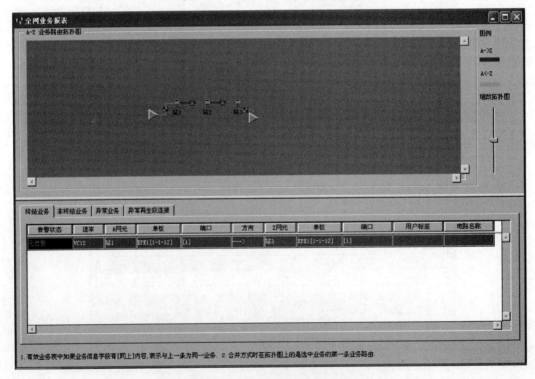

图 2-110　站 3 业务工作路由拓扑

③配置保护路由:配置站1—站2—站3和站3—站2—站1的1个E1业务保护路由。

单击选择站1和站3网元,在文本时隙中选择EPE1在宿板位的条目,将操作方式选择为"配置",点击"增加保护"按钮,选择"为宿增加保护",在弹出的"增加保护"对话框中选择保护端单板为OL16[1-1-1],端口为1,AUG为1,时隙号为1,如图2-111所示。

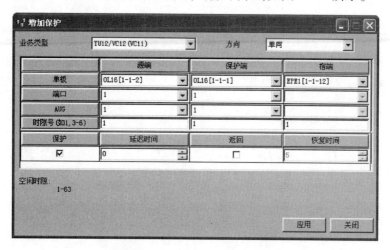

图2-111　站1和站3保护时隙配置

站1和站3含通道保护文本时隙如图2-112所示。在已配置的工作时隙基础上,再配置经过另一个路由的保护时隙,完成通道保护的配置。配置方法与业务配置相同,注意支路板的2M端口号要与工作路由一致。当为多条业务配置保护时,可以使用文本时隙的增加保护来添加通道保护配置。

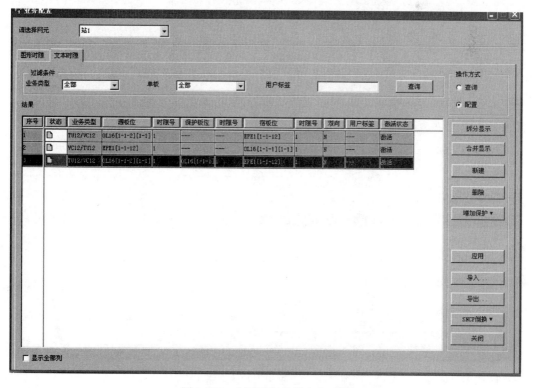

图2-112　含通道保护的文本时隙

先配置的时隙连接称为工作路由,后配置的时隙连接称为保护路由。

单击选择站 2 和站 4 网元,在文本时隙中选择业务类型为 TU12/VC12,源端单板为 OL16 [1-1-1],端口为 1,AUG 为 1,时隙号为 1;选择宿端单板为 OL16[1-1-2],端口为 1,AUG 为 1,时隙号为 1,如图 2-113 所示。

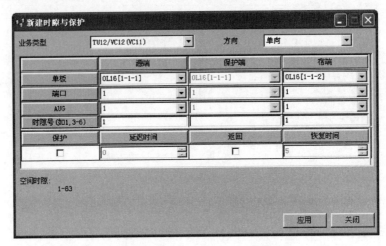

图 2-113　站 2 和站 4 新建时隙

④ 查询工作路由和保护路由配置的正确性

在站 1 或站 3 上进行相关业务查询,勾选维护信息,能查询到站 1—站 3 间有两条路由,如图 2-114 所示。电路业务时隙文本如图 2-115 所示。

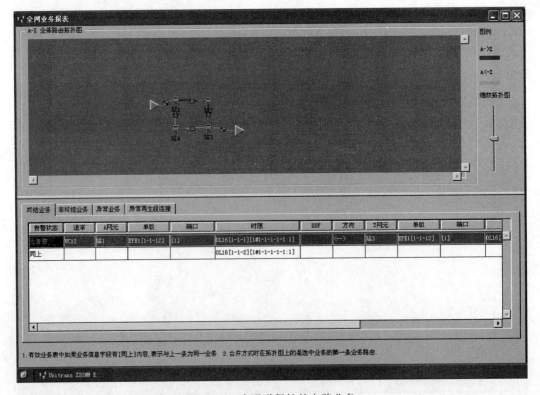

图 2-114　含通道保护的电路业务

序号	方向	网元	入单板	入端口	出单板	出端口	保护单板	工作端口
1	A-->Z	站1	EPE1[1-1-12]	[1]	OL16[1-1-1]	[1#1-1-1-1-1:1]		
2	A-->Z	站2	OL16[1-1-2]	[1#1-1-1-1-1:1]	OL16[1-1-1]	[1#1-1-1-1-1:1]		
3	A-->Z	站3	OL16[1-1-2]	[1#1-1-1-1-1:1]	EPE1[1-1-12]	[1]	OL16[1-1-1]	[1#1-1-1-1-1:1]
4	Z-->A	站3	EPE1[1-1-12]	[1]	OL16[1-1-1]	[1#1-1-1-1-1:1]		
5	Z-->A	站4	OL16[1-1-2]	[1#1-1-1-1-1:1]	OL16[1-1-1]	[1#1-1-1-1-1:1]		
6	Z-->A	站1	OL16[1-1-2]	[1#1-1-1-1-1:1]	EPE1[1-1-12]	[1]	OL16[1-1-1]	[1#1-1-1-1-1:1]

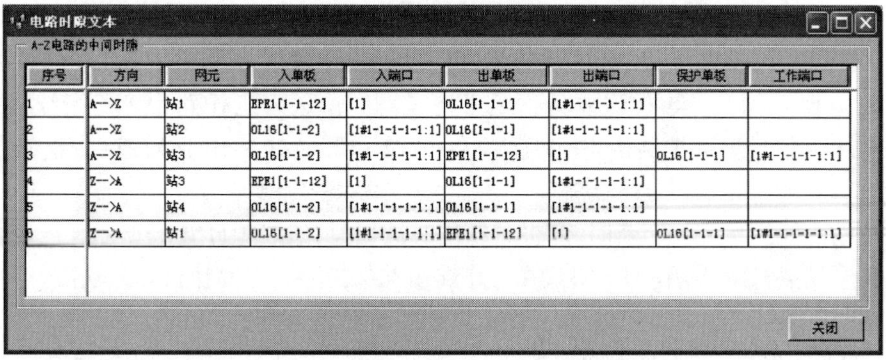

图 2-115　含通道保护的电路业务时隙文本

拓展任务:请完成站 1—站 2 间 5 个 E1 业务的二纤单向通道保护,工作路由为站 1—站 2 和站 2—站 3—站 4—站 1,保护路由为站 1—站 4—站 3—站 2 和站 2—站 1;站 2—站 3 间两个 E3 业务的二纤双向通道保护,工作路由为站 2—站 3,保护路由为站 2—站 1—站 4—站 3。

任务 3:复用段保护配置

任务:掌握二纤单向复用段保护、二纤双向复用段保护、四纤双向复用段保护的网络保护机理。

要求:能配置传输网络不带额外业务的二纤双向复用段保护,提高传输网络的可靠性。

一、知识准备

复用段保护中业务量的保护是以复用段为基础的,主要应用在环型网络中,有二纤单向复用段保护环、二纤双向复用段保护环、四纤双向复用段保护环三种方式。

1. 二纤单向复用段保护环

复用段保护以复用段为基础,倒换与否由每一对节点之间的复用段信号质量优劣来决定。采用复用段保护的网络中每个节点在支路业务信号分插功能前的每一光纤高速线路上都有一个保护倒换开关。当复用段出现故障时,故障两侧节点的光端口自动按 APS 协议执行环回(将发送和接收连接在一起),故障范围内光纤上整个 STM-*N* 或 1/2 STM-*N* 业务信号将在工作路由和保护路由之间切换。

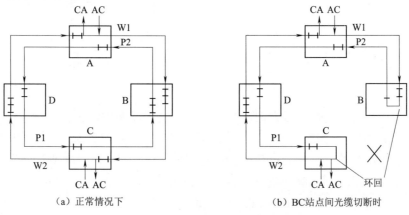

(a) 正常情况下　　(b) BC站点间光缆切断时

图 2-116　二纤单向复用段保护环

以站点 A 和站点 C 进行通信为例说明二纤单向复用段保护环工作原理。网络正常时如图 2-116(a)中所示，站点 A 将要传送的业务信号 AC 送入工作路由 W1 光纤，站点 C 从 W1 光纤上接收信号。站点 C 将要传送的业务信号 CA 送入工作路由 W2 光纤，站点 A 从 W2 光纤上接收信号。保护路由 P1 和保护路由 P2 可以传送主用业务、额外业务或不传送业务。

当 BC 站点间的光缆被切断时，两根光纤同时被切断，如图 2-116(b)所示。故障两侧的站点(站点 B 和站点 C)将利用 APS 协议在工作路由和保护路由之间执行环回功能。在 B 节点，W1 光纤上的业务信号 AC 环回到 P1 光纤上，经由站点 A 和节点 D 到达站点 C，站点 C 再将 P1 光纤上的业务信号 AC 环回到 W1 光纤上，站点 C 从 W1 光纤上接收业务信号。站点 A 仍然从 W2 光纤上接收从站点 C 发往站点 A 的业务信号 CA，不发生保护倒换。

2. 二纤双向复用段保护环

二纤双向复用段保护环采用时隙保护，将每根光纤上复用段的前一半时隙(如时隙 1 到 M/2)用作工作路由传送主业务信号，后一半时隙(如时隙 M/2+1 到 M)用作保护路由传送额外业务信号或不传送业务信号。这样就可以把一根光纤的保护路由用来保护另一根光纤上的主业务信号。将 A 发往 C 的工作路由 W1 和 C 发往 A 的保护路由 P2 置于一根光纤上，称为 W1/P2 光纤，其中 W1 占用该复用段的前一半时隙，P1 占用该复用段的后一半时隙。也可以将 C 发往 A 的工作路由 W2 和 A 发往 C 的保护路由 P1 同时置于另一根光纤上，称为 W2/P1 光纤，其中 W2 占用该复用段的前一半时隙，P2 占用该复用段的后一半时隙。二纤双向复用段保护环上没有专门的主用光纤和备用光纤，每一条光纤的前一半时隙是主用路由，后一半时隙为保护路由。W1/P2 光纤上的后半时隙 P2 作为 W2/P1 光纤上 W2 的保护，W2/P1 光纤上的后半时隙 P1 作为 W1/P2 光纤上 W1 的保护，如图 2-117 所示。

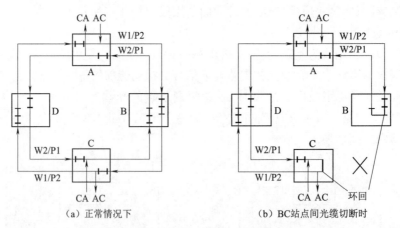

(a) 正常情况下　　　　(b) BC站点间光缆切断时

图 2-117　二纤双向复用段保护环

以站点 A 和站点 C 进行通信为例说明二纤双向复用段保护环工作原理。网络正常时如图 2-117(a)所示，站点 A 到站点 C 的主业务信号 AC 放在 W1/P2 光纤的工作时隙 W1 上传送。站点 C 到站点 A 的主业务信号 CA 放在 W2/P1 光纤上的工作时隙 W2 传送，而保护时隙 P1 和 P2 可以传送主用业务、额外业务或不传送业务。

当 BC 站点间的光缆被切断时，两根光纤同时被切断，如图 2-117(b)所示。故障两侧的站点(站点 B 和站点 C)将利用 APS 协议在工作路由和保护路由之间执行环回功能，将 W1/P2

光纤和 W2/P1 光纤连通。站点 A 发往站点 C 的主业务信号 AC 沿 W1/P2 光纤传送到节点 B 时,节点 B 将 W1/P2 光纤工作时隙 W1 与 W2/P1 光纤的保护时隙 P1 进行环回,业务信号沿 W2/P1 光纤经过站点 A 和节点 D 传送到站点 C,站点 C 再将 W2/P1 光纤的 P1 与 W1/P2 光纤的 W1 环回,业务信号回到 W1 上,站点 C 从 W1 上提取该业务信号。从站点 C 发往站点 A 的主业务信号 CA 同样在站点 C 和节点 B 上进行环回,最终将数据传送给站点 A。

二纤双向复用段保护环需要用到 APS 协议,保护倒换时间比通道保护时间长。二纤双向复用段共享保护环关系配置只需配置网元的环保护关系,通信容量为 $(K/2) \times$ STM-N,其中 K 为节点数。二纤双向复用段保护环上网元节点个数最大为 16。二纤双向复用段保护环的通信容量为环网上只存在相邻节点业务而无跨节点业务时,才能达到的一种最大业务量。

3. 四纤双向复用段保护环

四纤双向复用段保护环采用四根光纤,两根光纤用作工作光纤 W1 和 W2,另两根光纤用作保护光纤 P1 和 P2。其中 W1 工作光纤形成一个顺时针信号环,W2 工作光纤形成一个逆时针业务信号环,而 P1 保护光纤和 P2 保护光纤分别形成与 W1 和 W2 反向的两个保护环。四纤双向复用段保护环在每个站点的每根光纤上都有一个倒换开关作保护环回用。

下面将以站点 A 和站点 C 进行通信为例说明四纤双向复用段保护环工作原理。网络正常时如图 2-118(a)所示,从站点 A 发往站点 C 的信号,沿 W1 顺时针传输到站点 C。从站点 C 发往站点 A 的信号沿 W2 光纤逆时针传输到站点 A,P1 保护光纤和 P2 保护光纤可以传送主用业务、额外业务或不传送业务。

当 BC 节点间的光缆被切断时,四根光纤全部被切断,如图 2-118(b)所示。故障两侧的站点(站点 B 和站点 C)将利用 APS 协议在工作路由和保护路由之间执行环回功能,将 W1 光纤和 P1 光纤连通,将 W2 光纤和 P2 光纤连通。站点 A 发往站点 C 的主业务信号 AC 沿 W1 光纤传送到节点 B 时,节点 B 将 W1 光纤与 P1 光纤进行环回,业务信号沿 P1 光纤经过站点 A 和节点 D 传送到站点 C,站点 C 再将 P1 光纤与 W1 光纤环回,业务信号回到 W1 上,站点 C 从 W1 上提取该业务信号。从站点 C 发往站点 A 的主业务信号 CA 同样在站点 C 和节点 B 上进行环回,最终将数据传送给站点 A。

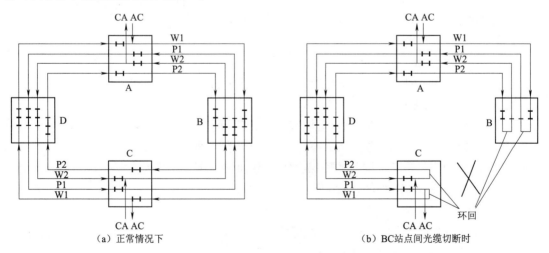

图 2-118 四纤双向复用段保护环

四纤双向复用段保护环也需要用到 APS 协议支持,其业务量的路由仅仅是环的一部分,业务通路可以重新使用,相当于允许更多的支路信号从环中进行分插,因而业务容量可以增加很多。极限情况下,每个节点处的全部系统都进行分插,于是整个环的业务容量可达单个站点 ADM 业务容量的 K 倍(K 是节点数),即 $K \times STM\text{-}N$,但是四纤双向复用段保护环所需的光纤数量也很多。

在实际工程中,二纤双向复用段保护环是应用最多的复用段保护方式。

二、任务实施

本任务的目的是使用二纤双向复用段保护环提高网络的可靠性,环型网站点 1、站点 2、站点 3、站点 4 构成不带额外业务的二纤双向复用段保护环,如图 2-119 所示,站点 1 和站点 3 之间有一个 E1 业务。

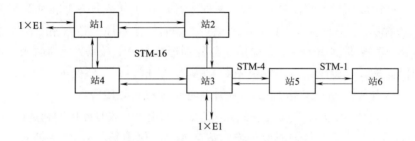

图 2-119 复用段保护配置网络连接

1. 材料准备

高 2 m 的 19 英寸机柜,ZXMP S385 子架 6 套,单板若干,ZXONM E300 网管 1 套,G.652 光纤跳线 12 根。

2. 实施步骤

(1)启动网管。

(2)创建站 1~站 6 网元,安装单板,建立环带链传输网络。除安装公共单板和光线路板以外,有 E1 业务的站 1 和站 3 在 12 槽位各安装一块 EPE1 单板。

(3)配置站 1~站 6 网元时钟,站 3 网元为主时钟,其他网元为从时钟。

(4)复用段保护配置

①在客户端操作窗口中,选中需要配置复用段保护的网元站 1~站 4,单击"设备管理"→"公共管理"→"复用段保护配置"菜单项,弹出"复用段保护配置"对话框。

②复用段保护组配置

在"复用段保护配置"对话框中,单击"新建"按钮,配置复用段保护组。选择二纤双向复用段保护组的参数,二纤双向复用段共享环保护环(不带额外业务)。单击"确定"按钮,"保护组列表"显示所配置的二纤双向复用段保护环。为"保护组网元树"列表框中的"1"选择网元,并调整保护环的网元顺序,如图 2-120 所示。

③APS ID 配置

在"复用段保护配置"对话框的"保护组列表"中,选中保护组"1",单击"全量下发"按钮,再单击"下一步"按钮,进入 APS ID 配置对话框,默认系统设置。

④复用段保护关系配置

在图 2-121 所示对话框中,单击"下一步"按钮,进入"复用段保护配置"对话框。建立站 1 的 OL16[1-1-1]端口 1 与 OL16[1-1-2]端口 1 的连接。该连接的含义为:各网元 OL16[1-1-1] 端口 1 的后 8 个 AUG 单元保护 OL16[1-1-2] 端口 1 的前 8 个 AUG 单元,OL16[1-1-2] 端口 1 的后 8 个 AUG 单元保护 OL16[1-1-1] 端口 1 的前 8 个 AUG 单元。

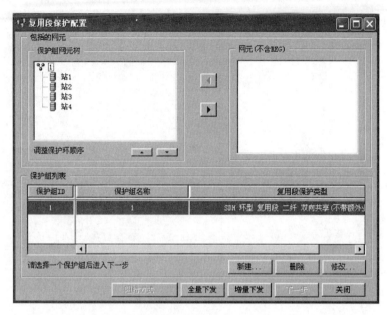

图 2-120 创建复用段保护组

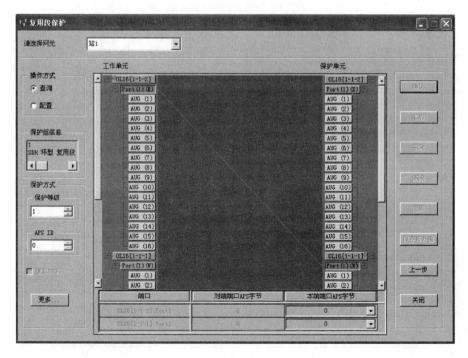

图 2-121 复用段保护配置

依次建立站2、站3、站4的第一块OL16板端口1与第二块OL16板的端口1的连接。点击GUI主窗口左侧树形结构中复用段保护组下新建保护组的名称,可以看到复用段保护组的拓扑结构,如图2-122所示。

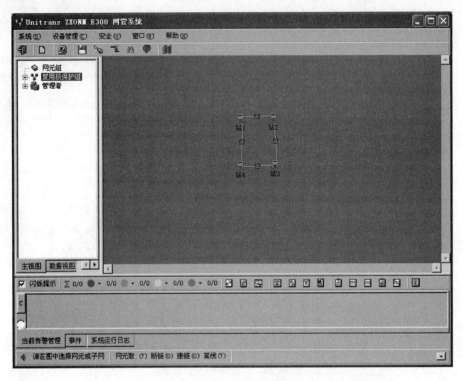

图2-122　复用段保护组拓扑结构

⑤启动APS

在客户端操作窗口中,选择站1、站2、站3、站4网元,单击"维护"→"诊断"→"复用段保护组APS操作"菜单项,在"复用段保护组APS操作"对话框中,单击"全部启动"按钮,为四个网元启动APS协议处理器,如2-123所示。单击"应用"按钮,使APS操作生效。

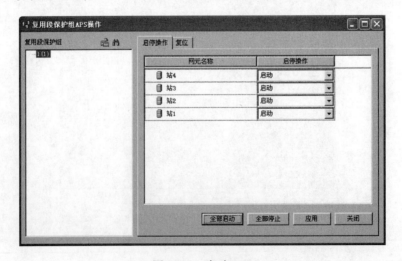

图2-123　启动APS

⑥保护时隙查询

在客户端操作窗口中,选择复用段保护组中的网元,单击"设备管理"→"SDH 管理"→"业务配置"菜单项,打开"业务配置"对话框。以站1为例,如图2-124 所示。

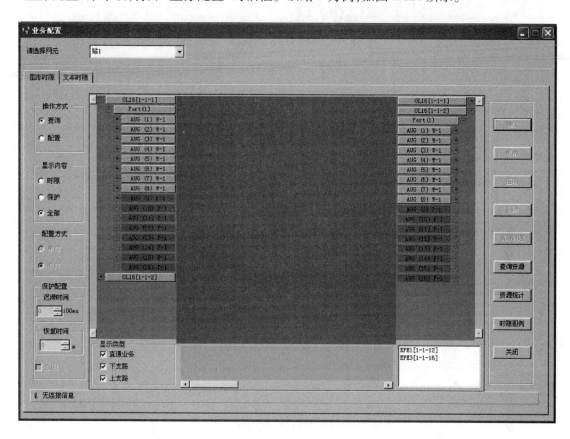

图 2-124　复用段保护时隙查询

站 1、站 2、站 3 和站 4 的 OL16[1-1-1] port1 与 OL16[1-1-2] port1 的后 8 个 AUG 处于灰色不可配置状态,且前 8 个 AUG 按钮显示"W-1",表示工作通道;后 8 个 AUG 按钮显示"P-1",表示保护通道。

(5)业务配置

填写各网元业务时隙规划表,见表2-24。配置站 1—站 2—站 3 之间 1 个 E1 业务,查询业务路由拓扑如图 2-125 所示。

表 2-24　复用段保护网元业务时隙规划表

业务类型	上/下业务		中间穿通		上/下业务	
	支路	线路	线路	线路	线路	支路
TU12/VC12	站 1: EPE1[1-1-12]1	站 1: OL16[1-1-1] [1-1]1	站 2: OL16[1-1-2] [1-1]1	站 2: OL16[1-1-1] [1-1]1	站 3: OL16[1-1-2] [1-1]1	站 3: EPE1[1-1-12]1

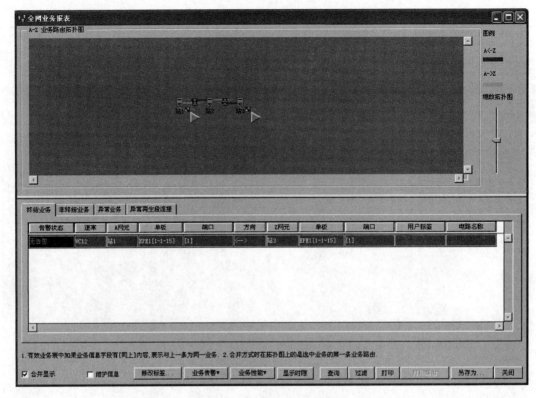

图 2-125　业务路由拓扑

拓展任务：请为环带链传输网络中环型网站 1～站 4 配置带额外业务的二纤双向复用段保护环,并开通站 1—站 2—站 3 的 10 个 E1 业务。

复习思考题

1. 简述 SDH 传输技术的特点。
2. 画出 STM-N 的帧结构图,计算 STM-N 的传输速率。
3. 某高铁线路上 A、B、C、D、E 五个站点物理上为链型,请将五个站点的网元逻辑上连接成一个二纤双环形拓扑结构,并说明各站点的网元类型。
4. 某高铁线路上 A、B、C、D、E 五个站点选用中兴 S385 设备组成一个 2.5 Gbit/s 二纤环形拓扑结构的光纤传输系统,B、C、D、E 四个站点分别有 20 个 E1 业务连接到 A 站,请为该五个站的网元配置单板。
5. 站 1 的 OL1[1-1-1]板光口 1 和站 2 的 OL1[1-1-1]板光口 2 通过两根光纤连接,时隙规划见下表,该业务的速率为多少?当整个线路连接正确且没有环回时,该业务是否连通?若有错误,说明理由,并请改正。

业务类型	上/下业务		上/下业务	
	支路	线路	线路	支路
TU12/VC12	站 1: EPE1[1-1-12]1	站 2: OL1[1-1-1][1-1]3	站 2: OL1[1-1-1][2-2]3	站 2: EPE1[1-1-12]2

6. 站1的OL16[1-1-1]板光口1和站2的OL16[1-1-2]板光口1通过两根光纤连接,站2的OL16[1-1-1]板光口1和站3的OL16[1-1-2]板光口1通过两根光纤连接,站3的OL16[1-1-1]板光口1和站1的OL16[1-1-2]板光口1通过两根光纤连接,时隙规划见下表,该业务的速率为多少?当整个线路连接正确且没有环回时,该业务是否连通?若有错误,说明理由,并请改正。

序号	业务类型	上/下业务		中间穿通				上/下业务	
		支路	线路	线路	线路	线路	线路	线路	支路
1	TU3/VC3	站1:EPE3 [1-1-14]2-4	站1: OL16[1-1-1] [1-1] 1-3	站2: OL16[1-1-2] [1-1] 1-3	站2: OL16[1-1-1] [1-1] 2-4		站3: OL16[1-1-2] [1-1]2-4		站3:EPE3 [1-1-14]1-3
2	TU3/VC3	站1:EPE3 [1-1-14]5-6	站1: OL16[1-1-1] [1-2] 1-2	站2: OL16[1-1-2] [1-2] 1-2	站2: OL16[1-1-1] [1-2]2-3		站3: OL16[1-1-2] [1-2]2-3		站3:EPE3 [1-1-14]4-5

7. 什么是MSTP?它与SDH有何联系?

8. 图2-126为四个站点组成的SDH二纤单向通道保护。图(a)为正常工作情况,图(b)为站1与站2之间光纤都被切断的情形。站4发往站2的工作路由W1顺时针方向经过站1到达站2,保护路由P1逆时针方向经过站3到达站2。

(1)请在图(a)、图(b)上标出从站2发往站4的工作路由W2和保护路由P2。

(2)请在图(a)上画出正常工作时,从站2发往站4的业务流向。

(3)请在图(b)上画出站1与站2之间光纤都切断时,从站2发往站4的业务流向。

(4)简单说明该网络保护倒换的工作原理。

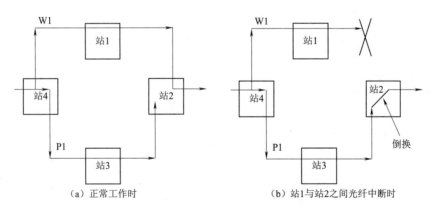

图2-126 二纤单向通道保护

9. 图2-127为四个站点组成的SDH二纤双向复用段保护,(a)为正常工作情况,(b)为站1与站2之间光纤都被切断情形。站4发往站2的工作路由W1顺时针方向经过站1到达站2,保护路由P1逆时针方向经过站3到达站2。工作路由W1传送主用业务,业务流向用实线表示。保护路由P1传送额外业务,业务流向用虚线表示。

(1)请在图(a)、(b)上标出从站2发往站4的工作路由W2和保护路由P2。

(2)请在图(a)上画出正常工作时,从站2发往站4的业务流向。

(3)请在图(b)上画出站1与站2间光纤都切断时,从站2发往站4的业务流向。

(4) 简单说明该网络保护倒换的工作原理。

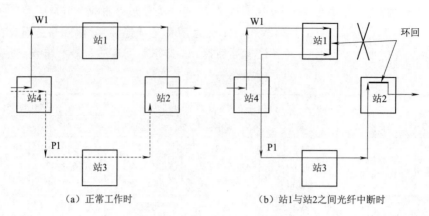

(a) 正常工作时　　　　(b) 站1与站2之间光纤中断时

图 2-127　二纤双向复用段保护

模块三　DWDM 传输系统开局

【学习目标】

本项目围绕 DWDM 传输系统组建,分析了 WDM 技术的应用,重点介绍了 DWDM 传输设备配置、业务开通和网络保护配置,教学内容选取中兴 ZXMP M800 为例,以 DWDM 网络组建任务实施为导向,突出课程应用性,重在系统组建任务的完成过程。学习目标包括 WDM 技术、ZXMP M800 单板功能、网元创建、拓扑建立、业务开通、网络保护配置。

知识目标:能够分析 DWDM 传输系统的设备工作原理和业务开通流程。

素质目标:能够通过组建 DWDM 网络增强对多样化通信系统的理解,做到一专多能。

能力目标:能够独立完成 DWDM 传输系统开局配置、业务开通和网络保护配置。

【课程思政】

指导学生独立设计铁路 DWDM 网络系统,让学生体会波分技术的发展,收获自豪感和自信心。

以项目为载体,将公民道德融入教学过程,通过设计、组建 DWDM 系统,培养学生团队合作、组间协作的"合作共赢"道德规范。

在项目化学习中,带领学生参与工程实践,让学生身临其境体会现场工程师 DWDM 传输系统组建、调试过程中的认真仔细、责任担当,实地感受学习一丝不苟、精益求精的工匠精神。

【情景导入】

项目需求方:中国铁路 A 局集团有限公司。

项目承接方:中铁 B 局第 C 工程分公司。

项目背景:中国铁路 A 局集团有限公司需要在管辖范围内建设 DWDM 传输系统。

担任角色:中铁 B 局第 C 工程分公司通信工程师。

工作任务:

1. 完成 WDM 技术应用分析。
2. 完成 DWDM 系统硬件配置。
3. 完成 DWDM 系统拓扑建立。
4. 完成 DWDM 系统业务开通。
5. 完成 DWDM 网络保护配置。

任务1：WDM 技术应用分析

任务：掌握 WDM 的特点，掌握 WDM 系统的传输方式和应用模式，区分 CWDM 和 DWDM 的不同。

要求：能分析 WDM 技术在国铁集团骨干层传输网的传输方式和应用模式。

一、知识准备

（一）WDM 技术

SDH 和 PDH 采用"一纤一波"方式，由于受器件自身特性的限制，其传输容量及扩容方式均无法满足需求，故产生了 WDM 技术。WDM 技术充分利用了单模光纤的低损耗区的巨大带宽资源，在不增加线路的情况下，大大提高了系统的通信容量。

波分复用（WDM）技术利用一根光纤可以同时传输多个不同波长的光载波特点，把光纤可能应用的波长范围划分为若干个波段，每个波段用作一个独立的通道传输一种预定波长的光信号技术。WDM 技术在发送端采用合波器（也称光复用器）将不同规定波长的信号光载波合并起来送入一根光纤进行传输，在接收端再由分波器（也称光解复用器）将这些不同波长承载不同信号的光载波分开。由于不同波长的光载波信号可以看成是互相独立的（不考虑光纤非线性时），从而在一根光纤中可实现多路光信号的复用传输。

WDM 系统组成及光谱如图 3-1 所示。由于不同波长的载波是相互独立的，所以双向传输问题，迎刃而解。根据不同的波分复用器/解复用器可以复用/解复用不同数量的波长。

1. WDM 技术的特点

（1）超大容量传输。

由于 WDM 系统的单波光通路速率可以为 2.5 Gbit/s、10 Gbit/s、100 Gbit/s 等，而复用光通路的数量可以是 4、8、16、32、40、80、160，甚至更多，因此系统的传输容量可以达到 16 Tbit/s，甚至更大。

（2）节约光纤资源。

对于单波长系统而言，1 个 SDH 系统就需要一对光纤；而对于 WDM 系统来讲，不管有多少个 SDH 分系统，整个复用系统只需要一对光纤。例如，对于 16 个 2.5 Gbit/s 系统来说，单波长系统需要 32 根光纤，而 WDM 系统仅需要两根光纤。WDM 技术不仅大幅度地增加了网络的容量，而且还充分利用了光纤的宽带资源，减少了网络资源的浪费。

（3）各信道透明传输，平滑升级、扩容。

只要增加复用信道数量和设备就可以增加系统的传输容量以实现扩容，WDM 系统的各复用信道是彼此相互独立的，所以各信道可以分别透明地传送不同的业务信号，如语音、数据和图像等，彼此互不干扰，这给使用者带来了极大的便利。

（4）利用 EDFA 实现超长距离传输。

EDFA 具有高增益、宽带宽、低噪声等优点，且其光放大范围为 1 530~1 565 nm，但其增益曲线比较平坦的部分是 1 540~1 560 nm。EDFA 几乎可以覆盖 WDM 系统的 1 550 nm 的工作波长范围。所以用一个带宽很宽的 EDFA 就可以对 WDM 系统的各复用光通路信号同时进行放大，以实现系统的超长距离传输，并避免了每个光传输系统都需要一个光放大器的情况。

WDM 系统的超长传输距离可达数百公里,同时节省大量中继设备,降低成本。

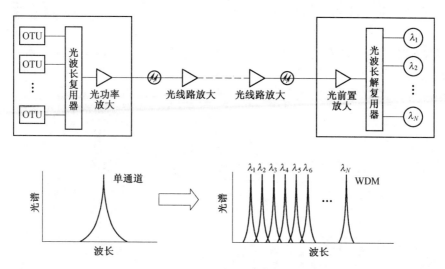

图 3-1 WDM 系统组成及光谱示意图

(5)可组成全光网络。

全光网络是未来光纤传送网的发展方向。在全光网络中,各种业务的上/下、交叉连接等都是在光路上通过对光信号进行调度来实现的,从而消除了电/光转换中电子器件的瓶颈。WDM 系统可以与光插复用器(OADM)、光交叉连接器(OXC)混合使用,以组成具有高度灵活性、高可靠性、高生存性的全光网络,适应带宽传送网的发展需要。

WDM 系统可以将来自不同光方向的各类信号复用在一根光缆中进行传输,从而节省了光纤资源,提高了传送的容量。大容量、长距离传输是 WDM 区别于 SDH 的最大特点,但是 WDM 系统也存在着一些瓶颈,如组网能力弱、保护机制简单、业务调度能力差、监控能力较差等。

2. WDM 系统的传输方式

WDM 系统的传输方式包括双纤单向传输方式和单纤双向传输方式。

(1)双纤单向传输

双纤单向传输是 WDM 系统最常使用的一种传输方式,它采用两根光纤,一根光纤只完成一个方向光信号的传输,反向光信号的传输由另一根光纤来完成,如图 3-2 所示。

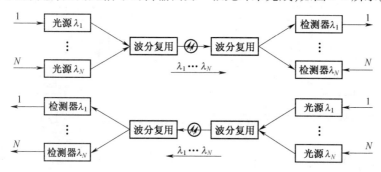

图 3-2 双纤单向传输的 WDM 系统

双纤单向传输的 WDM 系统可以充分利用光纤的巨大带宽资源,使一根光纤的传输容量扩大几倍至几十倍。在长途网中,可以根据实际业务量的需要逐步增加波长来实现扩容,十分灵活。双纤单向传输是目前波分复用系统最常用的传输方式。

(2) 单纤双向传输

单纤双向传输的 WDM 系统只用一根光纤,在一根光纤中实现两个方向光信号的同时传输,两个方向光信号应安排在不同波长上,如图 3-3 所示。

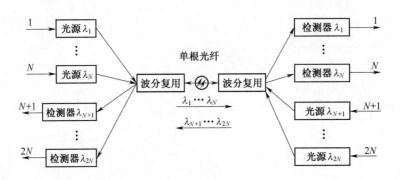

图 3-3　单纤双向传输的 WDM 系统

单纤双向传输方式允许单根光纤携带全双工通路,通常可以比单向传输节约一半的光纤器件,由于两个方向传输的信号不会因交互而产生四波混频现象,因此其总的四波混频比双纤单向传输少很多,但缺点是该系统需要采用特殊的措施来对付光反射,以防多径干扰;当需要将光信号放大以延长传输距离时,必须采用双向光纤放大器以及光环形器等元件,但其噪声系数稍差。

3. WDM 系统的应用模式

根据应用模式分类,WDM 系统可以分为集成式 WDM 系统和开放式 WDM 系统。

(1) 集成式 WDM 系统

集成式 WDM 系统没有采用波长转换技术,它要求复用终端光信号的波长符合 DWDM 系统的规范,不同的复用终端设备发送不同的符合 ITU-T 建议的波长,这样它们在接入合波器时就能占据不同的通道,从而完成合波,如图 3-4 所示。集成式 WDM 系统要求 SDH 终端必须具有满足 G.692 的光接口,包括标准的光波长和满足长距离传输的光源,即需要把标准的光波长和长色散受限距离光源集成在 SDH 系统中。集成式 WDM 系统构造比较简单,没有增加多余设备。

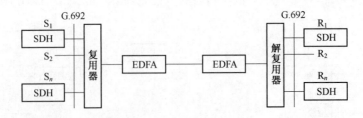

图 3-4　集成式 WDM 系统

(2) 开放式 WDM 系统

开放式 WDM 系统是在波分复用器前加入光波长转换器(OTU),将 SDH 非规范的波长转换为标准波长,然后进行合波,如图 3-5 所示。开放式 WDM 系统的特点是对复用终端光接口没有特别的要求,只要求这些接口符合 ITU-T 建议的光接口标准。在同一开放式 WDM 系统中,可接入不同厂商的 SDH 系统。

注:接收端的OTU是可选择项

图 3-5 开放式 WDM 系统

根据工程的需要可以选用不同的应用形式。在实际应用中,开放式 WDM 系统和集成式 WDM 系统可以混合使用。由于开放式 WDM 系统对复用终端光接口没有特别的要求,应用较集成式 WDM 系统更为广泛。

4. WDM 分类

由于目前一些光器件(如带宽很窄的滤光器、相干光源等)还不很成熟,因此,要实现光信道非常密集的光频分复用是很困难的,但基于目前的器件水平,已可以实现相隔光信道的频分复用。人们通常把光波长间隔较大(甚至在光纤不同窗口上)的 WDM 称为稀疏波分复用(CWDM),把在同一窗口中波长间隔较小的 WDM 称为密集波分复用(DWDM)。

(1) CWDM

ITU-T G.694.2 标准规定了 CWDM 波长间隔为 20 nm,波长范围为 1 270 ~ 1 610 nm 区段,如图 3-6 所示。CWDM 载波通道间距较宽,因此一根光纤上只能复用 2 ~ 16 个左右波长的光信号。其中 1 400 nm 波段由于损耗较大,一般不用。

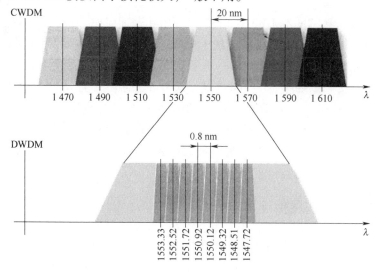

图 3-6 CWDM 和 DWDM 的信道间隔

(2) DWDM

ITU-T G.692 建议 DWDM 系统的绝对参考频率为 193.1 THz(对应的波长为 1 552.52 nm)。DWDM 在 1 550 nm 波长区段内,波长间隔为 1.6 nm、0.8 nm、0.4 nm、0.2 nm 或更低,其对应的带宽约为 200 GHz、100 GHz、50 GHz、25 GHz 或更窄。波长间隔为 0.8 nm 的 DWDM 如

图 3-6 所示。

在同一根光纤中传输的不同波长之间的间距是区分 DWDM 和 CWDM 的主要参数。DWDM 采用的是冷却激光,CWDM 调制激光采用非冷却激光。冷却激光采用温度调谐,非冷却激光采用电子调谐。由于在一个很宽的波长区段内温度分布很不均匀,因此温度调谐实现起来难度很大,成本也很高。CWDM 避开了这一难点,大幅降低了成本,整个 CWDM 系统成本只有 DWDM 的 30%。

由于波长不被放大,CWDM 系统不能长距离传输数据,通常 CWDM 的传输距离为 40 km 左右。而 DWDM 系统能够通过充分利用带宽资源实现超长距离的传输,传输距离可达数百公里。

CWDM 在单根光纤上支持的复用波长个数较少,日后扩容成本较高,适合于短距离、高带宽、接入点密集的通信场合,如大楼内或大楼之间的网络通信。DWDM 在单根光纤上支持的复用波长个数较多,广泛应用于长途干线网、本地骨干网和中继网中。

二、任务实施

本任务是分析 WDM 技术在国铁集团 2015 年改造以前骨干层传输网上的应用。

1. 材料准备

改造前国铁集团骨干层传输网络结构。

2. 实施步骤

国铁集团骨干层传输网节点布设在国铁集团和铁路局集团公司所在地、省会城市及干线铁路交汇点,构建环形或网状型结构,主要承载国铁集团到 18 个铁路局集团公司,以及各铁路局集团公司之间的信息。

2015 年改造之前,骨干层传输网由 5 个传输环组成,包括京沪穗环、东南环、西南环、西北环、东北环。

（1）京沪穗环 40×10 Gbit/s DWDM 系统于 2001 年开通建成,涉及 7 个铁路局集团公司。

（2）东北环 16×2.5 Gbit/s DWDM 系统于 2002 年开通建成,涉及 3 个铁路局集团公司。

（3）西北环 32×2.5 Gbit/s + 16×2.5 Gbit/s DWDM 系统于 2001 年开通建成,采用马可尼公司 DWDM 设备,西北环 40×2.5 Gbit/s DWDM 系统于 2006 年开通建成,涉及 8 个铁路局集团公司。

（4）东南环 40×10 Gbit/s DWDM 系统于 2002 年开通建成,涉及 3 个铁路局集团公司。

（5）西南环 32×2.5 Gbit/s DWDM 系统于 2002 年开通建成,涉及 7 个铁路局集团公司。

国铁集团骨干层传输网改造前 5 个传输环的传输方式均为双纤单向传输,应用模式均为开放式 WDM 系统。

任务 2：DWDM 系统硬件配置

任务：掌握 DWDM 系统结构组成,了解 DWDM 系统监控技术,掌握 DWDM 网元类型、ZXMP M800 各单板的功能。

要求：能区分不同类型的 DWDM 网元,会根据 DWDM 网元的类型为中兴 M800 子架配置不同的单板。能对 DWDM 传输系统进行硬件配置,完成网元内光纤连接。

一、知识准备

1. DWDM 系统的组成

DWDM 技术是在波长 1 550 nm 窗口附近,在 EDFA 能提供增益的波长范围内,选用密集的但相互又有一定波长间隔的多路光载波,这些光载波各自受不同数字信号的调制,复合在一根光纤上传输,提高了每根光纤的传输容量。典型的单向 DWDM 系统由光发送机、光中继放大、光接收机、光监控信道和网络管理系统五部分组成,如图 3-7 所示。

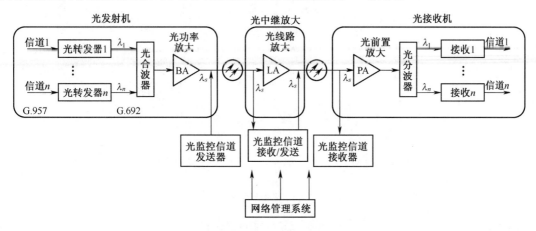

图 3-7 DWDM 系统组成示意图

(1) 光发送机

光发送机是 DWDM 系统的核心,对发射激光器的中心波长有特殊的要求外,还需要根据 DWDM 系统的不同应用来选择具有一定色度色散容限的发送机。开放式 DWDM 的光发送机包括光波长转换器(OTU)和光合波器。

OTU 根据其所在 DWDM 系统中的位置,可分为发送端 OTU、中继器使用 OTU 和接收端 OTU。发送端 OTU 的主要作用是将来自终端设备(如 SDH 光端机)输出的非标准的波长(G.957 建议)转换为 ITU-T 所规范的标准波长(G.692 建议),系统中应用光/电/光的变换,即先用光电二极管 PIN 或 APD 把接收到的光信号转换为电信号,然后该电信号对标准波长的激光器进行调制,从而得到满足 WDM 要求的窄谱光信号,因此其不同波道 OTU 的型号不同。中继器使用 OTU 主要作为再生中继器用,执行光/电/光转换,实现 3R 功能,并对某些再生段开销字节进行监视。

光合波器是一种具有多个输入端口和一个输出端口的器件,它的每一个输入端口输入一个预选波长的光信号,输入的不同波长的光波由同一输出端口输出。要求合波器插入损耗及其偏差要小,信道间串扰小,偏振相关性低。合波器主要类型有介质薄膜干涉型、布拉格光栅型、星型耦合器、光照射光栅和阵列波导光栅(AWG)等。

(2) 光放大器

光放大器(OA)是一种不需要经过光/电/光变换而直接对光信号进行放大的有源器件。它能高效补偿光功率在光纤传输中的损耗,延长通信系统的传输距离,扩大用户分配网覆盖范围。

OA 在 WDM 系统中的应用主要有功率放大器(OBA)、线路放大器(OLA)、前置放大器(OPA)三种形式。OBA 放置于光发送机内,用以提高光发送机的发送光功率。OLA 放置于中间线路,用以延长光信号的传输距离。OPA 放置于光接收机内,用以提高接收机的灵敏度,如图 3-8 所示。

OLA 可以根据情况决定有或没有,其作用是对光信号进行直接放大。在目前实用的光线路放大器中主要有掺铒光纤放大器(EDFA)、半导体光放大器(SOA)和光纤拉曼放大器(FRA)等,其中,掺铒光纤放大器以其优越的性能被广泛应用于长距离、大容量、高速率的光纤通信系统中,作为前置放大器、线路放大器、功率放大器使用。

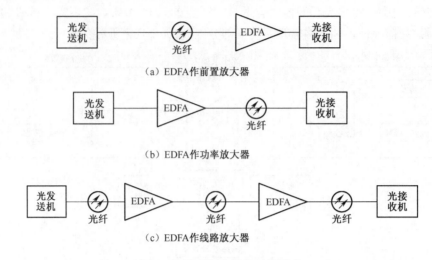

图 3-8 光纤放大器的三种形式

(3) 光接收机

在接收端,PA 放大经光纤传输而损耗的主信道光信号,利用光分波器从主信道光信号中分离出特定波长的光信号。光分波器用于传输系统的接收端,正好与光合波器相反,具有一个输入端口和多个输出端口,将多个不同波长信号分类开来。接收端 OTU 的主要作用是将光分波器送过来的光信号转换为宽谱的通用光信号。

光接收机不但要满足一般接收机对光信号灵敏度、过载功率等参数的要求,还要能承受有一定光噪声的信号,要有足够的电带宽性能。

(4) 光监控信道(OSC)

光监控信道是为 WDM 光传输系统的监控而设立的,用于监控系统内各信道的传输情况。帧同步字节、公务字节以及网管所用的开销字节都是通过光监控信道来传递的。

(5) 网络管理系统

网络管理系统通过光监控信道物理层传送开销字节到其他节点或接收来自其他字节的开销,对 WDM 系统进行管理,实现配置管理、故障管理、性能管理、安全管理等功能,并与上层管理系统(如 TMN)相连。

2. DWDM 的监控技术

DWDM 的关键技术包括光源技术、光接收机技术、光放大技术、光波分复用器和解复用器技术以及监控技术。本任务主要介绍 DWDM 系统的监控技术。

在 SDH 系统中,网管可以通过 SDH 帧结构中的 E1、E2、D1 ~ D12 等开销字节来处理对网络中的设备进行管理和监控。与 SDH 系统不同,带光放大器的 DWDM 系统增加了对 EDFA 光放大器的监测与管理功能。由于 EDFA 光放大器只有光放大而无电信号接入,尤其是作为光放大器再生器使用时,因没有业务信号的上/下而无任何电接口接入,为对其进行监控增加了难度;此外在 SDH 开销中也没有对 EDFA 进行监控的专用字节,所以必须增加一个电信号来对 EDFA 的状态进行监控。DWDM 系统增加一个波长信道专用于对系统的管理,这个信道就是光监控信道(OSC)。

(1) DWDM 对光监控信道的要求

① 监控通路波长优选 1 510 nm,监控速率优选 2 Mbit/s。

②光监控通路的 OSC 功能应满足以下条件：光监控通道不限制光放大器的泵浦波长；不限制两个光线路放大器之间的距离；不限制未来在 1 310 nm 波长的业务；线路放大器失效时，光监控通道仍然可用；OSC 传输是分段的且具有再放大、再整形、再定时(3R)功能和双向传输功能；应有 OSC 保护路由，防止光纤被切断后监控信息不能传送的严重后果。

③监控通路的帧结构中至少有两个时隙作为公务联络通路，至少有 1 个时隙供网络提供者使用(F1 字节)，至少有 4 个时隙作为网络管理信息的 DCC 通道。

(2) DWDM 系统的监控方式

DWDM 系统的监控方式有带内波长监控方式和带外波长监控方式。

①带内波长监控技术

带内监控技术选用位于 EDFA 增益带宽内的 1 532 nm 波长，其优点是可利用 EDFA 增益，此时监控系统的速率可提高至 155 Mbit/s。

②带外波长监控技术

带外波长监控技术采用一特定波长作为光监控信道，传送监测管理信息，此波长位于业务信息传输带外时可选 1 310 nm、1 480 nm 或 1 510 nm，优先选用 1 510 nm。由于它们位于 EDFA 增益带宽之外，所以称之为带外波长监控技术。

在发送端，光监控信道发送器产生波长为 1 510 nm 波长的光监控信号，与主信道光信号合波后输出到光纤中传输。在接收端，将接收到的光信号分波，1 510 nm 的光监控信号送入到光监控信道接收器，业务信道光信号送入到光接收机。

中间链路若存在 EDFA 放大器时，由于带外监控信号不能通过 EDFA，监控信号在 EDFA 之前要取出，在 EDFA 之后要插入。带外监控信号得不到 EDFA 的放大，传送的监控信息速率低，一般为 2.048 Mbit/s。

ITU-T 建议采用带外波长监控技术的 DWDM 系统，如图 3-9 所示。光监控信道应该与主信道完全独立，主信道与监控信道的独立在信号流向上表现得也比较充分。在发送端，监控信道是在合波、放大后才接入监控信道的；在接收端，监控信道是首先被分离的，之后系统才对主信道进行预放和分波。可以看出：在整个传送过程中，监控信道没有参与放大，但在每一个站点，都被终结和再生。这点恰好与主信道相反，主信道在整个过程中都参与了光功率的放大，而在整个线路上没有被终结和再生，波分设备只是为其提供一个透明的光通道。

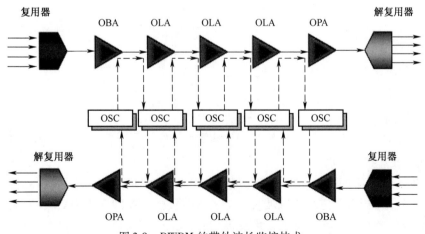

图 3-9 DWDM 的带外波长监控技术

3. DWDM 系统网元

DWDM 系统主要网元有光终端复用器、光分插复用器、光交叉连接器、光线路放大器、电中继器。

(1) 光终端复用器(OTM)

OTM 网元具有一个方向的 DWDM 线路端口,将 SDH 等业务信号通过合波单元插入到 DWDM 线路上去,同时经过分波单元从 DWDM 线路上分下来。OTM 网元内功能框图如图 3-10 所示。

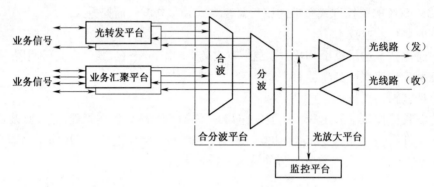

图 3-10　OTM 网元内功能框图

(2) 光分插复用器(OADM)

OADM 网元具有两个方向的 DWDM 线路端口,主要功能是从传输设备中有选择地下路去往本地的光信号,同时上路本地用户发往其他用户的光信号,而不影响其他波长信号的传输,即将需要上/下业务的波道采用分插复用技术送至 OTU 设备。此外,还可以将一个线路端口中的某个波长光信号穿通送往另一个线路端口。OADM 网元内功能框图如图 3-11 所示。

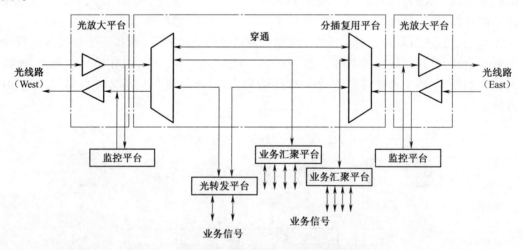

图 3-11　OADM 网元内功能框图

(3) 光交叉连接器(OXC)

OXC 网元具有两个以上方向的 DWDM 线路端口,是实现全光网络的核心器件,其功能类似于 SDH 系统中的 DXC,完成不同波长的交叉连接功能。差别在于 OXC 在光域上直接实现了光信号的交叉连接、路由选择、网络恢复等功能,无需进行 OEO 转换和电处理。

(4) 光线路放大器 (OA)

OLA 网元仅有两个方向的 DWDM 线路端口,无业务上/下,主要是利用 EDFA 对线路上的光信号功率进行放大,补偿光线路上的损耗,延长光信号的传输距离。OLA 网元内功能框图如图 3-12 所示。

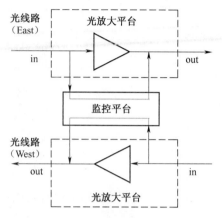

图 3-12　OLA 网元内功能框图

(5) 电中继器 (REG)

REG 网元具有两个方向的 DWDM 线路端口,无业务上/下,利用光/电/光方式对光信号放大和再生,主要补偿光纤线路上的色散,延伸色散受限系统的传输距离。

2. 中兴 M800 设备

中兴 WDM 设备可以满足城域网/本地网从核心层、汇聚层到接入层、长途网和干线网的各种应用,为用户提供不同容量、不同传输距离的传送解决方案。中兴通讯 WDM 设备产品整个系列包括 ZXWM M900、ZXMP M800 和 ZXMP M600。本项目以 ZXMP M800 为例说明 DWDM 传输系统组建。

ZXMP M800 分为硬件和软件系统结构,两个系统结构既相对独立,又协同工作。ZXMP M800 软件系统与 ZXMP S385 类似,这里不再重复介绍。

ZXMP M800 硬件结构可划分为业务接入与汇聚子系统、合分波子系统、光放大子系统、监控子系统、交叉子系统、保护子系统、光层管理子系统和通用控制子系统。

(1) 通用控制子系统

通用控制子系统由子架电源盒板、电源监控板、风扇控制板组成,为子架提供电源和散热功能。

① 子架电源盒板 (PBX)

PBX 板分别处理来自电源分配子架的主、备电源,为本子架各槽位单板供电,监测本子架的输入、输出电源电压,向网管上报欠压、过压告警。

② 电源监控板 (PWSB)

PWSB 板自动检测本机架输出电压的过压和欠压状态,检测各子架的电压告警和子架电源板的板在位状态,输出声光告警信号,并可将告警上报网管,输出设备告警状态至机房列头柜。

③ 风扇控制板 (FCB)

FCB 板监控风扇的运转状况以及风扇插箱的温度,网管通过 NCPF 板、FCB 板查询风扇工作状态、插箱温度,自动调整风扇转速。在网管禁用自动调速功能或 FCB 板与网管通信失败时，FCB 板可通过自带的温度传感器提供降温措施，根据传感器上报的温度调整转速。在 FCB 板失效时，将不再控制风扇，风扇转速强制为全速。

(2) 监控子系统

监控子系统由百兆主控板、百兆光监控通道板、百兆开销处理板、百兆自动保护倒换板组成，提供通信总线、网管管理接口、监控信道传输功能。

① 百兆主控板（NCPF）

NCPF 板实现 100 Mbit/s 监控系统网元级网络管理功能。

② 百兆光监控通道板（OSCF）

OSCF 板实现 100 Mbit/s 监控系统中网元之间 ECC 数据、公务与透明用户通道数据、APS 信息的传递和交换。

③ 百兆开销处理板（OHPF）

OHPF 板实现 100 Mbit/s 监控系统中站点间的公务和透明用户通道的处理功能。

④ 百兆自动保护倒换板（APSF）

APSF 板实现 100 Mbit/s 监控系统自动保护倒换（APS）信息的管理和倒换控制功能。

(3) 交叉子系统

交叉子系统由时钟分配板、时钟交叉板、数据业务接入复用板、SDH 业务群路汇聚板、SDH 业务接入单元组成，为设备提供时钟支持，实现业务的接入、交叉、复用和解复用。

① 时钟分配板（CA）

对于输入不同级别的时钟，CA 板完成质量监测和优先级排序，选择最优时钟作为参考时钟源。输入时钟支持线路时钟和外时钟，生成满足 ITU-T G.813 建议的输出时钟，分配给各单板作为参考时钟，同时也可作为外时钟输出。

② 时钟交叉板（CSU）

CSU 板完成交叉功能和时钟功能。接收来自 TMUX 子架各业务板（如 DSAE、SMU 板）的背板业务信号，进行交叉处理，并将处理后的信号送至各业务板，选择最优的输入时钟作为系统时钟。输入时钟支持线路时钟、外时钟和来自另一块 CSU 板的时钟。将系统时钟转换成各种格式的时钟信号输出，分配给 TMUX 子架各业务板作为参考时钟，同时也可作为外时钟输出或提供给另一块 CSU 板。

③ 数据业务接入复用板（DSAE）

DSAE 板完成支路侧 8 路 GE、FC、ESCON、FICON、DVB-ASI 等数据业务信号与背板侧 2.5 Gbit/s 信号的复用和解复用功能。

④ SDH 业务群路汇聚板（SMU）

SMU 板完成背板侧 2.5 Gbit/s 信号与群路侧 OTU2 信号的复用和解复用功能。

⑤ SDH 业务接入单板（SAU）

SAU 板完成 STM-16 业务经耦合器一分二后接入背板，STM-16 业务的优选发送功能。

(4) 合分波子系统

合分波子系统由分插复用单元、组合分波单元和合分波单元组成，提供合分波和分插复用功能，包括 OMU 板、ODU 板、WBU 板、WSU 板、WBM 板等。

OMU 板为光合波板，实现合波功能并且提供合路光的在线监测口。ODU 板为光分波板，实现分波功能并且提供合路光的在线监测口。WBU 板为波长阻断板，实现上/下波长的可配置功能。WSU 板为波长选择板，实现上/下波长的可配置功能。WBM 板为波长阻断复用板，实现上/下波长的可配置功能。

(5)光放大子系统

光放大子系统由增强型光放大板(EOA)、分布式拉曼放大板(DRA)和线路损耗补偿板(LAC)组成,提供光信号的放大、线路损耗补偿和监控信道的上/下路功能。

①增强型光放大板(EOA)

EOA 板利用 EDFA 实现对光信号的全光放大,根据单板功能和在系统中位置的不同,EOA 板分为增强型光功率放大板(EOBA)、增强型光线路放大板(EOLA)、增强型光前置放大板(EOPA)、增强型光节点放大板(EONA)四种类型。EOBA 板对光源的发射光信号进行放大,用于提高入纤光功率,延长传输距离。EOLA 板直接插入光纤传输链路中对信号进行放大。EOPA 板对经过线路损耗后的小信号进行预放大,提高进入接收机的光信号功率,以满足接收机接收灵敏度的要求。EONA 将 EDFA 直接插入光纤传输链路中对信号进行放大,增益可大范围调整,以适应不同的中继距离需求,可在中间级插入 DCM 模块进行色散补偿。

②分布式拉曼放大板(DRA)

DRA 板利用分布式拉曼放大器将 RAMAN 泵浦光反向馈入传输光纤,实现对光信号的分布式放大。

③线路损耗补偿板(LAC)

LAC 利用网管调整电可调光衰减器实现线路光功率的损耗补偿。

(6)监控分插复用板(SDM)

SDM 分为发送端监控分插复用板(SDMT)和接收端监控分插复用板(SDMR)。SDMT 用在节点没有放大器时,进行监控信道信号与主光通道信号的合波;SDMR 常用于监控信道信号与主光通道信号的分波。一般情况下考虑到系统功率分配的要求,在短距离 ZXMP M800 系统中一般常常省略 OBA 单板,配置 SDMT 单板。

(7)保护子系统

保护子系统由光保护板(OP)、双路光保护板(DOP)、光通道共享保护板(OPCS)、光复用段共享保护板(OPMS)和光多通道保护板(OMCP)组成。支持光通道 1+1 保护、光复用段 1+1 保护、光通道 1∶N 保护、光层两纤双向通道共享保护、光层两纤双向复用段共享保护和基于环网的光层通道 1+1 保护多种保护方式。

①光保护板(OP)

OP 板根据接收光功率、来自网管的手工倒换/恢复设置命令或来自网管的自动保护倒换(APS)外部命令(遵循 G.841 标准),执行保护倒换或恢复操作。

②双路光保护板(DOP)

DOP 板与 OP 板功能相同,一块 DOP 单板具有两路的 1+1 光通道保护功能。

③光通道共享保护板(OPCS)

OPCS 板实现光通道故障检测和在线路出现故障时光通道的光路倒换功能。OPCS 板接收并执行来自 OSCF/APSF 板的保护倒换命令或恢复命令,倒换与恢复由单板上的光开关实现。

④光复用段共享保护板(OPMS)

OPMS 板实现光复用段共享保护的倒换功能。

⑤光多通道保护板(OMCP)

OMCP 板通过单板内部的光开关倒换模块,以光交叉的方式完成业务的上/下和保护倒换。

(8) 光层管理子系统

光层管理子系统由光波长监控板(OWM)和光性能检测板(OPM)组成,实现对光信号中波长、功率、光信噪比等重要性能量的监测,为光信号性能参数的调整提供可靠依据。

① 光波长监控板(OWM)

OWM 板监控合波后光通道的中心频率漂移情况,并将频率调整信息发送至主控板。

② 光性能检测板(OPM)

OPM 板完成各光信道光性能的监测功能,测量每个光通路的参数,如光功率、中心波长和光信噪比,并将相应数据上报网管系统。

二、任务实施

本任务的目的是使用 40 波 DWDM 系统对环带链 SDH 网络进行扩容,如图 3-13 所示。为站 M1～站 M6 选择网元类型,配置子架和单板,完成网元内单板连接。站 M1 与站 M4 之间相距 80 km,其他两个相邻站之间均在 60 km 左右。站 M3 为中心网元,连接网管服务器。

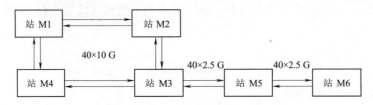

图 3-13 环带链 DWDM 网络拓扑

1. 材料准备

高 2 m 的 19 英寸机柜,ZXMP M800 子架 6 套,单板若干,ZXONM E300 网管 1 套,G.655 光纤跳线若干根。

2. 实施步骤

在网管系统上进行数据配置时,网元先设为离线状态。当所有数据配置完成后,将网元改为在线,下载网元数据库。数据下载后设备即可正常运行。

(1) 启动网管

点击"开始"→"程序"→"ZXONM E300"→"Server"启动 Server,启动成功后工具栏右下角会出现 ![] 图标。点击"开始"→"程序"→"ZXONM E300"→"GUI"启动 GUI,用户名为 root,密码为空。

(2) 创建网元

规划并填写网元参数表,见表 3-1。

表 3-1 网元参数表

网元名称	网元标识	网元地址	系统类型	设备类型	网元类型	速率等级	在线/离线
站 M1	21	192.2.21.18	ZXMP M800(2M)	ZXMP M800(2M)	OADM	40×10 G	离线
站 M2	22	192.2.22.18	ZXMP M800(2M)	ZXMP M800(2M)	OLA	40×10 G	离线
站 M3	23	192.2.23.18	ZXMP M800(2M)	ZXMP M800(2M)	OADM	40×10 G	离线
站 M4	24	192.2.24.18	ZXMP M800(2M)	ZXMP M800(2M)	OADM	40×10 G	离线
站 M5	25	192.2.25.18	ZXMP M800(2M)	ZXMP M800(2M)	OADM	40×2.5 G	离线
站 M6	26	192.2.26.18	ZXMP M800(2M)	ZXMP M800(2M)	OTM	40×2.5 G	离线

创建网元步骤如下：在客户端操作窗口中，单击"设备管理"→"创建网元"选项或单击工具条中的 ☐ 按钮，弹出创建网元对话框。通过定义网元的名称、标识、IP 地址（192.2. ×. 18）、系统类型、设备类型、网元类型、速率等级、网元状态（离线）等参数，在网管客户端创建网元。根据规划在网管客户端创建网元。其中站 M1 的网元配置和 IP 地址设置如图 3-14 所示。

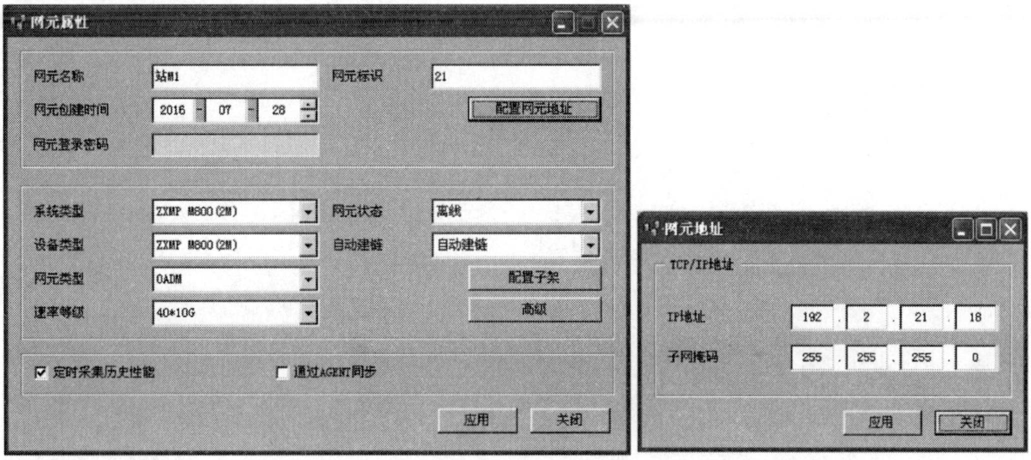

图 3-14　站 M1 的网元配置和 IP 地址

若添加错误网元，可以根据下列方法删除网元：选中要删除的网元，确保网元处于离线状态，单击"设备管理"→"删除网元"选项，点击"确定"，即可删除网元。如果要删除的网元中已配置有时钟或业务，需要先删除时钟和业务，并使网元处于离线状态，才能删除网元。

（3）安装单板

规划并填写单板配置表，见表 3-2。DWDM 网元的每个子架 27 槽位固定安插 1 块 PWSB 板，每个子架的 28、29、30 槽位安插 3 块 FCB 板，OA 子架 6 槽位安插 1 块 OHP 板，OA 子架 7 槽位安插 1 块 OSCL 板，OA 子架 8 槽位安插 1 块 NCPF 板。根据网元的波分侧接口数量和波道数配置 OMU、OBA、ODU、OPA。本项目波道数为 40，选用 OMU40 和 ODU40。站 M1 和站 M4 之间相距 80 km，其他站点之间相距 60 km，属于短距离光纤线路，使用 SDMT 替代 OBA。对于背靠背 OTM 结构的并行 OADM，每个波分侧接口配置一套 OMU40、OBA、ODU40、OPA。本任务中站 O2 为 OLA 网元，没有波分业务的上下，不需要配置 OMU 和 ODU 单板。每块 OSCL 板可以提供两个方向的监控通道，除站 M3 配置两块 OSCL 板以外，其他站均配置 1 块 OSCL 板。

双击拓扑图中的网元图标，弹出子架配置界面，手工安装各单板。手工安装单板步骤为：点击选中右侧的单板类型，子架上可配置该单板的槽位将变成亮黄色，勾选窗口左下角的预设属性选项框，单击选中要安装的槽位，设置单板属性，逐一添加单板。

配置 OMU40 板时，选择"OMU 类型"，勾选预设属性，在高级选项中分别选择通道数为 OMU40。配置 OBA 和 OPA 板时，选择"OA 类型"，勾选预设属性，在高级选项中选择模块类型为 OBA 或 OPA 单板，如图 3-15 所示。配置 ODU40 板时，选择"ODU 类型"，勾选预设属性，在高级选项中分别选择通道数为 ODU40。

若添加错误单板，则根据下列方法删除单板：先点右侧的 ☐ 图标，使其变亮 ☐，选中要删除的单板，右键选择"拔板"，即可删除单板。

表 3-2 DWDM 单板配置表

单板名称 网元名称	PWSB	FCB	NCPF	OHP	OSCL	OMU40	SDMT	OBA	ODU40	OPA
站 M1					1块 [1-1-7]	两块 [1-1-1] [1-3-1]	1块 [1-1-3]	1块 [1-3-3]	两块 [1-1-11] [1-3-11]	两块 [1-1-13] [1-3-13]
站 M2		9块 [1-1-28] [1-1-29] [1-1-30] [1-2-28] [1-2-29] [1-2-30] [1-3-28] [1-3-29] [1-3-30]			1块 [1-1-7]	两块 [1-1-3] [1-3-3]	—	—	—	两块 [1-1-13] [1-3-13]
站 M3	1块 [1-1-27]		1块 [1-1-8]	1块 [1-1-6]	两块 [1-1-5] [1-1-7]	3块 [1-1-1] [1-2-1] [1-3-1]	3块 [1-1-3] [1-2-3] [1-3-3]	—	3块 [1-1-11] [1-2-11] [1-3-11]	3块 [1-1-13] [1-2-13] [1-3-13]
站 M4					1块 [1-1-7]	两块 [1-1-1] [1-3-1]	1块 [1-3-3]	1块 [1-1-3]	两块 [1-1-11] [1-3-11]	两块 [1-1-13] [1-3-13]
站 M5					1块 [1-1-7]	两块 [1-1-1] [1-3-1]	两块 [1-1-3] [1-3-3]	—	两块 [1-1-11] [1-3-11]	两块 [1-1-13] [1-3-13]
站 M6					1块 [1-1-7]	1块 [1-3-1]	1块 [1-3-3]	—	1块 [1-3-11]	1块 [1-3-13]

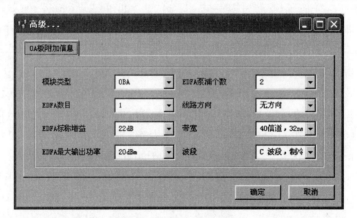

图 3-15 OBA 单板配置

(4)规划网元内连接

规划站 M1 至站 M6 网元内连接配置表,见表 3-3 ~ 表 3-8。

表 3-3 站 M1 网元内连接配置表

顺时针方向(站 M1—站 M2 方向)					
源单板	源端口	源方向	目的单板	目的端口	目的方向
OMU40[0-1-1]	输出端口(OMS 源)1	发送	SDMT[0-1-3]	输入端口(OMS 源)1	接收
OSCL[0-2-7]	监控通道源 1	发送	SDMT[0-1-3]	监控通道宿 1	接收
OPA[0-1-13]	监控通道源 1	发送	OSCL[0-2-7]	监控通道宿 1	接收
OPA[0-1-13]	输出端口(OMS 宿)1	发送	ODU40[0-1-11]	输入端口(OMS 宿)1	接收

续上表

逆时针方向(站 M1—站 M4 方向)					
源单板	源端口	源方向	目的单板	目的端口	目的方向
OMU40[0-3-1]	输出端口(OMS 源)1	发送	OBA[0-3-3]	输入端口(OMS 源)1	接收
OSCL[0-2-7]	监控通道源 2	发送	OBA[0-3-3]	监控通道宿 1	接收
OPA[0-3-13]	监控通道源 1	发送	OSCL[0-2-7]	监控通道宿 2	接收
OPA[0-3-13]	输出端口(OMS 宿)1	发送	ODU40[0-3-11]	输入端口(OMS 宿)1	接收

表 3-4　站 M2 网元内连接配置表

顺时针方向(站 M2—站 M3 方向)					
源单板	源端口	源方向	目的单板	目的端口	目的方向
OSCL[0-2-7]	监控通道源 1	发送	SDMT[0-1-3]	监控通道宿 1	接收
OPA[0-1-13]	监控通道源 1	发送	OSCL[0-2-7]	监控通道宿 1	接收
逆时针方向(站 M2—站 M1 方向)					
源单板	源端口	源方向	目的单板	目的端口	目的方向
OSCL[0-2-7]	监控通道源 2	发送	SDMT[0-3-3]	监控通道宿 1	接收
OPA[0-3-13]	监控通道源 1	发送	OSCL[0-2-7]	监控通道宿 2	接收

表 3-5　站 M3 网元内连接配置表

顺时针方向(站 M3—站 M4 方向)					
源单板	源端口	源方向	目的单板	目的端口	目的方向
OMU40[0-1-1]	输出端口(OMS 源)1	发送	SDMT[0-1-3]	输入端口(OMS 源)1	接收
OSCL[0-2-7]	监控通道源 1	发送	SDMT[0-1-3]	监控通道宿 1	接收
OPA[0-1-13]	监控通道源 1	发送	OSCL[0-2-7]	监控通道宿 1	接收
OPA[0-1-13]	输出端口(OMS 宿)1	发送	ODU40[0-1-11]	输入端口(OMS 宿)1	接收
逆时针方向(站 M3—站 M2 方向)					
源单板	源端口	源方向	目的单板	目的端口	目的方向
OMU40[0-3-1]	输出端口(OMS 源)1	发送	SDMT[0-3-3]	输入端口(OMS 源)1	接收
OSCL[0-2-7]	监控通道源 2	发送	SDMT[0-3-3]	监控通道宿 1	接收
OPA[0-3-13]	监控通道源 1	发送	OSCL[0-2-7]	监控通道宿 2	接收
OPA[0-3-13]	输出端口(OMS 宿)1	发送	ODU40[0-3-11]	输入端口(OMS 宿)1	接收
顺时针方向(站 M3—站 M5 方向)					
源单板	源端口	源方向	目的单板	目的端口	目的方向
OMU40[0-2-1]	输出端口(OMS 源)1	发送	SDMT[0-2-3]	输入端口(OMS 源)1	接收
OSCL[0-2-5]	监控通道源 1	发送	SDMT[0-2-3]	监控通道宿 1	接收
OPA[0-2-13]	监控通道源 1	发送	OSCL[0-2-5]	监控通道宿 1	接收
OPA[0-2-13]	输出端口(OMS 宿)1	发送	ODU40[0-2-11]	输入端口(OMS 宿)1	接收

表 3-6　站 M4 网元内连接配置表

顺时针方向(站 M4—站 M1 方向)					
源单板	源端口	源方向	目的单板	目的端口	目的方向
OMU40[0-1-1]	输出端口(OMS 源)1	发送	OBA[0-1-3]	输入端口(OMS 源)1	接收
OSCL[0-2-7]	监控通道源 1	发送	OBA[0-1-3]	监控通道宿 1	接收
OPA[0-1-13]	监控通道源 1	发送	OSCL[0-2-7]	监控通道宿 1	接收
OPA[0-1-13]	输出端口(OMS 宿)1	发送	ODU40[0-1-11]	输入端口(OMS 宿)1	接收
逆时针方向(站 M4—站 M3 方向)					
源单板	源端口	源方向	目的单板	目的端口	目的方向
OMU40[0-3-1]	输出端口(OMS 源)1	发送	SDMT[0-3-3]	输入端口(OMS 源)1	接收
OSCL[0-2-7]	监控通道源 2	发送	SDMT[0-3-3]	监控通道宿 1	接收
OPA[0-3-13]	监控通道源 1	发送	OSCL[0-2-7]	监控通道宿 2	接收
OPA[0-3-13]	输出端口(OMS 宿)1	发送	ODU40[0-3-11]	输入端口(OMS 宿)1	接收

表 3-7　站 M5 网元内连接配置表

顺时针方向(站 M5—站 M6 方向)					
源单板	源端口	源方向	目的单板	目的端口	目的方向
OMU40[0-1-1]	输出端口(OMS 源)1	发送	SDMT[0-1-3]	输入端口(OMS 源)1	接收
OSCL[0-2-7]	监控通道源 1	发送	SDMT[0-1-3]	监控通道宿 1	接收
OPA[0-1-13]	监控通道源 1	发送	OSCL[0-2-7]	监控通道宿 1	接收
OPA[0-1-13]	输出端口(OMS 宿)1	发送	ODU40[0-1-11]	输入端口(OMS 宿)1	接收
逆时针方向(站 M5—站 M3 方向)					
源单板	源端口	源方向	目的单板	目的端口	目的方向
OMU40[0-3-1]	输出端口(OMS 源)1	发送	SDMT[0-3-3]	输入端口(OMS 源)1	接收
OSCL[0-2-7]	监控通道源 2	发送	SDMT[0-3-3]	监控通道宿 1	接收
OPA[0-3-13]	监控通道源 1	发送	OSCL[0-2-7]	监控通道宿 2	接收
OPA[0-3-13]	输出端口(OMS 宿)1	发送	ODU40[0-3-11]	输入端口(OMS 宿)1	接收

表 3-8　站 M6 网元内连接配置表

逆时针方向(站 M6—站 M5 方向)					
源单板	源端口	源方向	目的单板	目的端口	目的方向
OMU40[0-3-1]	输出端口(OMS 源)1	发送	SDMT[0-3-3]	输入端口(OMS 源)1	接收
OSCL[0-2-7]	监控通道源 2	发送	SDMT[0-3-3]	监控通道宿 1	接收
OPA[0-3-13]	监控通道源 1	发送	OSCL[0-2-7]	监控通道宿 2	接收
OPA[0-3-13]	输出端口(OMS 宿)1	发送	ODU40[0-3-11]	输入端口(OMS 宿)1	接收

(5)根据表 3-3～表 3-8 的网元内连接规划表连接网元内各单板。

在客户端操作窗口中,选择网元,单击"设备管理"→"公共管理"→"连接配置"菜单项,选择"网元内连接配置"选项卡,选择"手动配置",根据网元内连接规划表逐条在窗口左侧选择源单板的源端口和源方向,在窗口右侧选择目的单板的目的端口和目的方向,单击"增加"按钮添加选中的连接,再点击"应用"按钮,将添加的连接下发到 NCP 单板,如图 3-16 所示。

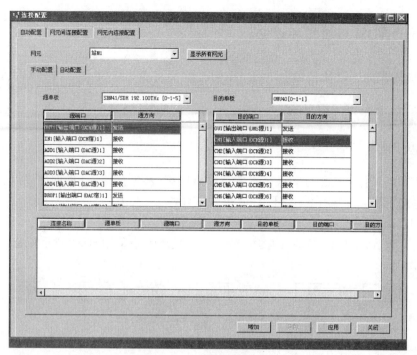

图 3-16　网元内连接配置

(6)进入各网元的"连接配置"对话框的"网元内连接配置"页面,在"源单板"和"目的单板"下拉列表框中选择"所有单板",查询到的连接关系应与实际配置相符。站 M1 网元内连接配置如图 3-17 所示。

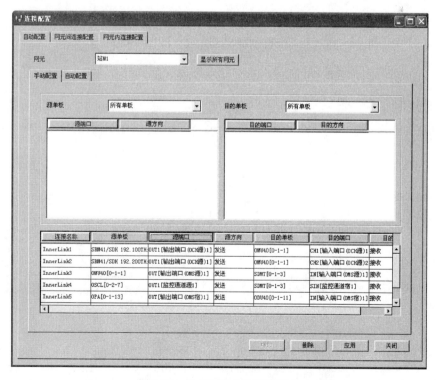

图 3-17　站 M1 网元内连接配置

任务3：DWDM系统拓扑建立

任务：掌握不同DWDM传输系统网络结构的特点，掌握环带链DWDM传输系统拓扑建立的步骤。

要求：能进行网元间光纤连接，组建环带链DWDM传输网拓扑。

一、知识准备

DWDM网络拓扑结构可分为最基本的点到点网络、链型网络、环型网络以及由这三种拓扑组合成的其他复杂拓扑网络，如环带链、相切环网络。

1. 点到点组网

点到点组网是DWDM最基本的网络结构，两个终端站点采用OTM网元实现，OLA为中继站，如图3-18所示。

图3-18　点到点DWDM组网

2. 链型组网

链型组网是将网络中的网元串联起来，两个终端站点采用OTM网元实现，中间网元采用OADM实现，如图3-19所示。

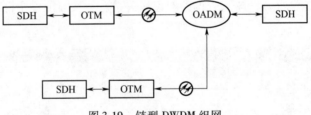

图3-19　链型DWDM组网

3. 环型组网

环型组网是将网络中的网元首尾连接起来，网元均采用OADM实现，如图3-20所示。

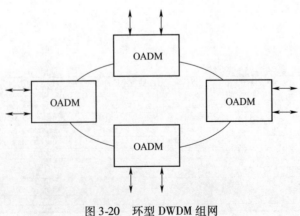

图3-20　环型DWDM组网

二、任务实施

本任务的目的是完成站 M1～站 M6 网元间光纤连接,建立如图 3-21 所示的网络拓扑。

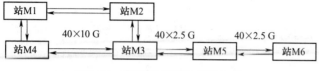

图 3-21　环带链 DWDM 网络拓扑

1. 材料准备

高 2 m 的 19 英寸机柜,ZXMP M800 子架 6 套,单板若干,ZXONM E300 网管 1 套,G.655 光纤跳线若干根。

2. 实施步骤

在网管系统上进行数据配置时,网元先设为离线状态。当所有数据配置完成后,将网元改为在线,下载网元数据库。数据下载后设备即可正常运行。

(1)启动网管。

(2)创建网元。

(3)安装单板。

(4)网元内光纤连接。

(5)连接网元间连线

规划并填写各网元间光纤连接表,见表 3-9。为了使后期维护工作方便,建议网元间光纤连接采用一定规律进行。

表 3-9　网元间光纤连接表

序号	源网元端口号源方向	目的网元端口号目的方向
1	站 M1 的 SDMT[0-1-3]输出端口 1 发送	站 M2 的 OPA[0-3-13]输入端口 1 接收
2	站 M2 的 SDMT[0-1-3]输出端口 1 发送	站 M3 的 OPA[0-3-13]输入端口 1 接收
3	站 M3 的 SDMT[0-1-3]输出端口 1 发送	站 M4 的 OPA[0-3-13]输入端口 1 接收
4	站 M4 的 OBA[0-1-3]输出端口 1 发送	站 M1 的 OPA[0-3-13]输入端口 1 接收
5	站 M1 的 OBA[0-3-3]输出端口 1 发送	站 M4 的 OPA[0-1-13]输入端口 1 接收
6	站 M4 的 SDMT[0-3-3]输出端口 1 发送	站 M3 的 OPA[0-1-13]输入端口 1 接收
7	站 M3 的 SDMT[0-3-3]输出端口 1 发送	站 M2 的 OPA[0-1-13]输入端口 1 接收
8	站 M2 的 SDMT[0-3-3]输出端口 1 发送	站 M1 的 OPA[0-1-13]输入端口 1 接收
9	站 M3 的 SDMT[0-2-3]输出端口 1 发送	站 M5 的 OPA[0-3-13]输入端口 1 接收
10	站 M5 的 SDMT[0-3-3]输出端口 1 发送	站 M3 的 OPA[0-2-13]输入端口 1 接收
11	站 M5 的 SDMT[0-1-3]输出端口 1 发送	站 M6 的 OPA[0-3-13]输入端口 1 接收
12	站 M6 的 SDMT[0-3-3]输出端口 1 发送	站 M5 的 OPA[0-1-13]输入端口 1 接收

在客户端操作窗口中,选中要建立连接的网元,单击"设备管理"→"公共管理"→"连接配置"菜单项或单击工具条中的 按钮,弹出"连接配置"对话框,单击"网元间连接配置"选项卡,根据规划表选中源网元的源端口源方向和目的网元的目的端口目的方向,如图 3-22 所示。

单击"增加",将网元间连接关系添加到下方的连接配置窗口中,然后点击"应用",拓扑图上的两个网元间将出现光纤连线。

根据网元间光纤连接表配置所有网元间的连接。

(6)设置网关网元

选择站点 3,选择"设备管理"→"设置网关网元",将站 3 添加到右侧网关网元列表中,将站 3 设置为网关网元。

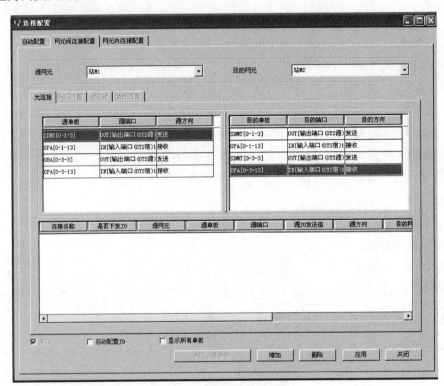

图 3-22 网元间连接配置

任务 4:DWDM 系统业务开通

任务:理解 DWDM 传输系统的业务类型,掌握各类光转发类型单板和汇聚类型单板的功能,掌握 DWDM 传输系统的工作波长。

要求:能根据业务需求规划 DWDM 系统的波长,开通 DWDM 传输系统站点间的波分业务,配置 DWDM 传送业务的类型和业务的上/下路。

一、知识准备

DWDM 系统支持业务包括 STM-16、STM-4、STM-1、GE、光纤分布式数据接口(FDDI)、光纤通道、数字视频广播(DVB)、高清晰度电视(HDTV)等。中兴 M800 的 OTU 单板可接入满足 G.957 建议要求的任意厂家的光信号,速率范围 12.3 Mbit/s ~ 2.7 Gbit/s。

DWDM 系统只支持业务上/下路和波分复用,不支持业务电层的时分复用。DWDM 业务配置较为简单,只需要配置接入业务类型和汇聚业务的上/下路。

1. ZXMP M800 设备的业务接入与汇聚子系统

业务接入与汇聚子系统包括光转发类型单板和汇聚类型单板,实现 1 路或多路客户业务的接入,并将业务进行汇聚或转换,输出满足 G.694.1 或其他标准要求波长的光信号。同时,业务接入子系统还实现 FEC 编解码、客户信号性能监测等功能。

(1)光转发类单板

光转发类单板有 OTU 板、OTU10G 板、EOTU10G 板。

OTU 板为光转发板,有单路双向 OTU 和中继 OTU 两种类型单板。单路双向 OTU 实现单路双向 STM-16(2.5 Gbit/s)或以下速率的多业务信号的波长转换及其逆过程,转换后的波长符合 G.694.1 要求。中继 OTU(OTU G)实现双路线路侧光信号的整形、定时提取和数据再生,作为单路双向 OTU、SRM42 的中继单板使用。

OTU10G 板为 10 Gbit/s 光转发板,有单路双向终端 OTU10G 和单路单向中继 OTU10G 两种类型单板。单路双向终端 OTU10G(OTU10G T/R)实现单路双向 STM-64(9.953 Gbit/s)、OTU2(10.709 Gbit/s)、10 GE (10.312 5 Gbit/s)或 10G FC(10.518 75 Gbit/s)速率光信号的波长转换。单路单向中继 OTU10G(OTU10G G)实现单路单向线路侧光信号的整形、定时提取和数据再生。

EOTU10G 板为增强型 10 Gbit/s 光转发板,有单路双向终端 EOTU10G、单路单向中继 EOTU10G 两种类型单板。单路双向终端 EOTU10G(EOTU10G T/R)实现单路双向 STM-64(9.953 Gbit/s)、OTU2(10.709 Gbit/s)或 10 GE (10.312 5 Gbit/s)速率光信号的波长转换。单路单向中继 EOTU10G(EOTU10G G)实现单路单向线路侧光信号的整形、定时提取和数据再生。

(2)光汇聚类型单板

光汇聚类型单板见表 3-10。

表 3-10 汇聚类型单板

单板代号	单板名称	功能描述
SRM41	4 路 2.5 G 子速率汇聚板	实现 4 路满足 G.957 的 STM-16 与 1 路 OTU2 之间的复用和解复用
SRM42	4 路 622 M/155 M 子速率汇聚板	实现 4 路满足 G.957 的 STM-1/STM-4 与 1 路 STM-16 之间的复用和解复用
DSA	数据业务汇聚板	完成 8 路 GE、FC、ESCON、FICON、DVB 等数据业务信号与 2 路 STM-16 信号的复用和解复用功能
DSAF	带 FEC 的数据业务接入汇聚	完成 2/4 路 GE、FC、ESCON、FICON、DVB 等多数据业务信号与带 FEC 的 OTU1 信号复用和解复用功能
GEM2	2 路千兆以太网汇聚板	完成 2 路 GE 信号与 G.694.1 规范的 STM-16 信号的复用和解复用功能。具有 SDH 信号的 B1、B2、J0 检测功能
GEM8	8 路千兆以太网汇聚板	完成 8 路 GE 信号与 OTU2 信号的复用和解复用功能,支持标准 FEC 和 AFEC 功能
GEMF	带 FEC 功能的千兆以太网汇聚板	完成 2 路 GE 信号与 STM-16 信号的复用和解复用功能,支持 FEC 功能
FCA	FC 业务接入单元	实现 2 路 4GFC、4 路 2GFC 或 8 路 FC 业务的接入。完成 FC 信号与 OTU2 信号的复用和解复用功能

2. DWDM 系统的工作波长

为了保证不同 DWDM 系统之间的横向兼容性,必须对各个通路的中心频率进行标准化。ITU-T G.692 对于使用 G.652 光纤和 G.655 光纤的 DWDM 系统推荐使用标准波长给出中心波长和标准中心频率建议值,表 3-11 列出 40 波系统的波长分配。

表 3-11 G.692 标准中心波长和标准中心频率

波长序号	标准中心频率(THz) 100 GHz 间隔	标准中心波长 (nm)	波长序号	标准中心频率(THz) 100 GHz 间隔	标准中心波长 (nm)
1	192.10	1 560.61	21	194.10	1 544.53
2	192.20	1 559.79	22	194.20	1 543.73
3	192.30	1 558.98	23	194.30	1 542.94
4	192.40	1 558.17	24	194.40	1 542.14
5	192.50	1 557.36	25	194.50	1 541.35
6	192.60	1 556.55	26	194.60	1 540.56
7	192.70	1 555.75	27	194.70	1 539.77
8	192.80	1 554.94	28	194.80	1 538.98
9	192.90	1 554.13	29	194.90	1 538.19
10	193.00	1 553.33	30	195.00	1 537.40
11	193.10	1 552.52	31	195.10	1 536.61
12	193.20	1 551.72	32	195.20	1 535.82
13	193.30	1 550.92	33	195.30	1 535.04
14	193.40	1 550.12	34	195.40	1 534.25
15	193.50	1 549.32	35	195.50	1 533.47
16	193.60	1 548.51	36	195.60	1 532.68
17	193.70	1 547.72	37	195.70	1 531.90
18	193.80	1 546.92	38	195.80	1 531.12
19	193.90	1 546.12	39	195.90	1 530.33
20	194.00	1 545.32	40	196.00	1 529.55

中心频率偏差定义为标称中心频率与实际中心频率之差。对于 DWDM 系统来说,由于信道间隔比较小,一个极小的信道偏移就可能造成极大的影响。最大中心频率偏移是指在系统设计寿命终结时,考虑到温度、湿度等各种因素,仍能满足的数值。ITU-T 规定,100 GHz 频率间隔的系统,速率为 2.5 Gbit/s 以下时,最大中心频率偏移为 ±20 GHz(约 ±0.16 nm);速率为 10 Gbit/s 时,最大中心频率偏移为 ±12.5 GHz。50 GHz 频率间隔的系统,最大中心频率偏移为 ±5 GHz。

在 DWDM 系统中,一般选择常规 G.652 光纤的 193.1 THz(对应波长为 1 552.52 nm)作为频率间隔的参考频率,不同波长的频率间隔为 100 GHz 或 50 GHz 的整数倍。8 波、16 波、32

波、40 波、80 波系统均工作在 C 波段(1 530 ~ 1 565 nm),频率范围为 192.1 ~ 196.1 THz,但它们的频率间隔不同。8 波频率间隔为 200 GHz,16 波、32 波、40 波系统频率间隔为100 GHz,80 波系统频率间隔为 50 GHz。160 波系统工作在 C 波段(1 530 ~ 1 565 nm)和 L 波段(1 565 ~ 1 625 nm),频率间隔为 50 GHz。

二、任务实施

本任务是在完成了环带链 DWDM 传输系统硬件配置和系统拓扑建立的基础上,实现以下业务开通:站 M1 与站 M3、站 M4 之间各有 4 个 STM-16 光信号业务,站 M3 和站 M4 之间有 4 个 STM-16 光信号业务,站 M3 与站 M5 之间有 4 个 STM-4 光信号业务,站 M5 和站 M6 之间有 4 个 STM-1 光信号业务。

1. 材料准备

高 2 m 的 19 英寸机柜,ZXMP M800 子架 6 套,单板若干,ZXONM E300 网管 1 套,G.655 光纤跳线若干根。

2. 实施步骤

在网管系统上进行数据配置时,网元先设为离线状态。当所有数据配置完成后,将网元改为在线,下载网元数据库。数据下载后,设备即可正常运行。

(1)启动网管。

(2)创建网元。

(3)波长规划

本任务中的 4 个 STM-1/4/16 光信号业务,都可以汇聚后采用一个波长进行承载。根据业务需求填写波长规划,见表 3-12。

表 3-12 DWDM 系统波长规划

站点 波长	站 M1	站 M3	站 M4	站 M5	站 M6	业务
CH1 192.1 THz	←——————→					4 × STM-16
CH2 192.2 THz	←————————————→					4 × STM-16
CH3 192.3 THz		←——→				4 × STM-16
CH4 192.4 THz		←————————→				4 × STM-4
CH5 192.5 THz				←——→		4 × STM-1

当 DWDM 网络上的不同业务使用同一根光纤传输时,要规划不同的波长。为了便于业务区分,本任务为不同路径的业务规划了不同的波长。

(4)安装接入业务单板

在已安装合分波的单板基础上,为有业务上下路的网元增加光转发类型单板或汇聚类型单板,业务单板配置见表 3-13。接入业务单板安插后,需要根据波长规划表设置单板的发送频率。

表 3-13 DWDM 系统接入业务单板配置

网元 \ 单板	SRM41	SRM42
站 M1	两块 [1-1-5] (192.1 THz) [1-3-5] (192.2 THz)	—
站 M3	两块 [1-1-5] (192.3 THz) [1-3-5] (192.1 THz)	1 块 [1-2-4] (192.4 THz)
站 M4	两块 [1-1-5] (192.2 THz) [1-3-5] (192.3 THz)	—
站 M5	—	两块 [1-1-5] (192.5 THz) [1-3-5] (192.4 THz)
站 M6	—	1 块 [1-3-5] (192.5 THz)

SRM41 板提供 4 路满足 G.957 标准的 STM-16 与 1 路 STM-64 信号之间的复用与解复用。配置 SRM41 板时,勾选"预设属性",选中 SRM 板,在高级选项中选择单板子类型为 SRM41,群路速率为 10 G,选择接收器类型,根据波长规划表设置群路模块频率。站 M1 的 SRM41 [0-1-5] 板为 192.1 THz 群路模块频率为 192.1 THz,如图 3-23 所示。

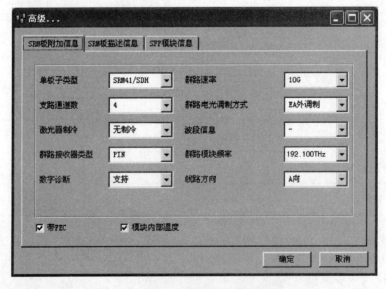

图 3-23 站 M1 的 SRM41 单板配置

SRM42 板提供 4 路满足 G.957 标准的 STM-1 或 STM-4 与 1 路 STM-16 信号之间的复用与解复用。配置 SRM42 板时,勾选"预设属性",选中 SRM 板,在高级选项中选择单板子类型为 SRM42,群路速率为 2.5 G,选择接收器类型,根据波长规划表设置群路模块频率。站 M3 的

SRM42[0-1-4]板群路模块频率为192.4 THz,如图3-24所示。

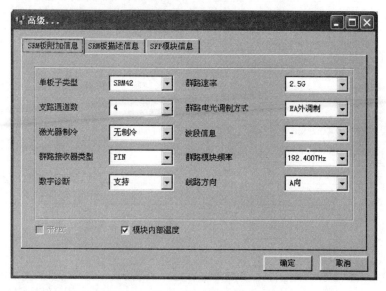

图3-24 站M3的SRM42单板配置

(5)接入业务单板光纤连线

根据网元内信号流向,规划出网元内接入业务单板连接配置表,见表3-14~表3-18,增加站M1~站M6接入业务单板与OMU和ODU之间的光纤连接。注意:接入业务单板的发送频率要与OMU通道号、ODU通道号对应。

表3-14 站M1网元接入业务单板连接配置

源单板	源端口	源方向	目的单板	目的端口	目的方向
SRM41[0-1-5]	输出端口(OCH源)1	发送	OMU40[0-1-1]	输入端口(OCH源)1	接收
ODU40[0-1-11]	输出端口(OCH宿)1	发送	SRM41[0-1-5]	输入端口(OCH宿)1	接收
SRM41[0-3-5]	输出端口(OCH源)1	发送	OMU40[0-3-1]	输入端口(OCH源)2	接收
ODU40[0-3-11]	输出端口(OCH宿)2	发送	SRM41[0-3-5]	输入端口(OCH宿)1	接收

表3-15 站M3网元接入业务单板连接配置

源单板	源端口	源方向	目的单板	目的端口	目的方向
SRM41[0-1-5]	输出端口(OCH源)1	发送	OMU40[0-1-1]	输入端口(OCH源)3	接收
ODU40[0-1-11]	输出端口(OCH宿)3	发送	SRM41[0-1-5]	输入端口(OCH宿)1	接收
SRM41[0-3-5]	输出端口(OCH源)1	发送	OMU40[0-3-1]	输入端口(OCH源)1	接收
ODU40[0-3-11]	输出端口(OCH宿)1	发送	SRM41[0-3-5]	输入端口(OCH宿)1	接收
SRM42[0-2-4]	输出端口(OCH源)1	发送	OMU40[0-2-1]	输入端口(OCH源)4	接收
ODU40[0-2-11]	输出端口(OCH宿)4	发送	SRM42[0-2-4]	输入端口(OCH宿)1	接收

表3-16 站M4网元接入业务单板连接配置

源单板	源端口	源方向	目的单板	目的端口	目的方向
SRM41[0-1-5]	输出端口(OCH源)1	发送	OMU40[0-1-1]	输入端口(OCH源)2	接收
ODU40[0-1-11]	输出端口(OCH宿)2	发送	SRM41[0-1-5]	输入端口(OCH宿)1	接收

续上表

源单板	源端口	源方向	目的单板	目的端口	目的方向
SRM41[0-3-5]	输出端口(OCH 源)1	发送	OMU40[0-3-1]	输入端口(OCH 源)3	接收
ODU40[0-3-11]	输出端口(OCH 宿)3	发送	SRM41[0-3-5]	输入端口(OCH 宿)1	接收

表 3-17　站 M5 网元接入业务单板连接配置

源单板	源端口	源方向	目的单板	目的端口	目的方向
SRM42[0-1-5]	输出端口(OCH 源)1	发送	OMU40[0-1-1]	输入端口(OCH 源)5	接收
ODU40[0-1-11]	输出端口(OCH 宿)5	发送	SRM42[0-1-5]	输入端口(OCH 宿)1	接收
SRM42[0-3-5]	输出端口(OCH 源)1	发送	OMU40[0-3-1]	输入端口(OCH 源)4	接收
ODU40[0-3-11]	输出端口(OCH 宿)4	发送	SRM42[0-3-5]	输入端口(OCH 宿)1	接收

表 3-18　站 M6 网元接入业务单板连接配置

源单板	源端口	源方向	目的单板	目的端口	目的方向
SRM42[0-3-5]	输出端口(OCH 源)1	发送	OMU40[0-3-1]	输入端口(OCH 源)5	接收
ODU40[0-3-11]	输出端口(OCH 宿)5	发送	SRM42[0-3-5]	输入端口(OCH 宿)1	接收

(6)根据业务需求,规划接入业务类型表,见表 3-19。

表 3-19　接入业务类型规划表

源网元	目的网元	业务类型	源网元单板类型	接入类型
站 M1	站 M3	4 个 STM-16 光信号业务	SRM41[0-1-5]	STM-16
站 M1	站 M4	4 个 STM-16 光信号业务	SRM41[0-3-5]	STM-16
站 M3	站 M1	4 个 STM-16 光信号业务	SRM41[0-3-5]	STM-16
站 M3	站 M4	4 个 STM-16 光信号业务	SRM41[0-1-5]	STM-16
站 M3	站 M5	4 个 STM-4 光信号业务	SRM42[0-2-4]	STM-4
站 M4	站 M1	4 个 STM-16 光信号业务	SRM41[0-1-5]	STM-16
站 M4	站 M3	4 个 STM-16 光信号业务	SRM41[0-3-5]	STM-16
站 M5	站 M3	4 个 STM-4 光信号业务	SRM42[0-3-5]	STM-4
站 M5	站 M6	4 个 STM-1 光信号业务	SRM42[0-1-5]	STM-1
站 M6	站 M5	4 个 STM-1 光信号业务	SRM42[0-3-5]	STM-1

(7)按照接入业务配置要求,配置各网元的接入业务。在客户端操作窗口中,选择网元,单击"设备管理"→"业务配置管理"→"多业务接入类型配置"菜单项,单击多业务接入类型配置选项卡,弹出"多业务接入类型配置"对话框,选中"汇聚层"前的按钮,选择各汇聚类型单板支路端口的业务接入类型。站 1 多业务接入类型配置如图 3-25 所示,选中所有的业务,点击"应用"按钮,将业务配置下发。"输入端口(OAC 源)1"表示支路信号输入端口,数字表示支路号。

(8)配置汇聚业务的上下路。单击"汇聚业务上下路配置"选项卡,弹出"汇聚业务上下路配置"对话框,将所有网元的 SRM42 板的所有支路端口,"通道状态"选择"上下路"。站 1 汇聚业务上下路配置如图 3-26 所示,选中所有的业务,点击"应用"按钮,将业务配置下发。

模块三 DWDM 传输系统开局 ·163·

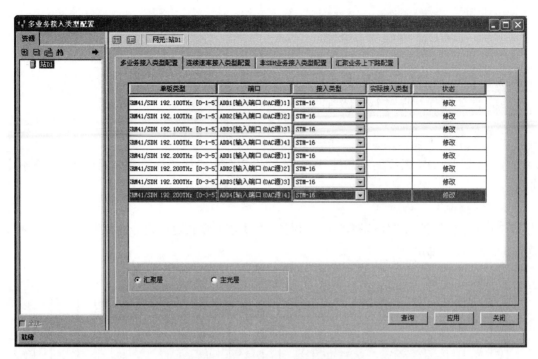

图 3-25 站 1 多业务接入类型配置

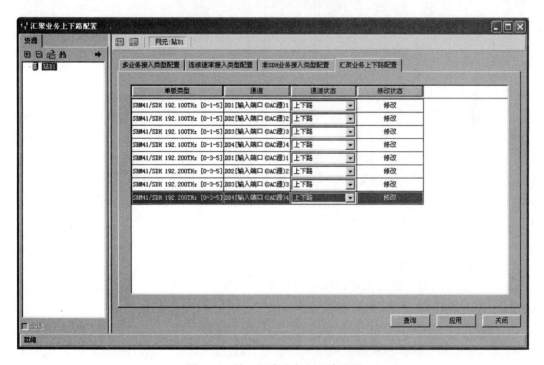

图 3-26 站 1 汇聚业务上下路配置

（9）当设备处于在线状态时，在"多业务接入类型配置"对话框中，选择"汇聚层"，单击"查询"按钮，各业务板支路端口接入的实际业务类型应与配置相同。在汇聚业务上下路配置对话框中，单击"查询"按钮，各汇聚板支路端口的通道状态应与配置相同。

任务5:DWDM 网络保护配置

任务:理解 DWDM 传输网络保护机制的功能,掌握不同保护类型的优缺点。
要求:能配置对 DWDM 传输网络进行 1+1 光通道保护。

一、知识准备

为了提高 DWDM 系统的可靠性,DWDM 网络主要有光线路保护和光通道保护两种保护机制。

1. 光线路保护

DWDM 设备提供对光层线路的 1+1 保护,通过 OLP 单板进行信号的并发选收来实现,保护机制如图 3-27 所示。

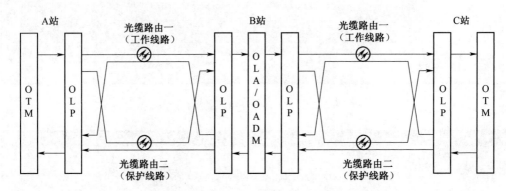

图 3-27 DWDM 线路 1+1 保护

图中一条光缆中的两条光纤线路是工作线路,另外一条光缆中的两条光纤用作保护线路。在一般情况下,设备工作在工作线路上,但当发生意外,如工作线路发生断纤或者性能下降时,设备通过 OLP 单板会自动切换到保护线路上,使业务不发生中断。另外,设备对保护线路具有实时监测功能,当保护线路发生断纤或性能下降时,设备也会及时检测到,以便及时处理。因此,DWDM 设备的保护对象是光层上的传输线路,通过 OLP 单板实现光线路保护,提高了网络的可生存性。

2. 光通道保护

(1) 1+1 光通道保护

在环型组网中,每个波长都可以选择光通道保护,实现方式如图 3-28 所示。1+1 光通道保护的优点是无需保护倒换协议支持,倒换速度快。

(2) 板内 1+1 光通道保护

双发选收的波长转换板从客户端接入光信号,经过整形、再生、重定时处理后,通过一个分路器送出到工作通道和保护通道中。经过光缆传输后,在接收端,将工作通道和保护通道中的光信号接收下来,然后选择一路光信号处理、转换后发送给客户侧设备。

板内 1+1 光通道保护的优点为成本低,缺点为如果波长转换板自身损坏则无法提供保护。

模块三 DWDM 传输系统开局 · 165 ·

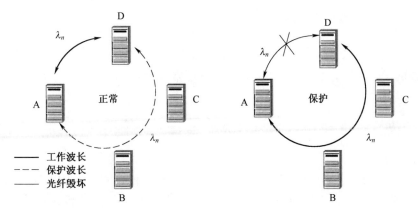

图 3-28 1+1 光通道保护

(3) 板间 1+1 光通道保护

对于采取保护的波长,在发送端利用一块 SCS 单板将客户端的业务分作两路,分别送入主用和备用 OTU,在接收端利用另一块 SCS 单板将主用和备用 OTU 的业务送往客户端。

正常情况下,主用通道上的业务会被接收,并进行处理,而备用通道的业务会被终止。此时在接收端只有主用通道的信号输出端有信号输出,备用通道的客户侧光发送模块是关闭的,无光输出。当检测到工作通道的信号上报 LOS 告警,则备用通道的信号会进行正常处理,而主用通道的信号会被终结。此时接收端主用通道的客户侧光发送模块关闭,备用通道输出信号。在系统中每个业务波长通道都可以选择进行保护或不进行保护,如果需要保护则需要OTU 的数量加倍,且需要配置相应数量的 SCS 单板。

(4) 客户侧保护

客户侧保护方式只适用于具有汇聚功能的波长转换板。SCS 单板可以分别对两组光信号进行分光和耦合处理。两路客户侧业务光信号进入 SCS 单板后,分别进行分路处理后送入主用和备用 OTU 单板,经汇聚和波长转换后分别送入线路传输。当某一路客户侧信号出现故障时,仅对此一路信号进行倒换,波分侧不发生倒换。此时是将主用 OTU 单板此路客户侧信号的激光器关闭,将备用 OTU 单板此路客户侧信号的激光器打开。其他正常的客户侧信号仍通过主用 OTU 单板进行传输。客户侧保护方式相当于 OTU 板间 1+1 保护方式的一个子集,其特点是当发生保护倒换时,可以只将部分客户侧业务倒换到备用 OTU 单板上,而不需将所有业务进行倒换。

二、任务实施

本任务是使用 40 波 DWDM 系统对环带链 SDH 网络进行扩容,为站 M1～站 M6 选择网元类型,配置单板。其中站 M1 与站 M2 之间相距 10 km,站 M1 与站 M4 之间相距 80 km,其他所有两个相邻站之间均在 30 km 左右。所有站点均采用 2 Mbit/s 的监控通道。各站网元均连接SDH 设备。站 3 为中心网元,连接网管服务器。站点之间的业务如下:站 M1 与站 M3、M4之间各有 4 个 STM-16 光信号业务,通过 SDH 设备形成 1+1 光通道长径和短径保护;站 M3 和站 M4 之间有 4 个 STM-16 光信号业务,通过 SDH 设备形成 1+1 光通道长径和短径保护;站M3 与站 M5 之间有 4 个 STM-4 光信号业务;站 M5 和站 M6 之间有 4 个 STM-1 光信号业务。

1. 材料准备

高 2 m 的 19 英寸机柜,ZXMP M800 子架 6 套,单板若干,ZXONM E300 网管 1 套,G.655

光纤跳线若干根。

2. 实施步骤

在网管系统上进行数据配置时,网元先设为离线状态。当所有数据配置完成后,将网元改为在线,下载网元数据库。数据下载后,设备即可正常运行。

(1)启动网管。

(2)创建网元。

(3)波长规划。

(4)安装单板

规划并填写单板配置表,见表3-20。DWDM网元的27槽位固定安插1块PWSB板,每个子架的28、29、30槽位安插3块FCB板,OA子架6槽位安插1块OHP板,OA子架7槽位安插1块OSCL板,OA子架8槽位安插1块NCPF板,这些公共单板不再在表3-20中列出。

表3-20 带保护DWDM网络的单板配置表

单板名称 网元名称	OMU40	SDMT	OBA	ODU40	OPA	SRM41	SRM42
站M1	两块 [1-1-1] [1-3-1]	1块 [1-1-3]	1块 [1-3-3]	两块 [1-1-11] [1-3-11]	两块 [1-1-13] [1-3-13]	4块 [1-1-5] [1-1-6] [1-3-5] [1-3-6]	—
站M2	—	两块 [1-1-3] [1-3-3]	—	两块 [1-1-13] [1-3-13]			
站M3	3块 [1-1-1] [1-2-1] [1-3-1]	3块 [1-1-3] [1-2-3] [1-3-3]		3块 [1-1-11] [1-2-11] [1-3-11]	3块 [1-1-13] [1-2-13] [1-3-13]	4块 [1-1-5] [1-1-6] [1-3-5] [1-3-6]	两块 [1-1-7] [1-3-7]
站M4	两块 [1-1-1] [1-3-1]	1块 [1-3-3]	1块 [1-1-3]	两块 [1-1-11] [1-3-11]	两块 [1-1-13] [1-3-13]	4块 [1-1-5] [1-1-6] [1-3-5] [1-3-6]	—
站M5	两块 [1-1-1] [1-3-1]	两块 [1-1-3] [1-3-3]	—	两块 [1-1-11] [1-3-11]	两块 [1-1-13] [1-3-13]		两块 [1-1-5] [1-3-5]
站M6	1块 [1-3-1]	1块 [1-3-3]		1块 [1-3-11]	1块 [1-3-13]		1块 [1-3-5]

在短跨距情况下,可以使用SDMT板代替OBA板,作为发送端的光放大板。根据波长规划表和单板配置表建立站M1至站M6网元,根据前一个任务配置业务接入和汇聚板的频率。

(5)网元内光纤连接

规划网元内连接配置,见表3-21~表3-26。

表 3-21　站 M1 网元内连接配置表

顺时针方向(站 M1—站 M2 方向)					
源单板	源端口	源方向	目的单板	目的端口	目的方向
SRM41[0-1-5]	输出端口(OCH 源)1	发送	OMU40[0-1-1]	输入端口(OCH 源)1	接收
SRM41[0-1-6]	输出端口(OCH 源)1	发送	OMU40[0-1-1]	输入端口(OCH 源)2	接收
OMU40[0-1-1]	输出端口(OMS 源)1	发送	SDMT[0-1-3]	输入端口(OMS 源)1	接收
OSCL[0-2-7]	监控通道源1	发送	SDMT[0-1-3]	监控通道宿1	接收
OPA[0-1-13]	监控通道源1	发送	OSCL[0-2-7]	监控通道宿1	接收
OPA[0-1-13]	输出端口(OMS 宿)1	发送	ODU40[0-1-11]	输入端口(OMS 宿)1	接收
ODU40[0-1-11]	输出端口(OCH 宿)1	发送	SRM41[0-1-5]	输入端口(OCH 宿)1	接收
ODU40[0-1-11]	输出端口(OCH 宿)2	发送	SRM41[0-1-6]	输入端口(OCH 宿)1	接收
逆时针方向(站 M1—站 M4 方向)					
SRM41[0-3-5]	输出端口(OCH 源)1	发送	OMU40[0-3-1]	输入端口(OCH 源)1	接收
SRM41[0-3-6]	输出端口(OCH 源)1	发送	OMU40[0-3-1]	输入端口(OCH 源)2	接收
OMU40[0-3-1]	输出端口(OMS 源)1	发送	OBA[0-3-3]	输入端口(OMS 源)1	接收
OSCL[0-2-7]	监控通道源2	发送	OBA[0-3-3]	监控通道宿1	接收
OPA[0-3-13]	监控通道源1	发送	OSCL[0-2-7]	监控通道宿2	接收
OPA[0-3-13]	输出端口(OMS 宿)1	发送	ODU40[0-3-11]	输入端口(OMS 宿)1	接收
ODU40[0-3-11]	输出端口(OCH 宿)1	发送	SRM41[0-3-5]	输入端口(OCH 宿)1	接
ODU40[0-3-11]	输出端口(OCH 宿)2	发送	SRM41[0-3-6]	输入端口(OCH 宿)1	接

表 3-22　站 M2 网元内连接配置表

顺时针方向(站 M2—站 M3 方向)					
源单板	源端口	源方向	目的单板	目的端口	目的方向
OSCL[0-2-7]	监控通道源1	发送	SDMT[0-1-3]	监控通道宿1	接收
OPA[0-1-13]	监控通道源1	发送	OSCL[0-2-7]	监控通道宿1	接收
逆时针方向(站 M2—站 M1 方向)					
OSCL[0-2-7]	监控通道源2	发送	OBA[0-3-3]	监控通道宿1	接收
OPA[0-3-13]	监控通道源1	发送	OSCL[0-2-7]	监控通道宿2	接收

表 3-23　站 M3 网元内连接配置表

顺时针方向(站 M3—站 M4 方向)					
源单板	源端口	源方向	目的单板	目的端口	目的方向
SRM41[0-1-5]	输出端口(OCH 源)1	发送	OMU40[0-1-1]	输入端口(OCH 源)1	接收
SRM41[0-1-6]	输出端口(OCH 源)1	发送	OMU40[0-1-1]	输入端口(OCH 源)2	接收
SRM42[0-1-7]	输出端口(OCH 源)1	发送	OMU40[0-1-1]	输入端口(OCH 源)3	接收
OMU40[0-1-1]	输出端口(OMS 源)1	发送	SDMT[0-1-3]	输入端口(OMS 源)1	接收
OSCL[0-2-7]	监控通道源1	发送	SDMT[0-1-3]	监控通道宿1	接收
OPA[0-1-13]	监控通道源1	发送	OSCL[0-2-7]	监控通道宿1	接收
OPA[0-1-13]	输出端口(OMS 宿)1	发送	ODU40[0-1-11]	输入端口(OMS 宿)1	接收

续上表

顺时针方向(站 M3—站 M4 方向)					
源单板	源端口	源方向	目的单板	目的端口	目的方向
ODU40[0-1-11]	输出端口(OCH 宿)1	发送	SRM41[0-1-5]	输入端口(OCH 宿)1	接收
ODU40[0-1-11]	输出端口(OCH 宿)2	发送	SRM42[0-1-6]	输入端口(OCH 宿)1	接收
ODU40[0-1-11]	输出端口(OCH 宿)3	发送	SRM41[0-1-7]	输入端口(OCH 宿)1	接收
逆时针方向(站 M3—站 M2 方向)					
SRM41[0-3-5]	输出端口(OCH 源)1	发送	OMU40[0-3-1]	输入端口(OCH 源)1	接收
SRM41[0-3-6]	输出端口(OCH 源)1	发送	OMU40[0-3-1]	输入端口(OCH 源)2	接收
SRM42[0-3-7]	输出端口(OCH 源)1	发送	OMU40[0-3-1]	输入端口(OCH 源)3	接收
OMU40[0-3-1]	输出端口(OMS 源)1	发送	SDMT[0-3-3]	输入端口(OMS 源)1	接收
OSCL[0-2-7]	监控通道源 2	发送	SDMT[0-3-3]	监控通道宿 1	接收
OPA[0-3-13]	监控通道源 1	发送	OSCL[0-2-7]	监控通道宿 2	接收
OPA[0-3-13]	输出端口(OMS 宿)1	发送	ODU40[0-3-11]	输入端口(OMS 宿)1	接收
ODU40[0-3-11]	输出端口(OCH 宿)1	发送	SRM41[0-3-5]	输入端口(OCH 宿)1	接
ODU40[0-3-11]	输出端口(OCH 宿)2	发送	SRM41[0-3-6]	输入端口(OCH 宿)1	接收
ODU40[0-3-11]	输出端口(OCH 宿)3	发送	SRM42[0-3-7]	输入端口(OCH 宿)1	接收

表 3-24　站 M4 网元内连接配置表

顺时针方向(站 M1—站 M2 方向)					
源单板	源端口	源方向	目的单板	目的端口	目的方向
SRM41[0-1-5]	输出端口(OCH 源)1	发送	OMU40[0-1-1]	输入端口(OCH 源)1	接收
SRM41[0-1-6]	输出端口(OCH 源)1	发送	OMU40[0-1-1]	输入端口(OCH 源)2	接收
OMU40[0-1-1]	输出端口(OMS 源)1	发送	OBA[0-1-3]	输入端口(OMS 源)1	接收
OSCL[0-2-7]	监控通道源 1	发送	OBA[0-1-3]	监控通道宿 1	接收
OPA[0-1-13]	监控通道源 1	发送	OSCL[0-2-7]	监控通道宿 1	接收
OPA[0-1-13]	输出端口(OMS 宿)1	发送	ODU40[0-1-11]	输入端口(OMS 宿)1	接收
ODU40[0-1-11]	输出端口(OCH 宿)1	发送	SRM41[0-1-5]	输入端口(OCH 宿)1	接收
ODU40[0-1-11]	输出端口(OCH 宿)2	发送	SRM41[0-1-6]	输入端口(OCH 宿)1	接收
逆时针方向(站 M1—站 M4 方向)					
SRM41[0-3-5]	输出端口(OCH 源)1	发送	OMU40[0-3-1]	输入端口(OCH 源)1	接收
SRM41[0-3-6]	输出端口(OCH 源)1	发送	OMU40[0-3-1]	输入端口(OCH 源)2	接收
OMU40[0-3-1]	输出端口(OMS 源)1	发送	SDMT[0-3-3]	输入端口(OMS 源)1	接收
OSCL[0-2-7]	监控通道源 2	发送	SDMT[0-3-3]	监控通道宿 1	接收
OPA[0-3-13]	监控通道源 1	发送	OSCL[0-2-7]	监控通道宿 2	接收
OPA[0-3-13]	输出端口(OMS 宿)1	发送	ODU40[0-3-11]	输入端口(OMS 宿)1	接收
ODU40[0-3-11]	输出端口(OCH 宿)1	发送	SRM41[0-3-5]	输入端口(OCH 宿)1	接
ODU40[0-3-11]	输出端口(OCH 宿)2	发送	SRM41[0-3-6]	输入端口(OCH 宿)1	接收

表 3-25 站 M5 网元内连接配置表

顺时针方向(站 M1—站 M2 方向)					
源单板	源端口	源方向	目的单板	目的端口	目的方向
SRM42[0-1-5]	输出端口(OCH 源)1	发送	OMU40[0-1-1]	输入端口(OCH 源)1	接收
OMU40[0-1-1]	输出端口(OMS 源)1	发送	SDMT[0-1-3]	输入端口(OMS 源)1	接收
OSCL[0-2-7]	监控通道源 1	发送	SDMT[0-1-3]	监控通道宿 1	接收
OPA[0-1-13]	监控通道源 1	发送	OSCL[0-2-7]	监控通道宿 1	接收
OPA[0-1-13]	输出端口(OMS 宿)1	发送	ODU40[0-1-11]	输入端口(OMS 宿)1	接收
ODU40[0-1-11]	输出端口(OCH 宿)1	发送	SRM42[0-1-5]	输入端口(OCH 宿)1	接收
ODU40[0-1-11]	输出端口(OCH 宿)2	发送	SRM42[0-1-6]	输入端口(OCH 宿)1	接收
逆时针方向(站 M1—站 M4 方向)					
SRM42[0-3-5]	输出端口(OCH 源)1	发送	OMU40[0-3-1]	输入端口(OCH 源)1	接收
OMU40[0-3-1]	输出端口(OMS 源)1	发送	SDMT[0-3-3]	输入端口(OMS 源)1	接收
OSCL[0-2-7]	监控通道源 2	发送	SDMT[0-3-3]	监控通道宿 1	接收
OPA[0-3-13]	监控通道源 1	发送	OSCL[0-2-7]	监控通道宿 2	接收
OPA[0-3-13]	输出端口(OMS 宿)1	发送	ODU40[0-3-11]	输入端口(OMS 宿)1	接收
ODU40[0-3-11]	输出端口(OCH 宿)1	发送	SRM42[0-3-5]	输入端口(OCH 宿)1	接
ODU40[0-3-11]	输出端口(OCH 宿)2	发送	SRM42[0-3-6]	输入端口(OCH 宿)1	接收

表 3-26 站 M6 网元内连接配置表

逆时针方向(站 M6—站 M5 方向)					
源单板	源端口	源方向	目的单板	目的端口	目的方向
SRM42[0-3-5]	输出端口(OCH 源)1	发送	OMU40[0-3-1]	输入端口(OCH 源)1	接收
OMU40[0-3-1]	输出端口(OMS 源)1	发送	SDMT[0-3-3]	输入端口(OMS 源)1	接收
OSCL[0-2-7]	监控通道源 2	发送	SDMT[0-3-3]	监控通道宿 1	接收
OPA[0-3-13]	监控通道源 1	发送	OSCL[0-2-7]	监控通道宿 2	接收
OPA[0-3-13]	输出端口(OMS 宿)1	发送	ODU40[0-3-11]	输入端口(OMS 宿)1	接收
ODU40[0-3-11]	输出端口(OCH 宿)1	发送	SRM42[0-3-5]	输入端口(OCH 宿)1	接

连接站 M1～站 M6 网元内连线。

(6)连接网元间光纤连线

规划并填写各网元间光纤连接表。根据网元间光纤连接表配置所有网元间的连接。

(7)设置网关网元

选择站点 3,选择"设备管理"→"设置网关网元",将站 3 添加到右侧网关网元列表中,将站 3 设置为网关网元。

(8) 业务配置

根据业务需求规划接入业务类型表,见表 3-27。

表 3-27 接入业务类型规划表

源网元	目的网元	业务类型	源网元单板类型	接入类型
站 M1	站 M3	4 个 STM-16 光信号业务	SRM41[0-1-5]	STM-16
			SRM41[0-3-5]	STM-16
站 M3	站 M1	4 个 STM-16 光信号业务	SRM41[0-3-5]	STM-16
			SRM41[0-1-5]	STM-16
站 M1	站 M4	4 个 STM-16 光信号业务	SRM41[0-1-6]	STM-16
			SRM41[0-3-6]	STM-16
站 M4	站 M1	4 个 STM-16 光信号业务	SRM41[0-3-5]	STM-16
			SRM41[0-1-5]	STM-16
站 M3	站 M4	4 个 STM-16 光信号业务	SRM41[0-1-6]	STM-16
			SRM41[0-3-6]	STM-16
站 M4	站 M3	4 个 STM-16 光信号业务	SRM41[0-3-6]	STM-16
			SRM41[0-1-6]	STM-16
站 M3	站 M5	4 个 STM-4 光信号业务	SRM42[0-1-7]	STM-4
			SRM42[0-3-7]	STM-4
站 M5	站 M3	4 个 STM-4 光信号业务	SRM42[0-3-5]	STM-4
			SRM42[0-1-5]	STM-4
站 M5	站 M6	4 个 STM-1 光信号业务	SRM42[0-1-6]	STM-1
			SRM42[0-3-6]	STM-1
站 M6	站 M5	4 个 STM-1 光信号业务	SRM42[0-3-5]	STM-1
			SRM42[0-1-5]	STM-1

根据表 3-27 选择各汇聚类型单板支路端口的业务接入类型。站 3 多业务接入类型配置如图 3-29 所示。

站 3 汇聚业务上下路配置如图 3-30 所示。

(9) 当设备处于在线状态时,在"多业务接入类型配置"对话框中,选择"汇聚层",单击"查询"按钮,各 SRM42 板支路端口接入的实际业务类型应与配置相同。在"汇聚业务上下路配置"对话框中,单击"查询"按钮,各汇聚板支路端口的通道状态应与配置相同。

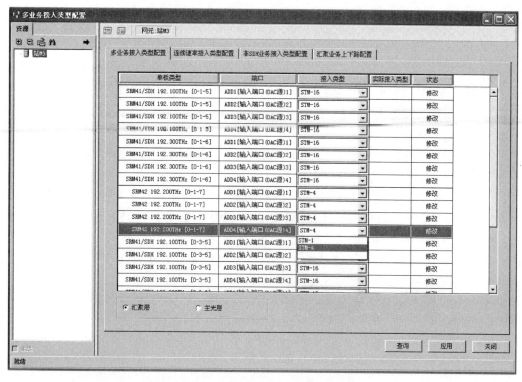

图 3-29　站 3 多业务接入类型配置

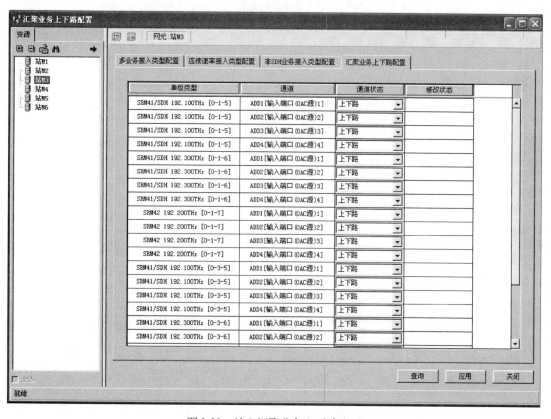

图 3-30　站 3 汇聚业务上下路配置

复习思考题

1. 什么是 WDM 技术？有何特点？
2. WDM 有哪几种传输方式？
3. WDM 有哪几种应用模式？
4. 画出 DWDM 的系统结构组成，简述各组成部分的功能。
5. 简述 DWDM 系统中监控通道的作用。
6. DWDM 系统组建时，哪些单板之间需要采用光纤进行连接？
7. 由站 D1～站 D4 组成的 40 波×10G 环形 DWDM 传输系统，站 D1 与站 D3 之间（途经站 2）有 6 个 GE 光信号业务，相邻的站 D1 与站 D2 之间有 4 个 STM-4 光信号业务，相邻的站 D3 和站 D4 之间有 3 个 STM-16 光信号业务。请为这些业务配置接入业务单板，完成波长规划表。
8. DWDM 网络保护类型有哪些？

模块四　OTN 传输系统开局

【学习目标】

本项目围绕 OTN 传输系统组建,在 SDH、DWDM 技术基础上,分析了 OTN 技术的应用,重点介绍了 OTN 传输系统开局配置、业务开通和网络保护配置。教学内容选取中兴 ZXMP M820 为例,以 OTN 系统组建任务实施为导向,突出课程应用性,重在系统组建任务的完成过程。学习目标包括创建网元、配置单板、连接网元内光纤、建立拓扑结构等 OTN 传输系统开局配置,开通以太网业务、TDM 业务,配置网络保护等 OTN 传输系统组建任务。

知识目标:能够分析 OTN 传输系统的设备工作原理和业务开通流程。

素质目标:能够通过组建 OTN 网络树立科技兴国的价值观。

能力目标:能够独立完成 OTN 传输系统开局配置、业务开通和网络保护配置。

【课程思政】

指导学生独立设计铁路 OTN 传输系统,让学生在工作中体会通信技术大发展带来的铁路事业提质增效,提升爱国爱党爱社会主义热情。

以项目为载体,将公民道德融入教学过程,通过设计、组建 OTN 系统,让学生获得成就感,体会"敬业乐业"道德规范。

在项目化学习中,带领学生参与工程实践,让学生身临其境体会现场工程师 OTN 传输系统组建、调试中的认真仔细、责任担当,让追求卓越的工匠精神、永争一流的创新精神入脑入心。

【情景导入】

项目需求方:中国铁路 A 局集团有限公司。

项目承接方:中铁 B 局第 C 工程分公司。

项目背景:中国铁路 A 局集团有限公司需要在管辖范围内建设 OTN 传输系统。

担任角色:中铁 B 局第 C 工程分公司通信工程师。

项目任务:

1. OTN 传输技术应用分析。
2. OTN 开销监测。
3. OTN 系统硬件配置。
4. OTN 系统拓扑建立。
5. OTN 系统业务开通。
6. OTN 系统光功率调测。
7. OTN 网络保护配置。

任务1：OTN技术应用分析

任务：理解OTN技术的优点，掌握OTN的帧结构，理解OTN的分层。
要求：能比较OTN技术与SDH技术、DWDM技术的异同，能分析OTN技术在国铁集团骨干层传输网上的应用。

一、知识准备

光传送网(OTN)技术是以波分复用技术为基础、在光层组织网络的传送网，通过ITU-T G.872、G.709、G.798等一系列ITU-T的建议所规范的新一代"数字传送体系"和"光传送体系"，解决传统WDM网络无波长/子波长业务调度能力差、组网能力弱、保护能力弱等问题。OTN由一组通过光纤链路连接在一起的光网元组成，能够提供基于光通道的客户信号传送、复用、路由、管理、监控以及保护。OTN通过多年演进，具备灵活、高效、可靠的多业务承载能力，在通信与互联网的融合和发展中起着关键作用。

1. OTN与SDH的主要异同

OTN是作为传送网技术提出的，继承了SDH传送网的许多思想，在网络体系、帧结构、功能模型、物理层接口、开销安排、性能监测、分层结构、速率等级、映射复用方法、网络保护、同步和管理等方面都与SDH十分相似，OTN主要改进或区别有：

(1)引入新的光开销通道，对多波长光信道进行有效的管理。纯粹的WDM网络中，各波长信号都自有格式，网络运营商很难为每个信号提供统一的操作、管理、维护与配置(OAM&P)，只能依赖客户信号自己的管理系统。

(2)引入标准的前向纠错(FEC)编码，改善了光信道光信噪比的劣化，所提高的误码性能或使光线路距离延长，或使同一光纤的比特率提高。

(3)引入多层嵌套的串行连接监控(TCM)功能，一定程度上解决了光通道跨多自治域监控的互操作问题。

(4)标准化大容量的光通道ODUk等级(类似SDH的VC通道)，业务调度更方便。

(5)帧结构不同。SDH的帧周期固定为125 μs，不同速率等级一帧里的字节数不同。而OTN不同速率等级，帧字节数固定，帧周期不同。

(6)OTN采用异步映射、异步复用，不需要系统全网同步，消除了由于同步带来的限制。接收端只要根据FAS(帧定位开销)等来确定每帧的起始位置即可。

OTN与SDH的主要区别见表4-1。

表4-1 OTN与SDH的主要区别

	SDH	OTN
线路速率	155 M/622 M/2.5G/10 Gbit/s	2.7 G/11 G/43 G/111 G/223 G/447 G bit/s
帧周期	固定125 μs，不同速率等级的帧字节数不同	不同速率等级的帧字节数量相同，帧周期不同
客户信号	PDH、ATM、IP、10M/100M/GE…	IP、SDH、ODU、1/10/100GE、ATM…
FEC	带内，信噪比增加3~4 dB	带外，信噪比增加6 dB或更高
串联连接监控	1级	6级，多运营商网络下保护
交叉连接级别	1.5 M/2 M/6 M/45 M/34 M/139 M 电交叉	2.5 G/10 G/40 G/100 G/电交叉，光交叉

2. OTN 的特点

OTN 技术是在 SDH 技术和 WDM 技术的基础上发展起来的,是对 SDH 技术和 WDM 技术的扬长避短。与 SDH 技术和 WDM 技术相比,OTN 具有以下三大亮点:

(1) 超大容量传输

信号的传送有了新的速率等级。OTN 提供 2.7 Gbit/s、10.7 Gbit/s、43 Gbit/s 乃至 111 Gbit/s 的高速接口,使信号传送有了更大的通道,解决了 SDH 带宽不够的问题,再加上波分复用的超强带宽能力,每根光纤可达到 Tbit/s,满足了数据带宽爆炸性的增长需求。

提升了交叉连接的容量,可进行 Tbit/s 以上的大容量调度。SDH 应用以来,以 VC-12 作低阶交叉支持 E1 语音信号,以 VC-3/VC-4 作高阶交叉实现对业务的管理。而 OTN 单路数字信号速率已达 40 Gbit/s,若将 4 个 SDH 的 10Gbit/s 支路信号复用成 1 路 40 Gbit/s 线路信号,即使用 VC-4 来实现交叉连接,也需要对 256 个 VC-4 进行处理,这么小"颗粒"的复用方案不仅硬件复杂,调度、管理和操作也是很大的负担。换成 OTN 就简单得多,按它的速率等级,4 个 10 Gbit/s 信号可以很方便地复接成 40 Gbit/s 信号传输。

(2) 全业务传送

有了强大的分组数据的传送能力,能面向更大"颗粒"(指速率等级)进行 IP 信号的处理。在客户层支持多协议,物理层支持多波长,能方便有效地进行各种信号的综合传输。

OTN 可以满足运营商的多种需求,用尽量少的基础设施来提供尽量多的业务类型,把宽带接入、大企业数据、视频信号、下一代网络(NGN)、第四代/第五代移动通信技术等兼有网络和通信特点的业务统一到同一个传送平台上。它能透明传送各种客户数据,如 STM-N、10M/FE/GE 以太网、ATM、MPLS、OTN 信号自身(ODUk)以及自定义速率数据流,具备强大的 IP、ATM、TDM 综合传送能力。另外,OTN 还有与 SDH 类似的虚级联功能,支持链路容量自动调整(LCAS)。

(3) 智能化

相对 SDH 增加了控制平面,使超大带宽的光信号能够自动交换,自动选路,对光、电通信路径统一进行标记,从而能够对多种传送"颗粒"进行控制,达到传送网智能化的目标。

3. OTN 的帧结构

ITU-T G.709 标准的 OTN 内容包括三个方面:定义了 OTN 的光传输体系;定义了 OTN 的开销功能;定义了用于映射客户端信号的 OTN 的帧结构、比特率和格式。该标准之下的 OTN 设备,能提供各类型业务的大容量通道传送高速客户信号,能在光域和电域进行复用,能实现多方向的、多级别的业务交叉,能对客户信号进行全面监测,还支持多种网络拓扑,提供各种保护方式等,功能大多都优于 SDH。

从本质上讲,OTN 也是基于时分复用(TDM)的传输技术,OTN 的帧结构与 SDH 很类似,但也有些区别,信号的封装也是如此。OTN 采用 TDM 帧结构,吸取了 SDH 的最好特性。OTN 在加保护客户数据的开销形成"数字包封"时,新增大约 7% 的比特率。

OTU 帧结构为 4 行、4 080 列矩形结构,如图 4-1 所示,单位是字节,数据传输时从左到右,从上到下。其中,ODUk 为光通道数据单元,OPUk 为光通道净荷单元,OTUk 为完全标准化的光通道传送单元,$k = 1 \sim 4$。

OTN 帧结构中,每行包括 16 个子行,每个子行由 255 个字节组成,子行由间插字节组成,以便第一个子行包含第一个开销字节、第一个净荷字节以及第一个 FEC 字节,并且对于帧中每行的剩余子行也是如此。所有子行的第一个 FEC 字节均开始于位置 240。

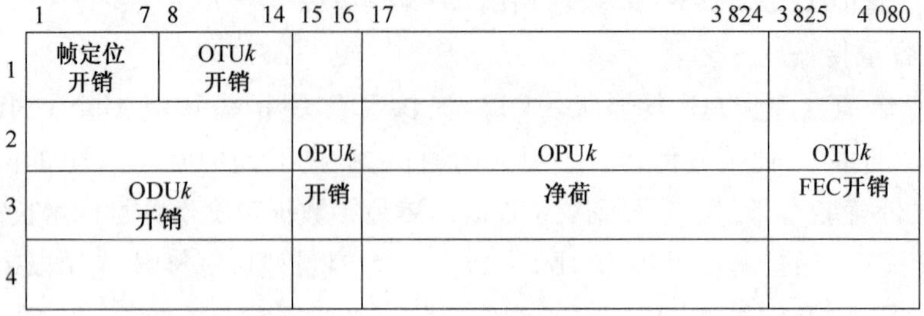

	1	7 8	14	15 16	17		3 824	3 825	4 080
1	帧定位开销	OTUk开销							
2					OPUk	OPUk		OTUk	
3	ODUk开销				开销	净荷		FEC开销	
4									

图 4-1 OTN 帧结构

对于不同速率的 G. 709 OTUk 信号,即 OTU1、OTU2、OTU3、OTU4 具有相同的帧大小,但每帧的时长(帧周期)是不同的,这与 SDH 不一样。SDH 的 STM-N 帧,时长均为 125 μs(即每秒 8 000 帧,与话音传输时常用的帧频一致),不同速率信号帧的大小不同,为 $9 \times 270 \times N$ 字节。而 OTN 不管哪个级别的速率,1 个 OTU 帧字节数都是 $4 \times 4 080 = 16 320$ 字节。同样是 10 Gbit/s的速率,OTN 帧比 SDH 帧小很多。

OPUk 携带用户信号,与 SDH 的"容器"相似。ODUk 为 OPUk 增加了多级别的连接监控能力,与 SDH 的"虚容器"或"通道"相似。OTUk 为 ODUk 做长链路传送准备,可类比 SDH 中的再生段。

OTN 帧由开销区、FEC 区、用于承载用户数据的净负荷区三部分组成。

(1) 开销区

OTN 借鉴 SDH 的开销思想,引入丰富的开销,使 OTN 真正具有 OAM&P 能力。OTN 用于运行、维护、管理的开销区中,沿用了 SDH 的不中断业务的性能监测、保护等管理功能。为了有效解决国际以及运营商之间网络争端问题,增加了独立于客户信号的串连连接监控开销(TCM)进行网络监视。

加开销实际上是给用户数据"打包"。OTN 电信号处理部分与 SDH 信号封装十分类似,光信号处理部分则是 OTN 特有的。给客户信号添加标注了净负荷类型之类的字节(OPU OH)变成光净负荷单元(OPU),再添加对信号做监控的字节(ODU OH)变成光数据单元(ODU),就可以进行时分复用;之后添加帧定位等字节(OTU OH)变成光传送单元(OTU),就可以在光通道(OCh)上传送;多个不同波长复接后形成光复用单元(OMU),再添加进行波长监控的开销,就成为光传送模块(OTM)。

(2) FEC 区

FEC 用于前向纠错,是 OTN 帧较之 SDH 新增的一个区,是光纤传输前所未有的。FEC 是一种具有一定纠错能力的码型,利用码字与码字之间有规律的数学相关性来发现并纠正错误。它在接收端解码后,不仅可以发现错误,而且能够判断错误码元所在的位置并自动纠错,实时性好。

FEC 码按信息码和监督码之间的关系分为分组码和卷积码两类,两者特性不同。

G. 709 标准使用了里德-所罗门码(RS 码)进行前向纠错。RS 码属于循环线性分组码,为带外 FEC 编码。RS 分组码 + 卷积码组合起来(卷积码是带内编码),称之为 RS 级联码,适用于时延要求不高、编码增益要求特别高的系统。

FEC 可以显著减少由于噪声所产生的误码数量。OTN 由于信道 FEC 编码虽然增加了传送的数据量,但实际结果是增大每路通道的码率。RS-FEC 最初应用在海底光缆传送中,在误码率为 10^{-15} 的指标上比 FEC 关掉时提供超过 4 dB 的光信噪比(OSNR)增益。

G.709 支持"私有的"FEC 编码,就是说,厂家可以采用不同的 RS 码。FEC 区可以根据需要变大或变小,甚至取消。通常私有的 FEC 编码比标准的 RS-FEC 编码具有更强的纠错能力,占用较多的 FEC 开销字节,因而使线路速率增加。

每 OTN 帧用 4×256 个字节存放 FEC 计算结果,使用 RS(255/239)编码方式,表示每 239 个字节的数据,要添加 255 - 239 = 16 个字节用于错误校正。这 16 个字节监督 239 个字节可以纠正每码字 8 个符号的错误或者检测 16 个符号错误。利用码多项式和预设的生成多项式,计算得到余数,将余数加到信息位后作为监督位。与 OTN 帧包括的 BIP 字节结合,FEC 在应对错误突发方面将更加灵活,最多可以校正每行 128 个连续字节。

FEC 的引入,改进了光系统的 BER 性能和线路的总体传输质量;增加了最大单跨距(即中继段)距离,因而延长了信号的总传输距离;在光输出总功率有限的情况下,因为误码率减少而降低了每通道光功率,从而增加单根光纤的光通道数,降低了多通道对器件指标和系统配置的要求。

(3)净负荷区

信息净负荷区是存放 OTN 客户信息的区域,位于 OTN 帧结构中第 1~4 行、第 17~3824 列。OTN 客户信息包括 IP、SDH、ODU、1/10/100GE、ATM 等。

4. OTN 的速率

OTN 的速率等级见表 4-2。

表 4-2 OTN 的速率等级

OTU 等级	ODU 等级	速率简称	OTU 实际速率	ODU 实际速率	OPU 实际速率	OPU 比特速率容差
—	ODU0	1.25 G	—	1.244 160 Gbit/s	1.238 954 310 Gbit/s	±20 ppm
OTU1	ODU1	2.5 G	2.666 057 143 Gbit/s	2.498775 126 Gbit/s	2.488 320 000 Gbit/s	±20 ppm
OTU2	ODU2	10 G	10.709 225 316 Gbit/s	10.037 273 924 Gbit/s	9.995 276 962 Gbit/s	±20 ppm
OTU3	ODU3	40 G	43.018 413 559 Gbit/s	40.319 218 983 Gbit/s	40.150 519 322 Gbit/s	±20 ppm
OTU4	ODU4	100 G	111.809 Gbit/s	104.794 445 815 Gbit/s	104.355 975 330 Gbit/s	±20 ppm
—	ODU2e	10 G	—	10.399 525 316 Gbit/s	10.356 012 658 Gbit/s	±100 ppm
—	ODUflex(CBR)	—	—	239/238 ×客户信号比特速率	—	±100 ppm
—	ODUflex(GFP-F)	—	—	可配置的比特速率	—	±20 ppm

如同针对不同体积的货物有不同规格的箱子一样,SDH 规定的各种线路速率分别适用于不同的客户端信号,把规定的这些线路速率称为各种"容器",OTN 中也是这种叫法。

ODU1 是 OTN 体系中的"1 阶"光数据单元,用于传输 2.5 Gbit/s 信号。ODU2 是 OTN 体系中的"2 阶"光数据单元,用于传输 10 Gbit/s 信号。ODU3 是 OTN 体系中的"3 阶"光数据单元,用于传输 40 G 信号。ODU4 是 OTN 体系中的"4 阶"光数据单元,用于传输 100 Gbit/s 信号。ODU2e 是 OTN 体系中的"2 阶"光数据单元,用于传输 10GE 信号。ODUflex 是 OTN 体系中的"2 阶"光数据单元,用于传输 10GE 信号。

(1) OTUk 帧速率 = $255/(239-k)$ × STM-N 帧速率($k=1$、2、3)

OTU1:(255/238 × 2.488 320 Gbit/s ≈ 2.666 057 143 Gbit/s),也称为 2.7 Gbit/s;

OTU2:(255/237 × 9.953280 Gbit/s ≈ 10.709 225 316 Gbit/s),也称为 10.7 Gbit/s;

OTU3:(255/236 × 39.813120 Gbit/s ≈ 43.018 413 559 Gbit/s),也称为 43 Gbit/s;

OTU4:255/227 × 99.532 800 Gbit/s ≈ 111.809 973 568 Gbit/s,也称为 100 Gbit/s。

其中,2.488320 Gbit/s 为 STM-16 速率,9.953 280 Gbit/s 为 STM-64 速率,39.81312 Gbit/s 为 STM-256 速率,99.532 800 Gbit/s 为 STM-64 速率的 10 倍(OTU4 与 OTU3 不是 4 倍的关系)。

OTUk 标称速率中的系数 255/238、255/237、255/236 表示 FEC 校验后字节数与 FEC 校验前字节数的比值。每个 OTUk 有 4 080 × 4 字节,每个 OPUk 净负荷有 3 808 × 4 字节。

OTU1 中 FEC 校验后字节数与校验前字节数的比值为:(4 080 × 4)/(3 808 × 4) = 255/238。

OTU2 中 STM-64 作为净负荷映射到 OPU2 时,有 16 列填充信息,因此 FEC 校验后字节数与校验前字节数的比值为:(4 080 × 4)/[(3 808 − 16) × 4] = 255/237。

OTU3 中 STM-256 作为净负荷映射到 OPU3 时,有 32 列填充信息,因此 FEC 校验后字节数与校验前字节数的比值为:(4 080 × 4)/[(3 808 − 32) × 4] = 255/236。

(2) ODUk 帧速率 = $239/(239-k)$ × STM-N 帧速率($k=1$、2、3)

ODU0:速率是 STM-16 速率的 50%,1 244 160 kbit/s;

ODU1:速率是 STM-16 速率的 239/238 倍,239/238 × 2 488 320 kbit/s ≈ 2.49877512605042016 Gbit/s;

ODU2:速率是 STM-16 速率的 239/237 × 4 倍,

239/237 × 9 953 280 kbit/s ≈ 10.037 273 924 050 632 91 Gbit/s;

ODU2e:239/237 × 10 312 500 kbit/s(10GBASE-R 的速率)± 100 ppm ≈ 10.399525 Gbit/s;

ODU3:速率是 STM-16 速率的 239/236 × 16 倍,239/236 × 39 813 120 kbit/s ≈ 40.3192189830508474 Gbit/s;

ODU4:速率是 STM-16 速率的 239/227 × 40 倍,239/227 × 99 532 800 kbit/s ≈ 104.794445814977973 Gbit/s;

每个 ODUk 有 3 824 × 4 字节,ODUk 标称速率的系数 239/238、239/237、239/236 表示 ODUk 字节数与 OPUk 净负荷(不含填充信息)的比值。

ODU1 中 STM-16 作为净负荷映射到 OPU1 时,无填充信息,因此 ODU1 字节数与 OPU1 净负荷的比值为:(3 824 × 4)/(3 808 × 4) = 239/238。

ODU2 中 STM-64 作为净负荷映射到 OPU2 时,有 16 列填充信息,因此 ODU2 字节数与 OPU2 净负荷(不含填充信息)的比值为:(3 824 × 4)/[(3 808 − 16) × 4] = 239/237。

ODU3 中 STM-256 作为净负荷映射到 OPU3 时,有 32 列填充信息,因此 ODU3 字节数与 OPU3 净负荷(不含填充信息)的比值为:(3 824 × 4)/[(3 808 − 32) × 4] = 239/236。

(3) OPUk 帧速率 = $238/(239-k)$ × STM-N 帧速率($k=1$、2、3)

OPU0:238/239 × 1 244 160 kbit/s ≈ 1.23895430962 Gbit/s;

OPU1:238/238 × 2.488 320 Gbit/s = 2.488 320 Gbit/s;

OPU2:238/237 × 9 953 280 kbit/s ≈ 9.9952769620253164556 Gbit/s;

OPU2e:238/237 × 10 312 500 kbit/s≈10.3560126582 Gbit/s;

OPU3:238/236 × 39 813 120 kbit/s≈40.15051932203389830 Gbit/s;

OPU4:238/227 × 99 532 800 kbit/s≈104.355975330396475770 Gbit/s。

每个 OPUk 净负荷有 3 808×4 字节,可以类推出速率系数。

ODUk 有 3 824×4 字节,每个 OPUk 净负荷有 3 808×4 字节,OPU0 净负荷标称速率的 238/239 表示 OPU0 净负荷(3 808/2)与 ODU0 (3 824/2)字节数的比值,OPUk 净负荷标称速率的系数 238/237、238/236 表示 OPUk 净负荷与 OPUk 净负荷(不含填充信息)的比值。

OPU0 净负荷与 ODU0 字节数的比值为(3 808×4)/(3 824×4)=238/239。

OPU1 中 STM-16 作为净负荷映射到 OPU1 时,无填充信息。

OPU2 中 STM-64 作为净负荷映射到 OPU2 时,有 16 列填充信息,因此 OPU2 净负荷与 OPU2 净负荷(不含填充信息)的比值为:(3 808×4)/[(3 808-16)×4]=238/237。

OPU3 中 STM-256 作为净负荷映射到 OPU3 时,有 32 列填充信息,因此 OPU3 净负荷与 OPU3 净负荷(不含填充信息)的比值为:(3 808×4)/[(3 808-32)×4]=238/236。

不同级别的 OTUk、ODUk、OPUk 帧大小相同,帧速率不同来源于帧周期不同,不同级别的 OTUk、ODUk、OPUk 帧周期见表 4-3。

表 4-3 OTUk、ODUk、OPUk 的帧周期

信号类型	周期
ODU0/OPU0	98.354 μs
OTU1/ODU1/OPU1/OPU1-Xv	48.971 μs
OTU2/ODU2/OPU2/OPU2-Xv	12.191 μs
OTU3/ODU3/OPU3/OPU3-Xv	3.035 μs
OTU4/ODU4/OPU4	1.168 μs
ODU2e/OPU2e	11.767 μs
ODUflex/OPUflex	恒定比特率(CBR)客户信号:121856/客户侧信号速率
	帧映射的通用成帧规程(GFP-F)封装的客户信号:122368/ODUflex 速率

注:给出的周期值只是一个近似值,精确到小数点后 3 位。

由帧周期(帧频)也可得出:

OPU1 每秒约 20420.25 帧×3808×4×8≈2488329984 bit/s,简称 2.5 Gbit/s。

OPU2 每秒约 82027.73 帧×3808×4×8≈9995571066.88 bit/s,简称 10 Gbit/s。

OPU3 每秒约 329489.29 帧×3808×4×8≈40150246922.24 bit/s,简称 40 Gbit/s。

OPU4 每秒约 856164.39 帧×3808×4×8≈104328767907.84 bit/s,简称 100 Gbit/s。

5. OTN 分层

OTN 是在传统 SDH 网络中引入光层发展而来的,其分层结构如图 4-2 所示。光层负责传送电层适配到物理媒介层的信息,在 ITU-T G.872 建议中,由上至下被细分成三层:光通道(OCh)层、光复用段(OMSn)层、光传送段(OTSn)层。

OTN 有 OTM-n. 和 OTM-nr 两种光接口,分别称为全功能的 OTN 接口和简化功能的 OTN 接口,它们的不同之处是,全功能的 OTN 接口 OTM-n 将物理层分为 OMSn 层和 OTSn 层两层,而简化功能的 OTN 接口 OTM-nr 只有一层,整体作为光物理段(OPSn)层。

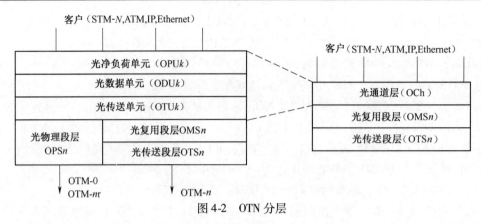

图 4-2 OTN 分层

客户信号进入到 OCh 层前,从信号的映射复用,到 OTN 开销的插入,这些处理都处于时分复用的范围,是在电域内进行的;而客户信号进到 OCh 层后,从光信号的复用、放大及光监控通道的加入,这些处理都处于波分复用的范围,是在光域内进行的。

(1) 光通道层(OCh)

OCh 层又可分成光净负荷单元、光数据单元、光传送单元三层结构。它们都是数字信号,以时分复用方式复接。在这一层,可以进行光通道连接的重组、光通道开销处理、光通道监控,保证网络生存性能力。

(2) 光复用段层(OMSn)

OMSn 层是将接入点之间的各个不同波长的光通道 OCh(一个波长就是一个光通道载波 OCC)波分复用,变成 OMS"净负荷",再加上了 OMSn 开销形成的。光复用段开销的内容通过独立的光监控信道(OSC)传输,用于检测和管理本层的运行和维护,支持光复用段层连接和连接监控,保证相邻两个波长复用传输设备间多波长光信号的完整传输。

OMSn 层为来自电复用段层的客户信号选择路由和分配波长,为多波长信号实现网络等级上的操作和管理。本层可以为各种格式的客户信号提供透明的光通道,为选路安排灵活的光通道连接。通过重新选路来实现保护倒换和网络恢复,可以隔离和排除 OTN 中某个 DWDM 网络段的故障。OMSn 是光复用器和光解复用器之间的那一段。

(3) 光传送段层(OTSn)

OTSn 层由 n 个光复用段组成 OTS"净负荷",加上 OTSn 开销形成。OTSn 开销是为光传送段提供维护和运营的信息,通过光监控信道 OSC 传输。

OTSn 层为光信号在不同类型的光介质上提供传输功能,进行光传送段的开销处理,对光放大器和中继器进行检测和控制。OTSn 层允许管理和监控光网络设备(如光学分插复用器、放大器或光交换)之间的光纤段,可向网络运营商报告诸如光信号功率电平、色散和信号损失等属性,以方便在物理光纤级别上隔离故障。OTSn 是一条光链路上两个放大器间的那一段。

二、任务实施

本任务是分析 OTN 技术在国铁集团专用传输网上的应用。

1. 材料准备

国铁集团专用传输网规划文件。

2. 实施步骤

国铁集团专用骨干传输网主要采用 OTN 技术结合 SDH/MSTP 技术构建,目前已形成骨干

1~6号共6个OTN环。

"十二五"至"十三五"期间,通过新建1~5号OTN环,逐步替代既有京沪穗环和东南环、西南环、东北环和部分西北环。通过补强改造既有西北环和新建6—1号环,构成骨干层传输6号OTN环。其中,骨干传输网1、4号环(京沪穗和东南环改造工程)于2015年4月1日正式开通试运行,京沪穗和东南环改造工程选用华为100G OTN方案建设10G&100G混合骨干传输网,运行带宽为380G,后续随着业务的发展可提供1.98 Tbit/s的超大带宽。京沪穗和东南环改造工程是国铁集团通信骨干传输网的重要组成部分,整个网络贯穿国铁集团以及北京、济南、郑州、武汉、上海、南昌和广州局集团公司,形成京广高铁、京九铁路、京沪高铁及沿海铁路通道纵向,郑徐高铁、沪汉蓉高铁、沪昆高铁杭长段、南福铁路、赣龙铁路及龙厦铁路横向的网络架构。

"十四五"期间,各铁路局集团公司局干传输网将逐步新建OTN传输网,以适应线路带宽更大、交叉容量更大、传输时延更低、网络安全更可靠、OAM更完善的传输网发展需要。

任务2:OTN开销监测

任务:掌握OTN帧结构各开销的含义和作用。

要求:能说明OTN中各开销字节所处的位置和作用,能分析OTN进行监测传输质量的机理。

一、知识准备

SDH的复接体系限于时分复用,OTN增加波分复用体系,规定光波长的复用路径,这样就在SDH/SONET的分层结构之外,多了光通道层。为支持多波长光网络,进行光层的监视、管理和控制,OTN在光层设置开销,部分克服WDM系统故障定位困难、无波长/子波长业务调度能力、网络生存性较弱等缺点。在光通道层内部沿用SDH的思想,处理方式类似于SDH的虚容器映射,但重新设置帧结构,补充了许多开销,新增大约7%的比特率。可见,OTN中的开销分为关联开销和非关联开销。

关联开销是处理电信号的,都在OTN帧内,直接与客户信号相关。关联开销和净负荷一起传输,属带内随路方式。非关联开销是进行波长监控的开销。OTS开销、OMS开销和OCh开销,称为光传输模块开销信号(OOS),组合在一起加在光监控信道(OSC)上,与工作波长波分复用后传输,属纤内带外方式。

(一)OTUk关联开销

OTN开销区分为OTU开销、ODU开销、OPU开销三部分。每部分都可以进一步细分,如图4-3所示。

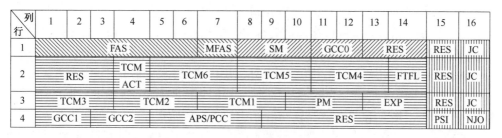

图4-3 OTN帧的开销字节

1. OTU 开销

OTU 由 ODU、附加的 FEC 和 OTU 开销组成。其帧结构可由厂家自定义成与标准 OTUk 帧完全不同的帧结构，FEC 区也可由厂家自定义，此时记为 OTUkV 以示区别。OTU 的错误检测、校正和段层连接监控功能，来自所加的 OTU 开销。OTU 开销位于帧结构中第 1 行、第 1～14 列，包括帧定位信号、段检测（SM）字节、通用通信信道（GCC）字节和保留（RES）字节。

（1）帧定位信号

虽然客户信号加入开销后封装成帧，但在线路上传输的还是串行的比特流，对于接收方需要找到每一帧的起始点，从而根据帧结构找出各个开销或净负荷进行相应的处理。OTU 用于成帧的字节有帧定位信号（FAS）和复帧定位信号（MFAS）两种。

FAS 与 SONET/SDH 作用相似，用 0x F6 F6 F6 28 28 28 这六个字节为整个信号提供成帧。为了给同步提供足够的 1/0 转变，对除 FAS 字节之外的整个 OTU 帧使用扰码。帧定位信号在 OTN 帧的第 1 行第 1～6 列，可以用于帧失步（OOF）和帧丢失（LOF）的认定。

MFAS 为 1 字节，256 帧构成一个复帧序列。因为一些 OTUk 和 ODUk 开销信号要横跨多个 OTUk/ODUk 帧，如路径踪迹标识符（TTI）、净负荷结构指示符（PSI）信号和串联连接监控（TCM）信号等，它们与其他复帧结构的开销信号一样，需要多个帧才能发送完毕，也需要对多个帧接收到的相应信号进行排列处理，因此定义了一个复帧同步信号。MFAS 的值随着传输的 OTUk/ODUk 帧数而增加，每多一帧加 1，记数范围为 0～255，从而可提供 256 种复帧指示。MFAS 字节要与 OTU 帧中的其他比特一起扰码。

（2）SM 字节

SM 字节用于路径踪迹标识、奇偶校验、后向缺陷指示和输入帧定位错误，它们为 OTN 系统重定时、重整形、重产生（3R）再生器之间的信号传输提供条件。SM 开销包括路径踪迹标识符（TTI）、奇偶校验（BIP-8）、后向输入帧定位错误（BIAE），如图 4-4 所示。

SM 中的 TTI 字节类似于 SDH 中的追踪字节 J_0，分布于复帧中，长度为 64 个字节。它在每复帧中重复四次（256/64=4 次）。TTI 的 64 个字节中，0～15 字节为源接入点标识符，16～31 字节为目的接入点标识符，32～63 字节为网络操作者专用字节。

接入点标识（API）用于在网络中路由 OTN 信号。每个 API 在它的网络中必须是全球唯一的。API 要能用于横跨运营商内部的网络建立通路，并在其他运营商的网络中仍然有效。API 在接入点存在期间保持不变。API 能确定源/目的接入点的国家和网络运营者。接入点标识计划有统一的独立的

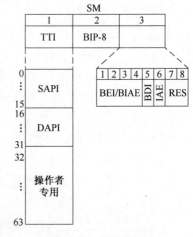

图 4-4　SM 开销

管理。接入点标识符 API 包括 3 字节的国际代号 IS 和 12 字节的国内代号 NS。国际代号 IS 是 ISO 3166 地理的/政治的国家码 CC，如 USA、FRA。国内代号 NS 包括 ICC 和 UAPC。ICC 是 ITU 网络运营商/服务供应商代码，UAPC 是保证唯一性的接入点代码，根据 ICC 码的不同可包括 6～11 个字符，如果不足则用 NULL 填满。API 结构如图 4-5 所示。

SM 中的 BIP-8 字节是对 OTUk 第 I 帧的 OPUk 区域进行 BIP-8 计算得到，然后插入到 $I+2$ 帧的位置。

SM 中的后向缺陷指示（BDI）占一个比特，用于回送 OTUk 接收到的信号缺陷（SD）状态。BDI 为"1"时表示缺陷状态，否则为"0"。

国际代码		IS					国内代码		NS					
1	2	3	4	5	6	7	8	9	10	11	12	13	14	15
国家代码		CC	ICC				UAPC							
		CC	ICC					UAPC						
		CC		ICC					UAPC					
		CC			ICC					UAPC				
		CC				ICC					UAPC			
		CC	1TU运营商代码			ICC			接入点代码		UAPC			

图 4-5 API 结构

SM 中的输入帧定位错误（IAE）占一个比特，用于向对端指示 OTUk 检测到帧定位错误。IAE 为"1"时表示有帧定位错误，否则为"0"。

SM 中的后向错误指示和后向帧定位错误（BEI/BIAE）用来向上游方向传输 OTUk 接收方用 BIP-8 检测到的比特间插误码块的数量，也用来指示检测到的输入帧定位错误。有误码时，BEI/BIAE 插入的是 0~8 个误码计数。在 IAE 条件满足期间，编码"1011"插入 BEI/BIAE，表示帧定位错误，此时忽略误码计数。

（3）GCC 字节

GCC 类似于 SDH 的数据通信信道 DCC，格式没有特别说明。整个帧中一共有 3 个 GCC，GCC0 位于 OTU 开销中，是一个用于在 OTU 终端之间传输信息的通道。GCC1 和 GCC2 在 ODU 开销中。

（4）RES 字节

RES 字节暂未定义。

2. ODU 开销

ODU 包含 OPUk 和进行通道层连接监控的相关开销，提供串联连接监测、端到端通路监测，用于保护光净负荷单元里的客户信号。

ODU 开销位于 OTU 帧中的第 2~4 行、1~14 列，包括保留（RES）字节、串连监控激活（TCM ACT）字节、六级串连监控（TCMi, i = 1~6）字节、通道监控（PM）字节、故障定位（FTFL）字节、实验（EXP）字节、通用通信信道（GCC1/GCC2）字节和自动保护切换/保护控制信道（APS/PCC）字节。

（1）TCM ACT 字节

TCM ACT 字节用于串联监测的激活与禁用，提供信道层保护，如用在光域的光信道共享保护环。通过 ODU OH 在通道层设立保护功能，就可以以波长为基础决定对单个光信道进行保护或不保护。

（2）PM 字节

PM 字节提供连接监控和管理功能，是监测通道错误的，包括 TTI、BIP-8、BEI、BDI 和 STAT 字节，如图 4-6 所示。

TTI 和 BIP-8 与 OTU 开销含义相同，STAT 字节用于指示 ODUk 通道状态，表示是否存在维护信号及维护信

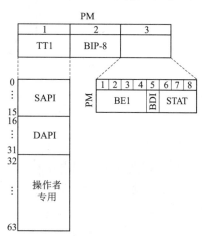

图 4-6 PM 中的 STAT

号的种类。除 STAT 字节外，PM 的其他内容在维护信号出现期间不定义。STAT 字节指示的 ODUk 通道状态见表 4-4。

表 4-4 STAT 字节指示的 ODUk 通道状态

STAT 字节	ODUk 通道状态
000	保留
001	正常通道信号
010	保留
011	保留
100	保留
101	维护信号 ODUk-LCK
110	维护信号 ODUk-OCI
111	维护信号 ODUk-AIS

(3) 串联连接监测 TCM

ODU 定义 6 个 TCM 字段，使运营者监测传输信号能从网络入口到出口的误码性能。SONET/SDH 利用 N_1/N_2 开销字节只有单一级别的 TCM，而 OTN 有六个级别的串联连接监测。TCMi 有与 PM 相似的结构，包含 BEI/BIAE、BDI 和 STAT 字段，串联连接监测能力的激活/与禁止用 TCM ACT 字节控制。TCM 开销字节如图 4-7 所示。

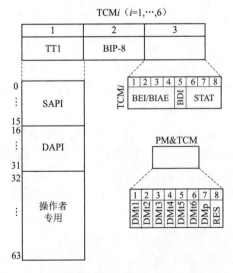

图 4-7 TCM 开销字节

TCM 的 STAT 字段与 PM 用法相同，可以在各个连接级别上标识当前信号是否为维护信号 (ODUk-LCK、ODUk-OCI、ODUk-AIS)。维护信号用于通告影响信息流的上行维护条件，指示网络各段所提供服务质量，便于用户和运营商隔离网络故障段。此外，TCM 还可以监测每个连接级别的 BIP-8 和 BEI 错误。

六个 TCMi 字段用于不同级别的连接监测，监测连接分配目前为手动过程，有三种类型的监测连接拓扑：多级级联、多级嵌套和多级重叠。

图 4-8 显示 TCM 多级级联监控应用，可用于网络规模较大或不同的网络运营商之间租用

网络资源时,对某一特定的网络区域(如线路资源出租方的传输网络)内的传输信道质量进行监视。用户1和用户2经过3个运营商网络。两个用户之间的客户信号传输质量和租用线路服务质量(QoS)由用户监测;租用线路的QoS由服务提供者和网络运营者监测;工作/保护通道连接的状态由信号失效(SF)和信号劣化(SD)条件监测。ODUk切换电路初始化"连接重建"用户与网络之间的接口(UNI-UNI)连接监测。OTN通过ODU中的TCM开销提供的功能,不需要查询所有站点,只需要查询网络边缘接口处的各级TCM信道质量报告就可以进行快速故障定位或解决网络争议。

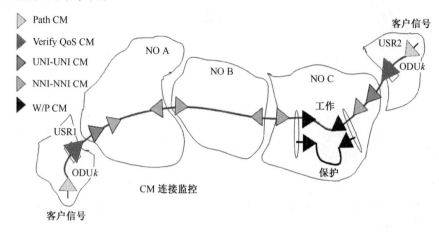

图4-8 TCM多级级联监控应用示意图

图4-9显示了三种实际监测不同连接的嵌套和级联方式。图4-10显示了三种实际监测不同连接的嵌套和重叠方式。

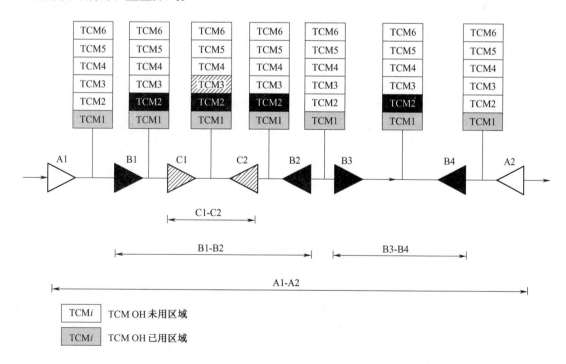

图4-9 嵌套和级联的ODUk连接监测

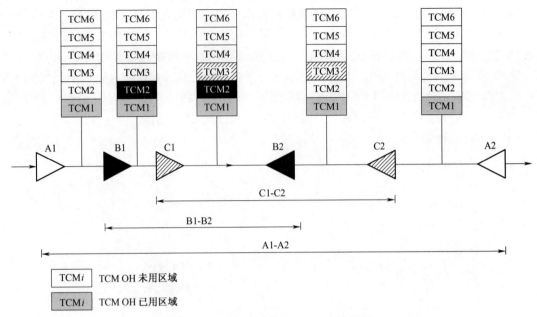

图 4-10　嵌套和重叠的 ODUk 连接监测

TCM 与 SM、PM 格式很类似,在电中继站点处理 SM 开销,设备终端处理 PM 开销字节,TCM 监测的范围更长些。

(4)FTFL 字节

FTFL 占 1 个字节,用作前向和后向通道级故障指示,用复帧传送 256 个字节的信息容量,用复帧定位信号 MFAS 来定位,与跨区域的 TCM 相关。

TFL 信息结构如图 4-11 所示,第 0 ~ 127 字节为前向指示区域,第 128 ~ 255 字节为后向指示区域。前向和后向指示区域又分为相同的 3 个子区域:故障指示代码域、运营商标识域、运营商说明域。

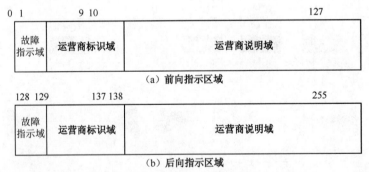

图 4-11　TFL 信息结构

FTFL 的故障指示代码见表 4-5。

表 4-5　FTFL 的故障指示代码

故障指示代码	定义
0000 0000	无错
0000 0001	信号失效
0000 0010	信号劣化
0000 0011 ~ 1111 1111	保留

当检测到 SD/SF 事件时,在段和 TCM 端点插入 FTFL。在 UNI 接口中能提取 FTFL 前向信息,并且把它作为后向信息向相反方向传送;在网络中间节点能读取 FTFL 前向和后向信息;FTFL 能帮助服务提供者(SP)自动定位故障/劣化至特定网络运营商区域。

（5）EXP 字节

EXP 为实验目的而设置,可用于网络操作员进行应用程序的试验。

（6）GCC 字节

GCC1 和 GCC2 位于 4 行 1~4 列,可在任意两个 ODU 端点之间提供独立于用户信道的通信信道,与 GCC0 功能一样。

（7）APS/PCC 字节

APS/PCC 字节进行工作信道与保护信道的自动倒换和保护信道的控制,类似于 SDH 中的 K1、K2 字节,但比 K1、K2 字节能力更强。APS/PCC 字节为 ODU 通路和每一个 TCM 级别以及子网连接,建立保护通道。

OTN 最多支持八级嵌套的 APS/PCC 信号,这些信号根据复帧定位的 MFAS 值与 TCM 监测级别相互关联,见表 4-6,其中 SNC/I 是带内部监控的子网连接保护。

表 4-6　APS/PCC 监测级别

MFAS(bit 678)	APS/PCC 信道应用级别
000	ODUk 通道
001	ODUk TCM1
010	ODUk TCM2
011	ODUk TCM3
100	ODUk TCM4
101	ODUk TCM5
110	ODUk TCM6
111	ODUk SNC/IAPS

一个 APS 信道由 ODUk 开销的 APS/PCC 字段的前 3 个字节承载,第 4 个字节保留,如图 4-12 所示,各字段的含义见表 4-7。根据 G.709 定义,可使用 8 个独立的 APS 信道支持对 ODUkP、6 个 ODUkT(TCM)等级和一个 ODUk SNC/I 等级的保护。对于 APS 协议的这八个等级,分别执行独立的接收程序。如果连续三次收到给定等级的三个字节的相同值,就按一个新的 APS 协议值接受。APS 请求状态与优先级见表 4-8。

1								2								3								4							
1	2	3	4	5	6	7	8	1	2	3	4	5	6	7	8	1	2	3	4	5	6	7	8	1	2	3	4	5	6	7	8
请求/信息				保护类型				请求信息								桥接信号								保留							
				A	B	D	R																								

图 4-12　APS/PCC 字段格式

表 4-7　APS 信道字段值与含义

字段	值	说明
请求/状态	1111	锁定保护(LO)
	1110	强制倒换(FS)
	1100	信号失效(SF)
	1010	信号劣化(SD)
	1000	手动倒换(MS)
	0110	等待复原(WTR)
	0100	练习(EXER)
	0010	返回请求(RR)
	0001	请勿返回(DNR)
	0000	无请求(NR)
	其他	保留
保护类型	A 0	不使用 APS
	A 1	使用 APS
	B 0	1+1(永久性桥接)
	B 1	1:n(无永久性桥接)
	D 0	单向倒换
	D 1	双向倒换
	R 0	非返回式操作
	R 1	返回式操作
请求信号	0	空信号
	1~254	正常业务信号
	255	额外业务信号
桥接信号	0	空信号
	1~254	正常业务信号
	255	额外业务信号

表 4-8　APS 请求状态与优先级

请求/状态	优先度
锁定保护(LO)	1(最高)
信号失效(SF)-保护	2
强制倒换(FS)	3
信号失效(SF)-工作	4
信号劣化(SD)	5
手动倒换(MS)	6
等待复原(WTR)	7
练习(EXER)	8
返回请求(RR)	9
请勿返回(DNR)	10
无请求(NR)	11(最低)

倒换是从保护通道而不从工作通道中选出业务信号的动作,仅指工作通道向保护通道的倒换,而保护通道倒回工作通道称为返回倒换。单向倒换是收发两个方向中只倒换一个方向,双向倒换是收发两个方向同时倒换。桥接是同时向工作通路和保护通路发送相同业务信号的动作。

(8) RES 字节

在帧的 2 行 1～3 列和 4 行 9～14 列是 RES 字节未定义,它们保留为将来使用,正常情况全设为 0。

3. OPU 开销

OPU 包括客户信号和映射所需要的开销。OPU 开销随映射进 OPU 的客户信号而变化。任意类型的客户信号都可封装到净负荷单元,常见的比特同步和异步的恒定速率信号 STM-16/64、ATM 信元、GFP 数据帧、以太网数据帧、同步恒定比特流以及测试用的伪随机码序列等,开销各自略有不同。OPU 开销位于帧结构中第 1～4 行、第 15～16 列,如图 4-13 所示。

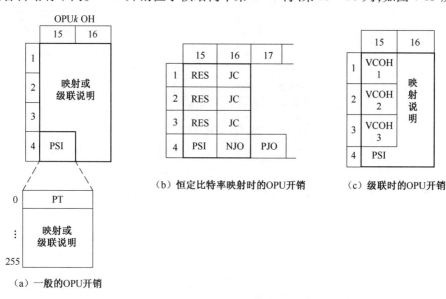

图 4-13 OPU 开销

(1) 净负荷结构标志(PSI)

OPU 开销中第 4 行第 15 列是 PSI 字节,它是一个 256 字节的复帧,每帧只有 1 个字节,通过复帧形成 256 字节的信号容量。PSI 的第一个字节(PSI[0])是净负荷类型,用于标识所封装业务的类型,具体含义见表 4-9。除 PSI 0×01(实验映射)和 PSI 80-0×8F(私有)外,PSI 的其他字节基本都是映射和级联信息。

表 4-9 OPU 开销之 PSI 中的净负荷类型

最高有效位 MSB 1 2 3 4	最低有效位 LSB 5 6 7 8	十六进制代码	说　明
0 0 0 0	0 0 0 1	01	实验映射
0 0 0 0	0 0 1 0	02	异步恒定比特率映射
0 0 0 0	0 0 1 1	03	比特同步恒定比特率映射

续上表

最高有效位 MSB 1 2 3 4	最低有效位 LSB 5 6 7 8	十六进制代码	说　　明
0 0 0 0	0 1 0 0	04	ATM 映射
0 0 0 0	0 1 0 1	05	GFP 映射
0 0 0 0	0 1 1 0	06	虚级联信号
0 0 0 0	0 1 1 1	07	PCS 码字透明以太网信号映射
0 0 0 0	1 0 0 0	08	光纤通道 FC-1200 映射进入 OPU2e
0 0 0 0	1 0 0 1	09	GFP 映射进入扩展的 OPU2 净负荷
0 0 0 0	1 0 1 0	0A	STM-1 映射进入 OPU0
0 0 0 0	1 0 1 1	0B	STM-4 映射进入 OPU0
0 0 0 0	1 1 0 0	0C	光纤通道 FC-100 映射进入 OPU0
0 0 0 0	1 1 0 1	0D	光纤通道 FC-200 映射进入 OPU1
0 0 0 0	1 1 1 0	0E	光纤通道 FC-400 映射进入 OPUflex
0 0 0 0	1 1 1 1	0F	光纤通道 FC-800 映射进入 OPUflex
0 0 0 1	0 0 0 0	10	带字节定时的比特流映射
0 0 0 1	0 0 0 1	11	不带字节定时的比特流映射
0 0 0 1	0 0 1 0	12	Infiniband 架构服务器单倍数据率信号(2.5 Gbit/s)映射进 OPUflex
0 0 0 1	0 0 1 1	13	Infiniband 架构服务器双倍数据率信号(5 Gbit/s)映射进 OPUflex
0 0 0 1	0 1 0 0	14	Infiniband 架构服务器四倍数据率信号(10 Gbit/s)映射进 OPUflex
0 0 0 1	0 1 0 1	15	电视数字分量串行接口信号映射进入 OPU0
0 0 0 1	0 1 1 0	16	(1.485/1.001) Gbit/s 电视数字分量串行接口信号映射进入 OPU1
0 0 0 1	0 1 1 1	17	1.485 Gbit/s 电视数字分量串行接口信号映射进入 OPU1
0 0 0 1	1 0 0 0	18	(2.970/1.001) Gbit/s 电视数字分量串行接口信号映射进入 OPUflex
0 0 0 1	1 0 0 1	19	2.970 Gbit/s 电视数字分量串行接口信号映射进入 OPUflex
0 0 0 1	1 0 1 0	1A	IBM 的主机光纤通道信号映射进 OPU0
0 0 0 1	1 0 1 1	1B	数字视频广播、异步串行接口信号映射进 OPU0
0 0 0 1	1 1 0 0	1C	光纤通道 FC-1600 映射进入 OPUflex
0 0 1 0	0 0 0 0	20	ODU 复接结构仅支持 ODTUjk(仅 AMP)
0 0 1 0	0 0 0 1	21	ODU 复接结构支持 ODTUk.ts 或 ODTUk.ts 和 ODTUjk(GMP)
0 1 0 1	0 1 0 1	55	无效
0 1 1 0	0 1 1 0	66	无效
1 0 0 0	× × × ×	80-8F	拥有人使用的保留码
1 1 1 1	1 1 0 1	FD	空测试信号映射
1 1 1 1	1 1 1 0	FE	伪随机码信号映射
1 1 1 1	1 1 1 1	FF	—

(2) 调整(JC)字节

恒定速率信号对应的 OPU 开销的第 1~3 行、第 16 列是调整控制 JC 字节,第 4 行、第 15~16 列是调整控制机会 NJO、PJO,如图 4-13(b)所示。NJO、PJO 的使用方法与信号的映射方式有关。

OPUk 映射分为异步映射和比特同步映射。对于异步映射(客户端信号与 OPU 时钟不同),JC 字节用于补偿时钟速率差异。对于完全的同步映射(客户端源与 OPU 时钟相同),JC 字节为保留备用。JC 字节中只有第 7、8 比特是有意义的,其余保留将来使用。

CBR2G5、CBR10G、CBR10G3 和 CBR40G 信号映射进入 OPUk 时,JC 比特以及正负调整字节的关系见表 4-10 和表 4-11。

表 4-10　比特同步映射 JC 和正负调整字节的关系

JC [7,8]	NJO	PJO
00	调整字节	数据字节
01		
10	不产生	
11		

表 4-11　异步映射 JC 和正负调整字节的关系

JC [7,8]	NJO	PJO
00	调整字节	数据字节
01	数据字节	数据字节
10	不产生	
11	调整字节	调整字节

异步映射情况下,当输入客户信号的速率低于 OPU 速率时,会引起正调整,在 PJO 放调整字节,也就是填充字节,此时 JC = 11;当输入客户信号速率高于 OPU 速率时,会出现负调整,在 NJO 放数据字节,此时 JC = 01。若速率不高不低正好,就不用调整,此时 JC = 00。NJO 和 PJO 作为调整字节时其值是全 0,此时接收机对它们忽略不计。数据到达接收端后去除填充字节,比特流恢复为发送端的形式。

(二)OTN 非关联开销

非关联开销"光传送模块开销信号"(OOS)也称带外开销,经光监控信道(OSC)传输,包括光传送段开销(OTSn)、光复用段开销(OMSn)、光通道开销(OCh),如图 4-14 所示。除了传送非关联开销,OSC 信道还用来进行通用管理通信。

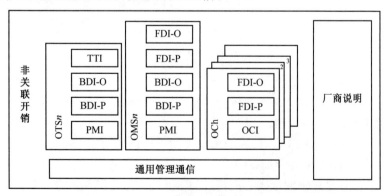

图 4-14　OTN 非关联开销组成

图 4-14 中,BDI 为后向缺陷指示,向上游方向传送指示净负荷或者开销信号失效。FDI 为

前向缺陷指示,用来告诉下游,在上游已经检测到缺陷,指示净负荷或者开销信号失效,由图可见三种带外开销主要传送前/后向缺陷指示。

1. 光传送段开销(OTSn)

光传送段是指光放大器与光放大器之间或者合波器/分波器与光放大器之间的维护区段,其位置如图4-15所示。

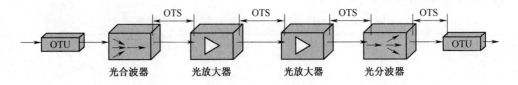

图 4-15　光传送段位置

(1) OTS 路径踪迹字节(TTI)

OTSn-TTI 与关联开销里的含义相同,只是用在 OTSn 段监控,64 字节的 TTI 含 16 个字节的源接入点标识(SAPI)和 16 个字节的目的接入点标识(DAPI)。

(2) OTS 后向缺陷指示-净负荷(BDI-P)

OTSn-BDI-P 信号用来向上游方向传送 OTSn 终端检测到的 OTSn 净负荷信号失效状态。

(3) OTS 后向缺陷指示-开销(BDI-O)

OTSn-BDI-O 信号用来向上游方向传送 OTSn 终端检测到的 OTSn 开销信号失效状态。

(4) OTS 净负荷丢失指示(PMI)

OTS-PMI 信号用来指示 OTS 净负荷不含光信号,说明光支路信号的传输中断。PMI 向下游传送,以免引起过多的信号丢失告警。

以上这些信号有时也称作 OTS 维护信号。

2. 光复用段开销(OMSn)

光复用段是指合波器与分波器之间的维护区段,其位置如图4-16所示。

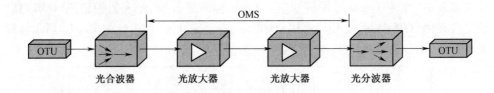

图 4-16　光复用段位置

(1) OMS 前向缺陷指示-净负荷(FDI-P)

OMSn-FDI-P 信号用来向下游方向传送光复用段净负荷信号的失效状态。

(2) OMS 前向缺陷指示-开销(FDI-O)

OMSn-FDI-O 用于指示在 OOS 传输 OMS 开销前向信号失效。

(3) OMS 后向缺陷指示-净负荷(BDI-P)

OMSn-BDI-P 信号是用来向上游方向传送 OMSn 终端上检测到的净负荷信号失效状态。

(4) OMS 后向缺陷指示-开销(BDI-O)

OMSn-BDI-O 信号是用来向上游方向传送 OMSn 终端上检测到的开销信号失效状态。

(5) OMS 净负荷丢失指示(PMI)

OMS-PMI 用来指示光载波通道(OCCs)中没有光信号。

以上这些信号有时也称作 OMS 维护信号。

3. 光通道开销(OCh)

光通道是指 OTU 与 OTU 之间的维护区段,其位置如图 4-17 所示。

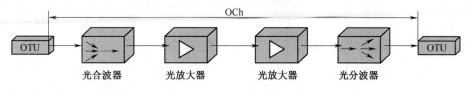

图 4-17　光通道位置

(1) OCh 前向缺陷指示-净负荷(FDI-P)

OCh-FDI-P 信号用来向下游方向传送光通道净负荷信号的失效状态。

(2) OCh 前向缺陷指示-开销(FDI-O)

OCh-FDI-O 用于指示在 OOS 传输 OCh 开销时前向信号失效(如传输中断)。

(3) OCh 断开连接指示(OCI)

OCh-OCI 是一个向下游传送的指示信号,以指示上游的光矩阵中某个连接是断开的(是一个管理命令执行的结果),此时在相应的终端检测到光通道信号丢失,能归因于上游信号没有送到线路中。

以上这些信号有时也称作 OCh 维护信号。

4. 通用管理通信功能开销

OOS 支持通用管理通信功能,这部分开销称为通用管理功能开销(COMMS OH)。COMMS OH 有 OSC 信道里的信号组帧所需的帧定位同步码以及其他一些功能,如信令、公务(运营者的专用通信)、用户通道(话音/话音频带通信)、OSC 工作状态指示以及软件下载等。

5. 光监控信道(OSC)

OSC 所携带的消息包括 OCh 开销、OMS 开销、OTS 开销和 COMMS OH。OSC 可携带多种开销信息,终结于光传送段层,某些开销可被其他层次的网络使用。专门设置监控信道的优点是可以减少用于网络监视所牺牲的光带宽,同时也避免在 DWDM 系统中占用净负荷的光带宽。对于光监控信道,ITU-T 建议的载波波长是(1 510 ± 10) nm 或(198.5 ± 1.4) THz,传输速率一般采用 2.048 Mbit/s。

OSC 上的信号由帧定位信号(FAS)和净负荷组成,如图 4-18 所示。

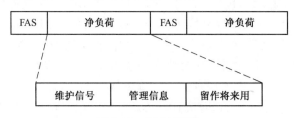

图 4-18　OSC 帧结构

OSC 的净负荷可分为两类信息:

(1) 维护信号在网元之间进行交换,采用面向比特的协议。可以将维护信号按网络分层结构进行划分,各层的管理开销基本上都可以放到维护信号字段传输。

(2)管理消息用在网元与操作系统之间,采用面向消息的协议。

二、任务实施

本任务是分析 OTN 如何监测传输质量。

1. 材料准备

OTN 帧结构。

2. 实施步骤

OTN 帧结构中安排了 SM、PM、TCM 字节用来监测传输质量。

(1)6 个级别的串联连接监控(TCM)可以以嵌套、重叠和级联,从而实现跨越多个光网络或管理域时任意段的监控,如 UNI 到 UNI 之间的串联监视,或者从公共网络的入点到出点用户信号 ODU_k 的传输情况。TCM 开销含有踪迹字节(TTI)、比特交织奇偶校验(BIP-8)、远端误码指示(BEI)、反向缺陷指示(BDI)、状态字节(STAT)等,作用主要表现在维护信号的监视和子层网络级保护两个方面。

(2)ODU_k 通路监测(PM)用于端到端的通道监视,开销与 TCM 基本相同。

(3)OTU_k 段监测(SM)用来监测每个光再生段的踪迹字节(TTI)、误码(BIP-8)、远端误码指示(BEI)及反向缺陷指示(BDI)等。

这样从再生段到用户通道,到同一运营商的子系统,再到各个运营商的管理域,都有完备的监控信息,不但能随时了解光网络的传输质量,迅速定位故障,还能有效划分责任范围。

任务 3:OTN 传输系统硬件配置

任务:掌握 OTN 系统的组成和网元类型,掌握网元内信号流向。

要求:能对 OTN 传输系统进行硬件配置,完成网元内单板间的光纤连接。

一、知识准备

(一)OTN 网元类型

OTN 设备与 SDH 设备一样,可以组建点到点、链型、环型、网状型网络结构。根据应用场合的不同分类,OTN 网元类型有:光终端复用设备(OTM)、光纤线路放大器(OLA)、光分插复用设备(OADM)、光交叉连接设备(OXC)。

1. OTM

OTM 只有一个波分侧线路接口,常用于网络的终端站,可以将用户信息通过映射复用成 OTU_k 信号,合波、放大后经波分侧传送出去,也可以将波分侧传送过来的信号经过放大、分波,解复用成用户信息送往客户设备。其帧结构和客户侧信号复用路径遵循 G.709 的 OTN 技术规范,支持各种不同速率、不同粒度的业务传送,在线路侧 OTM 设备可支持各种 OTN 接口。

中兴 OTM 由波长转换单元(SOTU10G、GEM、SRM41 等)、光分波/合波单元(OMU、ODU)、光放大单元(OBA、OPA)、光监控信道处理单元(OSC)、色散补偿单板(DCU)或色散补偿模块(DCM)、主控单元(NCP)、电源和风扇单元等功能单元组成,其信号流如图 4-19 所示。

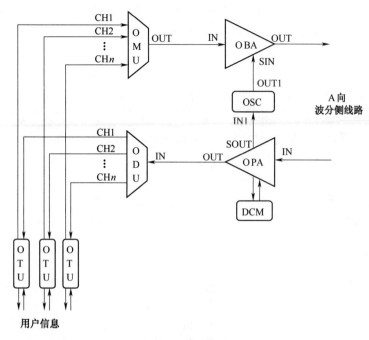

图 4-19 OTM 信号流

2. OLA

OLA 位于 OTN 网络的中间线路,只有两个波分侧线路接口。OLA 主要由 EDFA 实现,EDFA 只能放大 1 550 nm 的光信号,且会引入噪声。当线路上信噪比较低时,也可以在中间线路使用电中继器或拉曼放大器。

中兴 OLA 由光放大单元(OBA、OPA)、光监控信道处理单元(OSC)、色散补偿单板(DCU)或色散补偿模块(DCM)、主控单元(NCP)、电源和风扇单元等功能单元组成,其信号流如图 4-20 所示。OLA 配置比较简单,都可以用单子架完成。

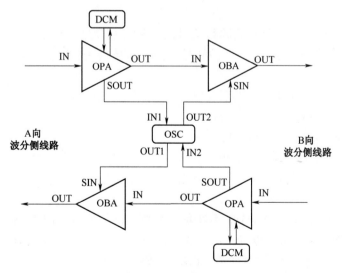

图 4-20 OLA 信号流

3. OADM 和 OXC

OADM 与 OXC 设备的功能及实现方式是相似的,只是复用和交叉连接的规模、应用场合不相同。OADM 以复用为主,交叉连接用于实现少量光信号的分接和插入,设备用作一般的传输节点。OXC 以大量的光信号的交叉连接为主,设备用作枢纽级的交换节点,交叉调度功能强于 OADM,结构比 OADM 要复杂得多。实际应用时,各厂家的 OADM 都可扩展成 OXC 功能。

OADM 和 OXC 最大的特点就是在电层和光层增加了交叉模块,用于实现电信号(ODUk)和光信号(OCh)的交叉功能。

从广义层面上讲,OTN 交叉连接设备有 OTN 纯光交叉连接设备、OTN 纯电交叉连接设备、OTN 光电混合交叉连接设备 3 个子类型。

(1)OTN 纯光交叉连接设备

光层光交叉模块输入到输入交换的是光波长。波长级别的业务可以直接通过 OCh 交叉,端到端不一定需要保持同样的波长。OTN 纯光交叉设备功能模型如图 4-21 所示。图中虚线表示设备实现方式可选为终端复用功能与交叉功能单元集成的方式。

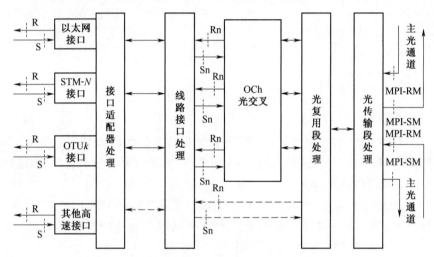

图 4-21 OTN 纯光交叉设备功能模型

纯光 OCh 调度功能支持光通道波长信号的分插复用功能,光通道波长信号环内调度能力,支持 OCh 通道上下和直通,光通道波长信号跨环调度能力,通过系统交叉配置,支持波长业务的广播功能。

光分插复用 OADM 中的 OCh 上下模块对多个适配模块的端口间的部分 OCh 光信号进行插入或分接出光信号,有固定和动态两种器件。

①固定光分插复用器件(FOADM)

FOADM 只能上下固定数目和频谱的波长。FOADM 可以分为并行 FOADM 和串行 FOADM 两种结构。并行 FOADM 可采用背靠背 OTM 结构,串行 FOADM 采用 SOADx($x=2/4/8$ 等)。

背靠背 OTM 结构的并行 FOADM 由波长转换单元(SOTU10G、GEM、SRM41 等)、光分波/合波单元(OMU、ODU)、光放大单元(OBA、OPA)、光监控信道处理单元(OSC)、色散补偿单板(DCU)或色散补偿模块(DCM)、主控单元(NCP)、电源和风扇单元等功能单元组成,其信号流如图 4-22 所示。当业务需要穿通时,以西向到东向穿通业务为例,直接通过西向 ODU 到东向 OMU 跳纤即可,当有多个方向时通过 ODF 架跳纤。当业务需要上下时,OMU/ODU 连接 OTU 单板。注意穿通波长跳纤和上波信号的可调光衰。当业务需要中继时,可以在西向发往东向的过程中串联中继 OTU 进行中继。

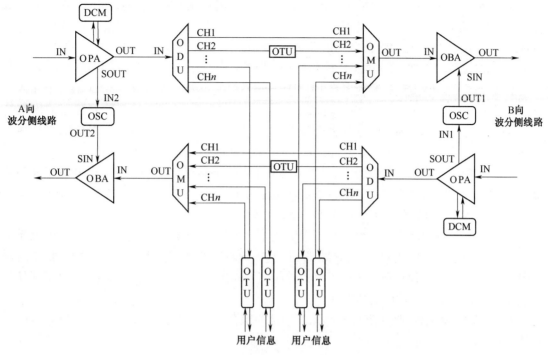

图 4-22　背靠背 OTM 结构的并行 FOADM 信号流

由 SOADx 构成的串行 FOADM 信号流如图 4-23 所示。通过 SOADx 单板分别上下波长,可以级联。C 偶数波可以级联 SOADx 单板的个数为 8 个,也就是说最大上下波长为 16 波。如果大于 16 波建议采用 M40/D40 的 FOADM 配置。注意穿通波和上波信号间需要加可调光衰减器,调节功率平坦。

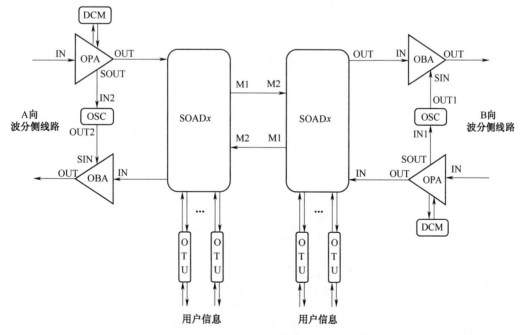

图 4-23　由 SOADx 构成的串行 FOADM 信号流

②动态光分插复用器件(ROADM)

ROADM 又称可重构的光分插复用器件,能够上下任意数目和频谱的波长。ROADM 可以完成光波长的上下路以及直通光通道之间的波长级别的交叉。可以通过软件本地或远程控制网元中的 ROADM 子系统实现上下路波长的配置和调整,实现动态光通道(OCh)的调度。核心的 ROADM 和 OXC 器件,辅之外围控制系统,再加上各种信息处理和管理功能,就构成 OXC 和 ROADM 设备。

波长选择开关(WSS)是实现多维 ROADM 和 OXC 的重要器件,$1×N$ WSS 由一个输入端口和 N 个输出端口组成。它能够将输入端口中的任一或任一组波长,切换到任一输出端口中。WSS 也可以反过来使用,将从多个端口输入的不同波长,合并到一个端口输出。两个 WSS 组合可以构成一个 ROADM 器件,多个 WSS 组合可以构成一个 OXC 器件。

WSS 的种类很多,根据实现技术可以分为基于微机电系统(MEMS)的 WSS 和基于硅基液晶(LCoS)的 WSS 等,根据支持的端口数量可以分为 $1×2$ WSS、$1×4$ WSS、$1×9$ WSS 等,根据支持的波长间隔又可以分为 100 G WSS 和 50 G WSS 等。

WSS 的工作机理是先将彩色(也叫群路)光信号通过分波器分解成多路并行的单色光信号,对每个单色光信号用可调光衰减器进行功率调整(通道功率均衡),之后通过控制 $1×N$ MEMS 光开关阵列将每个单色光信号导向到不同的合波器上合波后输出,从而实现任意单色光到任意输出端口输出的功能。

通过 WSS 和耦合器型功率分配单元(PDU)的组合,可以实现光波长信号在多维站点的灵活调度,如图 4-24 所示。

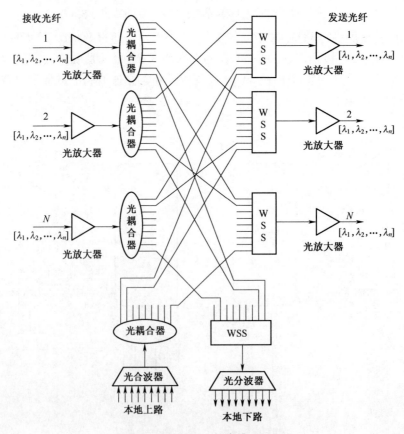

图 4-24 基于 WSS 的多维 ROADM

对于任意一个光方向输入的群路光信号,首先通过光耦合器将光信号广播到其他几个光方向和下路单元。对于本地下路波长,通过下路单元选收;对于需要从接收光纤1传到发送光纤2的波长,则通过发送光纤2的WSS选通,其他方向的WSS设为不通过;其他方向同理。这样,就实现了任意方向的任意波长的灵活调度。

此外,可以看出基于WSS的多维ROADM,只要配备足够的端口,那么未来网络拓扑无论发生变化,只需要在新增加的线路光方向上增加新的WSS即可实现站点的平滑扩容,这也体现了基于WSS的ROADM的灵活性。

基于WSS的ROADM,可以在所有方向提供波长粒度的信道,远程可重配置所有直通端口和上下端口,适宜于实现多方向的环间互联和构建Mesh网络。由WSS构成的OXC如图4-25所示。

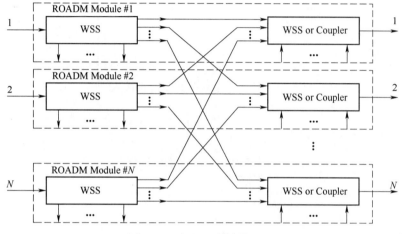

图4-25 由WSS构成的OXC

中兴ROADM站点有WBU/AD1、WSUD/MA1、WBM等多种类型组合。中兴ROADM由波长转换单元(SOTU10G、GEM、SRM41等)、动态分插复用单元(WBU/AD1、WSUD/MA1、WBM等)、光放大单元(OBA、OPA、ONA)、光监控信道处理单元(OSC)、色散补偿单板(DCU)或色散补偿模块(DCM)、主控单元(NCP)、电源和风扇单元等功能单元组成,如图4-26~图4-28所示。

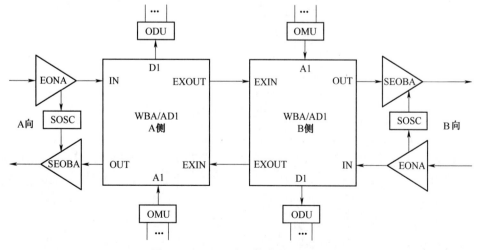

图4-26 WBU/AD1构成的ROADM

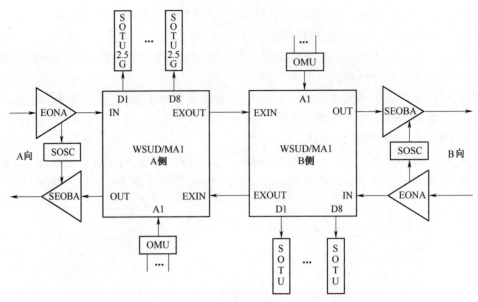

图 4-27 WSUD/MA1 构成的 ROADM

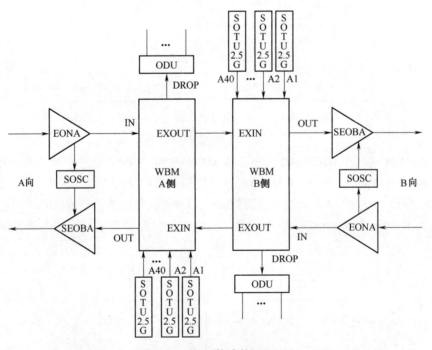

图 4-28 WBM 构成的 ROADM

(2) OTN 纯电交叉连接设备

OTN 纯电交叉连接设备完成 ODUk 级别的电路交叉功能,为 OTN 网络提供灵活的电路调度和保护能力。OTN 电交叉设备可以独立存在,对外提供各种业务接口和 OTUk 接口(包括 IrDI 接口),也可以与 OTN 终端复用功能集成在一起。除了提供各种业务接口和 OTUk 接口(包括 IrDI 接口)外,同时提供光复用段和光传送段功能,支持 WDM 传输。

OTN 纯电交叉设备功能模型如图 4-29 所示。图中虚框/虚线表示设备实现方式可选为 ODUk 交叉功能与 WDM 功能单元集成的方式。

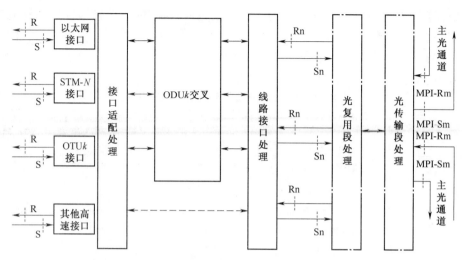

图 4-29　OTN 纯电交叉设备功能模型

OTN 的 ODUk 调度功能支持 ODUk 完全无阻交叉连接，调度容量应不小于线路接口总容量。ODUk 调度功能包括：

① ODUk（$k=0$、1、2、2e、flex、3、3e1、3e2、4）交叉连接，可根据网络层次要求选择单个或多个具体的调度速率容器，即所谓"粒度"。

② 交叉连接单元提供硬件冗余保护能力，ODUk 主备交叉倒换时间应小于 50 ms。

③ 通过系统交叉配置，支持线路保护和业务的广播功能。

OTN 的电交叉能力是对每个波长变换成的电信号的交叉能力，与 SDH 的交叉连接功能非常相似，但 OTN 有自己的信号帧结构和速率等级。

如图 4-30 所示，电层交叉的核心是电交叉连接矩阵，其主要作用是对端口的"群路"电信号或其时分复用前的支路电信号进行交叉连接。因为电端口群路信号是由支路电信号以字节间插方式同步复用而成，它们在 OTN 帧中的排列是非常有规律的，无论是接入还是提取都比较容易。

图 4-30　OTN 纯电交叉设备框图

电层交叉连接矩阵一般由 T 开关和 S 开关组成。所谓 T 开关即通常所说的时分接线器（又称 T 形接线器），其作用是进行时隙交换。T 开关用缓冲存储器来控制读出与写入的方式以完成时隙交换功能。所谓 S 开关即通常所说的空分接线器（又称 S 形接线器），其作用是进行空分交换。S 开关用控制存储器来控制空分接点的开启与闭合以完成空分交换功能。它们从数字话路交换技术引进到 SDH 的 ADM 和 DXC 设备中，又沿用到 OTN。交叉连接过程中，被交叉连接的信号可以从某个端口交叉连接到另一个任意端口，而且在各端口的相对位置可以按需求任意改变。

交叉连接时,信号的适配已在设备的接口板上完成,所有的支路信号都周期性地在 OTN 帧中的固定位置上出现,故信号是独立存在的,无论是哪个级别的信号,都能进行无阻塞交叉连接,还能保证被交叉连接信号的同步性不受到破坏。

ROADM 光交叉和 OTN 电交叉的比较见表 4-12。

表 4-12 ROADM 光交叉和 OTN 电交叉比较

特性	多维 ROADM	OTN 电交叉
调度层面	光层,存在波长受限问题	电层
交叉方式	波长级交叉	ODU0/ ODU1/ ODU2/ ODU3 交叉
支持方向	WSS 结构可以支持 8 个方向	不受限
保护恢复	波道保护小于 50 ms 波道恢复大于 1s	类似 SDH 的保护机制小于 50 ms 恢复几百纳秒
OAM	相邻点之间的光层性能监视,缺乏端到端管理机制	实现电路的端到端或特定段的监视

(3) OTN 光电混合交叉连接设备

OTN 光电混合交叉连接设备是大容量的调度设备,把 OTN 的电交叉与光交叉相结合,同时提供 ODUk 电层和 OCh 光层调度能力,波长级别的业务直接通过 OCh 交叉,其他需要调度的业务经过 ODUk 交叉,互相配合,取长补短。

OTN 光电混合交叉设备支持如下功能:

①接口能力:提供 SDH、ATM、以太网、OTUk 等多种业务接口,及标准的 OTN IrDI 互联接口,连接其他 OTN 设备。

②交叉能力:提供 OCh 调度能力,具备 ROADM 或者 OXC 功能,支持多方向的波长任意重构、支持任意方向的与波长无关的上下路;提供 ODUk 调度能力,支持一个或者多个级别 ODUk(k = 0、1、2、2e、3、4、flex)电路调度。

③保护能力:提供 ODUk、Och 通道保护恢复,在进行保护和恢复时不发生冲突。

④管理能力:提供端到端的 ODUk、OCh 通道的配置和性能/告警监视功能。

⑤智能:支持 GMPLS 控制平面,实现 ODUk、OCh 通道自动建立,自动发现和恢复等功能。

OTN 光电混合交叉连接设备功能模型如图 4-31 所示。图中虚线的含义是设备实现方式可选为终端复用功能与光电混合交叉功能单元集成的方式。

(二) 中兴 OTN 设备

中兴 OTN 光传输设备有 ZXMP M820、ZXVVMP M920、ZXONE8000、ZXONE8200、ZXONE8300、ZXONE8500 等。本项目以 ZXMP M820 为例说明 OTN 传输系统组建。

ZXMP M820 分为硬件和软件系统结构,两个系统结构既相对独立,又协同工作。ZXMP M820 软件系统与 ZXMP S385 类似,硬件系统与 ZXMP M800 相同。ZXMP M820 有传输子架和集中交叉子架两种类型。

ZXMP M820 传输子架面板如图 4-32 所示。传输子架上,风扇板(SFANA)安插于 30 ~ 33 槽位,电源板(SPWA)安插于 27、28 槽位,扩展接口板(SEIA)安插于 29 槽位,主子架主控板(SNP)安插于 1、2 槽位,网元内部通信控制板(SCC)安插于扩展子架 1 或者 2 槽位,监控板(SOSC)可安插于 3、5 槽位,推荐安插于 3 槽位,业务单板可安插于 3 ~ 26 槽位。电源板、主控板和网元内部通信控制板常要求配置两块,以实现热备份。

以太网接口
STM-N接口
OTUk接口
其他高速接口
R
S
接口适配器处理
ODUk交叉
线路接口处理
Rn
Sn
OCh光交叉
光复用段处理
光传输段处理
MPI-Rm
MPI-Sm
主光通道

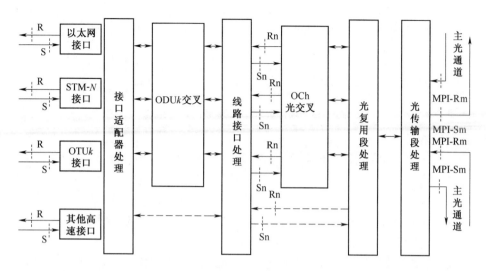

图 4-31　OTN 光电混合交叉连接设备功能模型

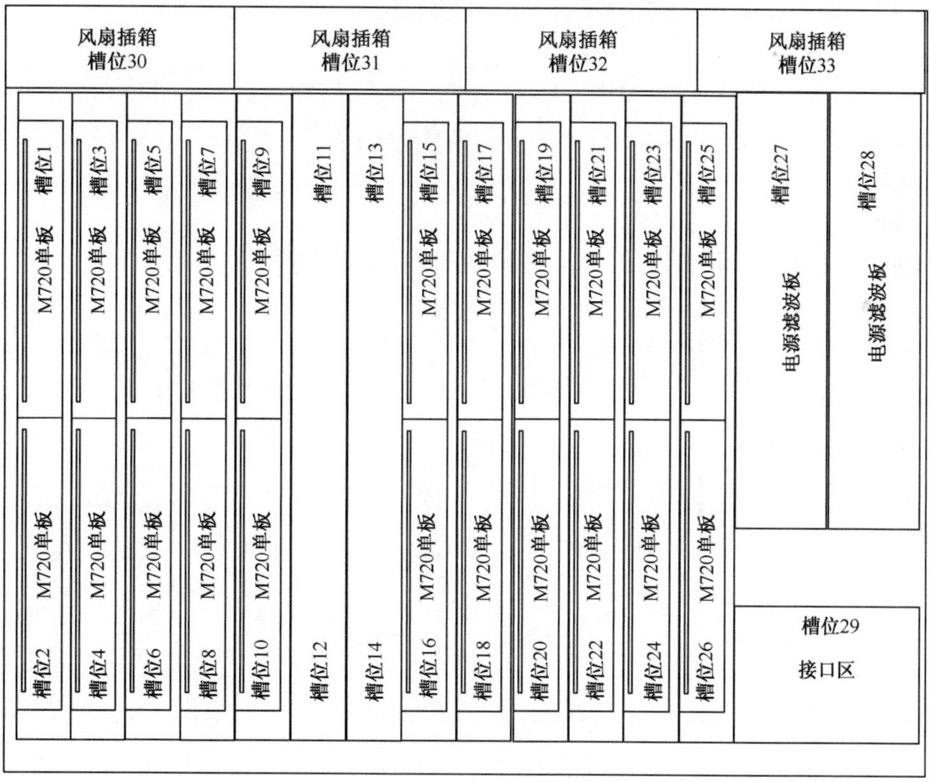

风扇插箱 槽位30
风扇插箱 槽位31
风扇插箱 槽位32
风扇插箱 槽位33
M720单板 槽位1
M720单板 槽位2
M720单板 槽位3
M720单板 槽位4
M720单板 槽位5
M720单板 槽位6
M720单板 槽位7
M720单板 槽位8
M720单板 槽位9
M720单板 槽位10
槽位11
槽位12
槽位13
槽位14
M720单板 槽位15
M720单板 槽位16
M720单板 槽位17
M720单板 槽位18
M720单板 槽位19
M720单板 槽位20
M720单板 槽位21
M720单板 槽位22
M720单板 槽位23
M720单板 槽位24
M720单板 槽位25
M720单板 槽位26
电源滤波板 槽位27
电源滤波板 槽位28
槽位29 接口区

图 4-32　ZXMP M820 传输子架

二、任务实施

本任务的目的是完成图 4-33 所示 40 波环带链 OTN 传输系统的硬件配置，为站 01～站 06 选择网元类型，配置子架和单板，完成网元内单板连接。所有两个相邻站之间均在60 km左右。站 03 为中心网元，连接网管服务器。

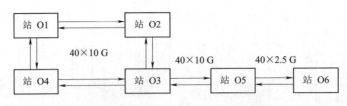

图 4-33 环带链 OTN 传输系统拓扑结构

1. 材料准备

高 2 m 的 19 英寸机柜,ZXMP M820 子架 6 套,单板若干,ZXONM E300 网管 1 套,G.655 光纤跳线若干根。

2. 实施步骤

在 OTN 网管系统上进行数据配置时,网元先设为离线状态。当所有数据配置完成后,将网元改为在线,下载网元数据库。数据下载后,设备即可正常运行。

OTN 传输系统数据配置与 DWDM 传输系统大致相同,区别在于 OTN 网元还支持电交叉配置。OTN 传输系统数据配置依据如下步骤进行:创建网元→配置单板→建立网元内光纤连接→建立网元间光纤连接→配置复用段保护→配置业务→配置公务。

(1) 启动网管

点击"开始"→"程序"→"ZXONM E300"→"Server",启动 Server,启动成功后工具栏右下角会出现 图标。点击"开始"→"程序"→"ZXONM E300"→"GUI",启动 GUI,用户名为 root,密码为空。

(2) 创建网元

规划并填写 OTN 网元参数,见表 4-13,创建站 O1 至站 O6 网元。

表 4-13 OTN 网元参数表

网元名称	网元标识	网元地址	系统类型	设备类型	网元类型	速率等级	在线/离线	子架
站 O1	31	192.3.31.18	ZXMP M820	ZXMP M820	OADM	40×10 G	离线	CWP10U 主子架
站 O2	32	192.3.32.18	ZXMP M820	ZXMP M820	OLA	40×10 G	离线	CWP10U 主子架
站 O3	33	192.3.33.18	ZXMP M820	ZXMP M820	OXC	40×10 G	离线	CWP10U 主子架、CWP10U 从子架
站 O4	34	192.3.34.18	ZXMP M820	ZXMP M820	OADM	40×10 G	离线	CWP10U 主子架
站 O5	35	192.3.35.18	ZXMP M820	ZXMP M820	OADM	40×10 G	离线	CWP10U 主子架
站 O6	36	192.3.36.18	ZXMP M820	ZXMP M820	OTM	40×2.5 G	离线	CWP10U 主子架

OADM 网元有两个波分线路接口,也支持光支路信号,需要配置 CWP10U 主子架,可规划左侧单板提供 A 方向波分线路接口,右侧单板提供 B 方向波分线路接口。OXC 网元有多个波分线路接口,也支持光支路信号。OXC 网元有三个以上波分线路接口(如本任务中站 O3 网元),至少需要配置 CWP10U 主子架和一个 CWP10U 从子架。可规划 CWP10U 主子架左侧单板提供 A 方向波分线路接口,右侧单板提供 B 方向波分线路接口,CWP10U 从子架左侧单板提供 C 方向波分线路接口。

创建网元步骤如下:在客户端操作窗口中,单击"设备管理"→"创建网元"选项,或单击工具条中的 按钮,弹出"创建网元"对话框。通过定义网元的名称、标识、IP 地址(192.3.×.18)、系统类型、设备类型、网元类型、速率等级、网元状态(离线)等参数,在网管客户端创建网元,如图4-34和图4-35所示。点击"配置子架"按钮,按照网元参数规划表配置子架,如图4-36所示。

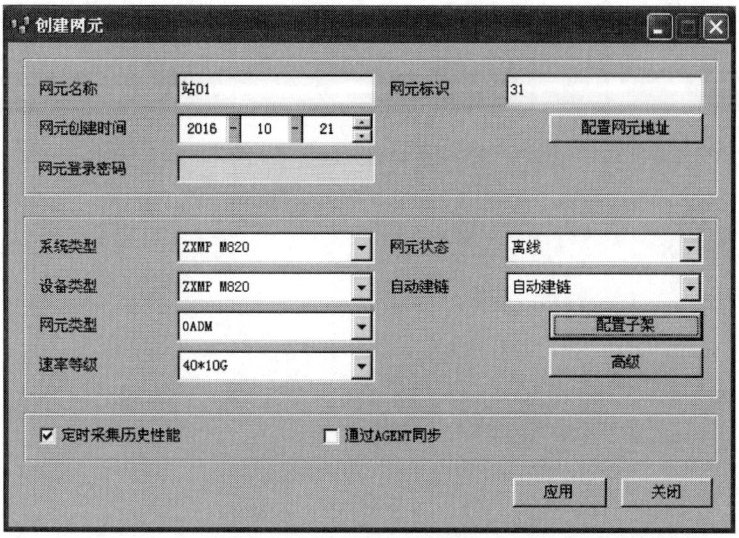

图4-34 创建OTN网元

图4-35 设置网元IP地址

图4-36 配置子架

若添加错误网元,可以根据下列方法删除网元:选中要删除的网元,确保网元处于离线状态,单击"设备管理"→"删除网元"选项,点击"确定",即可删除网元。如果要删除的网元中已配置有网元内光纤或业务,需要先删除网元内光纤和业务,并使网元处于离线状态,才能删除网元。

(3)安装单板

规划并填写单板配置表,见表4-14。OTN网元的每个子架30、31、32、33槽位安插4块SFANA板,27、28槽位固定安插两块SPWA板,29槽位安插SEIA。CWP10U主子架1、2槽位安插两块SNP板,CWP10U主子架3槽位安插1块SOSC板;CWP10U从子架1、2槽位安插两块SCC板,用于从子架与主子架之间通信。根据网元的波分侧接口数量和波道数配置OMU、OBA、ODU、OPA。本项目波道数为40,选用OMU40和ODU40。对于背靠背OTM结构的并行OADM,每个波分侧接口配置一套OMU40、OBA、ODU40、OPA。本任务中站O2为OLA网元,没有波分业务的上下,不需要配置OMU和ODU单板。

表 4-14 OTN 单板配置表

网元	SFANA	SPWA	SEIA	SNP	SCC	SOSC	OMU40	SEOBA	ODU40	SEOPA
站 O1	4块 [1-1-30] [1-1-31] [1-1-32] [1-1-33]	两块 [1-1-27] [1-1-28]	1块 [1-1-29]	两块 [1-1-1] [1-1-2]	—	1块 [1-1-3]	两块 [1-1-6] [1-1-18]	两块 [1-1-9] [1-1-21]	两块 [1-1-12] [1-1-24]	两块 [1-1-10] [1-1-22]
站 O2	4块 [1-1-30] [1-1-31] [1-1-32] [1-1-33]	两块 [1-1-27] [1-1-28]	1块 [1-1-29]	两块 [1-1-1] [1-1-2]	—	1块 [1-1-3]	—	两块 [1-1-9] [1-1-21]	—	两块 [1-1-10] [1-1-22]
站 O3	8块 [1-1-30] [1-1-31] [1-1-32] [1-1-33] [1-2-30] [1-2-31] [1-2-32] [1-2-33]	4块 [1-1-27] [1-1-28] [1-2-27] [1-2-28]	两块 [1-1-29] [1-2-29]	两块 [1-1-1] [1-2-1]	两块 [1-2-1] [1-2-2]	1块 [1-1-3]	3块 [1-1-6] [1-1-18] [1-2-18]	3块 [1-1-9] [1-1-21] [1-2-21]	3块 [1-1-12] [1-1-24] [1-2-24]	3块 [1-1-10] [1-1-22] [1-2-22]
站 O4	4块 [1-1-30] [1-1-31] [1-1-32] [1-1-33]	两块 [1-1-27] [1-1-28]	1块 [1-1-29]	两块 [1-1-1] [1-1-2]	—	1块 [1-1-3]	两块 [1-1-6] [1-1-18]	两块 [1-1-9] [1-1-21]	两块 [1-1-12] [1-1-24]	两块 [1-1-10] [1-1-22]
站 O5	4块 [1-1-30] [1-1-31] [1-1-32] [1-1-33]	两块 [1-1-27] [1-1-28]	1块 [1-1-29]	两块 [1-1-1] [1-1-2]	—	1块 [1-1-3]	两块 [1-1-6] [1-1-18]	两块 [1-1-9] [1-1-21]	两块 [1-1-12] [1-1-24]	两块 [1-1-10] [1-1-22]
站 O6	4块 [1-1-30] [1-1-31] [1-1-32] [1-1-33]	两块 [1-1-27] [1-1-28]	1块 [1-1-29]	两块 [1-1-1] [1-1-2]	—	—	1块 [1-1-6]	1块 [1-1-9]	1块 [1-1-12]	1块 [1-1-10]

双击拓扑图中的网元图标,弹出子架配置界面,点击选中右侧的单板类型,子架上可配置该单板的槽位将变成亮黄色,单击选中要安装的槽位,添加手工单板,依次安装 SFANA、SPWA、SEIA、SNP、CSU、SOSC、OMU40、SEOBA、ODU40、SEOPA 等单板。在安装 OMU40、SEOBA、ODU40、SEOPA 等单板时,在选中安装槽位前,需要勾选左下侧预设属性,进行单板的参数设置。

安装 OMU40 合波单板时,选择 OMU 类型,设置通道数为 OMU40,如图 4-37 所示。
安装 SEOBA 功率光放大单板时,选择 SEOA 类型,设置模块类型为 SEOBA,如图 4-38 所示。
安装 SEOPA 前置光放大单板时,选择 SEOA 类型,设置模块类型为 SEOPA。

图 4-37 OMU40 单板参数设置

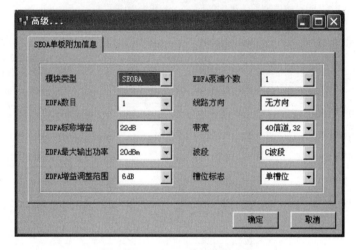

图 4-38 SEOBA 单板参数设置

安装 ODU40 分波单板时,选择 ODU 类型,设置通道数为 ODU40。

(4)网元内光纤连接

OTN 网元内单板间主要使用光纤连接,完成单板配置后,需要连接单板间的光纤跳线,并在网管上进行网元内光纤连接。

规划并填写站 O1 至站 O6 网元内光纤连接配置表,见表 4-15 ~ 表 4-18。站 4 和站 5 网元单板与网元内连线同站 1 网元,通过复制站 1 网元,粘贴完成。

表 4-15 站 O1 网元内连接配置表

A 方向(站 O1—站 O4 方向)					
源单板	源端口	源方向	目的单板	目的端口	目的方向
OMU40[0-1-6]	OUT[输出端口(OMS 源)1]	发送	SEOBA[0-1-9]	IN[输入端口(OMS 源)1]	接收
SOSC[0-1-3]	OUT1[监控通道源 1]	发送	SEOBA[0-1-9]	SIN[监控通道宿 1]	接收
SEOPA[0-1-10]	SOUT[监控通道源 1]	发送	SOSC[0-1-3]	IN1[监控通道宿 1]	接收

续上表

A 方向(站 O1—站 O4 方向)					
源单板	源端口	源方向	目的单板	目的端口	目的方向
SEOPA[0-1-10]	OUT[输出端口(OMS 宿)1]	发送	ODU40[0-1-12]	IN[输入端口(OMS 宿)1]	接收
B 方向(站 O1—站 O2 方向)					
源单板	源端口	源方向	目的单板	目的端口	目的方向
OMU40[0-1-18]	OUT[输出端口(OMS 源)1]	发送	SEOBA[0-1-21]	IN[输入端口(OMS 源)1]	接收
SOSC[0-1-3]	OUT2[监控通道源 2]	发送	SEOBA[0-1-21]	SIN[监控通道宿 1]	接收
SEOPA[0-1-22]	SOUT[监控通道源 1]	发送	SOSC[0-1-3]	IN2[监控通道宿 2]	接收
SEOPA[0-1-22]	OUT[输出端口(OMS 宿)1]	发送	ODU40[0-1-24]	IN[输入端口(OMS 宿)1]	接收

表 4-16　站 O2 网元内连接配置表

A 方向(站 O2—站 O1 方向)					
源单板	源端口	源方向	目的单板	目的端口	目的方向
SOSC[0-1-3]	OUT1[监控通道源 1]	发送	SEOBA[0-1-9]	SIN[监控通道宿 1]	接收
SEOPA[0-1-10]	SOUT[监控通道源 1]	发送	SOSC[0-1-3]	IN1[监控通道宿 1]	接收
B 方向(站 O2—站 O3 方向)					
SOSC[0-1-3]	OUT2[监控通道源 2]	发送	SEOBA[0-1-21]	SIN[监控通道宿 1]	接收
SEOPA[0-1-22]	SOUT[监控通道源 1]	发送	SOSC[0-1-3]	IN2[监控通道宿 2]	接收
A 方向—B 方向中继					
SEOPA[0-1-10]	OUT[输出端口(OMS 宿)1]	发送	SEOBA[0-1-21]	IN[输入端口(OMS 源)1]	接收
SEOPA[0-1-22]	OUT[输出端口(OMS 宿)1]	发送	SEOBA[0-1-9]	IN[输入端口(OMS 源)1]	接收

表 4-17　站 O3 网元内连接配置表

A 方向(站 O1—站 O4 方向)					
源单板	源端口	源方向	目的单板	目的端口	目的方向
OMU40[0-1-6]	OUT[输出端口(OMS 源)1]	发送	SEOBA[0-1-9]	IN[输入端口(OMS 源)1]	接收
SOSC[0-1-3]	OUT1[监控通道源 1]	发送	SEOBA[0-1-9]	SIN[监控通道宿 1]	接收
SEOPA[0-1-10]	SOUT[监控通道源 1]	发送	SOSC[0-1-3]	IN1[监控通道宿 1]	接收
SEOPA[0-1-10]	OUT[输出端口(OMS 宿)1]	发送	ODU40[0-1-12]	IN[输入端口(OMS 宿)1]	接收
B 方向(站 O1—站 O2 方向)					
源单板	源端口	源方向	目的单板	目的端口	目的方向
OMU40[0-1-18]	OUT[输出端口(OMS 源)1]	发送	SEOBA[0-1-21]	IN[输入端口(OMS 源)1]	接收
SOSC[0-1-3]	OUT2[监控通道源 2]	发送	SEOBA[0-1-21]	SIN[监控通道宿 1]	接收
SEOPA[0-1-22]	SOUT[监控通道源 1]	发送	SOSC[0-1-3]	IN2[监控通道宿 2]	接收
SEOPA[0-1-22]	OUT[输出端口(OMS 宿)1]	发送	ODU40[0-1-24]	IN[输入端口(OMS 宿)1]	接收
C 方向(站 O3—站 O5 方向)					
源单板	源端口	源方向	目的单板	目的端口	目的方向
OMU40[0-2-18]	OUT[输出端口(OMS 源)1]	发送	SEOBA[0-2-21]	IN[输入端口(OMS 源)1]	接收
SOSC[0-1-3]	OUT3[监控通道源 3]	发送	SEOBA[0-2-21]	SIN[监控通道宿 1]	接收

续上表

C 方向(站 O3—站 O5 方向)					
源单板	源端口	源方向	目的单板	目的端口	目的方向
SEOPA[0-2-22]	SOUT[监控通道源1]	发送	SOSC[0-1-3]	IN3[监控通道宿3]	接收
SEOPA[0-2-22]	OUT[输出端口(OMS宿)1]	发送	ODU40[0-2-24]	IN[输入端口(OMS宿)1]	接收

表 4-18　站 O6 网元内连接配置表

A 方向(站 O6—站 O5 方向)					
源单板	源端口	源方向	目的单板	目的端口	目的方向
OMU40[0-1-6]	OUT[输出端口(OMS源)1]	发送	SEOBA[0-1-9]	IN[输入端口(OMS源)1]	接收
SOSC[0-1-3]	OUT1[监控通道源1]	发送	SEOBA[0-1-9]	SIN[监控通道宿1]	接收
SEOPA[0-1-10]	SOUT[监控通道源1]	发送	SOSC[0-1-3]	IN1[监控通道宿1]	接收
SEOPA[0-1-10]	OUT[输出端口(OMS宿)1]	发送	ODU40[0-1-12]	IN[输入端口(OMS宿)1]	接收

根据网元内连接规划表连接网元内各单板。进入各网元的连接配置对话框的网元内连接配置页面,在"源单板"和"目的单板"下拉列表框中选择"所有单板",检查网元内的连接是否与连接配置表一致。

拓展任务:将站 2 网元用增强型光节点放大板(EONA)来替换 SEOPA + SEOBA 单板,进行网元内光纤连接配置,完成光中继器功能。

任务 4:OTN 传输系统拓扑建立

任务:了解 OTN 传输系统不同网络结构的特点,掌握环带链 OTN 传输系统拓扑建立步骤。

要求:能进行网元间光纤连接,组建环带链 OTN 传输系统拓扑。

一、知识准备

OTN 传输系统是由网元和连接网元的传输介质构成的。根据网元之间的连接关系,OTN 传输网的拓扑结构与 SDH 传输网相同,有链型、星型、树型、环型和网孔型,以及由这几种拓扑组合成的其他复杂拓扑网络,如环带链、相切环网络。环带链网络较为典型,本项目以环带链 OTN 传输网为例,说明 OTN 传输系统的组建。

二、任务实施

本任务的目的是完成站 O1～站 O6 网元间光纤连接,建立环带链 OTN 传输系统的拓扑。

1. 材料准备

高 2 m 的 19 英寸机柜,ZXMP M820 子架 6 套,单板若干,ZXONM E300 网管 1 套,G.655 光纤跳线若干根。

2. 实施步骤

在网管系统上进行数据配置时,网元先设为离线状态。当所有数据配置完成后,将网元改为在线,下载网元数据库。数据下载后设备即可正常运行。

(1) 启动网管。
(2) 创建网元。
(3) 安装单板。
(4) 网元内光纤连接。
(5) 网元间光纤连接。

规划并填写各网元间光纤连接表,见表 4-19。根据网元间光纤连接表连接各网元间的连线。

表 4-19 网元间光纤连接表

序号	源网元端口号源方向	目的网元端口号目的方向
1	站 O1 的 SEOBA[0-1-21]输出端口 1 发送	站 O2 的 SEOPA[0-1-10]输入端口 1 接收
2	站 O2 的 SEOBA[0-1-21]输出端口 1 发送	站 O3 的 SEOPA[0-1-10]输入端口 1 接收
3	站 O3 的 SEOBA[0-1-21]输出端口 1 发送	站 O4 的 SEOPA[0-1-10]输入端口 1 接收
4	站 O4 的 SEOBA[0-1-21]输出端口 1 发送	站 O1 的 SEOPA[0-1-10]输入端口 1 接收
5	站 O1 的 SEOBA[0-1-9]输出端口 1 发送	站 O4 的 SEOPA[0-1-22]输入端口 1 接收
6	站 O4 的 SEOBA[0-1-9]输出端口 1 发送	站 O3 的 SEOPA[0-1-22]输入端口 1 接收
7	站 O3 的 SEOBA[0-1-9]输出端口 1 发送	站 O2 的 SEOPA[0-1-22]输入端口 1 接收
8	站 O2 的 SEOBA[0-1-9]输出端口 1 发送	站 O1 的 SEOPA[0-1-22]输入端口 1 接收
9	站 O3 的 SEOBA[0-2-21]输出端口 1 发送	站 O5 的 SEOPA[0-1-10]输入端口 1 接收
10	站 O5 的 SEOBA[0-1-9]输出端口 1 发送	站 O3 的 SEOPA[0-2-22]输入端口 1 接收
11	站 O5 的 SEOBA[0-1-21]输出端口 1 发送	站 O6 的 SEOPA[0-1-10]输入端口 1 接收
12	站 O6 的 SEOBA[0-1-9]输出端口 1 发送	站 O5 的 SEOPA[0-1-22]输入端口 1 接收

根据网元间光纤连接表配置站 O1 与站 O2 网元间的连接。端口源方向和目的网元的目的端口目的方向,如图 4-39 所示。单击"增加",将网元间连接关系添加到下方的连接配置窗口中,然后点击"应用",拓扑图上的两个网元间将出现光纤连线。

选择"自动配置",将板卡依次加入右侧,点击"查询",然后点击"自动计算",如图 4-40 所示,点击"应用"完成网元间的连接。

(6) 设置网关网元

选择站点 3,选择"设备管理"→"设置网关网元",将站 3 添加到右侧网关网元列表中,将站 3 设置为网关网元,如图 4-41 所示。

(7) 启动 SNMS

单击"系统"→"SNMS 功能启用设置"进入"SNMS 功能启用设置"对话框,单击"启用"按钮,启用 SNMS 功能,如图 4-42 所示。

(8) 搜索 OTS

单击"配置"→"PC 资源管理"进入"PC 资源管理"界面,单击"SNMS 资源配置"→"OTS 搜索"查看光层的 OTS 资源。OTS 为一个网元 SEOBA 至另一个网元 SEOPA 之间的光层连接,环带链型 OTN 网络应有 12 条往返 OTS 资源信息,如图 4-43 所示。若搜索出来的 OTS 不正确,检查网元间的光纤连线是否有误。

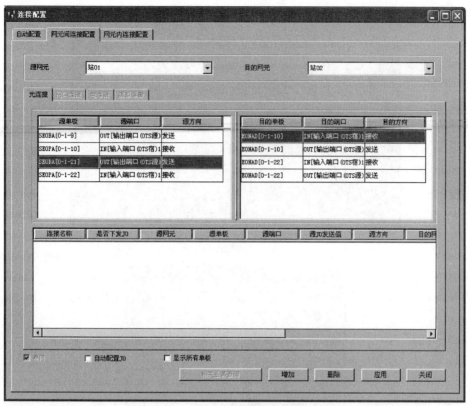

图 4-39　网元间连接手动配置

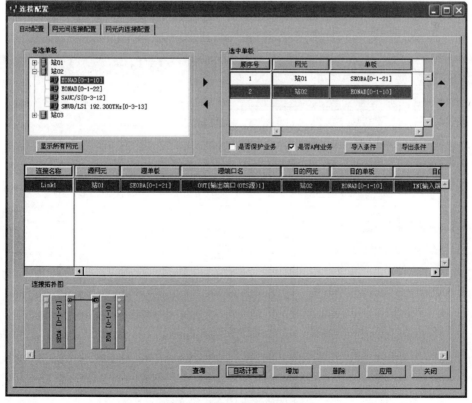

图 4-40　网元间连接自动配置

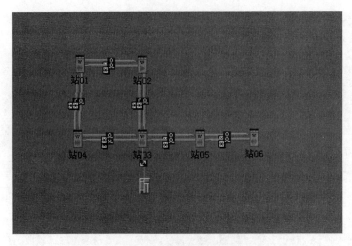

图 4-41　环带链 OTN 网络

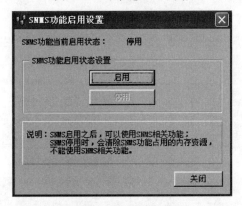

图 4-42　启用 SNMS 功能

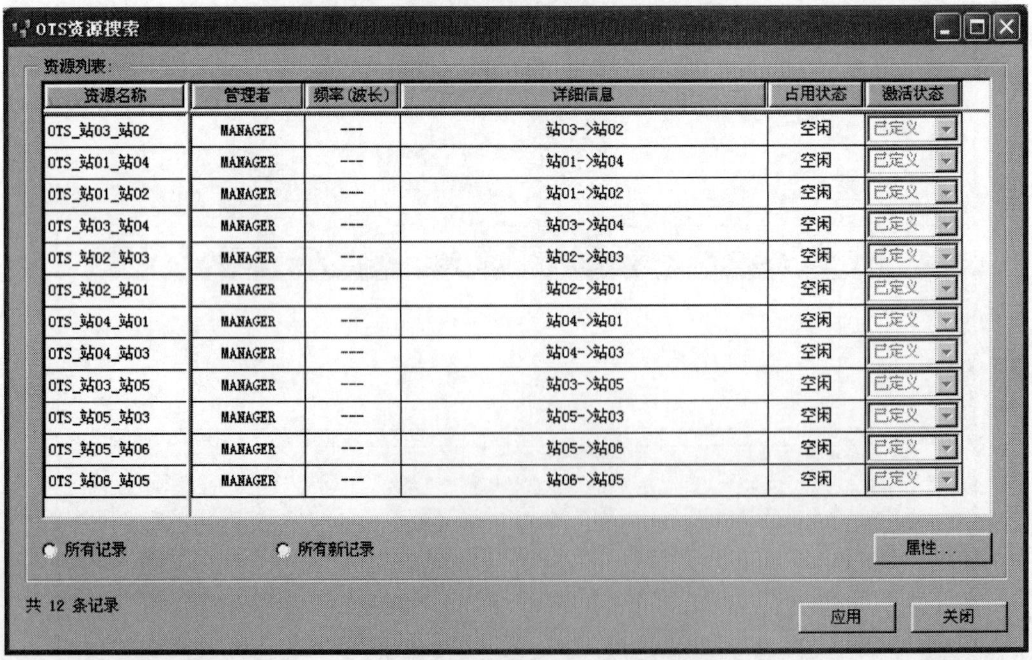

图 4-43　OTS 资源搜索

(9)搜索 OMS

在“PC 资源管理”界面,单击“SNMS 资源配置”→“OMS 搜索”查看光层的 OMS 资源。OMS 为一个网元 OMU 至另一个网元 ODU 之间的光层连接,环带链型 OTN 网络应有 10 条往返 OMS 资源信息,如图 4-44 所示。若 OTS 正确,但 OMS 不正确,检查网元内 OMU 至 OBA、OPA 至 ODU 之间的连线是否有误。

资源名称	管理者	频率(波长)	详细信息	占用状态	激活状态
OMS_站01_站04	MANAGER	---	站01->站04	空闲	已定义
OMS_站01_站03	MANAGER	---	站01->站02->站03	空闲	已定义
OMS_站03_站04	MANAGER	---	站03->站04	空闲	已定义
OMS_站03_站01	MANAGER	---	站03->站02->站01	空闲	已定义
OMS_站05_站06	MANAGER	---	站05->站06	空闲	已定义
OMS_站04_站01	MANAGER	---	站04->站01	空闲	已定义
OMS_站03_站05	MANAGER	---	站03->站05	空闲	已定义
OMS_站04_站03	MANAGER	---	站04->站03	空闲	已定义
OMS_站05_站03	MANAGER	---	站05->站03	空闲	已定义
OMS_站06_站05	MANAGER	---	站06->站05	空闲	已定义

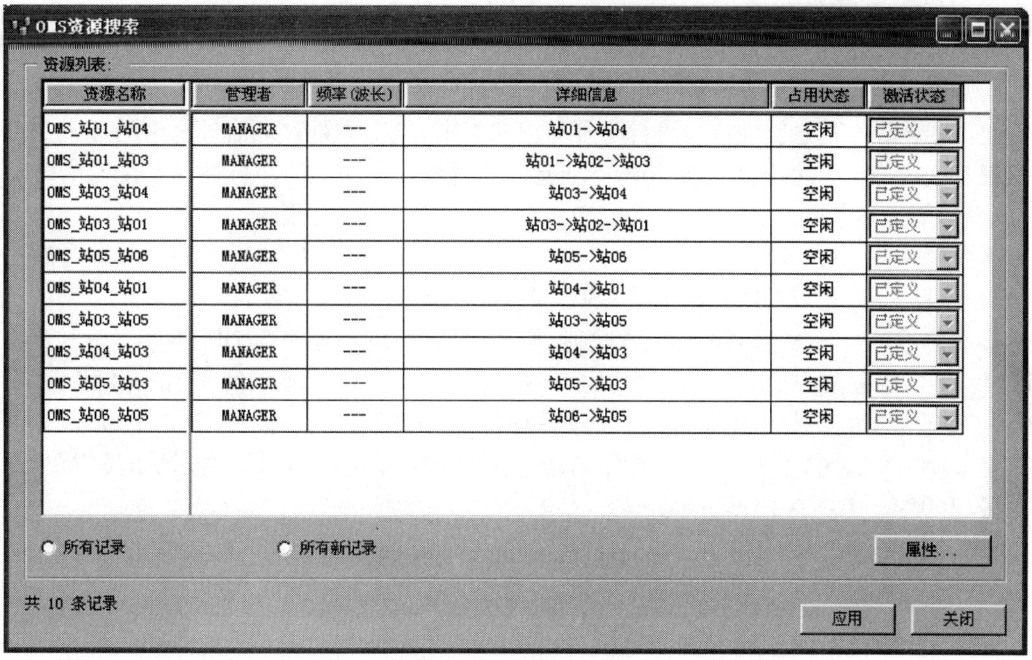

图 4-44　OMS 资源搜索

拓展任务:如图 4-45 所示,组建相切环型 OTN 传输网,站 3 为网关网元,通过与站 3 连接网管可以管理其他站点。

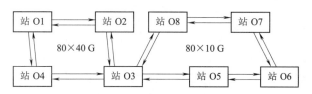

图 4-45　相切环型传输网络连接图

任务 5:OTN 传输系统业务开通

任务:掌握 OTN 业务的种类,理解 OTN 的映射,掌握 SDH 业务、以太网业务时分复用和波分复用的过程。

要求:能分析客户信号映射进入光传送模块的时分复用和波分复用过程,能开通 OTN 传输系统站点间的业务。

一、知识准备

OTN 传输网络可以传送 IP、SDH、ODU、1/10/100GE、ATM 等多种业务,不仅支持业务信号的光层调度,还支持电层调度。OTN 对业务信号的处理依次在电域和光域完成。将客户业务信号适配到光通道层(OCh),要先将业务信号映射到净负荷区,插入 OPU 开销和 ODU 开销,形成 ODU。低等级的 ODU 时分复用形成更高等级的 ODU,加上 OTU 开销,形成完整的 OTU,这部分信号处理在电域内进行。从光通道层(OCh)到光传送段(OTS),要将光信号波分复用(WDM)、放大及加入光监控开销(OOS/OSC),这部分信号处理在光域内进行。

(一)OTN 映射

所谓对客户信号进行速率适配,就是把一定范围内变动的客户信号速率调整为标准速率,使之与 OPU 同步,这个过程也称为码速调整。它以受控方式改变数字信号速率,处理过程不丢失也不损伤原有信息。同步是进行时分复用的基本要求,多路数字信号复用的每个支路的信号都分别要进行码速调整,全部与 OPU 同步,使得各个支路的信号脉冲都在规定的时间出现,既不提前也不滞后,这样才能在接收端准确解复用各个支路的信号。

客户信号速率与 OPU 速率同步之后,再添加管理信息,也就是 OPU、ODU 开销,最后添加帧定位和段监测开销以及前向纠错码 FEC,客户信号就进入 OTU 帧。

客户信号进入 OTU 帧的过程也称映射,简单说就是:调整速率与 OPU 同步,加上开销变成 OTU 帧,这就装进"容器"。整个过程与 G.707 定义的 SDH 虚容器映射一脉相承,只是 OTUk[V]还要映射到光通道的 OCh[r],最后 OCh[r]被调制到光载波 OCC[r]上传输。

在 OTN 的映射中,使用了异步映射(AMP)、比特同步映射(BMP)和通用映射(GMP)。客户信号到低阶 OPU 的映射见表 4-20。

表 4-20 各种业务信号的映射

业务(线路码速率)	映射	OTN 体系
STM-1/STM-4 (155/622 Mbit/s)	GMP	OPU0
FC-100 (1.062 5 Gbit/s)	GMP	
GE (1.250 Gbit/s)	TTT + GMP/GFP-F	
CPRI-1/2 (614.4/1 228.8 Mbit/s)	GMP	
STM-16 (2.5 Gbit/s)	AMP/BMP	OPU1
FC-200 (2.215 Gbit/s)	GMP	
GPON (2.488 Gbit/s)	AMP	
CPRI-3 (2.457 6 Gbit/s)	GMP	
STM-64 (10 Gbit/s)	AMP/BMP	OPU2
10GE (10.312 5 Gbit/s)	BMP	OPU2e
FC-1200 (10.53 Gbit/s)	TTT + 16FS + BMP	
STM-256 (40 Gbit/s)	AMP/BMP	OPU3
40GE (41.25 Gbit/s)	TTT + GMP	
100GE (103.125 Gbit/s)	GMP	OPU4
FC400/800 (4.25/8.5 Gbit/s)	BMP	OPUflex
CPRI-4/5/6 (3.072 0/4.915 2/6.144 0 Gbit/s)	BMP	

恒定速率信号是指速率固定不变的客户信号,如 SDH 的 STM-16、STM-64 信号,其速率分别为 2.5 Gbit/s、10 Gbit/s,采用 AMP 或 BMP 方式映射到相应的 ODUk。

通用映射规程(GMP)很"通用",面向所有可能的客户业务(既支持现有的各种客户信号,也支持未来的新信号)。映射时,只要能确定 OPU 信号速率在所有情况下高于客户信号速率,就可将该客户信号映射进对应的 OPU 净负荷。小于 OPU0 速率的 CBR 信号(即速率最高到 1.238 Gbit/s 的恒定比特速率信号,如 STM-1/STM-4、GE 等信号)通过 GMP 映射到 OPU0;大于 OPU0 速率且小于 OPU1 速率的 CBR 信号(即速率在 1.238~2.488 Gbit/s 之间的恒定比特速率信号)映射到 OPU1;接近 OPU2、OPU3 或 OPU4 速率的 CBR 信号分别映射到相应的 OPUk;大于 OPU1 速率的任何业务信号都可以映射入 ODUflex。

GFP 是一种通用的把变长度分组信号(特别是 Ethernet 和 IP 信号)通过固定速率信道(如 SDH VC-n 通道、OTN ODUk 通道)传输的封装方法。GE 信号映射进 ODU0 时就采用这种映射方式。

在映射之前有时要对客户信号进行定时透明转码来减小客户信号的比特流速率,以符合 OPUk 的净负荷带宽。

(二)OTN 时分复用

与 SDH 仅有时分复用不同,OTN 有时分复用和波分复用两种复用方式。时分复用的基础是传输容器。

1. 传输容器

OTN 标准定义了 ODU1/2/3 容器,分别针对 STM-16/64/256 等级的速率。为适应 10 GE、100 GE LAN 的传送需求,出现了 ODU1e/ODU2e 及 ODU3e1/3e2/ODU4 等新容器。

(1)ODU0

G.709v3 引入一个速率为 1.244 Gbit/s 的传输容器 ODU0,在 OTN 容器系列中容量最小。ODU0 的容器大小定义为 OPU1 净负荷比特率的一半。ODU0 能够携带 1 000Base-X、STM-1、STM-4、FC-100 信号。ODU0 可以独立进行交叉连接,但没有直接的物理层接口,也就是没有 OTU0,要映射到高阶 ODU 中才能在 OTN 网络中传输。

(2)ODU1

ODU1 是 OTN 体系中的"1 阶"光数据单元,用于传输 2.5 Gbit/s 信号。它能分成 2×1.25 Gbit/s 支路时隙,作为高阶 ODU 携带低阶 ODU0 信号,把 ODU0 映射进 1 个 1.25 Gbit/s 支路时隙。OPU1 可以携带 STS-48、STM-16、FC-200 等信号。

(3)ODU2

ODU2 是 OTN 体系中的"2 阶"光数据单元,用于传输 10 Gbit/s 信号。它能分成 4×2.5 Gbit/s 或 8×1.25 Gbit/s 两种支路时隙,作为高阶 ODU 携带低阶 ODUs 信号,将 ODU0 映射进 1 个 1.25 Gbit/s 支路时隙,ODU1 映射进 1×2.5 Gbit/s 或 2×1.25 Gbit/s 支路时隙,ODUflex 映射进 1~8 个 1.25 Gbit/s 支路时隙。OPU2 可以携带 STS-192、STM-64 等信号。

10 G 速率下有 ODU1e 和 ODU2e 两种扩展容器。它们的区别在于 OPU 帧中是否使用了填充字节。

ODU1e 的引进主要是为了方便将 10 G LAN 物理层信号映射进 OTN,这种映射方式使用了在 OPU2 标准映射中没有用到的填充字节,也就是净负荷区无填充字节。ODU1e 在 G.Sup43 中定义,但在 G.709 标准中未出现,是非标准的速率容器。

ODU2e 是为了传输"私有的"10GBASE-R 信号而在 G.sup43 定义的。它通过超频的方式将 10 Gbit/s 速率的 LAN 物理层信号映射进 OTN,保留了标准映射中的固定填充字节。ODU2e 能携带 10GBase-R(BT)、转码 FC-1200 等信号。ODU2e×10 能映射进 OPU4;ODU2e

后来被引入 G.709 标准,所以是标准的速率容器。ODU2e 信号经 ODU3 和 ODU4 传输。

(4) ODU3

ODU3 是 OTN 体系中的"3 阶"光数据单元,用于传输 40 G 信号。它能分成 16×2.5 G 或 32×1.25 G 两种支路时隙,作为高阶 ODU 携带低阶 ODUs 信号,将 ODU0 映射进 1 个 1.25 G 支路时隙;ODU1 映射进 1×2.5 G 或 2×1.25 G 支路时隙;ODU2 映射进 4×2.5 G 或 8×1.25 G 支路时隙;ODU2e 映射进 9×1.25 G 支路时隙;ODUflex 映射进 1~32 个 1.25 G 支路时隙。OPU3 可以携带 STS-768、STM-256、转码 40 G Base-R 等信号。

40 G 速率有 ODU3e1 和 ODU3e2 两种扩展容器。它们的区别在于映射的方式不同。ODU3e1 用于传送 4 路 ODU2e 信号,映射方式为 AMP。ODU3e2 除了传送 4 路 ODU2e 信号,还可以传送其他信号,净负荷映射是通过 GMP 进行的。ODU3e1 和 ODU3e2 都在 G.Sup43 中定义,但在 G.709 标准中未出现,所以是非标准的速率容器。

(5) ODU4

ODU4 是为了适应 100 GE 业务的传送而引入的。为了优化 100 GE 信号的传输,没有采用传统的复接习惯将 ODU4 定义为 ODU3 容量的 4 倍,而是以 10 倍的 STM-64 速率为基础速率,相应的 OTU4 约为 112 Gbit/s。

112 Gbit/s 的 OTU4 速率有两大优势:一是可与 100 GE 速率全面兼容,在需要 FEC 功能时 OTU4 成为 100 GE 串行传输的首选,也兼顾了 SDH 系列的整数倍关系;二是有相对较低的成本,实现 160 Gbit/s 比实现 112 Gbit/s 所需的光技术复杂性及成本要高很多。不足之处在于 OPU4 不是低阶 ODUk 信号速率的整数倍数,因此,ODU0 复用到 ODU1/2/3 时均采用 AMP,而复用到 ODU4 时需要采用通用映射规程 GMP 进行映射。这样,ODU4 速率不仅能够传输 100 G 以太网,还能将 ODU2 和 ODU3 复用至 ODU4,以满足在网络核心区不断增长的 10 Gbit/s 和 40 Gbit/s 链接的需求。

ODU4 是 OTN 体系中的"4 阶"光数据单元。它有 80×1.25 G 个支路时隙,能作为高阶 ODU 携带低阶 ODUs 信号,将 ODU0 映射进 1 个支路时隙;ODU1 映射进两个支路时隙;ODU2 或 ODU2e 映射进 8 个支路时隙;ODU3 映射进 32 个支路时隙;ODUflex 映射进 1~80 个支路时隙。OPU4 可以携带 100 GBase-R 等信号。

(6) ODUflex

虽然 OTN 尽可能地为 SDH 信号速率和 GE/10 GE/40 G/100 G 等以太网信号速率定义了不同的容器,但没有完全覆盖其中的速率空隙。这是因为 CBR 业务和数据包业务在不断变化,现有的 OPUk(k=0、1、2、3、4)容器还是不能完全适应它们的速率要求。为了有效传输那些与固定 OPUk 净负荷速率不能匹配的分组数据流,提出了灵活速率光数字单元 ODUflex,这个可变大小的新容器不久就进入 G.709 标准,它直接支持任意速率客户信号的透明传输,提供灵活可变的速率适应机制,使得 OTN 能够高效地承载全业务,最大限度提高线路带宽利用率。

目前 ITU-T 定义了两种形式的 ODUflex。一种是承载 CBR 业务的 ODUflex,速率可以是任意的,信号通过 BMP 映射到 ODUflex;另一种是承载分组业务的 ODUflex,支持可变比特分组流的传送,信号用 GFP-F 方式映射到 ODUflex。ODUflex 本身用 GMP 方式映射到高阶容器 ODUk(k=2、3、4)中,如图 4-46 所示。

承载 CBR 业务的 ODUflex,速率为 2.5 G~104 G,划分为三段:ODU1~ODU2 之间变化;ODU2~ODU3 之间变化;ODU3~ODU4 之间变化。与其他具有标称速率、容差为 ±20 ppm 的

ODUk(k=0、1、2、3、4)不同,ODUflex(CBR)的速率是239/238×客户信号码率±100 ppm。

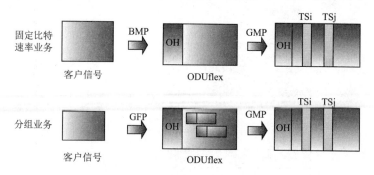

图4-46　ODUflex的封装与映射

承载分组业务的ODUflex,速率为1.38 G～104.134 G,原则上任意可变,ITU-T推荐采用ODUk时隙的倍数来确定速率,这样它的速率应该是高阶OPUk中净负荷速率最低的支路时隙1.25 Gbit/s的倍数,便于匹配数据包流的速率。

ODUflex通过高阶OPUk(k=2、3、4)传输,是可管理的容器。ODUflex和ODUk(k=0、1、2、2e、3、4)构成OTN支持多业务的低阶传送通道,能够覆盖0～104 G范围内的所有业务,能够为主流的以太网及SDH业务提供最优的带宽利用率,也能为光纤通道FC及CPRI等非主流业务提供传送通道。

ODU容器看上去只是一些规定的速率等级,实际有自己的信息结构,是客户信号加入监控管理开销后形成的,在时分复用中总是以一个整体的方式加入或取出。

2. 时分复用结构

ODU0、ODUflex(CBR)和ODUflex(GFP)均以1.25 Gbit/s支路时隙为复接单位,能更有效地将低阶ODUj(j=0、1、2、3、flex)多路复用为高阶OPUk(k=2、3、4)。

客户信号映射到低阶OPUj,加开销形成低阶ODUj后,映射进入高阶OPUk分成映射和复用两个步骤。先把ODUj以AMP或GMP方式映射进入光通道数据支路单元(ODTU),再将多个ODTU的"时隙"(ODTU中的1列)以字节同步方式(即字节间插)时分复用进入高阶的OPU净负荷区,加上高阶的OPU开销(MSI和ODTU开销)、OTU开销及FEC,就成为高阶的OTU。

(三) OTN波分复用

1. 光传送模块

光传送模块(OTM)是光传送网在光层里规定的标准信息结构。G.709定义了两种光传送模块(OTM-n),一种是完全功能光传送模块(OTM-$n.m$),另一种是简化功能光传送模块(OTM-0.m,OTM-$nr.m$),如图4-47所示。

ODUk中的k指速率级别,如1、2、3、4,分别代表2.5 G、10 G、40 G、100 G;ODUk后面跟P和T代表对ODU的监控的两种不同级别,P表示通路级别的监控,T表示串联连接监控TCM。

2. 波分复用结构

按照OTN光层结构,每个OTUk(k=1、2、3、4)都在一个特定波长形成的光通道OCh上传输,多个光通道复用形成OMS,加上光放大器形成OTS。OCh、OMS和OTS层都有其各自的开销以实现光层的管理,这些光层的开销在OSC中传输。

OTN的波分复用结构如图4-48所示,其中的OCh是光通道,包括OCh开销和OCh负荷,OChr仅有OCh负荷;OCC是光通道载波,复用的载波波长是不一样的。进入OTM-$n.m$和

OTM-$nr.m$ 的信号是不同的。

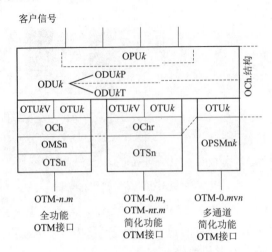

图 4-47 光传送模块结构

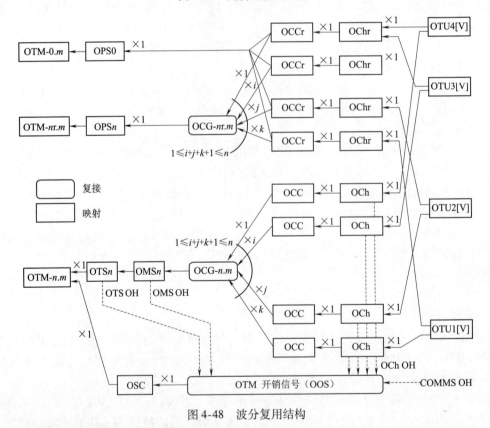

图 4-48 波分复用结构

（四）接入业务单板

根据电层速率与光层速率是否一致，可以分为非汇聚业务和汇聚业务。针对非汇聚业务，OTN 传输网将业务映射成相应的 ODUk，并加上开销形成相应的 OTUk 在光纤上传输，业务开通时需要在主光层选择业务接入类型。针对汇聚业务，OTN 传输网首先将低速的业务信号复用成高阶的 ODUk，然后再加上开销形成相应的 OTUk 在光纤上传输，业务开通时需要在汇聚层选择业务接入类型，并配置业务的上下路。

OTN 业务信号需要经过映射、复用形成 OTN 帧，才能到光通道上传输。OTN 支路板可以将业务信号汇聚映射成相应的 $OPUm$，然后加上 $ODUm$ 的开销形成 $ODUm$，也可以从 $ODUm$ 分解出业务信号。OTN 线路板可以将 $ODUn$ 信号加上 $OTUm$ 的开销形成 $OTUn$ 帧，也可以从 $OTUn$ 帧中分解出 $ODUn$ 信号。支路板需要结合线路板使用，要求 $ODUm$ 与 $ODUn$ 的速率等级相同。ZXMP M820 业务单板可以采用支线合一单板实现，也可以通过支路板结合线路板来实现。

1. ZXMP M820 设备的支线合一单板

OTN 支线合一单板是将支路板与线路板集成在同一块单板上，$ODUm$ 与 $ODUn$ 两者的时隙之间采用一对一方式的直接相连，不支持电交叉连接。支线合一单板的可以安插在 ZXMP M820 传输子架上，也可以安插在集中交叉子架（CX 子架）上。

ZXMP M820 支持的支线合一单板主要有光转发板和汇聚板两种类型，各单板功能见表 4-21。

表 4-21 M820 的支线合一单板

单板名称	代号	功能
光转发板	OTUF	带 FEC 功能 STM-1/4/16 ↔ OTU1
	EOTU10G	STM-64 或 10GE ↔ OTU2
	SOTU2.5G	STM-16 ↔ OTU1
	SOTU10G	STM-64 ↔ OTU2
	TST3	STM-256 ↔ OTU3
汇聚板	GEM	2 路 GE ↔ OTU1 或 OTU2
	GEM8	8 路 GE ↔ OTU2
	SRM42	4 路 STM-1/4 ↔ OTU1
	SRM41	4 路 STM-16 ↔ OTU2
	MQT3	4 路 STM-64 或 10GE ↔ OTU3

2. ZXMP M820 设备的支路板和线路板

OTN 除了支持光层调度功能以外，还支持电层调度功能。为了使业务配置更加灵活，OTN 设备常将支路板与线路板分开使用，两者之间通过 CX 子架的交叉板来实现支路板和线路板之间电层交叉连接，即完成电层调度功能。

ZXMP M820 交叉板有 CSU 和 CSUB 两种单板类型，必须安插在 CX 子架。CSU 支持 10 G 背板速率，实现 COM、DSAC、SAUC、SMUB/C 与 SMUB/L 之间的交叉连接。CSUB 支持 20 G 背板速率，实现 COMB、CD2 与 LD2 之间的交叉连接。

ZXMP M820 CX 子架面板如图 4-49 所示。风扇板（SFANA）安插于 30～33 槽位，电源板（SPWA）安插于 27、28 槽位，扩展接口板（SEIA）安插于 29 槽位，支路板、线路板等业务单板安插于 1～6 和 9～13 槽位，时钟交叉板（CSU/CSUB）安插于 7、8 槽位。电源板和时钟交叉板常要求配置两块，以实现热备份。

时钟交叉板主要完成交叉功能和时钟功能。它接收来自 CX 子架各业务板的背板业务信号，进行交叉处理，并将处理后的信号送至各业务板。业务交叉容量为 48 × 48 路 ODU1 或 ODUa 背板信号。CX 子架没有外部时钟输入输出。对于输入的不同级别的时钟，根据一定的算法，选择最优时钟作为系统时钟。输入时钟支持线路时钟、外时钟和来自另一块交叉板的时钟。将系统时钟转换成各种格式的时钟信号输出,分配给 CX 子架各业务板作为参考时钟,同时也可作为外时钟输出或提供给另一块交叉板。此外,CSU/CSUB 单板还接收 APS 控制模块发送的 APS 命令,实现电层业务保护倒换。

图 4-49 ZXMP M820 CX 子架

表 4-22 M820 的支路板与线路板

单板名称	代号	功能
数据业务汇聚板(C 型)	DSAC	8 路 GE ↔ 4 路 ODU1
SDH 业务接入单元(C 型)	SAUC	4 路 STM-16 ↔ 4 路 ODU1
8 路客户业务混合接入板(B 型)	COM/COMB	8 路 GE 或 4 路 STM-16 ↔ 4 路 ODU1
SDH 业务群路汇聚板(B 型支路板)	SMUB/C	STM-64 或 10GE-LAN ↔ ODU2
SDH 业务群路汇聚板(B 型线路板)	SMUB/L	SMUB/LS1:4 路 ODU1 ↔ OTU2 SMUB/LS2:1 路 ODU2 ↔ OTU2
2 路 10G 业务接入客户板	CD2	STM-64↔ODU2 或 10GE ↔ ODU2e
2 路 10G 业务接入线路板	LD2	1 路 ODU2 ↔ OTU2

二、任务实施

本任务的目的是在完成了环带链 OTN 传输系统硬件配置和系统拓扑建立的基础上,实现以下业务开通:站 O1 与站 O3、站 O4 之间各有 1 个 STM-64 光信号业务,站 O3 和站 O4 之间有 4 个 STM-16 光信号业务,站 O3 与站 O5 之间有 4 个 STM-4 光信号业务,站 O3 和站 O6 之间有两个 GE 光信号业务。站 O3 和站 O4 之间的光信号业务采用支路板和线路板分开方式实现,其他业务采用支线合一板方式实现。

1. 材料准备

高 2 m 的 19 英寸机柜,ZXMP M820 子架 6 套,单板若干,ZXONM E300 网管 1 套,G.655 光纤跳线若干根。

2. 实施步骤

(1) 启动网管。

(2) 创建网元

创建网元同任务1。由于本任务中站O3和站O4之间的光信号业务采用支路板和线路板分开方式实现,站3和站4网元需要增加CX子架,如图4-50所示。

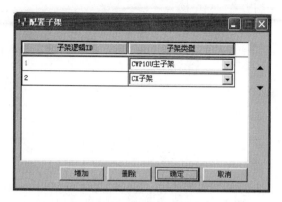

图4-50　站3和站4网元配置CX子架

(3) 根据业务需求填写频率规划表,见表4-23。

表4-23　OTN频率规划表

波长 \ 站点	站 M1	站 M3	站 M4	站 M5	站 M6	业务
CH1 192.1 THz	←——————————————————→					1×STM-64
CH2 192.2 THz	←——————————————————→					1×STM-64
CH3 192.3 THz		←——————→				4×STM-16
CH4 192.4 THz			←——————————→			4×STM-4
CH5 192.5 THz			←——————————————→			2×GE

当OTN传输系统上的不同业务使用同一根光纤传输时,要规划不同的波长。若不同业务使用不同光纤传输,可以规划相同的频率。考虑到后续任务保护路径配置的需要,本任务为不同路径的业务规划了不同的频率。

(4) 安装接入业务单板

在已安装单板基础上,根据业务需求规划为有业务的网元安装支线合一板、支路板和线路板等单板,接入业务配置见表4-24。接入业务单板安装后,还要根据频率规划表为线路板或支线合一板设置发送频率。

表 4-24 OTN 接入业务单板配置表

网元＼单板	SOTU10 G	SAUC/S	SMUB/LS1	SRM42	GEM
站 O1	两块 [1-1-4](192.2 THz) [1-1-16](192.1 THz)	—	—	—	—
站 O3	1块 [1-1-4](192.1 THz)	1块 [1-3-12]	1块 [1-3-13](192.3 THz)	1块 [1-2-14](192.4 THz)	1块 [1-2-16](192.5 THz)
站 O4	1块 [1-1-16](192.2 THz)	1块 [1-2-1]	1块 [1-2-2](192.3 THz)	—	—
站 O5	—	—	—	1块 [1-2-4](192.1 THz)	—
站 O6	—	—	—	—	1块 [1-1-16](192.5 THz)

安装 SOTU10G 光转发单板时,选择 SOTU10G 类型,通道频率选择为 192.100 THz,电光调制方式选择为 EA 外调制,通道接收器类型选择为 APD,线路方向为 A 向,如图 4-51 所示。

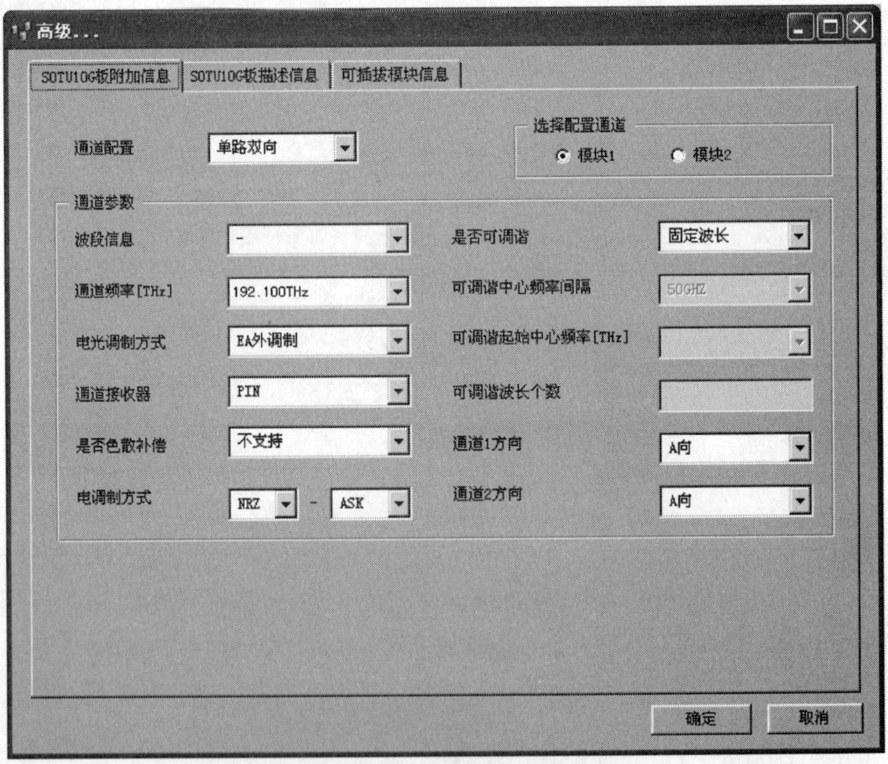

图 4-51 SOTU10G 单板参数设置

安装 SAUC 支路单板时,选择 SAUC 类型,单板配置类型选择为 SAUC/S,单板硬件类型选择为 SAUC,线路方向为 A 向,如图 4-52 所示。

安装 SMUB/LS1 线路单板时,选择 SMUB 类型,单板配置类型选择为 LS1,中心频率/波长选择为 192.300 THz，接收器类型选择为 APD，线路方向为 A 向，如图 4-53 所示。

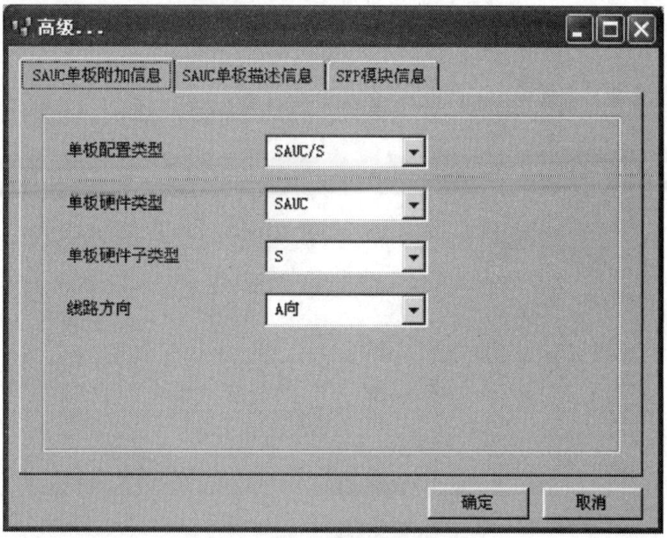

图 4-52 SAUC 单板参数设置

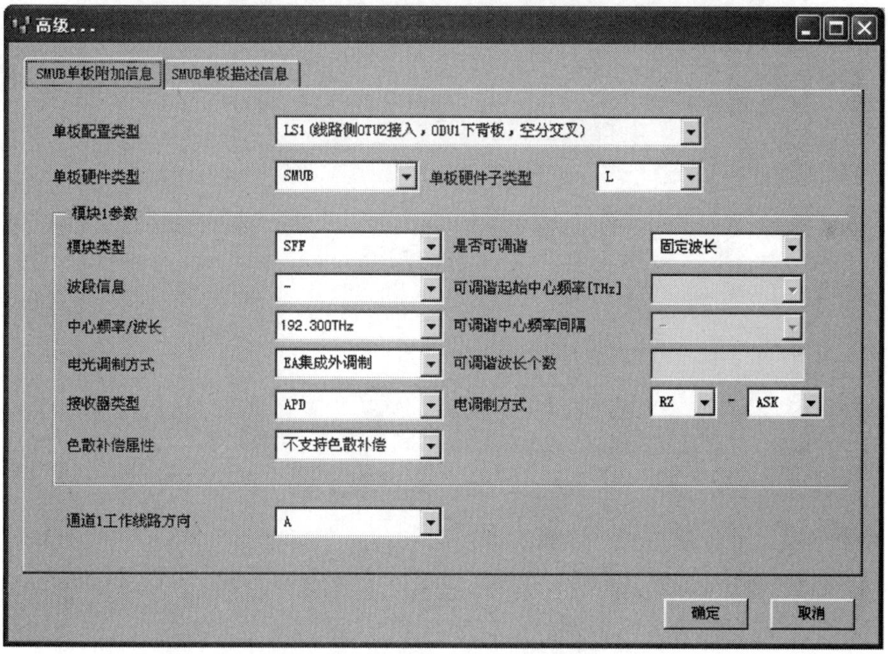

图 4-53 SMUB/LS1 单板参数设置

安装 SRM42 支线路合一单板时，选择 SRM 类型，单板子类型选择为 SRM42，群路速率选择为 2.5 G，激光器制冷选择为有制冷，群路接收器类型选择为 APD，群路模块频率选择为 192.400 THz，线路方向为 A 向，如图 4-54 所示。

安装 GEM 支线路合一单板时，选择 GEM 类型，支持通路数选择为 2，群路速率选择为 2.5 G，激光器制冷选择为有制冷，群路接收器类型选择为 APD，群路模块频率选择为 192.500 THz，线路方向为 A 向，如图 4-55 所示。

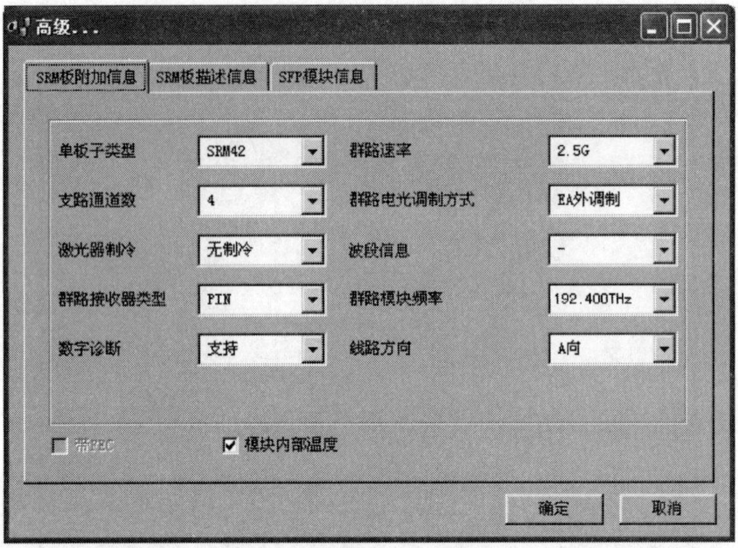

图 4-54　SRM42 单板参数设置

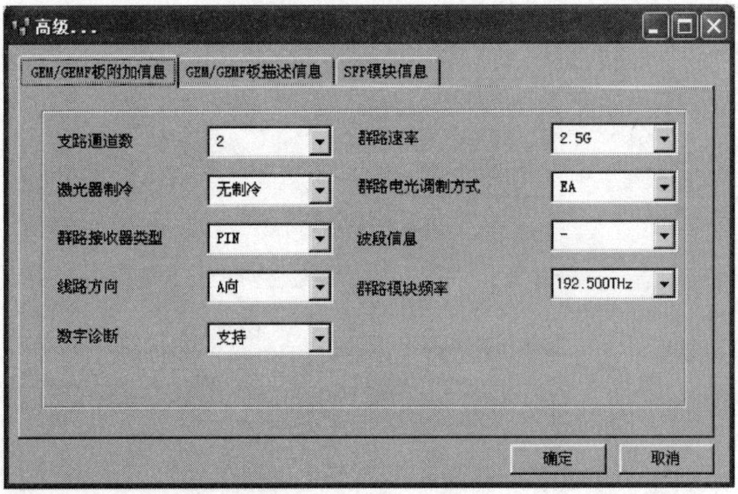

图 4-55　GEM 单板参数设置

(5)网元内接入业务单板光纤连线

增加支线合一板、线路板与 OMU 和 ODU 单板之间的光纤连接。

①站 O1 网元内光纤连线

网元内光纤连线时,OMU 和 ODU 的通道号要与线路板发送频率一致。例如,站 O1 为 OADM 网元,其内部信号流向如图 4-56 所示。需要注意的是,SOTU10G[0-1-4]单板频率为 192.2 THz,与其相连的 OMU40 与 ODU40 单板均要选择 CH2 通道。同理,SOTU10G[0-1-16]单板频率为 192.1 THz,与其相连的 OMU40 与 ODU40 单板均要选择 CH1 通道。

根据网元内信号流向,规划出站 O1 网元内新增业务连接配置表,见表 4-25。根据站 O1 网元内连接配置表连接网元内连接。

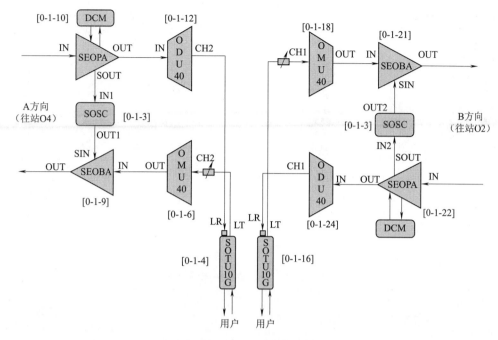

图 4-56 站 O1 内部信号流向

表 4-25 站 O1 网元内业务连接配置表

A 方向（站 O1—站 O4 方向）					
源单板	源端口	源方向	目的单板	目的端口	目的方向
SOTU10G[0-1-4]	LT[输出端口（OCH 源）1]	发送	OMU40 [0-1-6]	CH2[输入端口（OCH 源）2]	接收
ODU40[0-1-12]	CH2[输出端口（OCH 宿）2]	发送	SOTU10G[0-1-4]	LR[输入端口（OCH 宿）1]	接收
B 方向（站 O1—站 O2 方向）					
源单板	源端口	源方向	目的单板	目的端口	目的方向
SOTU10G[0-1-16]	LT[输出端口（OCH 源）1]	发送	OMU40 [0-1-18]	CH1[输入端口（OCH 源）1]	接收
ODU40[0-1-24]	CH1[输出端口（OCH 宿）1]	发送	SOTU10G[0-1-16]	LR[输入端口（OCH 宿）1]	接收

站 O2 网元没有业务，不需要增加网元内连线。

②站 O3 网元内连接

站 O3 有三个方向的波分线路，其内部信号流向如图 4-57 所示。需要注意的是，SOTU10G [0-1-4]单板频率为 192.1 THz，与其相连的 OMU40 与 ODU40 单板均要选择 CH1 通道。SMUB\LS1[0-3-13]单板频率为 192.3 THz，与其相连的 OMU40 与 ODU40 单板均要选择 CH3 通道。SRM42[0-2-14]单板频率为 192.4 THz，与其相连的 OMU40 与 ODU40 单板均要选择 CH4 通道。GEM[0-2-16]单板频率为 192.5 THz，与其相连的 OMU40 与 ODU40 单板均要选择 CH5 通道。

根据网元内信号流向，规划出站 O3 网元内新增业务连接配置表，见表 4-26。根据站 O3 网元内连接配置表连接网元内连接。

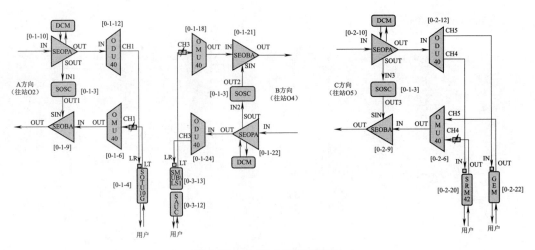

图 4-57　站 O3 内部信号流向

表 4-26　站 O3 网元内业务连接配置表

A 方向(站 O3—站 O2 方向)					
源单板	源端口	源方向	目的单板	目的端口	目的方向
SOTU10G[0-1-4]	LT[输出端口(OCH 源)1]	发送	OMU40[0-1-6]	CH1[输入端口(OCH 源)1]	接收
ODU40[0-1-12]	CH1[输出端口(OCH 宿)1]	发送	SOTU10G[0-1-4]	LR[输入端口(OCH 宿)1]	接收
B 方向(站 O3—站 O4 方向)					
源单板	源端口	源方向	目的单板	目的端口	目的方向
SMUB\LS1[0-3-13]	LT[输出端口(OCH 源)1]	发送	OMU40[0-1-18]	CH3[输入端口(OCH 源)3]	接收
ODU40[0-1-24]	CH3[输出端口(OCH 宿)3]	发送	SMUB\LS1[0-3-13]	LR[输入端口(OCH 宿)1]	接收
C 方向(站 O3—站 O5 方向)					
源单板	源端口	源方向	目的单板	目的端口	目的方向
SRM42[0-2-14]	OUT[输出端口(OCH 源)1]	发送	OMU40[0-2-6]	CH4[输入端口(OCH 源)4]	接收
GEM[0-2-16]	OUT1[输出端口(OCH 源)1]	发送	OMU40[0-2-6]	CH5[输入端口(OCH 源)5]	接收
ODU40[0-2-12]	CH4[输出端口(OCH 宿)4]	发送	SRM42[0-2-14]	IN 输入端口(OCH 宿)1]	接收
ODU40[0-2-12]	CH5[输出端口(OCH 宿)5]	发送	GEM[0-2-16]	IN1[输入端口(OCH 宿)1]	接收

③站 O4 网元内连接

站 O4 为 OADM 网元,其内部信号流向如图 4-58 所示。需要注意的是,SOTU10G[0-1-16]单板频率为 192.2 THz,与其相连的 OMU40 与 ODU40 单板均要选择 CH2 通道。SMUB\LS1[0-2-2]单板频率为 192.3 THz,与其相连的 OMU40 与 ODU40 单板均要选择 CH3 通道。

根据网元内信号流向,规划出站 O4 网元内新增业务连接配置表,见表 4-27。根据站 O4 网元内连接配置表连接网元内连接。

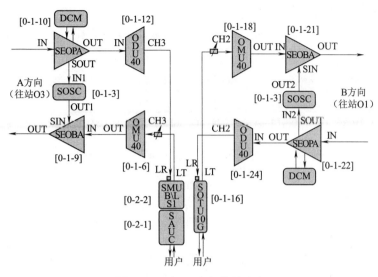

图 4-58 站 O4 内部信号流向

表 4-27 站 O4 网元内业务连接配置表

A 方向(站 O4—站 O3 方向)					
源单板	源端口	源方向	目的单板	目的端口	目的方向
SMUB\LS1[0-2-2]	LT[输出端口(OCH 源)1]	发送	OMU40 [0-1-6]	CH3[输入端口(OCH 源)3]	接收
ODU40[0-1-12]	CH3[输出端口(OCH 宿)3]	发送	SMUB\LS1[0-2-2]	LR[输入端口(OCH 宿)1]	接收
B 方向(站 O4—站 O1 方向)					
源单板	源端口	源方向	目的单板	目的端口	目的方向
SOTU10G[0-1-16]	LT[输出端口(OCH 源)1]	发送	OMU40 [0-1-18]	CH2[输入端口(OCH 源)2]	接收
ODU40[0-1-24]	CH2[输出端口(OCH 宿)2]	发送	SOTU10G[0-1-16]	LR[输入端口(OCH 宿)1]	接收

④站 O5 网元内连接

站 O5 为 OADM 网元,其内部信号流向如图 4-59 所示。需要注意的是,SRM42[0-2-4]单板频率为 192.4 THz,与其相连的 OMU40 与 ODU40 单板均要选择 CH4 通道。站 O3 至站 O6 之间的两个 GE 业务频率为 192.5 THz,需要在站 O5 配置该业务的穿通,具体做法是 A 方向 ODU 单板的 CH5 通道连接至 B 方向 OMU 单板的 CH5 通道,B 方向 ODU 单板的 CH5 通道连接至 A 方向 OMU 单板的 CH5 通道。

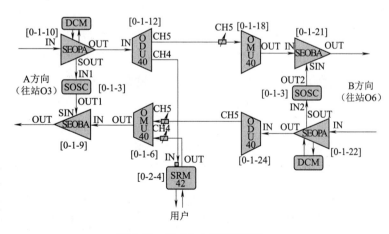

图 4-59 站 O5 内部信号流向

根据网元内信号流向,规划出站 O5 网元内新增业务连接配置表,见表 4-28。根据站 O5

网元内连接配置表连接网元内连接。

表 4-28　站 O5 网元内业务连接配置表

A 方向（站 O5—站 O3 方向）					
源单板	源端口	源方向	目的单板	目的端口	目的方向
SRM42[0-2-4]	OUT[输出端口(OCH 源)1]	发送	OMU40 [0-1-6]	CH4[输入端口(OCH 源)4]	接收
ODU40[0-1-12]	CH4[输出端口(OCH 宿)4]	发送	SRM42[0-2-4]	IN[输入端口(OCH 宿)1]	接收
穿通业务（站 3—站 6）					
源单板	源端口	源方向	目的单板	目的端口	目的方向
ODU40[0-1-12]	CH5[输出端口(OCH 宿)5]	发送	OMU40 [0-1-18]	CH5[输入端口(OCH 源)5]	接收
ODU40[0-1-24]	CH5[输出端口(OCH 宿)5]	发送	OMU40 [0-1-6]	CH5[输入端口(OCH 源)5]	接收

⑤站 O6 网元内连接

站 O6 为 OTM 网元，其内部信号流向如图 4-60 所示。需要注意的是，GEM[0-1-16]单板频率为 192.5 THz，与其相连的 OMU40 与 ODU40 单板均要选择 CH5 通道。

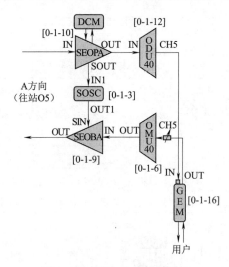

图 4-60　站 O5 内部信号流向

根据网元内信号流向，规划出站 O6 网元内新增业务连接配置表，见表 4-29。根据站 O6 网元内连接配置表连接网元内连接。

表 4-29　站 O6 网元内业务连接配置表

A 方向（站 O6—站 O5 方向）					
源单板	源端口	源方向	目的单板	目的端口	目的方向
GEM[0-1-16]	OUT[输出端口(OCH 源)1]	发送	OMU40 [0-1-6]	CH5[输入端口(OCH 源)5]	接收
ODU40[0-1-12]	CH5[输出端口(OCH 宿)5]	发送	GEM[0-1-16]	IN[输入端口(OCH 宿)1]	接收

(6) 网元间光纤连线

搜索 12 条 OTS 和 10 条 OMS。

(7) 搜索 OCh

在"PC 资源管理"界面，单击"SNMS 资源配置"→"OCh 搜索"查看光层的 OCh 资源。

OCh 为一个网元线路板或支线合一板至另一个网元线路板或支线合一板之间的光层连接，环带链型 OTN 网络应有 10 条 OCh 资源信息，如图 4-61 所示。线路板上配置的频率信息将在 OCh 资源信息中列举出来，每个频率有往返两条信息。若 OTS、OMS 正确，但 OCh 不正确，检查网元内线路板频率、线路板至 OMU、线路板至 ODU 连线是否有误。

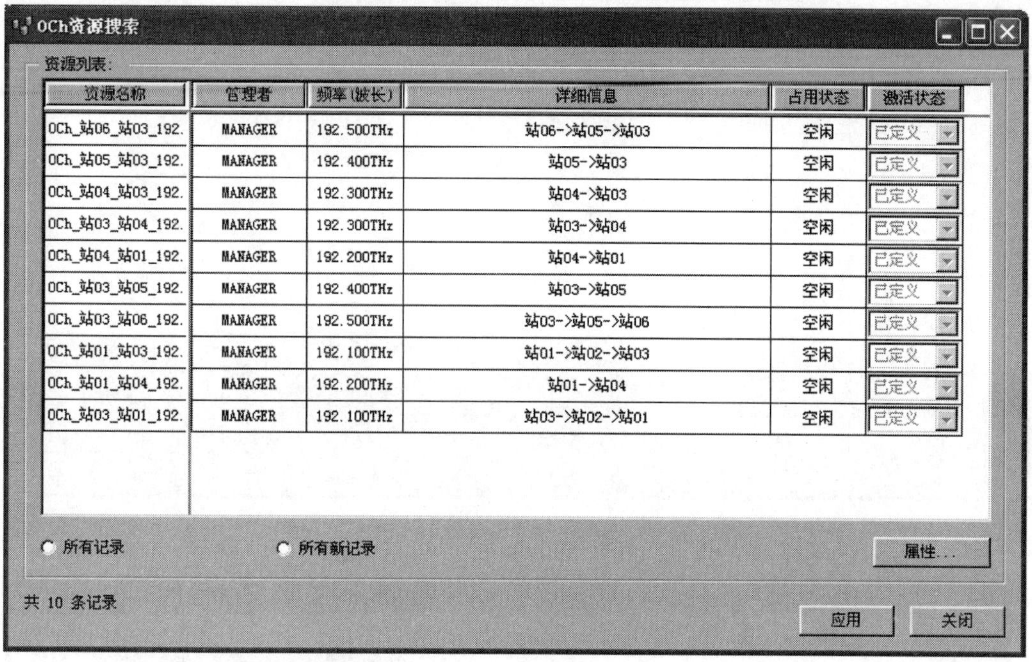

资源名称	管理者	频率(波长)	详细信息	占用状态	激活状态
OCh_站06_站03_192.	MANAGER	192.500THz	站06->站05->站03	空闲	已定义
OCh_站05_站03_192.	MANAGER	192.400THz	站05->站03	空闲	已定义
OCh_站04_站03_192.	MANAGER	192.300THz	站04->站03	空闲	已定义
OCh_站03_站04_192.	MANAGER	192.300THz	站03->站04	空闲	已定义
OCh_站04_站01_192.	MANAGER	192.200THz	站04->站01	空闲	已定义
OCh_站03_站05_192.	MANAGER	192.400THz	站03->站05	空闲	已定义
OCh_站03_站06_192.	MANAGER	192.500THz	站03->站05->站06	空闲	已定义
OCh_站01_站03_192.	MANAGER	192.100THz	站01->站02->站03	空闲	已定义
OCh_站01_站04_192.	MANAGER	192.200THz	站01->站04	空闲	已定义
OCh_站03_站01_192.	MANAGER	192.100THz	站03->站02->站01	空闲	已定义

图 4-61　OCh 资源搜索

（8）主光层业务接入类型配置

主光层业务需要配置业务接入类型。本任务中的主光层业务有：站 01 和站 03 之间有 1 个 STM-64 光信号业务，站 01 与站 04 之间有 1 个 STM-64 光信号业务。

在主视图选中所有网元，单击“设备管理”→“业务配置管理”→“多业务接入类型配置”。单击选中站 01 网元，选择多业务接入类型配置选项，点击“主光层”，配置 SOTU10G 单板接入类型为 STM-64，如图 4-62 所示。选中所有单板，单击“应用”，将配置数据下发。业务类型配置成功后状态列显示为“修改”。依次配置站 03、站 04 的 SOTU10G 单板接入类型为 STM-64。

（9）汇聚层业务接入类型及上下路配置

汇聚业务需要配置业务接入类型及上下路配置。本任务中的汇聚业务有：站 03 和站 04 之间有 4 个 STM-16 光信号业务，站 03 与站 05 之间有 4 个 STM-4 光信号业务，站 03 和站 06 之间有两个 GE 光信号业务。

在主视图选中所有网元，单击“设备管理”→“业务配置管理”→“多业务接入类型配置”。单击选中站 03 网元，选择多业务接入类型配置选项，点击“汇聚层”，配置 SRM42 单板接入类型为 STM-4，GEM 单板接入类型为 GbE，SAUC 输入端口接入类型为 STM-16，SAUC 背板电接口接入类型为 ODU1，SMUB/LS1 输入端口接入类型为 OTU2，SMUB/LS1 背板电接口接入类型为 ODU1，如图 4-63 所示。选中所有单板，单击“应用”，将配置数据下发。业务类型配置成功后状态列显示为“修改”。

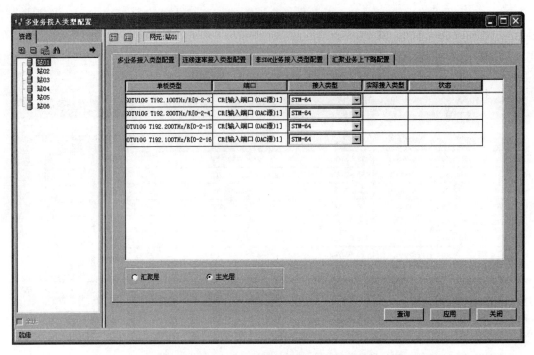

图 4-62　站 O1 电主光层业务接入类型配置

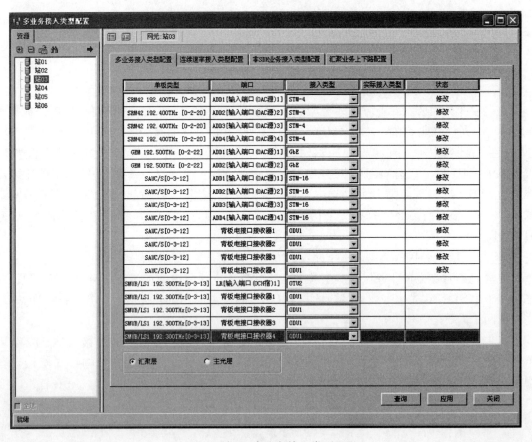

图 4-63　站 O3 多业务接入类型配置

配置站 O4 网元 SAUC 输入端口接入类型为 STM-16，SAUC 背板电接口接入类型为 ODU1，SMUB/LS1 输入端口接入类型为 OTU2，MUB/LS1 背板电接口接入类型为 ODU1。配置站 O5 网元 SRM42 单板接入类型为 STM-4。配置站 O6 网元 GEM 单板接入类型为 GbE。

单击选中站 O3 网元，选择汇聚业务上下路配置选项，选择所有单板的通道状态为上下路，如图 4-64 所示。选中所有单板，单击"应用"，将配置数据下发。汇聚业务上下路配置成功后修改状态列显示为"修改"。依次配置站 O5、站 O6 所有单板的通道状态为上下路。

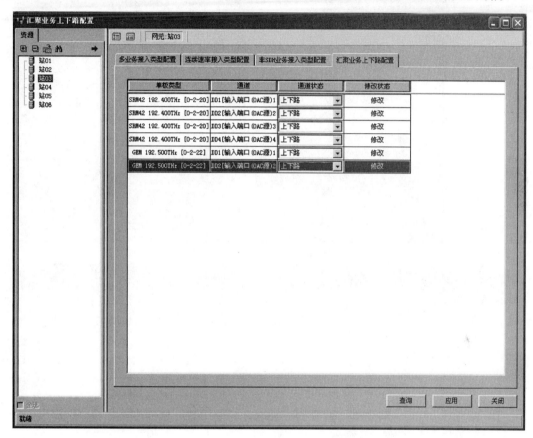

图 4-64　站 O3 汇聚业务上下路配置

(10) 电层交叉业务配置

对于采用支路板与线路板分开方式接入的业务，还需要配置支路和线路之间的电层交叉。在主视图选中站 O3 和站 O4 网元，单击"设备管理"→"TMUX 管理"→"业务交叉配置"，在"业务交叉配置"对话框，配置 SMUB/C 和 SMUB/LS1 间的交叉连接，如图 4-65 所示。点击"应用"，将配置数据下发。

(11) 搜索 OCh 客户路径

汇聚业务配置完成后，进入 WDM SNMS 视图，搜索 OCh 客户路径，所有配置的业务将搜索出来，如图 4-66 所示。

(12) 业务配置信息下发

在"OCh 客户路径搜索"对话框，点击"所有新纪录"，点击"全部激活"，点击"应用"，下发业务配置命令，进入"激光器状态"对话框确保所有激光器已经打开。在"多业务接入类型"对话框中，检查所有业务单板业务类型已配置正确，在"汇聚业务上下路配置"对话框中确认通道状态和当前通道状态为上下路，单击"应用"，将配置信息下发。

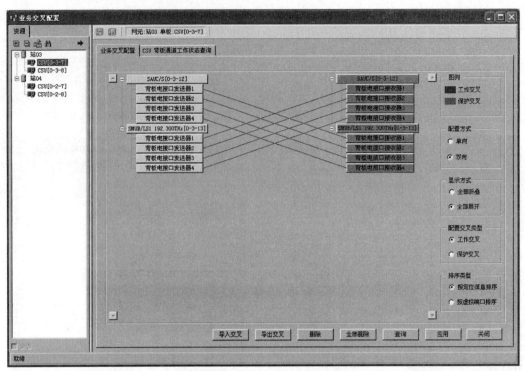

图 4-65 站 O3 电层交叉业务配置

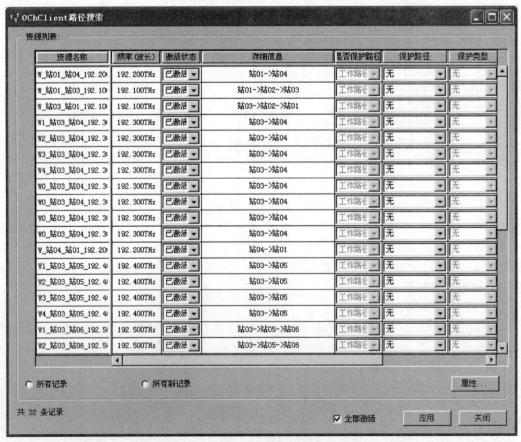

图 4-66 OCh 客户路径

(13)业务查询

所有业务配置完成后,将在"PC 资源管理"对话框中出现配置成功的业务记录,如图 4-67 所示。

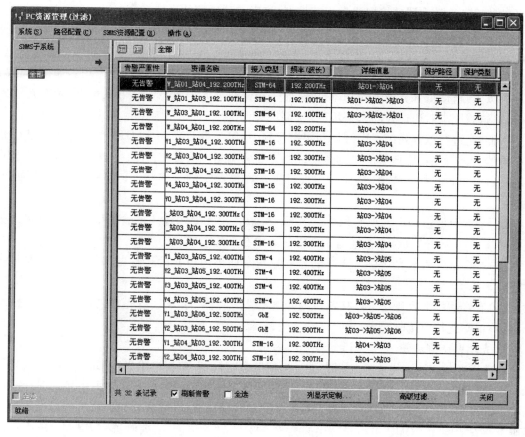

图 4-67 业务查询

双击选择的业务记录,可查看到业务的路径拓扑。选择显示单板图标,将显示业务所经过的块单板路径。单击路径链表选项,可查看到业务的路径链表。

拓展任务:请完成途经站 2 和站 3 在站 1 与站 5 之间开通 3 个 GE 业务,要求使用支路板与线路板分开方式。

任务 6:OTN 传输系统光功率调测

任务:理解光功率调测的目的,掌握 OTN 传输系统光功率调测的步骤。
要求:能对 OTN 环带链网络进行光功率调测,使 OTN 传输系统处于正常的工作状态。

一、知识准备

1. 光功率调测的目的

由于 DWDM 和 OTN 等波分系统的设备单板之间是通过光纤连接,系统增益配置要求能够满足线路损耗的要求,并且留有适当的余量。对发送端来说,激光器输出光功率要稳定且符合指标要求。对接收端来说,光模块接收的光功率要控制在一个比较理想的动态范围内,不能出现强光、弱光或输入无光告警。对于光放大器单板来说,需要将光功率控制在理想值,保证放大器工作在最佳状态。光放大器的理想值需要按照光放大器单板的型号和系统波道来计算,如果控制不好,很可能造成接收端业务单板输入光功率与信噪比出现不合理的情况,影响业务的传输。光放大器的输出光功率若偏高,将影响到后期的系统扩容。

多个单波信号由合波板合波成主光信号发送到对端的过程中,由于不同波长的光信号经过合波器和分波器的通道插入损耗不同、光放大器增益不平坦造成的多级光放大器级联效应、尾纤质量以及光缆非线性效应等因素的影响,将导致接收端接收光功率不平坦。如果通道功率差异太大,将使得部分通道光功率过载,而一部分通道光信号低于接收灵敏度,影响到业务的传输,这就要求对通道光功率平坦度进行严格控制。

因此,在进行波分系统组网开局和维护过程中,需要对 DWDM 和 OTN 等波分系统进行光功率调测。进行光功率调整的目的是使线路光功率满足传输要求,并且保证 OTN 设备板卡的光功率都满足各自的标称值,从而使单板都工作在最稳定的工作状态,具体表现在以下四个方面:

(1) 使得合波信号中各单波光功率均衡。光放大单元要求输入的合波信号中各单波光功率必须均衡,否则级联放大后,增益功率将只集中在某几个单波上。

(2) 有合适的入纤光功率。合波信号的光功率如果超过光纤传输的阈值,则会引发非线性效应。

(3) 有合适的接收光功率。接收机的光电器件需要在一定的工作范围内才能正常工作。

(4) 信噪比符合接收要求。

2. 光功率调测步骤

在进行光功率调试之前通常要先进行机柜上电前检查、单板输出光功率的检查、站内光纤的检查、网管监控、OMU 和 ODU 的插损测试等准备工作。单板输出光功率采用光功率计或在网管上进行测试。当光纤连接正确后,系统的光监控通道就连通,在网管计算机上可以监控到网络上所有的网元。OMU 单板是常用的无源单板,在使用之前,需要测试一下 OMU 单板的插损。首先测试接入的单波光功率,在 OMU 的输出口测试输出的单波光功率,将两个测得数值相减的差值即为这一波在 OMU 的插损值。当使用多个通道时,依次测量多个通道。ODU 与 OMU 一样,属于无源单板,插损的测试方法与 OMU 基本相同。

对波分系统进行光功率调测时从业务集中的站点开始,沿着顺时针方向依次调测控制各个站点的通道光功率,实现通道光功率均衡,将放大器单板的输出光功率控制在理想值,最终回到第一个站点。顺时针方向调试完成后,再沿逆时针方向调测一遍。当波分系统的站点之间光缆长度较短,光放大器单板级联数目较少时,可以先将发送端光功率的平坦度控制好。由于受光缆非线性和增益不平坦的累积因素影响小,接收端的光功率平坦度也是符合要求的。

静态 OADM、OXC 网元都可以看成是由多个 OTM 组成的。本任务以 OTM 至 OTM 组网为例介绍波分系统的光功率调试步骤。OTM 至 OTM 的光功率调测如图 4-68 所示,光功率调测时依次按照图中的 1、2、3、…、7 位置进行主信道光信号的光功率调测。由于监控单板的动态范围远远大于 OTU 单板,灵敏度也低很多,只要主信道的光功率满足要求时,监控信道必定满足要求。

(1) 发送端 OTU 输入光信号调测

发送端 OTU 用于客户侧信号的接入以及线路侧单波信号的发送。发送端 OTU 的输入部分(即支路接收端口)用于客户信号的光电转换,主要的器件是支路接收端口 PIN 光电转换器。PIN 管的工作范围见表 4-30。

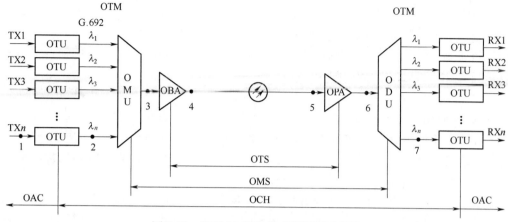

图 4-68 OTM 至 OTM 光功率调测示意图

表 4-30 支路接收端口 PIN 管的工作范围

速率	接收灵敏度	过载点	最佳值
2.5 Gbit/s	-18 dBm	0 dBm	-8 dBm
10 Gbit/s	-14 dBm	0 dBm	-7 dBm

实际调测时,为了保证支路接收机不受到损坏,要求接收光功率比灵敏度高 3 dB,比过载光功率低 5 dB。即业务速率为 2.5 Gbit/s 时,OTU 单板的接收光功率范围为 -15 ~ -5 dBm。业务速率为 10 Gbit/s 时,OTU 单板的接收光功率范围为 -11 ~ -5 dBm。在网管上或使用光功率计测试发端 OTU 输入光信号是否满足接收光功率范围,若高于最高接收光功率,调整 OTU 单板前面的光衰减器,使接收光功率满足要求;若低于最低接收光功率,需要更换单板。

(2)发送端 OTU 输出光信号调测

发送端 OTU 的输出部分(即线路发送端口)用于波分信号的电光转换,主要的器件是半导体激光器、电吸收激光器等。激光器的输出功率会有一定的差异。各单波之间功率的差值称为通道功率差,最大一波和最小一波的差值称为最大通道功率差。在发端 OTU 的输出口调试时必须控制最大通道功率差小于 3 dB,并且最大通道功率差越小越好。

发送端 OTU 输出的光功率通常在 -3 dBm 左右,一般以 -3 dBm 为参考点调试发端 OTU 的输出光功率,可以容忍的输出功率范围在 -3 dBm ±1.5 dB 之内。高出上限的可以在 OTU 的输出端口添加光衰减器。低于下限的可对 OTU 单板线路端口光纤接头进行清洁,若确认是激光器本身或单板内光纤存在问题,则需要更换单板。为了控制最大通道功率差,通常是使 OMU 单波输入光功率越接近 -3 dBm 越好。

(3)OMU 输出光功率调测

OMU 的功能主要是将各个 OTU 输出的单波信号进行合波,OMU 将 n 路光信号进行合波如图 4-69 所示。

对 OMU 的合波信号进行调测,首先要预算光功率。从图可以看出

$$P_{合} = P_1 + P_2 + \cdots + P_n$$

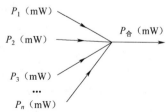

图 4-69 OMU 的合波功能示意图

若每个通道的单波光功率相同,则有 $P_合 = nP_单$。

即 $P_合 = P_单 + 10\lg n$。

由于 OMU 存在一定的插入损耗,合波输出光功率为合波输入光功率与插入损耗之差,即 $P_出 = P_入 -$ 插损,那么合波输出光功率为 $P_出 = P_单 + 10\lg n -$ 插损。

以 40 波 OTN 系统开通 5 波为例,若 OMU 插入损耗为 6 dB,OMU 单波的输入光信号为 -3 dBm,则 OMU 的输出光功率为

$$P_出 = P_入 - 插损 = P_单 + 10\lg 5 - 插损 = -3 + 7 - 6 = -2 \text{ dBm}$$

(4) OBA 输出光功率调测

光信号经过 OBA 进行功率放大后,可以大幅度地提高单波信号的光功率和信噪比,使光信号经过线路损耗、非线性影响后,到达接收端业务单板的光功率和信噪比指标都符合要求。

光放大器有过饱和输出、饱和输出和欠饱和输出三个状态。光放大器处于过饱和输出状态时,输入光功率加上增益大于标称输出光功率。输入总是过大,容易烧板;当波数减少时,由于上钳制,输出不变,使得收端单波光功率升高。光放大器处于欠饱和输出状态时,输入光功率加上增益小于标称输出光功率,将造成资源浪费,输出光功率小,信噪比会降低。光放大器处于饱和输出状态时,输入光功率加上增益等于标称输出光功率,此时的输入光功率称为标称输入光功率,输出光功率称为标称输出光功率。饱和输出状态是光放大器的最佳工作状态。为了使 OA 工作在饱和输出的最佳工作状态,需要控制 OBA 的输入和输出光功率。

进行光功率调测时,建议将 OMU 的输出光功率调节为 OBA 放大器的标称输入光功率。为了保证合波后各单波信号的平坦度,需要对每一个波长合波前后进行光功率调测。

中兴每块 OBA 单板都有一个型号标识,如 OBA2220,其中 22 表示该 OBA 的标称增益为 22 dB,20 表示满配置时 OBA 的饱和输出光功率为 20 dBm。建网初期,波分系统的工作波长常常不会达到满配置,实际配置的波道数比较少,这就要求会预算和调测合波前后的光功率,保证 OBA 的输出光功率控制在理想值。当后期系统进行扩容时,OBA 的输出光功率会随着使用的波道数的增加而增加;当系统的波道数达到满配置时,OBA 的输出光功率刚好增加到 20 dBm 左右。

以 40 波 OTN 系统开通 5 波为例,若系统采用的功率光放大板为 OBA2220,则满配置时 OBA 输出光功率为 $P_{合40} = P_单 + 10\lg 40 = P_单 + 16$。

单波工作时,OBA 的输出光功率为 $P_单 = P_{合40} - 16 = 20 - 16 = 4 \text{ dBm}$。

开通 5 波时,OBA 的输出光功率为 $P_{合5} = P_单 + 10\lg 5 = P_单 + 7 = 4 + 7 = 11 \text{ dBm}$。

开通 5 波时,OBA 的输入光功率为 $P_入 = P_出 -$ 增益 $= P_{合5} -$ 增益 $= 11 - 22 = -11 \text{ dBm}$。

以 40 波 OTN 系统开通 5 波为例计算出来的 OMU 输出光功率为 -2 dBm,此时 OBA 的输入光信号应该控制在 -11 dBm 左右,这就说明 OMU 和 OBA 之间需要添加光衰减器,损耗 9 dB 左右。

当开通多个波道时,发送端存在多个 OTU 单板,依次打开送入 OMU 的 OTU 光口(每次打开一个 OTU 光口),调节 OMU 前面的光衰减器,使 OBU 的单波输出光功率保持在单波标称值 ±1.5 dB 范围内,调整光功率的平坦度,使得每个波道合波前的光功率大致相同,OBA 对每个波道的光信号增益保持一致。

OBA 光功率控制完成后,发送端的光功率调测基本完成。

(5) OPA 输入光功率调测

光信号经过光缆长距离传输后,到达接收端的光功率变得很低,为了保证接收端业务单板能够正常接收业务信号,需要配置 OPA 来补充光信号的能量损耗。对于光放大板的光功率计算,OBA、OPA 和 OLA 的思路和方法都是相同的,都是通过控制光放大器的输入光功率使光放大器的输出处于饱和工作状态,从而实现线路的光功率控制。

以 40 波 OTN 系统开通 5 波为例,若系统采用的前置光放大板为 OPA2217,则单波工作时 OPA 的输出光功率为 $P_{单} = P_{合40} - 10 \lg 40 = P_{合40} - 16 = 17 - 16 = 1$ dBm。

开通 5 波时,OPA 的输出光功率为 $P_{合5} = P_{单} + 10 \lg 5 = P_{单} + 7 = 1 + 7 = 8$ dBm。

开通 5 波时,OPA 的输入光功率为 $P_{入} = P_{出} - 增益 = P_{合5} - 增益 = 8 - 22 = -14$ dBm。

若开通 5 波时,OPA 接收到的光功率大于 -14 dBm,则要在 OPA 前面增加损耗器。

(6) ODU 输入光功率调测

ODU 的功能主要是将合波信号中不同波长的单波信号拆分出来输出到对应的 OTU 单板,即进行分波。ODU 除了通道插入损耗以外,还要关注它的通道隔离度。性能好的 ODU 插入损耗小,隔离度高。

以 40 波 OTN 系统开通 5 波为例,若系统采用的前置光放大板为 OPA2217,ODU 的插损为 6 dB,则 ODU 单波的输出光功率为 $P_{单} = P_{合} - 10 \lg 40 - 插损 = 17 - 16 - 6 = -5$ dBm。

如果接收端的平坦度指标符合指标要求,ODU 的通道损耗基本一致,经过 ODU 分波后的单波光功率基本在 -5 dBm 左右。

(7) 接收端 OTU 接收光功率调测

接收端 OTU 用于线路侧单波信号的接入以及客户侧业务信号的发送。接收端 OTU 的输入部分(即线路接收端口)用于线路信号的光电转换,主要的器件是光电转换器。接收端常用的光电转换器为 APD 管。APD 的接收灵敏度优于 PIN 管,但是过载点却低于 PIN 管。如果接收时光功率高于过载点,有可能击穿器件,造成业务中断。APD 管的工作范围见表 4-31。

表 4-31　线路接收端口 APD 管的工作范围

速率	接收灵敏度	过载点	最佳值
2.5 Gbit/s	-28 dBm	-9 dBm	-14 dBm
10 Gbit/s	-21 dBm	-9 dBm	-15 dBm

需要根据不同的接收机类型,将来自 ODU 的单波信号光功率控制在指标范围内,不能出现无光、弱光或光功率过载。根据经验值,通常是把速率为 2.5 Gbit/s 的 OTN 系统输入光功率调整在 -14 dBm,单波速率为 10 Gbit/s 的 OTN 系统输入光功率调整在 -15 dBm。

由于经由 ODU 分波出来的各单波光功率基本一致,所以通常是把所需的光减器统一加在 ODU 的输入端口。40 波 10 Gbit/s OTN 系统开通 5 波时,若系统采用的前置光放大板为 OPA2217,就需要在 ODU 的输入端口增加 7 dB 的损耗器。

二、任务实施

本任务的目的是对 OTN 环带链网络进行光功率调测。已知 OTN 系统中相邻两个站均相距 50 km,使用 G.652 光纤,OBA 采用 2 220,OPA 采用 2 217,EONA 采用 2 520,OMU40 和 ODU40 的插入损耗均为 6 dB。

1. 材料准备

高 2 m 的 19 英寸机柜，ZXMP M820 子架 6 套，单板若干，ZXONM E300 网管 1 套，G.655 光纤跳线若干根。

2. 实施步骤

进行光功率调测之前将所有的配置数据下发到网元，并且设置网元与网管时间同步。站 O1 至站 O3 一个 STM-64 业务顺时针方向的光功率调测步骤如下：

(1) 站 O1 发送端 OTU 输入光信号调测

发端 SOTU10G 单板采用 PIN 管，单波速率为 10 Gbit/s 时接收光功率范围为 -14 ~ 0 dBm。已知网管上测得 SOTU10G 单板接收到客户信号发送的光功率为 -5 dBm，高于该单板的最佳工作光功率 -7 dBm。此时需要在网管上调节 SOTU10G 单板前面的损耗器损耗 2 dBm，使得 SOTU10G 单板输入光功率为 -7 dBm。

(2) 站 O1 发送端 OTU 输出光信号调测

在网管测得 SOTU10G 单板的输出光功率为 -3 dBm，正好符合发端 OTU 输出的光功率要求，不需要调节。

(3) 站 O1 的 B 方向 OMU 输出光功率调测

站 O1 的 B 方向只使用一个波长，则 OMU 的输出光功率为 -3 -6 = -9 dBm。在网管上测试 OMU 的输出光功率为 -9 dBm，与计算值保持一致。

(4) 站 O1 的 B 方向 OBA 输入、输出光功率调测

由于只使用一个波长，OBA 的输出光功率为 20 - 10 lg40 = 20 - 16 = 4 dBm。在网管上测试 OBA 的输出光功率为 4 dBm，与计算值保持一致。

只使用一个波长时，OBA 的输入光功率为 4 - 22 = -18 dBm。而 OMU 的输出光功率为 -3 -6 = -9 dBm，需要在 OMU 的后面调节光衰减器损耗 -9 - (-18) = 9 dB。

(5) 站 O2 的 EONA 输入光功率调测

站 O1 和站 O2 之间相距 50 km，G.652 光纤在 1 550 nm 处的损耗系数为 0.25 dB/km，接头损耗为 2 dB，则线路总损耗为 50 × 0.25 + 2 = 14.5 dB。经过光缆线路损耗，到达站 O2 时光功率为 4 - 14.5 = -10.5 dBm。

开通 1 波时站 2 的 EONA 单板的输出光功率为 20 - 10 lg40 = 20 - 16 = 4 dBm，输入光功率为 4 - 25 = -21 dBm。

到达站 O2 光功率高于 EONA 饱和工作时的单波输入光功率，在网管上调节 EONA 前面的损耗器损耗 10.5 dB，使得 EONA 单板的输出光功率为 4 dBm。

(6) 站 O3 的 A 方向 OPA 输入光功率调测

站 O2 和站 O3 之间相距 50 km，G.652 光纤线路总损耗为 14.5 dB。经过光缆线路损耗，到达站 O3 时光功率为 4 - 14.5 = -10.5 dBm。

开通 1 波时站 3 的 OPA 单板输出光功率为 17 - 10 lg40 = 17 - 16 = 1 dBm，输入光功率为 1 - 22 = -21 dBm。

到达站 O3 光功率高于 OPA 饱和工作时的单波输入光功率，在网管上调节 OPA 前面的损耗器损耗 10.5 dB，使得 OPA 单板的输出光功率为 1 dBm。

(7) 站 O3 的 A 方向 ODU 输入光功率调测

开通 1 波时站 3 的 ODU 单板输出光功率为 17 - 10 lg40 - 6 = -5 dBm。如果接收端的平坦度指标符合指标要求，ODU 的通道损耗基本一致，经过 ODU 分波后的单波光功率基本在

-5 dBm 左右。

(8)站 O3 接收端 OTU 接收光功率调测

接收端 SOTU10G 采用 APD 管,单波速率为 10 Gbit/s 时最佳接收光功率为 -15 dBm,需要在网管上调节 SOTU10G 前面或者 ODU 前面的损耗器损耗 10 dB,使得 SOTU10G 接收光功率为 -14 dBm。

站 O1 至站 O3 方向一个 STM-64 业务的光功率调测就完成,然后按照相同的方法依次对站 O3 至站 O4、站 O4 至站 O1 方向进行光功率。顺时针方向调测完成后,依次沿逆时针对站 O1 至站 O4、站 O4 至站 O3、站 O3 至站 O1 方向进行光功率。环上的光功率调测完成后,对站 O3 至站 O5、站 O5 至站 O6 方向进行光功率,然后反过来对站 O6 至站 O5、站 O5 至站 O3 方向进行光功率。

光功率调测完成后可以进行业务传输测试和公务配置。OTN 传输系统公务配置与 SDH 传输系统、DWDM 传输系统配置一致,本项目不再叙述。所有数据配置完成后将网管配置下载到网元设备上,并设置网元与网管、NTP 服务器时间同步,然后进行网元之间的公务号码拨打测试。

任务 7:OTN 网络保护配置

任务:理解 OTN 网络保护的分类,掌握 OTN 网络的光层保护和电层保护原理。
要求:能配置环带链 OTN 网络的光层 1+1 通道保护和电层子波长 1+1 保护。

一、知识准备

OTN 系统的保护分为设备级保护和网络级保护。设备级保护是指电源板 1+1、主控板 1+1、交叉板 1+1 保护。网络级保护又分为光层保护和电层保护。换言之,OTN 网络级保护可以在光层(光传送段、光复用段、光波长通道)、电层(ODUk)、设备层、网络层(SNCP、ASON)上实现,以提供全网的可靠性。OTN 系统网络级保护可采用的保护机制包括通过光传送段保护实现对光纤的保护,通过光复用段保护实现对所有波长的保护,通过 OCh 保护实现对单个波长的保护,通过 ODUk 保护实现对重要业务的保护,通过 SDH 自愈环保护实现业务层的双重保护,通过自动交换光网络 ASON 实现对重要业务的端到端保护。

OTN 网络级保护的层次如图 4-70 所示。其中,保护层次没有反映出网状网里 ASON 自动交换形成的重选路由保护。

(一)设备级保护

设备级保护是对非常重要的板卡配置热备份(上电)或冷备份(不上电)板卡,当主用板卡出现故障时,立刻使用备用板卡。电源板、大容量交叉连接板、大通道的光接口板等常常要加备用板以保障设备的可靠性。组建的环带链 OTN 传输系统中,每个网元都配置了两块 SPWA、两块 SNP、两块 CSU(或 CSUB),都属于设备级保护。

(二)光层保护

OTN 系统网络级保护的光层保护主要是通过光保护(OP)单板对光线路及光设备进行的保护来实现。

OP 单板由分光器及光开关(1×2)组成,如图 4-71 所示。分光器和光开关分别完成对光信号的双发及选收,在相邻站点间利用分离路由对线路或通道光纤提供保护。OP 单板提供对两路接收光信号的功率检测功能,倒换依据光功率进行,当光传输线路上工作光纤中断或者性能下降时,能够自动地由主用光纤线路倒换到备用上。OP 单板是双发选收的单端倒换,不需要使用 APS 协议。

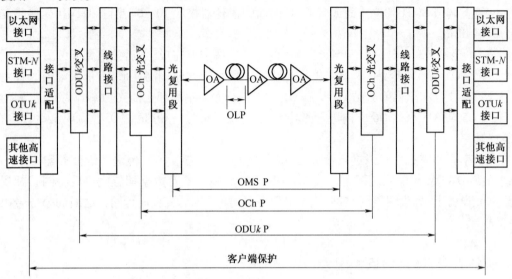

图 4-70　OTN 网络级保护的层次

根据 OP 单板的位置不同,可以形成以下 3 种不同的 OTN 光层保护方式。

1. 光线路 1+1 保护

光线路 1+1 保护是将 OP 单板放置于出站光纤前的位置,用于对两站间的光纤线路进行保护,两站间的光纤线路需要备份,如图 4-72 所示。光线路 1+1 保护常用于点到点、链型 OTN 网络中。OTN 环型网络也可以分段若干个成点到点网络,使用光线路 1+1 保护两站间的光纤线路。

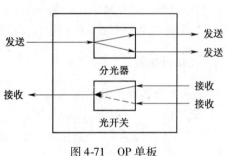

图 4-71　OP 单板

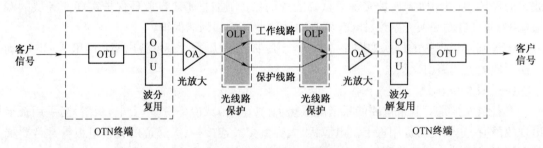

图 4-72　光线路 1+1 保护

2. 线路侧 1+1 通道保护

线路侧 1+1 通道保护是将 OP 单板放置于 OTU 和合波器/分波器之间的位置,用于对通道进行保护,合波器/分波器、光纤放大器、光纤线路等都需要备份,如图 4-73 所示。

3. 客户侧 1+1 通道保护

客户侧 1+1 通道保护是将 OP 单板放置于客户侧和 OTU 之间的位置,用于对通道进行保护,业务接口、合波器/分波器、光纤放大器、光纤线路等都需要备份,如图 4-74 所示。基于单个通道的保护也是采用双发选收的单端保护机制,对客户侧光通道进行保护。客户侧 1+1 通道保护用于链型和环型网络中,每个通道的倒换与其他通道的倒换没有关系,倒换速度快,保护倒换时间小于 50 ms。该保护方式可靠性高,但成本也较高。

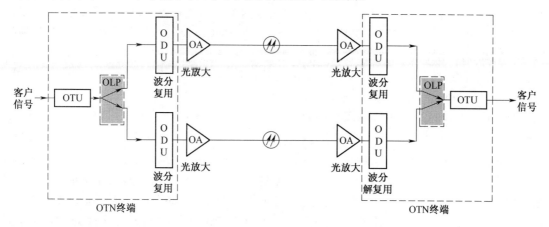

图 4-73　线路侧 1+1 通道保护

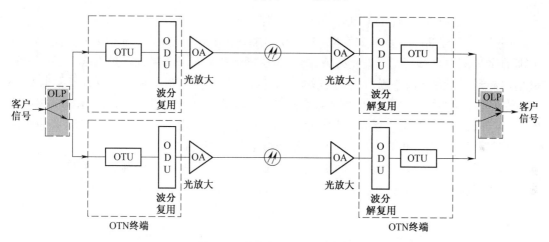

图 4-74　客户侧 1+1 通道保护

客户侧 1+1 通道保护倒换是针对客户侧有一路或几路信号出现信号失效(SF)或信号劣化(SD)时,仅对这一路或几路信号进行倒换。倒换时,仅对收端客户侧的某一路或几路倒换,波分侧不倒换。若是双发选收,在接收端单端倒换时,将被倒换的 OTU 单板的客户侧发端激光器关闭,将倒换到的 OTU 单板的相应客户侧发端激光器打开而完成的;若是双端倒换(如客户业务数据信号故障 SF),本端倒换后,同时将故障信息通过 OTN 或 SDH 开销插入下行信号中,触发下游的倒换。

客户侧与线路侧保护的区别在于,客户侧 1+1 保护系统中,客户业务接口也需要有备用,接收端依据主备用通道业务的状态进行倒换,对 OTN 和 SDH 业务倒换触发的 SF 和 SD 条件不同。

(三)电层保护

OTN 电层保护主要是针对 ODUk 保护,利用 OTN 的电交叉能力,实现 ODU 信号的上、下、桥接、切换、直通控制功能。ODUk 保护通过不同的 ODU 时隙来构成保护通道,通过检测业务的 OTU 开销来判断业务状态,比光波长通道更准确。OTN 电层保护有 ODUk SNCP 保护和

ODUk 共享环网保护。

1. ODUk SNCP 保护

ODUk SNCP 保护是指在 ODUk 层采用子网连接保护(SNCP)，受保护的子网连接可以是两个连接点之间、一个连接点和一个终结点之间或两个终结连接点之间的完整端到端网络连接。它可以用于任何物理拓扑(即网状网、环网或混合网络)以及分层网络中的通道层，根据服务层故障、客户层信息或通道的性能进行倒换。

ODUk 子网连接保护是当工作子网连接失效或性能劣于设定门限时，由保护子网代替。它主要进行跨子网业务的保护，与通道保护相似。

根据获得倒换信息的途径不同，SNCP 又可分为 SNC/I、SNC/N、SNC/S 等。

(1) 固有监控功能的 ODUk 子网络连接保护

固有监控功能的 ODUk 子网络连接保护简写为 SNC/I，I 表示固有监视，是指利用客户信号终结或适配时的固有信息，如连接故障、性能劣化(LOS、AIS 等)，来监测连接情况，同时作为保护倒换的启动条件。它在 ODUk 链路连接处发现缺陷时启动保护倒换。在 ODUk 层本身不进行故障检测，可用于单个链路或链路组的保护。SNC/I 保护的触发条件为 SM 段开销状态。

(2) 非侵入式监控功能的 ODUk 子网络连接保护

非侵入式监控功能的 ODUk 子网络连接保护简写为 SNC/N，N 表示非侵入式监测，是"只听"原来的监测信息，以监测(非侵入或非介入)子网连接是否需要启动保护倒换。下标 SNC/Ne 使用端到端管理开销监测，表示端到端子网连接保护；SNC/Ns 使用子层管理开销监测，表示子层子网连接保护。SNC/N 保护的触发条件为 SM/TCM 段开销状态，包含 SNC/I 的网络硬件失效条件，还采用 OAM 监测网络性能劣化和运行操作者错误，能防止连接故障。保护倒换由 ODUk P 层的非侵入式监控单元或位于保护组尾端的 ODUk T 分层启动。

SNC/I 和 SNC/N 的触发条件不同，倒换过程对告警的处理不同，但倒换效果类似。SNC/I 和 SNC/N 倒换如图 4-75 所示。

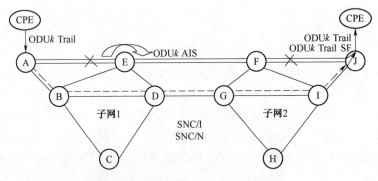

图 4-75　SNC/I 和 SNC/N 倒换示意图

(3) 分层监控功能的 ODUk 子网络连接保护

分层监控功能的 ODUk 子网络连接保护简写为 SNC/S，S 表示子层监视，触发条件为段监测 SM 和串联连接监测 TCM。当在 ODUk T 分层路径(TCM)发现缺陷时，启动保护倒换，如图 4-76 所示。

用 OTN 帧中的串联连接监控字节 TCMi 触发，在子网内部倒换，当业务跨子网传送时，SNC/S 方式更容易划分倒换责任范围。

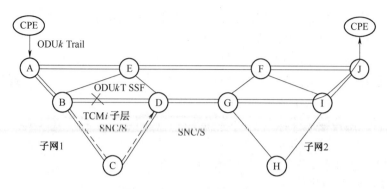

图 4-76 SNC/S 倒换示意图

基于 ODUk 的 SNC 保护与网络拓扑关系不大,可应用于链型、环型、网状型。SNC 保护利用电层交叉的双发选收进行保护,保护不需要全网协议,通过配置交叉连接完成双发选收,交叉粒度为 ODUk,主要对线路板及其以后的单元进行保护;是单端倒换,非恢复式,倒换时间小于 50 ms。设备倒换通过检测交叉总线触发,条件如 LOS、LOC、OTUk_LOF、OTUk_DEG/O-VER。

ZXMP M820 的 CX 子架支持波长级和子波长级保护。子波长是一个相对概念,将以往的单波信号划分为更小的颗粒,每一个颗粒称为一个子波长。M820 的 SMUB\LS 单板群路信号实际上是 10 Gbit/s 的业务信号,SMUB\LS 单板会将业务信号转换成 4 路 ODU1 信号,每一路 ODU1 信号就是一个子波长。

波长级保护包括电层波长 1+1 保护、电层波长通道共享保护和电层波长 1:N 保护。子波长级保护包括电层子波长 1+1 保护、电层子波长通道共享保护和电层子波长 1:N 保护。波长级保护由线路板的 OCh 接收侧检测告警,子波长级保护由线路板的背板总线发送器检测告警。

电层(或电层子)波长 1+1 保护和电层子波长 1+1 保护原理是"双发选收"。在发送端,支路汇聚板的一个波长(或子波长)信号通过背板总线连接到 CSU 单板。CSU 单板将信号同时发送给两个不同的线路单板,再由线路单板的 OCh 侧分别向工作路径和保护路径发送出去。在接收端,CSU 单板同时接收来自工作路径和保护路径的线路板送来的业务信号,根据优选条件,选择一路信号好的业务送给支路汇聚板。正常情况下,接收端选择接收工作路径上送来的业务信号。当工作路径出现故障时,接收端选择接收保护路径上送来的业务信号。

电层(或电层子)波长通道共享保护与光层的 1+1 通道保护类似。光层的 1+1 通道保护使用 OP 单板实现,而电层(或电层子)波长通道共享保护使用 CSU、线路板、支路汇聚板实现,逻辑上模拟 OP 单板的功能组合。

电层(或电层子)波长 1:N 保护是网络中配置占有 N 条背板总线的工作路径,1 条保护路径。当工作路径中的某一条背板总线上的业务信号受损时,线路板的 OCh 接收侧(或背板总线发送器)就会检测到告警,并上报给 APS 处理器。APS 处理器经过一定的算法计算,与对端通信后,发起保护倒换,倒换到保护路径上传输业务信号。由于 1:N 保护提供保护的路径只有 1 条,当工作路径上有多条波长(或子波长)受损时,只能保护 1 条,其他波长(或子波长)上的业务就会等不到保护。

2. ODUk 共享环网保护

ODUk 共享环网保护属于 OTN 电层环型保护,受保护的子网连接是两个终结点之间的完整端到端网络连接。环网结构中的工作通路可在同一根光纤中,也可在不同光纤中。ODUk 的环网保护仅支持双向倒换,保护粒度为 ODUk。

ODUk 共享环保护机制下,保护通道是共享的。当某工作通道出现故障时,就被倒换到反方向传输的保护环中,共享保护环需要 APS 协议。正常情况下,共享的保护通道既不传工作通道信息,也不传额外业务,本身也不受保护。

相对于双纤单向传输系统,二纤 ODUk 共享保护的每个跨段需要两根光纤和两个波长,如图 4-77 所示。每个波长的一半时隙用于工作,另一半时隙用于保护,一个波长中的工作时隙被反向的保护时隙所保护,一个波长只用到一组开销。

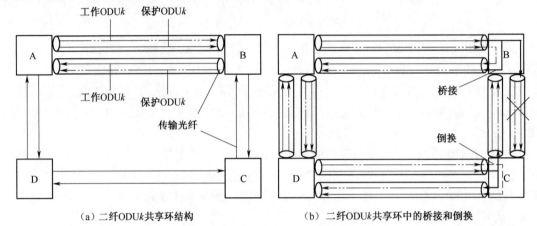

图 4-77 二纤二波长 ODUk 共享环保护

二纤二波长 ODUk 共享环由 4 个节点 A、B、C、D 构成,B、C 之间出了故障,在二纤环中,B 把原来传向 C 节点的编号为 $1 \sim N/2$ 的 ODUk 工作时隙连接到编号为 $N/2+1 \sim N$ 的保护时隙上,经过 A、D 节点传到 C。

由于 ODUk 共享环仅支持双向倒换,不是发端并发,保护倒换是发生在断点的两侧,所以 ODUk 共享环保护需要 APS 倒换协议,在倒换速度上也要比 1+1 通道保护慢一些。

ODUk 共享环倒换的"粒度"为 ODUk,环网倒换的触发条件为 OTUk 帧所携带的电层告警,需要在保护组内相关节点进行 APS 协议交互。

ZXMP M820 支持两纤双向通道共享环网保护(TMUX 电层波长)和两纤双向通道共享环网保护(TMUX 电层子长)。

二、任务实施

本任务的目的是建立带保护的 40 波环带链 OTN 传输网。如图 4-78 所示,所有两个相邻站之间均在 50 km 左右。站 O3 为中心网元,连接网管服务器。站 O1 与站 O3、站 O4 之间各有 1 个 STM-64 光信号业务,站 O3 和站 O4 之间有 4 个 STM-16 光信号业务,站 O3 与站 O5 之间有 4 个 STM-4 光信号业务,站 O3 和站 O6 之间有两个 GE 光信号业务。

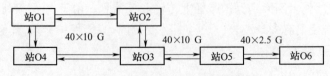

图 4-78 环带链 OTN 传输网拓扑结构

站 O3 和站 O4 之间的光信号业务采用支路板和线路板分开方式实现,其他光信号业务采用支线合一板实现,采用 TMUX 电层子波长 1+1 保护。站 O1 与站 O3、站 O4 之间采用客户侧 1+1 光层通道保护。

1. 材料准备

高 2 m 的 19 英寸机柜,ZXMP M820 子架 6 套,单板若干,ZXONM E300 网管 1 套,G.655 光纤跳线若干根。

2. 实施步骤

在网管系统上进行数据配置时,网元先设为离线状态。当所有数据配置完成后,将网元改为在线,下载网元数据库。数据下载后设备即可正常运行。

(1)启动网管。

(2)规划并填写网元参数表,见表 4-32。根据网元参数表创建站 O1 至站 O6 网元。

表 4-32 网元参数表

网元名称	网元标识	网元地址	系统类型	设备类型	网元类型	速率等级	在线/离线	子架
站 O1	31	192.3.31.18	ZXMP M820	ZXMP M820	OADM	40×10 G	离线	CWP10U 主子架 CWP10U 从子架
站 O2	32	192.3.32.18	ZXMP M820	ZXMP M820	OLA	40×10 G	离线	CWP10U 主子架
站 O3	33	192.3.33.18	ZXMP M820	ZXMP M820	OXC	40×10 G	离线	CWP10U 主子架、 CWP10U 从子架、 CX 子架
站 O4	34	192.3.34.18	ZXMP M820	ZXMP M820	OADM	40×10 G	离线	CWP10U 主子架、 CX 子架
站 O5	35	192.3.35.18	ZXMP M820	ZXMP M820	OADM	40×10 G	离线	CWP10U 主子架 CWP10U 从子架
站 O6	36	192.3.36.18	ZXMP M820	ZXMP M820	OTM	40×2.5 G	离线	CWP10U 主子架

(3)根据业务需求填写波长规划表,同本项目任务 2。其中站 O1 与站 O3、站 O4 之间各有 1 个 STM-64 光信号业务,站 O3 和站 O4 之间有 4 个 STM-16 光信号业务分别从两个方向配置,短距离方向为主通道,长距离方向为保护通道。

(4)安装单板

客户侧 1+1 通道保护用于对客户通道进行保护,业务接口、合波器/分波器、光纤放大器、光纤线路等都需要备份。根据任务要求规划并填写业务单板配置表,站 O1 和站 O3 之间的 1 个 STM-64 光信号业务需要配置两块 SOTU10G 单板、站 O1 和站 O4 之间的 1 个 STM-64 光信号业务需要配置两块 SOTU10G 单板,站 O3 和站 O4 之间的 4 个 STM-16 光信号业务需要配置 1 块 SAUC 和两块 SMUB/LS1 单板,见表 4-33。

表 4-33 OTN 业务单板配置表

网元名称	OPCS	OMU40	SEOBA	ODU40	SEOPA	EONA	SOTU 10G	SRM42	GEM	SAUC/S	SMUB /LS1
站 O1	1块 [1-2-8]	两块 [1-1-6] [1-1-18]	两块 [1-1-9] [1-1-21]	两块 [1-1-12] [1-1-24]	两块 [1-1-10] [1-1-22]	—	4块 [1-2-3] [1-2-4] [1-2-15] [1-2-16]	—	—	—	—
站 O2	—	—	—	—	—	两块 [1-1-10] [1-1-22]	—	—	—	—	—
站 O3	1块 [1-3-1]	3块 [1-1-6] [1-1-18] [1-2-6]	3块 [1-1-9] [1-1-21] [1-2-9]	3块 [1-1-12] [1-1-24] [1-2-12]	3块 [1-1-10] [1-1-22] [1-2-10]	—	两块 [1-1-4] [1-1-16]	1块 [1-2-20]	1块 [1-2-22]	1块 [1-3-12]	两块 [1-3-3] [1-3-13]
站 O4	—	两块 [1-1-6] [1-1-18]	两块 [1-1-9] [1-1-21]	两块 [1-1-12] [1-1-24]	两块 [1-1-10] [1-1-22]	—	两块 [1-1-4] [1-1-16]	—	—	1块 [1-2-1]	两块 [1-2-2] [1-2-12]
站 O5	—	两块 [1-1-6] [1-1-18]	两块 [1-1-9] [1-1-21]	两块 [1-1-12] [1-1-24]	两块 [1-1-10] [1-1-22]	—	1块 [1-2-4]	—	—	—	—
站 O6	—	1块 [1-1-6]	1块 [1-1-9]	1块 [1-1-12]	1块 [1-1-10]	—	—	—	—	1块 [1-1-16]	—

OTN 网元的每个子架 27、28 槽位固定安插两块 SPWA 板，29 槽位安插 SEIA1，30、31、32、33 槽位安插 4 块 SFANA 板，CWP10U 主子架 1、2 槽位安插两块 SNP 板，CWP10U 主子架 3 槽位安插 1 块 SOSC 板，CWP10U 从子架 1、2 槽位安插两块 SCC 板，CX 子架 7、8 槽位安插两块 CSU 板，这些公共单板不再在表 4-33 中列出。

根据波长规划表和单板配置表建立站 O1 至站 O6 网元，配置业务接入和汇聚板的频率。

(5) 连接网元间连线

规划并填写各网元间光纤连接表。根据网元间光纤连接表连接各网元间的连线。

(6) 设置网关网元

选择站点 3，选择"设备管理"→"设置网关网元"，将站 3 添加到右侧网关网元列表中，将站 3 设置为网关网元。

(7) 连接网元内连接

根据网元内信号流向，规划出站 O1、站 O3、站 O4 网元内连接配置表，见表 4-34 至表 4-36。根据站 O1、站 O3、站 O4 网元内连接配置表连接网元内连接。

表 4-34 站 O1 网元内连接配置表

客户侧保护					
源单板	源端口	源方向	目的单板	目的端口	目的方向
SOTU10G[0-2-16]	CT[输出端口(OAC宿)1]	发送	OPCS[0-2-8]	BWI[B向工作输入端口]	接收
OPCS[0-2-8]	BWO[B向工作输出端口]	发送	SOTU10G[0-2-16]	CR[输入端口(OAC源)1]	接收
SOTU10G[0-2-3]	CT[输出端口(OAC宿)1]	发送	OPCS[0-2-8]	API[A向保护输入端口]	接收
OPCS[0-2-8]	APO[A向工作输出端口]	发送	SOTU10G[0-2-3]	CR[输入端口(OAC源)1]	接收

A 方向(站 O1—站 O4 方向)					
源单板	源端口	源方向	目的单板	目的端口	目的方向
SOTU10G[0-2-3]	LT[输出端口(OCH源)1]	发送	OMU40[0-1-6]	CH1[输入端口(OCH源)1]	接收
SOTU10G[0-2-4]	LT[输出端口(OCH源)1]	发送	OMU40[0-1-6]	CH2[输入端口(OCH源)2]	接收
OMU40[0-1-6]	OUT[输出端口(OMS源)1]	发送	SEOBA[0-1-9]	IN[输入端口(OMS源)1]	接收
SOSC[0-1-3]	OUT1[监控通道源1]	发送	SEOBA[0-1-9]	SIN[监控通道宿1]	接收
SEOPA[0-1-10]	SOUT[监控通道源1]	发送	SOSC[0-1-3]	IN1[监控通道宿1]	接收
SEOPA[0-1-10]	OUT[输出端口(OMS宿)1]	发送	ODU40[0-1-12]	IN[输入端口(OMS宿)1]	接收
ODU40[0-1-12]	CH1[输出端口(OCH宿)1]	发送	SOTU10G[0-2-3]	LR[输入端口(OCH宿)1]	接收
ODU40[0-1-12]	CH2[输出端口(OCH宿)2]	发送	SOTU10G[0-2-4]	LR[输入端口(OCH宿)1]	接收

B 方向(站 O1—站 O2 方向)					
源单板	源端口	源方向	目的单板	目的端口	目的方向
SOTU10G[0-2-15]	LT[输出端口(OCH源)1]	发送	OMU40[0-1-18]	CH2[输入端口(OCH源)2]	接收
SOTU10G[0-2-16]	LT[输出端口(OCH源)1]	发送	OMU40[0-1-18]	CH1[输入端口(OCH源)1]	接收
OMU40[0-1-18]	OUT[输出端口(OMS源)1]	发送	SEOBA[0-1-21]	IN[输入端口(OMS源)1]	接收
SOSC[0-1-3]	OUT2[监控通道源2]	发送	SEOBA[0-1-21]	SIN[监控通道宿1]	接收
SEOPA[0-1-22]	SOUT[监控通道源1]	发送	SOSC[0-1-3]	IN2[监控通道宿2]	接收
SEOPA[0-1-22]	OUT[输出端口(OMS宿)1]	发送	ODU40[0-1-24]	IN[输入端口(OMS宿)1]	接收
ODU40[0-1-24]	CH1[输出端口(OCH宿)1]	发送	SOTU10G[0-2-16]	LR[输入端口(OCH宿)1]	接收
ODU40[0-1-24]	CH2[输出端口(OCH宿)2]	发送	SOTU10G[0-2-15]	LR[输入端口(OCH宿)1]	接收

穿透业务(站3—站4)					
源单板	源端口	源方向	目的单板	目的端口	目的方向
ODU40[0-1-12]	CH3[输出端口(OCH宿)3]	发送	OMU40[0-1-18]	CH3[输入端口(OCH源)3]	接收
ODU40[0-1-24]	CH3[输出端口(OCH宿)3]	发送	OMU40[0-1-6]	CH3[输入端口(OCH源)3]	接收

表 4-35　站 O3 网元内连接配置表

客户侧保护					
源单板	源端口	源方向	目的单板	目的端口	目的方向
SOTU10G[0-1-4]	CT[输出端口(OAC 宿)1]	发送	OPCS[0-3-1]	AWI[A 向工作输入端口]	接收
OPCS[0-3-1]	AWO[A 向工作输出端口]	发送	SOTU10G[0-1-4]	CR[输入端口(OAC 源)1]	接收
SOTU10G[0-1-16]	CT[输出端口(OAC 宿)1]	发送	OPCS[0-3-1]	BPI[B 向保护输入端口]	接收
OPCS[0-3-1]	BPO[B 向工作输出端口]	发送	SOTU10G[0-1-16]	CR[输入端口(OAC 源)1]	接收
A 方向(站 O3—站 O2 方向)					
源单板	源端口	源方向	目的单板	目的端口	目的方向
SOTU10G[0-1-4]	LT[输出端口(OCH 源)1]	发送	OMU40[0-1-6]	CH1[输入端口(OCH 源)1]	接收
SMUB\LS1[0-3-3]	LT[输出端口(OCH 源)1]	发送	OMU40[0-1-6]	CH3[输入端口(OCH 源)3]	接收
OMU40[0-1-6]	OUT[输出端口(OMS 源)1]	发送	SEOBA[0-1-9]	IN[输入端口(OMS 源)1]	接收
SOSC[0-1-3]	OUT1[监控通道源 1]	发送	SEOBA[0-1-9]	SIN[监控通道宿 1]	接收
SEOPA[0-1-10]	SOUT[监控通道源 1]	发送	SOSC[0-1-3]	IN1[监控通道宿 1]	接收
SEOPA[0-1-10]	OUT[输出端口(OMS 宿)1]	发送	ODU40[0-1-12]	IN[输入端口(OMS 宿)1]	接收
ODU40[0-1-12]	CH1[输出端口(OCH 宿)1]	发送	SOTU10G[0-1-4]	LR[输入端口(OCH 宿)1]	接收
ODU40[0-1-12]	CH3[输出端口(OCH 宿)3]	发送	SMUB\LS1[0-3-3]	LR[输入端口(OCH 宿)1]	接收
B 方向(站 O3—站 O4 方向)					
源单板	源端口	源方向	目的单板	目的端口	目的方向
SOTU10G[0-1-16]	LT[输出端口(OCH 源)1]	发送	OMU40[0-1-18]	CH1[输入端口(OCH 源)1]	接收
SMUB\LS1[0-3-13]	LT[输出端口(OCH 源)1]	发送	OMU40[0-1-18]	CH3[输入端口(OCH 源)3]	接收
OMU40[0-1-18]	OUT[输出端口(OMS 源)1]	发送	SEOBA[0-1-21]	IN[输入端口(OMS 源)1]	接收
SOSC[0-1-3]	OUT2[监控通道源 2]	发送	SEOBA[0-1-21]	SIN[监控通道宿 1]	接收
SEOPA[0-1-22]	SOUT[监控通道源 1]	发送	SOSC[0-1-3]	IN2[监控通道宿 2]	接收
SEOPA[0-1-22]	OUT[输出端口(OMS 宿)1]	发送	ODU40[0-1-24]	IN[输入端口(OMS 宿)1]	接收
ODU40[0-1-24]	CH1[输出端口(OCH 宿)1]	发送	SOTU10G[0-1-16]	LR[输入端口(OCH 宿)1]	接收
ODU40[0-1-24]	CH3[输出端口(OCH 宿)3]	发送	SMUB\LS1[0-3-13]	LR[输入端口(OCH 宿)1]	接收
C 方向(站 O3—站 O5 方向)					
源单板	源端口	源方向	目的单板	目的端口	目的方向
SRM42[0-2-20]	OUT[输出端口(OCH 源)1]	发送	OMU40[0-2-6]	CH4[输入端口(OCH 源)4]	接收
GEM[0-2-22]	OUT1[输出端口(OCH 源)1]	发送	OMU40[0-2-6]	CH5[输入端口(OCH 源)5]	接收
OMU40[0-2-6]	OUT[输出端口(OMS 源)1]	发送	SEOBA[0-2-9]	IN[输入端口(OMS 源)1]	接收
SOSC[0-1-3]	OUT3[监控通道源 3]	发送	SEOBA[0-2-9]	SIN[监控通道宿 1]	接收

续上表

C 方向(站 O3—站 O5 方向)					
源单板	源端口	源方向	目的单板	目的端口	目的方向
SEOPA[0-2-10]	SOUT[监控通道源1]	发送	SOSC[0-1-3]	IN3[监控通道宿3]	接收
SEOPA[0-2-10]	OUT[输出端口(OMS 宿)1]	发送	ODU40[0-2-12]	IN[输入端口(OMS 宿)1]	接收
ODU40[0-2-12]	CH4[输出端口(OCH 宿)4]	发送	SRM42[0-2-20]	LR[输入端口(OCH 宿)1]	接收
ODU40[0-2-12]	CH5[输出端口(OCH 宿)5]	发送	GEM[0-2-22]	IN[输入端口(OCH 宿)1]	接收
ODU40[0-1-12]	CH2[输出端口(OCH 宿)3]	发送	OMU40[0-1-18]	CH2[输入端口(OCH 源)2]	接收
ODU40[0-1-24]	CH2[输出端口(OCH 宿)3]	发送	OMU40[0-1-6]	CH2[输入端口(OCH 源)2]	接收

表 4-36　站 O4 网元内连接配置表

客户侧保护					
源单板	源端口	源方向	目的单板	目的端口	目的方向
SOTU10G[0-1-16]	CT[输出端口(OAC 宿)1]	发送	OPCS[0-2-4]	BWI[B 向工作输入端口]	接收
OPCS[0-2-8]	BWO[B 向工作输出端口]	发送	SOTU10G[0-1-16]	CR[输入端口(OAC 源)1]	接收
SOTU10G[0-1-4]	CT[输出端口(OAC 宿)1]	发送	OPCS[0-2-4]	API[A 向保护输入端口]	接收
OPCS[0-2-4]	APO[A 向工作输出端口]	发送	SOTU10G[0-1-4]	CR[输入端口(OAC 源)1]	接收
A 方向(站 O4—站 O3 方向)					
源单板	源端口	源方向	目的单板	目的端口	目的方向
SOTU10G[0-1-4]	LT[输出端口(OCH 源)1]	发送	OMU40[0-1-6]	CH2[输入端口(OCH 源)2]	接收
SMUB\LS1[0-2-2]	LT[输出端口(OCH 源)1]	发送	OMU40[0-1-6]	CH3[输入端口(OCH 源)3]	接收
OMU40[0-1-6]	OUT[输出端口(OMS 源)1]	发送	SEOBA[0-1-9]	IN[输入端口(OMS 源)1]	接收
SOSC[0-1-3]	OUT1[监控通道源2]	发送	SEOBA[0-1-9]	SIN[监控通道宿1]	接收
SEOPA[0-1-10]	SOUT[监控通道源1]	发送	SOSC[0-1-3]	IN1[监控通道宿2]	接收
SEOPA[0-1-10]	OUT[输出端口(OMS 宿)1]	发送	ODU40[0-1-12]	IN[输入端口(OMS 宿)1]	接收
ODU40[0-1-12]	CH2[输出端口(OCH 宿)2]	发送	SOTU10G[0-1-4]	LR[输入端口(OCH 宿)1]	接收
ODU40[0-1-12]	CH3[输出端口(OCH 宿)3]	发送	SMUB\LS1[0-2-2]	LR[输入端口(OCH 宿)1]	接收
B 方向(站 O4—站 O1 方向)					
源单板	源端口	源方向	目的单板	目的端口	目的方向
SOTU10G[0-1-16]	LT[输出端口(OCH 源)1]	发送	OMU40[0-1-18]	CH2[输入端口(OCH 源)2]	接收
SMUB\LS1[0-2-12]	LT[输出端口(OCH 源)1]	发送	OMU40[0-1-18]	CH3[输入端口(OCH 源)3]	接收
OMU40[0-1-18]	OUT[输出端口(OMS 源)1]	发送	SEOBA[0-1-21]	IN[输入端口(OMS 源)1]	接收
SOSC[0-1-3]	OUT2[监控通道源1]	发送	SEOBA[0-1-21]	SIN[监控通道宿1]	接收

续上表

B方向（站O4—站O1方向）					
源单板	源端口	源方向	目的单板	目的端口	目的方向
SEOPA［0-1-22］	SOUT［监控通道源1］	发送	SOSC［0-1-3］	IN2［监控通道宿1］	接收
SEOPA［0-1-22］	OUT［输出端口（OMS宿）1］	发送	ODU40［0-1-24］	IN［输入端口（OMS宿）1］	接收
ODU40［0-1-24］	CH2［输出端口（OCH宿）2］	发送	SOTU10G［0-1-16］	LR［输入端口（OCH宿）1］	接收
ODU40［0-1-24］	CH3［输出端口（OCH宿）3］	发送	SMUB\LS1［0-2-12］	LR［输入端口（OCH宿）1］	接收
ODU40［0-1-12］	CH1［输出端口（OCH宿）1］	发送	OMU40［0-1-18］	CH1［输入端口（OCH源）1］	接收
ODU40［0-1-24］	CH1［输出端口（OCH宿）1］	发送	OMU40［0-1-6］	CH1［输入端口（OCH源）1］	接收

（8）启动SNMS

单击"系统"→"SNMS功能启用设置"进入SNMS功能启用设置对话框，单击"启用"按钮，启用SNMS功能。

（9）建立管理客户

单击"配置"→"客户管理"进入客户管理对话框，输入客户ID、客户名称，选择创建时间、有效截止时间、信用等级，点击"应用"，建立管理客户。

（10）光层业务配置

①搜索OTS

单击"配置"→"PC资源管理"进入PC资源管理界面，单击"SNMS资源配置"→"OTS搜索"查看光层的OTS资源。OTS为一个网元SEOBA至另一个网元SEOPA之间的光层连接，环带链型OTN网络应有12条往返OTS资源信息。

②搜索OMS

在PC资源管理界面，单击"SNMS资源配置"→"OMS搜索"查看光层的OMS资源。OMS为一个网元OMU至另一个网元ODU之间的光层连接，环带链型OTN网络应有10条往返OMS资源信息。

③搜索OCh

在PC资源管理界面，单击"SNMS资源配置"→"OCh搜索"查看光层的OCh资源。OCh为一个网元线路板或支线合一板至另一个网元线路板或支线合一板之间的光层连接，带保护的环带链型OTN网络应有16条OCh资源信息，如图4-79所示。

（11）电层业务接入类型及上下路配置

主光层业务需要配置业务接入类型。本任务中的主光层业务有：站O1和站O3之间有1个STM-64光信号业务，站O1与站O4之间有1个STM-64光信号业务。在主视图选中所有网元，单击"设备管理"→"业务配置管理"→"多业务接入类型配置"。单击选中站O1网元，选择多业务接入类型配置选项，点击"主光层"，配置SOTU10G单板接入类型为STM-64。选中所有单板，单击"应用"，将配置数据下发。业务类型配置成功后，状态列显示为"修改"。依次配置站O3、站O4的SOTU10G单板接入类型为STM-64。

汇聚业务需要配置业务接入类型及上下路配置。本任务中的汇聚业务有：站O3和站O4

之间有两个方向的4个STM-16光信号业务,站O3与站O5之间有1个方向的4个STM-4光信号业务,站O3和站O6之间有1个方向的两个GE光信号业务。在主视图选中所有网元,单击"设备管理"→"业务配置管理"→"多业务接入类型配置"。单击选中站O3网元,选择多业务接入类型配置选项,点击"汇聚层",配置SRM42单板接入类型为STM-4,GEM单板接入类型为GbE,SAUC输入端口接入类型为STM-16,SAUC背板电接口接入类型为ODU1,SMUB\LS1输入端口接入类型为OTU2,SMUB\LS1背板电接口接入类型为ODU1。选中所有单板,单击"应用",将配置数据下发。业务类型配置成功后,状态列显示为"修改"。配置站O4网元SAUC输入端口接入类型为STM-16,SAUC背板电接口接入类型为ODU1,SMUB\LS1输入端口接入类型为OTU2,MUB\LS1背板电接口接入类型为ODU1。配置站O5网元SRM42单板接入类型为STM-4。配置站O6网元GEM单板接入类型为GbE。

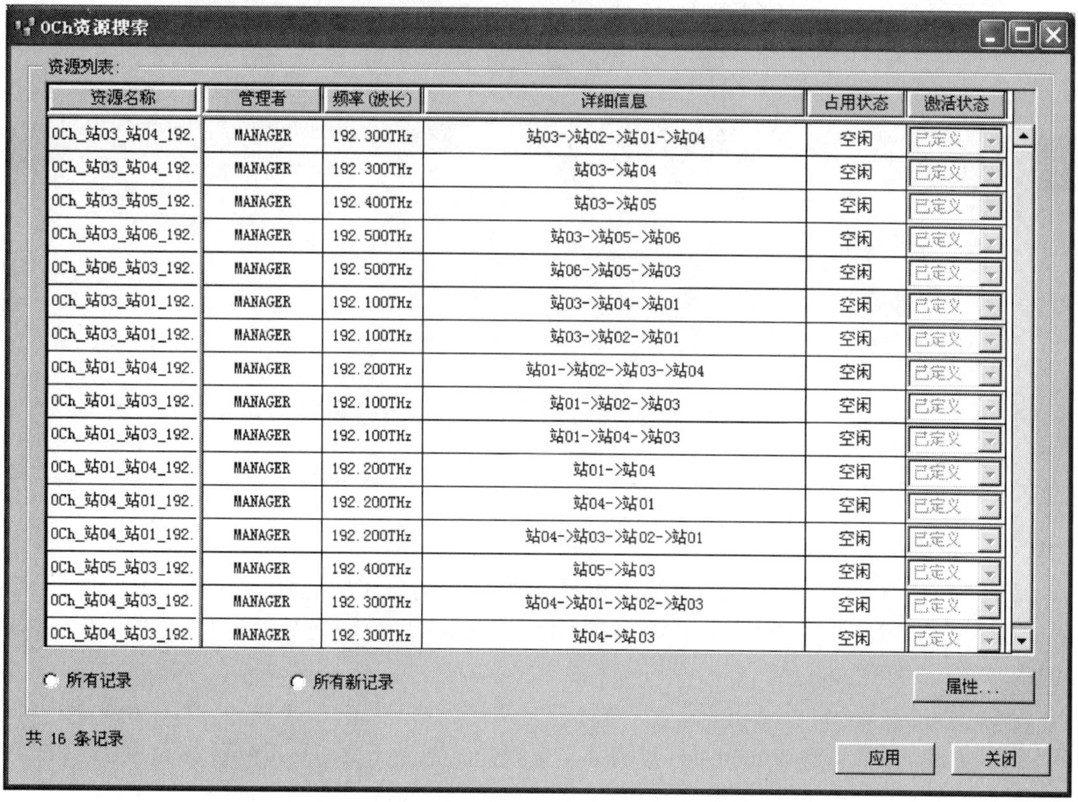

图4-79 带保护的环带链OTN网络OCh资源信息

单击选中站O3网元,选择汇聚业务上下路配置选项,选择所有单板的通道状态为上下路。选中所有单板,单击"应用",将配置数据下发。汇聚业务上下路配置成功后,修改状态列显示为"修改"。依次配置站O4、站O5、站O6所有单板的通道状态为上下路。

(12)电层交叉业务配置

对于采用支路板与线路板分开方式接入的业务,还需要配置支路和线路之间的电层交叉。在主视图选中站O3和站O4网元,单击"设备管理"→"TMUX管理"→"业务交叉配置",在"业务交叉配置"对话框,配置站O3网元SAUC/S[0-3-12]和SMUB/LS1[0-3-13]间的交叉连接,如图4-80所示。配置站O4网元SAUC/S[0-2-1]和SMUB/LS1[0-2-2]间的交叉连接。点击"应用",将配置数据下发。

(13) 配置 OCh 客户路径

汇聚业务配置完成后,进入 WDM SNMS 视图,选择"路径配置"→"路径自动配置",弹出"OCh 客户路径自动配置"对话框,在源端点和目的端点选择的网元和单板处下拉选择网元、单板、端口和业务类型。

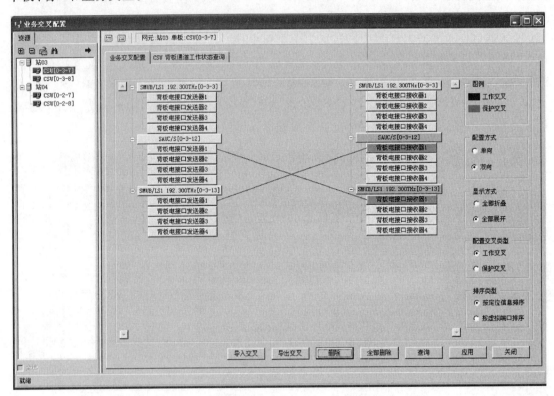

图 4-80 站 O3 业务交叉配置

对于站 O1 至站 O3 的业务,源端点选择起始网元为站 O1,起始单板为 SOTU10G[0-2-16],源端口为 CR1,业务类型为 STM-64;目的端点选择起始网元为站 O3,目的单板为 SOTU10G[0-1-4],目的端口为 CT1。

对于站 O1 至站 O4 的业务,源端点选择起始网元为站 O1,起始单板为 SOTU10G[0-2-4],源端口为 CR1,业务类型为 STM-64;目的端点选择起始网元为站 O3,目的单板为 SOTU10G[0-1-16],目的端口为 CT1。

对于站 O3 至站 O4 的业务,源端点选择起始网元为站 O3,起始单板为 SAUC[0-3-12],源端口为 ADD1,业务类型为 STM-16,源群里板为 SMUB/LS1[0-3-13];目的端点选择起始网元为站 O4,目的单板为 SAUC[0-2-1],目的端口为 DRP11,目的群里板为 SMUB/LS1[0-2-2]。工作/保护方式选择为工作,波长选择处勾选双向,如图 4-81 所示。

点击"路径搜索",弹出"OCh Client 路径选择"对话框,如图 4-82 所示。选择"源→目的路径"和"目的→源路径",并在背板交叉选择和对应的背板接口,依次单击"确认"和"关闭"按钮。

返回 OCh 客户路径自动配置对话框,选中搜索结果列表中的路径,并在激活状态下拉列表中选中激活,如图 4-83 所示。

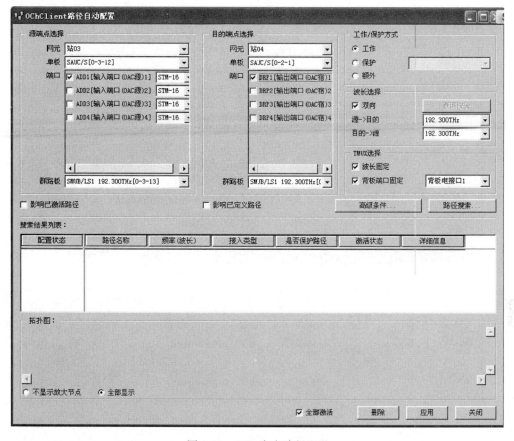

图 4-81　OCh 客户路径配置

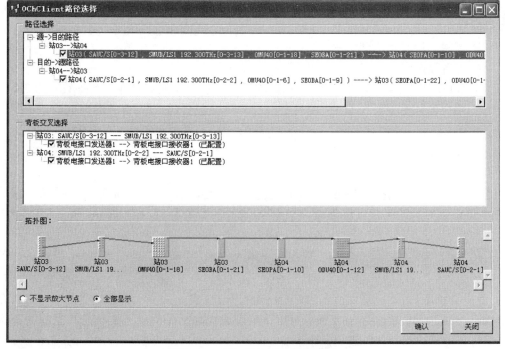

图 4-82　OCh 客户工作路径选择

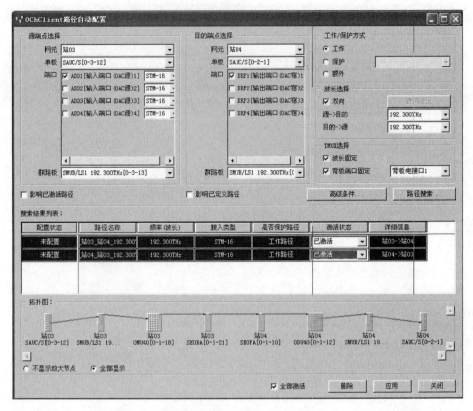

图 4-83 激活 OCh 客户工作路径

在"OCh 客户路径自动配置"对话框,单击"应用"按钮,下发业务配置命令,进入"激光器状态"对话框确保所有激光器已经打开,在多业务接入类型对话框中检查所有业务单板业务类型已配置正确,在"汇聚业务上下路配置"对话框中确认通道状态和当前通道状态为上下路,单击"应用",将配置信息下发。

(14)配置保护路径

对于站 O3 至站 O4 的业务,源端点选择起始网元为站 O3,起始单板为 SAUC[0-3-2],源端口为 ADD1,业务类型为 STM-16,源群里板为 SMUB/LS1[0-3-3];目的端点选择起始网元为站 O4,目的单板为 SAUC[0-2-11],目的端口为 DRP11,目的群里板为 SMUB/LS1[0-2-12]。工作/保护方式选择为保护,保护类型选择为 WDM 电层波长 1+1 保护,波长选择处勾选双向,如图 4-84 所示。

点击"路径搜索",弹出"OCh Client 路径选择"对话框,如图 4-85 所示。选择"源→目的路径"和"目的→源路径",并在背板交叉选择和对应的背板接口,依次单击"确认"和"关闭"按钮。

返回"OCh 客户路径自动配置"对话框,选中搜索结果列表中的路径,并在激活状态下拉列表中选中激活。在"OCh 客户路径自动配置"对话框,单击"应用"按钮,下发业务配置命令,进入"激光器状态"对话框确保所有激光器已经打开,在多业务接入类型对话框中检查所有业务单板业务类型已配置正确,在汇聚业务上下路配置对话框中确认通道状态和当前通道状态为上下路,单击"应用",将配置信息下发。

工作路径和保护路径就配置完成,如图 4-86 所示。

模块四 OTN 传输系统开局 ·255·

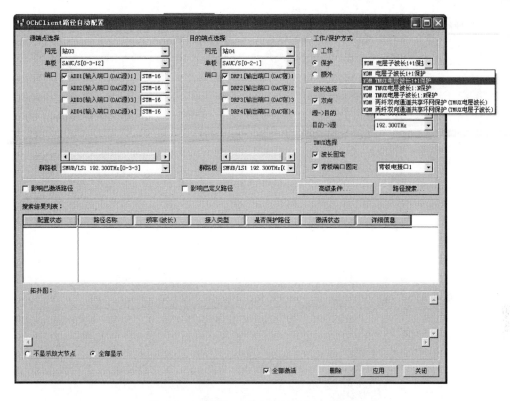

图 4-84 配置 TMUX 电层子波长 1+1 保护

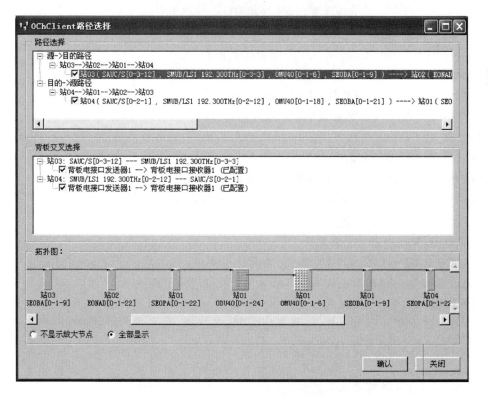

图 4-85 OCh 客户保护路径选择

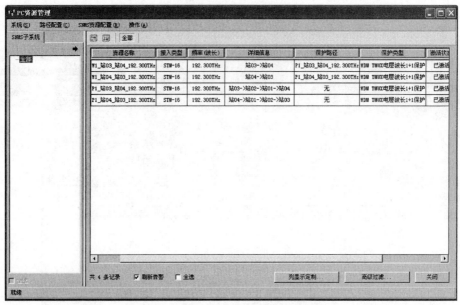

图 4-86 配置好的工作路径和保护路径

复习思考题

1. OTN 信号速率有几种？帧速率与 SDH 相比有什么不同？
2. 请画出 OTU4 的帧结构示意图，并计算 OTU4 的速率。
3. OTN 开销由哪几部分组成？每部分有哪些开销？
4. SM、TCM 与 PM 有什么相同点？有什么区别？
5. 什么是 OTN 的关联开销和非关联开销？
6. 解释 OTM-16r. 3、OTM-16r. 1234、OTM-16r. 23 接口信号的含义。
7. OTN 是如何分层的？每层有什么功能？
8. 已知某 OTN 系统中每根光纤有 40 个光通道，10 个光通道单波传输的速率为 10 Gbit/s，其他 30 个光通道单波传输的速率为 40 Gbit/s。

(1) 分析 STM-16 业务信号转换成单波 10 Gbit/s 时分复用过程。

(2) 分析 10 GE 以太网业务信号转换成单波 40 Gbit/s 时分复用过程。

(3) 分析该系统采用完全功能光传送模块类型的波分复用过程。

9. 简述 OTN 进行光功率调测的步骤。

10. 有一个 80×40 G 的 OTN 系统，选用的 OMU80 插入损耗为 6 dB，OBA 型号为中兴 OBA2022。已知使用的第 1~10 波线路板输出光功率为 −1 dBm。

(1) OMU80 前面的光衰减器如何调节？

(2) 请计算使用 10 波后 OBA 的饱和输入光功率。

(3) 请计算使用 10 波后 OMU40 的输出光功率。

(4) 在不改变网元间光功率情况下，OMU80 与 OBA 如何对接？

11. OTN 网络支持哪些保护机制？

模块五　PTN 传输系统开局

【学习目标】

本项目围绕 PTN 传输系统组建,分析了 PTN 传输技术的应用,重点介绍了 PTN 传输系统开局配置、业务开通和网络保护配置。教学内容以中兴 ZXCTN 6300 为例,以 PTN 系统组建任务实施为导向,突出课程应用性,重在系统组建任务的完成过程。学习目标包括创建网元、配置单板、创建纤缆连接、配置控制平面基础参数、配置时钟等 PTN 传输系统开局配置,开通 E1 业务、多种类型的以太网业务、配置网络保护等 PTN 传输系统组建任务。

知识目标:能够分析 PTN 传输系统的设备工作原理和业务开通流程。

素质目标:能够在 PTN 系统数据配置中培养学生的开拓创新能力。

能力目标:能够独立完成 PTN 传输系统开局配置、业务开通和网络保护配置。

【课程思政】

指导学生设计地铁 PTN 传输系统,让学生在情感上收获自豪感。

以项目为载体,将公民道德融入教学过程,培养学生遵守"爱国、敬业、诚信、友善"道德规范。

在项目化学习中,带领学生参与工程实践,让学生身临其境体会现场工程师的认真仔细、责任担当,让爱国情怀、工匠精神入脑入心。

【情景导入】

项目需求方:A 市地铁运营有限公司。

项目承接方:中铁 B 局第 C 工程分公司。

项目背景:A 市地铁运营有限公司需要在新建地铁线路上建设 PTN 传输系统。

担任角色:中铁 B 局第 C 工程分公司通信工程师。

工作任务:

1. PTN 技术应用分析。
2. 完成 PTN 传输系统硬件配置。
3. 建立 PTN 传输系统拓扑。
4. 完成 PTN 传输系统时钟配置。
5. PTN 传输系统 E1 业务开通。
6. PTN 传输系统三种类型以太网业务开通。
7. PTN 网络保护配置。

项目1　PTN 传输系统组建

PTN 传输系统开局配置包括 PTN 传输系统硬件配置、PTN 传输系统拓扑建立、控制平面基础参数配置、PTN 传输系统时钟配置等步骤。

任务 1：PTN 技术应用分析

任务：掌握 PTN 技术的优点，理解 PTN 的关键技术。
要求：能对比 SDH/MSTP 技术与 PTN 技术的特性，分析中国移动本地传输网的分层以及各层采用的传输技术。

一、知识准备

1. PTN 技术的特点

进入 21 世纪以后，通信技术发展日新月异，随着语音、视频、数据业务在 IP 层面的不断融合，各种业务都向 IP 化发展，各类新型的业务也都是建立在 IP 基础上的，业务的 IP 化和传送的分组化已成为目前网络演进的主线，传输网承载的业务从以 TDM 业务为主转变为以 IP 业务为主。

在 IP 化的大趋势下，传输网纷纷采用分组传送技术。我国电信运营商采用分组传送技术的选择不尽相同。中国移动采用 PTN 技术，中国联通和中国电信采用 IPRAN 技术。这两种分组传送技术主要区别在于控制平面的实现不同，两者都可用于移动基站回传、专用传输网等场合，实现多种业务的全程全网端到端承载。

本项目以 PTN 技术为主介绍分组传送网的组建。PTN 是以 IP 为内核，通过以太网为外部表现形式的业务层和 WDM 等光传输媒质设置一个层面，为用户提供以太网帧、多协议标签交换（MPLS）、ATM VP 和 VC、PDH、FR 等符合 IP 流量特征的各类业务，不仅保留了传统 SDH 传送网的一些基本特征，同时也引入了分组业务的基本特征，主要特点如下：

（1）提供 QoS 保证：PTN 支持多种基于分组交换业务的双向点对点连接通道，具有适合各种粗细颗粒业务、端到端的组网能力，提供了更加适合于 IP 业务特性的"柔性"传输管道。

（2）可靠性高：点对点连接通道的保护切换可以在 50 ms 内完成，可以实现传输级别的业务保护和恢复。

（3）电信级的维护管理：PTN 技术继承了 SDH 技术的操作、管理和维护机制，具有点对点连接的完整 OAM，保证网络具备保护切换、错误检测和通道监控能力；网管系统可以控制连接信道的建立和设置，实现业务 QoS 的区分和保证，灵活提供 SLA 等优点。

（4）可扩展性：完成与 IP/MPLS 多种方式的互连互通，无缝承载核心 IP 业务，也可利用各种底层传输通道（如 SDH、Ethernet、OTN 等）。

（5）安全性：具有完善的 OAM 机制、精确的故障定位和严格的业务隔离功能，最大限度地管理和利用光纤资源，保证了业务安全性。在结合通用 MPLS（GMPLS）后，可实现资源的自动配置及网状网的生存性。

（6）标准化：由统一的机构领导制定标准，便于不同厂商设备的互联。

2. PTN 与 SDH/MSTP 的对比

PTN 技术是从 SDH/MSTP 技术发展而来的，与 SDH/MSTP 技术主要对比见表 5-1。

表 5-1　SDH/MSTP 技术与 PTN 技术比较

传输技术	SDH/MSTP	PTN
技术特性	TDM 交换（VC 交叉）	分组交换
业务承载效率	在分组业务比重较大时，承载效率较低	在分组业务比重较大时，承载效率较高
业务支持	点到点业务，多点到多点业务	点到点业务，点到多点业务，多点到多点业务
通道特性	依据时隙通道进行规划，端到端刚性管道，带宽保证	依据业务模型规划，带宽收敛；支持端到端弹性管道，提高带宽利用率；网络规划和控制复杂化
网络组网	支持环型、链型组网，采用光口直接组网，网络组网需考虑低阶容量	支持环型、链型、Mesh 灵活组网，需要配置链路 IP 地址、VLAN 等，网络组网需要考虑设备的 PW/LSP 数量
网络可靠性	通过通道保护、复用段保护、SNCP 保护方式实现静态保护，主要支持 NNI 侧保护	通过 LSP、环网、LACP 等实现静态、动态保护，支持 UNI 侧、NNI 侧的保护，性能依据设备 OAM、QOS 等硬件
网络扩容	通常以环为单位进行扩容，开环增加节点需重新配置保护系统	按需以链为单位扩容，扩容链路需改变配置，增加 PW/LSP
网络维护	静态链路，支持告警、路径、业务三者关联；电路采用端到端调度方式，采用标准成帧；维护只看网管	静态链路维护同 SDH，还支持动态链路；电路支持端到端调度或端到端调度+动态链路组合，更加符合分组业务需求；维护需要依靠设备和网管的 OAM 设计能力

3. PTN 关键技术

PTN 原有定义包括运营商骨干网传输（PBT）技术及 MPLS-TP 技术。PBT 已经不再获得支持，MPLS-TP 技术成为目前 PTN 技术的唯一技术实现方式，关键技术包括以下 5 种：

（1）PWE3 技术

边缘到边缘的伪线仿真（PWE3）又称为虚拟专线（VLL），是一种在分组交换网络上模拟各种到点业务的仿真机制，被模拟的业务可以通过 TDM 专线、ATM、FR 或以太网等专线传输。PWE3 技术利用分组交换网上的隧道机制模拟业务的必要属性，在分组网络上构建点到点的以太网虚电路。

PWE3 作为一种端到端的二层业务承载技术，通过分组交换网络为 ATM、FR、IP/MPLS、Ethernet 和 TDM 等各种业务提供传输功能，在 PTN 网络边界提供端到端的虚链路仿真。PTN 通过 PWE3 技术提供 TDM、ATM/IMA、ETH 的统一承载，传统网络与分组交换网络可以进行互联，实现资源的共用和网络的拓展。

（2）OAM 技术

OAM 功能在公共通信网和专用通信网中十分重要，可以简化网络操作，检验网络性能，降低网络运行成本。在提供 QoS 保障的网络中，OAM 功能尤为重要。

PTN 建立面向分组的多层管道，将面向无连接的数据网改造成面向连接的网络。该管道可以通过网络管理系统或智能的控制面建立，该分组的传送通道具有良好的操作维护和保护恢复能力。PTN 还定义特殊的 OAM 帧来完成 OAM 功能，这些功能包括与故障、性能和保护方面相关的功能。

（3）保护技术

PTN 利用传送平面的 OAM 机制，为选定的工作实体预留了保护路由和带宽，不需要控制平面的参与就可以提供小于 50 ms 的网络保护。PTN 网络保护主要包括 1+1、1:N 线性保护与环网保护。PTN 线性保护支持单向、双向、返回和非返回倒换模式。PTN 环网保护类似于

SDH 复用段共享保护环,支持环回和转向机制,在环上同时建立保护和工作路径。PTN 还可以利用动态重路由和预置重路由来提高网络的生存性。

(4) QoS 技术

QoS 是网络的一种能力,即在跨越多种底层网络技术的网络上,为特定的业务提供其所需要的服务,在丢包率、延迟、抖动和带宽等方面获得可预期的服务水平。

PTN 采用差分服务机制区别对待不用业务,将用户的数据流按照 QoS 要求来划分等级。任何用户的数据流都可以自由进入网络,当网络出现拥塞时,级别高的数据流在排队和占用资源时比级别低的数据流有更高的优先权。PTN 针对整个传输网络采用端到端的 QoS 策略,在网络中根据业务流预先分配合理带宽,在网络的转发节点上根据隧道优先级进行调度处理,实现端到端的 QoS,避免了传统 QoS 策略因资源预留缺乏引起的丢弃报文现象发生。

(5) 同步技术

同步技术包括时间同步与时钟同步,建设同步网是为了将其时间或时钟频率作为定时基准信号分配给通信网中所有需要同步的网元设备与业务。PTN 系统的时钟同步有基于物理层的同步以太网技术、基于分组包的 TOP 技术和 IEEE 1588v2 精确时间协议技术三种技术。利用这些同步技术,PTN 可以实现高质量的网络同步,以解决移动基站回传中的时间同步问题,利用 PTN 系统提供的地面链路传送高精度时间信息,将大大降低基站对卫星的依赖程度,减少用于同步系统的天馈系统建设投资。

二、任务实施

本任务是分析中国移动 A 市本地传输网的分层以及各层采用的传输技术。

1. 材料准备

中国移动 A 市本地传输网结构图。

2. 实施步骤

移动传输网由省际干线、省内干线、本地传输网三部分组成。本地传输网是由核心层、汇聚层和接入层组成的网络结构,如图 5-1 所示。

(1) 核心层

核心层由位于移动交换局、关口局及数据业务中心节点的传输设备组成,负责提供各业务节点之间的传输电路以及完成与省内干线传输网的连接。为能提供大容量的业务调度能力和多业务传输能力,该层面业务对于安全性和可靠性要求较高。由于安全可靠性要求很高,核心层常采用环型结构。普通城市建设 1~3 个核心层传输环即可,大型城市核心层传输环 4~6 个。每个本地传输网至少有一个核心层节点与省网衔接,省会城市和部分重要城市设有两个核心层节点与省网衔接。

核心层采用 OTN、PTN 等设备,做到"分工明确、安全分担"。其中 OTN 主要用于承载大颗粒的 IP 承载网、城域数据网、BAS 上联及 5G 上联组网业务,系统速率为 160×10 Gbit/s 或 80×200 Gbit/s。PTN 主要用于 IP 承载网、4G 或 5G 核心网、城域数据网、内容分发网以及 2G、4G、5G、集团业务的汇聚和传送,速率为 10 Gbit/s、100 Gbit/s 或 200 Gbit/s。

(2) 汇聚层

汇聚层主要由位于基站接入汇聚节点和数据汇聚点的传输设备组成。汇聚层负责一定区域内业务的汇聚和疏导,要求能够提供强大的业务汇聚能力。此外,移动本地传输网的汇聚层网络还应具有良好的可扩展性,原则上不直接进行业务接入。汇聚层常采用环型结构,每个环中一般有 1~2 节点为核心层节点,以与核心层网络衔接。

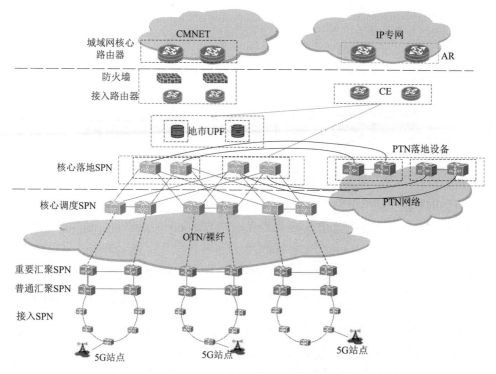

图 5-1 中国移动本地传输网结构

汇聚层采用 OTN、PTN、SDH 等设备,负责市区及县市 2G、4G、5G 及数据专线等业务的收敛、汇聚和传送。OTN 系统速率为 80×100 Gbit/s 或 40×10 Gbit/s。

(3)接入层

接入层由位于基站、营业厅、数据业务接入点及其他业务接入点的传输设备组成,负责将业务接入到各汇聚层节点,由汇聚节点再传送到各业务网络,其在移动本地传输网中的作用要求它具有多业务接入能力和良好的可扩展能力。接入层常采用环型结构,有 1~2 个节点与汇聚层网络衔接。

接入层由 PTN、SDH 设备构成上千个接入环,承载着全区 2G、4G、5G 及数据专线等各类业务。PTN 主要用于承担 4G、5G 及部分专线业务的接入,速率为 10 Gbit/s、40 Gbit/s 或 50 Gbit/s。SDH 主要用于接入 2G 及数据专线业务,速率为 155 Mbit/s、622 Mbit/s、2.5 Gbit/s 或 10 Gbit/s。

任务 2:PTN 传输系统硬件配置

任务:掌握 ZXCTN 6300 硬件基本配置单元,掌握各单板的功能。
要求:能根据传输网络选择合适的 PTN 网元类型,配置 ZXCTN 6300 子架及单板。

一、知识准备

1. PTN 网元类型

根据设备在网络中的位置,PTN 网元主要有网络边缘(PE)设备和网络核心(P)设备两种类型,在网络中的位置如图 5-2 所示,其中 CE 为用户设备。

PE 属于汇聚层设备,接入的是经过 CE 设备处理后的数据,主要完成汇聚、封装/解封装功能。PE 设备和 PE 设备之间的路径根据起始点不同,可以是伪线 PW,也可以是隧道。P 属于核心层设备,具有强大的交换能力,处理二层 MAC 地址和 PW 标签,其接口种类较为简单。

图 5-2　PTN 网元类型

PTN 传输网络中,位于用户侧的接口称为用户—网络接口(UNI),位于网络侧的接口称为网络—网络接口(NNI)。PE 设备在 UNI 接口接收到 CE 发来的用户数据包时,添加隧道标签和 PW 标签,从 NNI 接口出去;在经过 PTN 网络中间时,PE/P 设备完成隧道标签和 PW 标签的交换;在 PE 设备业务出接口上,去掉隧道标签和 PW 标签,然后还原用户的业务数据包,从接口发送出去。

2. 中兴 PTN

中兴 ZXCTN 系列产品是新一代 IP 传送平台(IPTN),以分组为内核,实现多业务承载,全面支持 T-MPLS /MPLS-TP、MPLS 技术。

ZXCTN 系列产品包括 ZXCTN 6100、ZXCTN 6200、ZXCTN 6300、ZXCTN 9004、ZXCTN 9008、ZXCTN 6100H、ZXCTN 6700、ZXCTN 6900 等。ZXCTN 6100/6200/6300 主要定位于网络的接入汇聚层,采用全分组内核、集中式交换和模块化设计理念,体积小巧,集成度高。ZXCTN 9004/9008 主要定位于网络的汇聚核心层,面对业务网络承载需求的复杂性和不确定性,融合了分组与传送技术的优势,采用分组交换为内核的体系架构,并集成 IP/MPLS 丰富的业务功能和标准化业务,集成了多业务的适配接口、同步时钟、电信级的 OAM 和保护等功能,在此基础上实现以太网、ATM 和 TDM 电信级业务处理和传送。ZXCTN 6100H/ 6700/6900 为面向 5G 承载网的切片分组网(SPN)设备,SPN 是 PTN 的升级版本。本项目以 ZXCTN 6300 为例,说明 PTN 传输系统组建。

ZXCTN 6300 采用基于 ASIC 的集中式分组交换架构和横插板结构,子架结构如图 5-3 所示,机箱高度为 8U,外形尺寸为 482.6 mm(宽)×243.0 mm(深)×352.8 mm(高)。

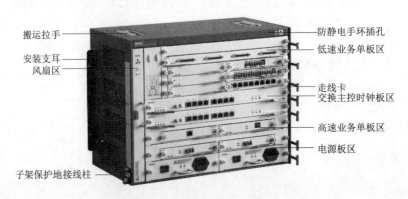

图 5-3　ZXCTN 6300 子架结构

ZXCTN 6300 子架提供 17 个插板槽位,包括 12 个业务槽位、两个主控槽位、两个电源槽位和 1 个风扇槽位,槽位分配如图 5-4 所示。业务槽位中 6 个为低速业务槽位,每个低速业务槽位的背板带宽为 8 Gbit/s;4 个为高速业务槽位,每个高速业务槽位的背板带宽为 10 Gbit/s。电源模块上方为过滤网,防止灰尘进入机箱。机箱左侧为风扇插箱,整个机箱从右往左抽风散热。

S17 风扇 (RFAN3)	S1 E1 保护接口板(RE1PI)	
	S2 E1 保护接口板(RE1PI)	
	S3 低速业务单板(8 Gbit/s)	S4 低速业务单板(8 Gbit/s)
	S5 低速业务单板(8 Gbit/s)	S6 低速业务单板(8 Gbit/s)
	S7 低速业务单板(8 Gbit/s)	S8 低速业务单板(8 Gbit/s)
	S13 交换主控时钟板(RSCCU3)	
	S14 交换主控时钟板(RSCCU3)	
	S9 高速业务单板(10 Gbit/s)	S10 高速业务单板(10 Gbit/s)
	S11 高速业务单板(10 Gbit/s)	S12 高速业务单板(10 Gbit/s)
	S15 电源板(RPWA3)	S16 电源板(RPWA3)

图 5-4 ZXCTN 6300 子架槽位分配

功能类单板的槽位固定,业务接口板的槽位不固定。功能类单板与插槽的对应关系见表 5-2。交换主控时钟板(RSCCU3)是 ZXCTN 6300 设备的主控板,是系统的核心单板,固定安装在 13、14 槽位,由主控单元、交换单元和时钟单元等组成,采用 1+1 备份方式。RSCCU3 完成数据交换、控制功能(运行系统网管和路由协议)、带宽管理、带外通信和时钟同步功能。增强型 10GE 光口板(R1EXG)提供 1 个 10GE XFP 光接口,可以安装在 9~12 槽位,常用于网元之间的互连。

表 5-2 功能类单板与插槽的对应关系

单板名称	单板名称	对应槽位
RSCCU3	主控交换时钟单元板	S13、S14
RPWD3	直流 -48 V 电源板 15~16 号	S15、S16
RPWA3	110 V/220 V 电源板	S15、S16
RFAN3	风扇板	S17
R1GNE	1 端口网关网元板	S3~S12
R1OA	1 端口光放大板	S3~S12
R1EXG	1 端口增强 10 GE 光口板	S9~S12

二、任务实施

本任务的目的是完成图 5-5 所示环带链 PTN 传输系统的硬件配置。所有两个相邻站之间均在 60 km 左右。P3 为中心网元,连接网管服务器。

1. 材料准备

高 2 m 的 19 英寸机柜,ZXCTN 6300 子架 6 套,单板若干,NetNumen U31(V2.0 以上)网管 1 套。

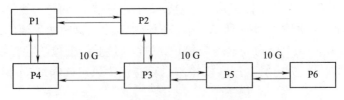

图 5-5 环带链 PTN 系统拓扑结构

2. 实施步骤

PTN 传输系统硬件配置包括创建网元、上载数据库和配置单板,配置步骤如下:

(1)启动网管

在服务器上单击"开始"→"程序"→"Net-Numen 统一网管系统"→"Netnumen 统一网管系统控制台"启动 NetNumen U31 网管服务器,在客户端上点击"开始"→"程序"→"NetNumen 统一网管系统"→"Netnumen 统一网管系统客户端"启动客户端,用户名默认为 admin,密码为空。服务器与客户端安装在同一台计算机上时,服务器地址使用默认地址 127.0.0.1。

(2)网元规划

在创建网元前先填写网元规划表,见表 5-3。业务环回地址在配置隧道时将用到,整个传输网络上每个网元的环回地址不能重复。

表 5-3 PTN 网元规划表

网元名称	设备类型	MAC 地址	网元类型	网元地址	子网掩码	是否为网关网元	在线离线	业务环回地址
P1	ZXCTN 6300	00-D0-D0-C0-00-01	PE	192.2.1.1	255.255.255.0	否	离线	1.1.1.1
P2	ZXCTN 6300	00-D0-D0-C0-00-02	PE	192.2.1.2	255.255.255.0	否	离线	1.1.1.2
P3	ZXCTN 6300	00-D0-D0-C0-00-03	PE	192.2.1.3	255.255.255.0	是	离线	1.1.1.3
P4	ZXCTN 6300	00-D0-D0-C0-00-04	PE	192.2.1.4	255.255.255.0	否	离线	1.1.1.4
P5	ZXCTN 6300	00-D0-D0-C0-00-05	PE	192.2.1.5	255.255.255.0	否	离线	1.1.1.5
P6	ZXCTN 6300	00-D0-D0-C0-00-06	PE	192.2.1.6	255.255.255.0	否	离线	1.1.1.6

(3)创建网元

根据表 5-3 创建 P1 网元。创建网元分为手动创建网元、复制网元、网元自动搜索三种方式。

以手动创建网元步骤为例,在拓扑图中的空白处右键选择"新建对象"→"创建承载网元",弹出"创建网元"对话框。在创建网元左侧的网元类型树中,选中一个网元类型。在创建网元右侧,配置网元属性,输入网元名称为 P1,网元类型为 PE(如果不关注网元类型则选 NA)。IP 地址为 192.2.1.1,子网掩码为 255.255.255.0,业务环回地址为 1.1.1.1,如图 5-6 所示。

若创建错误网元,可以在网元树或拓扑图中右击待删除的网元,选择"网元管理"→"删除网元",弹出"删除网元"提示对话框,单击"是"按钮,即可删除网元。如果要删除的网元中已配置有时钟或业务,需要先删除时钟和业务,并使网元处于离线状态,才能删除网元。

P2~P6 网元的创建可以手工创建,也可以通过复制网元方式创建。复制网元步骤为:单击 P1 网元,右击选择"复制网元",输入复制网元个数为 5,输入 IP 地址范围为 192.2.1.2~

192.2.1.6，点击"开始拷贝"，完成 P2～P6 网元的创建，修改网元名称和业务环回地址。

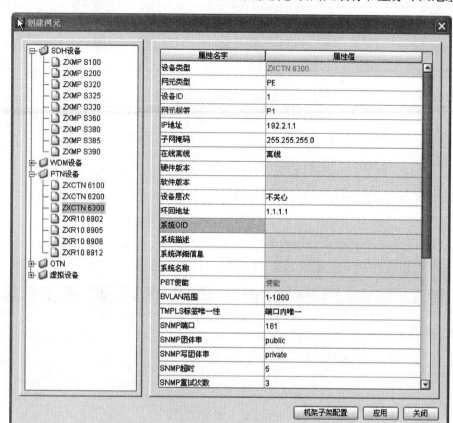

图 5-6 创建 PTN 网元

（4）网元数据同步

网元数据同步是将初始化后的设备配置数据上载到网管数据库中，保证设备数据与网管数据库中的配置数据一致。依次在拓扑管理视图中选择 P1 网元，右击选择"数据同步"，弹出"数据同步"对话框。在窗口左边选择"资源"，选择"P1"，在上载数据项区域选择需要上载的数据项，使上载入库按钮生效。单击"上载入库"按钮，上载数据，将网元数据上载到网管数据库，完成网元数据同步。依次完成 P2～P6 网元的数据同步。

网元数据同步后，可以自动发现已安装的单板。在网元树或拓扑图中，右击要查看机架图的网元，选择单板视图，弹出网元已安装的单板视图。

（5）安装单板

根据 PTN 传输系统组网要求，规划单板配置见表 5-4。P1～P6 配置子架所需的基本单板 RFAN3 一块，RPWA3 两块，RSCCU3 两块（主、备用）。除配置基本单板以外，各站需根据相邻站点的数量配置与邻站相连的光接口板类型和数量。本项目组建的 PTN 环带链系统线路速率为 10 Gbit/s，P1、P2、P4、P5 均有两个相邻站点，需要两个万兆以太网光接口与相邻站点相连，故配置 R1EXG 两块，安插在 9、10 槽位上。P3 有三个相邻站点，需要 3 个万兆以太网光接口与相邻站点相连，故配置 R1EXG 三块，分别安插在 9、10、11 槽位上。P6 有一个相邻站点，需要 1 个万兆以太网光接口与相邻站点相连，故配置 R1EXG 一块，安插在 9 槽位上。

表 5-4　PTN 传输系统单板配置表

网元名称 \ 单板名称	FAN	PWA	RSCCU3	R1GNE	R1EXG
P1	1块(S17)	两块(S15、S16)	两块(S5、S6)	—	两块(S9、S10)
P2	1块(S17)	两块(S15、S16)	两块(S5、S6)	—	两块(S9、S10)
P3	1块(S17)	两块(S15、S16)	两块(S5、S6)	1块(S12)	两块(S9、S10、S11)
P4	1块(S17)	两块(S15、S16)	两块(S5、S6)	—	两块(S9、S10)
P5	1块(S17)	两块(S15、S16)	两块(S5、S6)	—	两块(S9、S10)
P6	1块(S17)	两块(S15、S16)	两块(S5、S6)	—	1块(S9)

安装单板分为手动安装和自动上载单板两种方式。手动安装单板步骤为:双击网元,进入"单板视图"对话框,单击显示插板工具面板 按钮,在单板视图对话框中显示"插板类型"页面,单击选中插板类型页签中的单板图标,单击对应可安装的黄色槽位,添加单板。根据单板配置表,完成 P1～P6 网元的单板配置。P1 网元单板配置如图 5-7 所示。

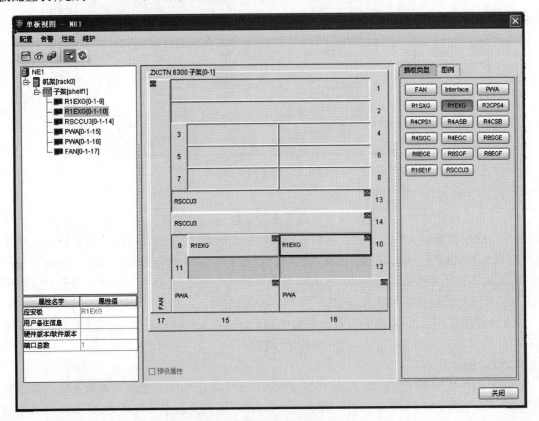

图 5-7　P1 网元单板配置

任务3：PTN 传输系统拓扑建立

任务:了解 PTN 的三个功能平面,掌握 PTN 控制平面配置内容。
要求:能规划网元间的光纤连线表,配置站点间的光纤链路,组建环带链 PTN 传输网络。

一、知识准备

1. PTN 的功能平面

PTN 的功能分为传送平面、管理平面和控制平面三层。

（1）传送平面

PTN 传送平面提供两点之间的双向或单向的用户信息传送，也提供控制和网络管理信息的传送，并提供信息传送过程中的 OAM 和保护恢复功能，即传送平面完成分组信号的传输、复用、配置保护倒换和交叉连接等功能，并确保所传信号的可靠性。传送平面的数据转发是基于业务报文的标签进行的，由标签构成端到端的路径。不同实现方式的 PTN 所采用的分组传送标签不同，PBB-TE 采用目的 MAC 地址 + VLAN 的 60 bit 标签，MPLS-TP 采用 20 bit 的 MPLS 标签。

（2）管理平面

PTN 管理平面采用图形化网管进行业务配置和性能告警管理，同 SDH 网管使用方法类似。管理平面负责执行传送平面、控制平面和整个系统的管理功能，并实现这些平面之间的相互协调。其具备的管理功能包括网元级和子网级的拓扑管理、性能管理、配置管理、故障管理、安全管理和计费管理，同时还提供必要的辅助接口。

（3）控制平面

PTN 控制平面由一组用于提供路由和信令等功能的控制单元组成，并由一个信令网络支撑。控制平面单元之间的互操作性和单元之间通信需要的信息流可通过接口获得。控制平面的主要功能包括：通过信令支持建立、拆除和维护端到端连接的能力，通过选路为连接选择合适的路由；网络发生故障时，执行保护和恢复功能；自动发现邻接关系和链路信息，发布链路状态信息以支持连接建立、拆除和恢复。PTN 控制平面可以采用 ASON/GMPLS 或 GELS 等技术。

2. PTN 控制平面配置

PTN 的控制平面负责网络拓扑管理和路由计算，主要由控制单元完成。控制平面由一组通信实体组成，包括一系列路由协议和标签分发协议，负责承载业务的隧道的建立、释放、监测和维护，并在发生故障时自动恢复隧道的连接；实现业务、DCN 报文（全网关带内 DCN 方案）路由信息的发布以及 OAM 功能等。

在完成 PTN 系统硬件配置后，需要配置控制平面的基本参数、网络侧三层接口，并根据需要调整信令/协议参数、配置静态路由和静态 ARP 表项，即在网管上完成互联端口的 VLAN 接口、IP 接口、ARP 配置、静态 MAC 地址配置等基础配置。在配置前需要根据组网图中网元之间的光纤连接接口进行互联端口的网络规划，其注意事项为：

（1）IP 地址为全网统一规划，各环网有规定的地址段，且 VLAN 和 IP 地址有一定的规划原则：一个跨段的两个光接口 VLAN 相同，IP 地址需在同一网段；同一网元的不同光接口需在不同的网段。

（2）超过 64 个网元的组网要划分域，一般相同传输环上节点的网元划为同一个域，域内网元数为 64 左右，最多不超过 128。所有非骨干域都连接在骨干域（0 域）上。

二、任务实施

本任务的目的是完成 P1～P6 网元之间光纤连接,建立图 5-4 所示环带链 PTN 传输系统拓扑,并完成控制平面的基础数据配置。

1. 材料准备

高 2 m 的 19 英寸机柜、ZXCTN 6300 子架 6 套,单板若干,NETNUMEN U31 网管 1 套,G.652 光纤跳线若干根。

2. 实施步骤

(1) 创建纤缆连接

单板安装好以后,根据 PTN 网元之间的光纤连接关系来创建纤缆连接,建立环带链拓扑。为了避免盲目工作,连接网元要预先做好光纤连接关系的分配。规划并填写各网元间光纤连接表,见表 5-5。

表 5-5 PTN 环带链网络网元间光纤连接表

序号	源网元端口号	目的网元
1	P1 的 R1EXG[0-1-9]-ETH_U:1	P2 的 R1EXG[0-1-10]-ETH_U:1
2	P2 的 R1EXG[0-1-9]-ETH_U:1	P3 的 R1EXG[0-1-10]-ETH_U:1
3	P3 的 R1EXG[0-1-9]-ETH_U:1	P4 的 R1EXG[0-1-10]-ETH_U:1
4	P4 的 R1EXG[0-1-9]-ETH_U:1	P1 的 R1EXG[0-1-10]-ETH_U:1
5	P3 的 R1EXG[0-1-11]-ETH_U:1	P5 的 R1EXG[0-1-10]-ETH_U:1
6	P5 的 R1EXG[0-1-9]-ETH_U:1	P6 的 R1EXG[0-1-10]-ETH_U:1

在拓扑管理视图中,选择所有网元,右击选择"纤缆连接",弹出"纤缆连接"对话框。纤缆连接创建有文本方式配置、图形方式配置两种配置方式。

文本方式配置步骤为:在 A 端口中选择源网元、源单板及源端口,在 Z 端口中选择宿网元、宿单板及宿端口,设置纤缆的属性值,如图 5-8 所示。单击"应用"按钮下发命令,单击"关闭"按钮。

在"拓扑管理"界面上,创建纤缆连接的网元间出现绿色线条连接。在网络调整时,如需要对网元间的纤缆连接配置信息进行查询或调整,可通过纤缆连接管理完成。在拓扑图上,右击需要查看或调整的纤缆,选择"纤缆连接管理",弹出"纤缆连接"对话框。单

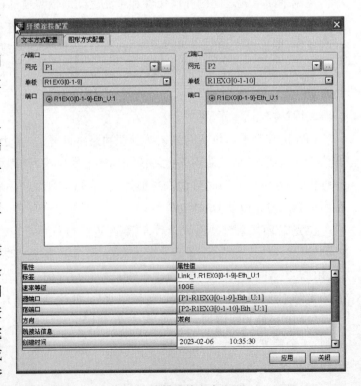

图 5-8 线缆连接文本配置

击"纤缆连接管理",进入"纤缆连接管理"界面。根据工程应用需要,查询、修改纤缆属性,选择需要删除的纤缆连接信息进行删除。

(2)配置控制平面

控制平面基础配置需要完成创建 VLAN 接口、IP 接口配置、ARP 配置、静态 MAC 地址配置等内容。

①VLAN 接口配置

根据组网图中网元之间的光纤连接接口进行互连端口的网络规划,网元互连端口 VLAN 接口规划见表 5-6。

表 5-6　VLAN 接口规划表

网元	接口 ID	端口组	接入模式
P1	400	R1EXG[0-1-10]-ETH_U:1	干线
	100	R1EXG[0-1-9]-ETH_U:1	干线
P2	100	R1EXG[0-1-10]-ETH_U:1	干线
	200	R1EXG[0-1-9]-ETH_U:1	干线
P3	200	R1EXG[0-1-10]-ETH_U:1	干线
	300	R1EXG[0-1-9]-ETH_U:1	干线
	500	R1EXG[0-1-11]-ETH_U:1	干线
P4	300	R1EXG[0-1-10]-ETH_U:1	干线
	400	R1EXG[0-1-9]-ETH_U:1	干线
P5	500	R1EXG[0-1-10]-ETH_U:1	干线
	600	R1EXG[0-1-9]-ETH_U:1	干线
P6	600	R1EXG[0-1-10]-ETH_U:1	干线

单击选中网元,右键选择"网元设备管理器",选择表 5-6 的 VLAN 接口所在的单板,依次选择"以太网"→"VLAN 标记",将网元互连接口的 VLAN 模式都设置为"干线",如图 5-9 所示。

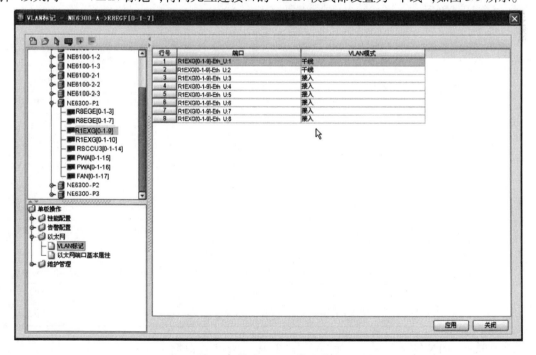

图 5-9　修改 VLAN 接口模式

根据表 5-6 规划,在"PTN 业务配置"→"接口配置"→"VLAN 接口配置"界面中新建 VLAN,将设置为干线模式的接口添加到此 VLAN 中,如图 5-10 所示。

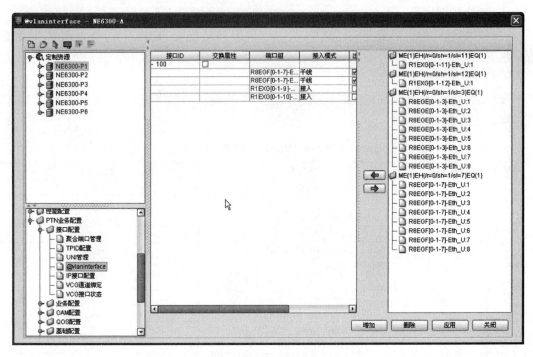

图 5-10　VLAN 接口配置

②IP 接口配置

网元互连端口 IP 接口规划见表 5-7。注:需要确保两个 PTN 网元互连的两个接口在同一网段,每个 PTN 网元的不同接口在不同网段。

表 5-7　IP 接口规划表

网元	用户标识	绑定端口类型	IP 地址	子网掩码	绑定端口
P1	V400	VLAN 端口	100.1.4.2	255.255.255.252	P1－BBD[0－1－255]-IPFTP:400
	V100	VLAN 端口	100.1.1.1	255.255.255.252	P1－BBD[0－1－255]-IPFTP:100
P2	V100	VLAN 端口	100.1.1.2	255.255.255.252	P2－BBD[0－1－255]-IPFTP:100
	V200	VLAN 端口	100.1.2.1	255.255.255.252	P2－BBD[0－1－255]-IPFTP:200
P3	V200	VLAN 端口	100.1.2.2	255.255.255.252	P3－BBD[0－1－255]-IPFTP:200
	V300	VLAN 端口	100.1.3.1	255.255.255.252	P3－BBD[0－1－255]-IPFTP:300
	V500	VLAN 端口	100.1.5.1	255.255.255.252	P3－BBD[0－1－255]-IPFTP:500
P4	V300	VLAN 端口	100.1.3.2	255.255.255.252	P4－BBD[0－1－255]-IPFTP:300
	V400	VLAN 端口	100.1.4.1	255.255.255.252	P4－BBD[0－1－255]-IPFTP:400
P5	V500	VLAN 端口	100.1.5.2	255.255.255.252	P5－BBD[0－1－255]-IPFTP:500
	V600	VLAN 端口	100.1.6.1	255.255.255.252	P5－BBD[0－1－255]-IPFTP:600
P6	V600	VLAN 端口	100.1.6.2	255.255.255.252	P6－BBD[0－1－255]-IPFTP:600

依次选择"PTN 管理"→"接口配置"→"IP 接口配置",根据表 5-7 的 IP 接口规划进行 IP 接口配置,如图 5-11 所示。

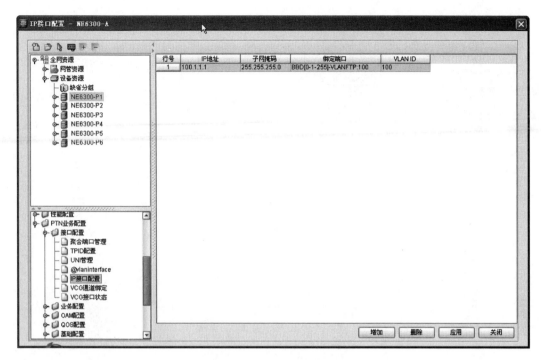

图 5-11 IP 接口配置

③ARP 表配置

ARP 表规划见表 5-8,其中 IP 地址和 MAC 地址均为相连对端网元的地址。

表 5-8 ARP 表规划表

网元	本网元绑定端口	对端 IP 地址	对端 MAC 地址
P1	P4-BBD[0-1-255]-IPFTP:400	100.1.4.1	00-D0-D0-C0-00-04
	P2-BBD[0-1-255]-IPFTP:100	100.1.1.2	00-D0-D0-C0-00-02
P2	P1-BBD[0-1-255]-IPFTP:100	100.1.1.1	00-D0-D0-C0-00-01
	P3-BBD[0-1-255]-IPFTP:200	100.1.2.2	00-D0-D0-C0-00-03
P3	P2-BBD[0-1-255]-IPFTP:200	100.1.2.1	00-D0-D0-C0-00-02
	P4-BBD[0-1-255]-IPFTP:300	100.1.3.2	00-D0-D0-C0-00-04
	P5-BBD[0-1-255]-IPFTP:500	100.1.5.2	00-D0-D0-C0-00-05
P4	P3-BBD[0-1-255]-IPFTP:300	100.1.3.1	00-D0-D0-C0-00-03
	P1-BBD[0-1-255]-IPFTP:400	100.1.4.2	00-D0-D0-C0-00-01
P5	P3-BBD[0-1-255]-IPFTP:500	100.1.5.1	00-D0-D0-C0-00-03
	P6-BBD[0-1-255]-IPFTP:600	100.1.6.2	00-D0-D0-C0-00-06
P6	P5-BBD[0-1-255]-IPFTP:600	100.1.6.1	00-D0-D0-C0-00-05

依次选择"PTN 管理"→"接口配置"→"ARP 配置",选择本网元的绑定端口,单击"增加"按钮,根据表 5-8 的 ARP 条目规划进行 ARP 配置,如图 5-12 所示。注:ARP 表添加的 IP 地址为对端网元 VLAN 接口的 IP 地址,MAC 地址为对端网元接口的静态 MAC 地址。

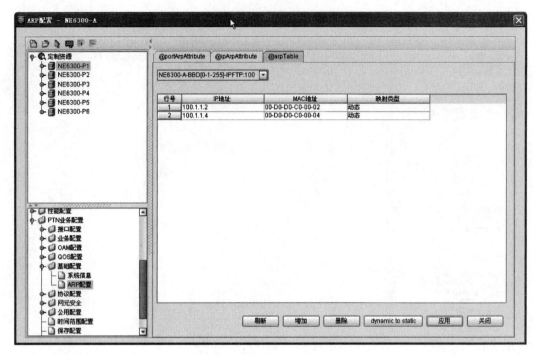

图 5-12 ARP 表配置

④静态 MAC 地址配置

对于 ZXCTN 6300 和 9008 需进行静态 MAC 地址绑定,MAC 地址转发条目规划见表 5-9。

表 5-9 静态 MAC 地址规划表

网元	本端出端口	对端 MAC 地址	指定 VLAN ID	VLAN 序号
P1	R1EXG[0-1-10]-ETH_U:1	00-D0-D0-C0-00-04	可编辑	400
	R1EXG[0-1-9]-ETH_U:1	00-D0-D0-C0-00-02	可编辑	100
P2	R1EXG[0-1-10]-ETH_U:1	00-D0-D0-C0-00-01	可编辑	100
	R1EXG[0-1-9]-ETH_U:1	00-D0-D0-C0-00-03	可编辑	200
P3	R1EXG[0-1-10]-ETH_U:1	00-D0-D0-C0-00-02	可编辑	200
	R1EXG[0-1-9]-ETH_U:1	00-D0-D0-C0-00-04	可编辑	300
	R1EXG[0-1-11]-ETH_U:1	00-D0-D0-C0-00-05	可编辑	500
P4	R1EXG[0-1-10]-ETH_U:1	00-D0-D0-C0-00-03	可编辑	300
	R1EXG[0-1-9]-ETH_U:1	00-D0-D0-C0-00-01	可编辑	400
P5	R1EXG[0-1-10]-ETH_U:1	00-D0-D0-C0-00-03	可编辑	500
	R1EXG[0-1-9]-ETH_U:1	00-D0-D0-C0-00-06	可编辑	600
P6	R1EXG[0-1-10]-ETH_U:1	00-D0-D0-C0-00-05	可编辑	600

选择"PTN 管理"→"接口配置"→"静态 MAC 地址配置",单击"增加"按钮,根据表 5-9 的 MAC 转发条目规划进行静态 MAC 地址配置,如图 5-13、图 5-14 所示。注:静态 MAC 地址配置的是本端网元的光接口,对端网元接口的 MAC 地址。

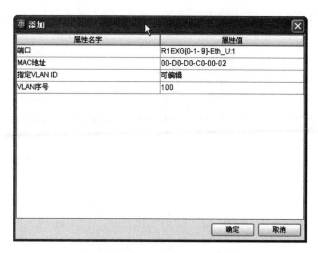

图 5-13 添加静态 MAC 地址

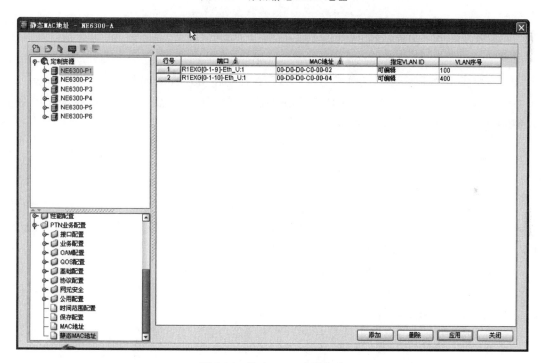

图 5-14 静态 MAC 地址绑定

(3)配置路由协议

①在 U31 拓扑管理视图中,选中待配置的网元,右击选择"设备管理器",弹出"设备管理器"对话框。在左下侧树形菜单中,依次展开"网元操作"→"协议配置"→"路由管理"→"OSPF 协议配置",进入"OSPF 协议配置"界面。

②启用全局 OSPF 协议。

在 OSPF 实例页签中,单击按钮弹出"实例创建"对话框。单击"确定",弹出"确认"对话框。单击"确定",返回"设备管理器"对话框。系统显示创建的 OSPF 实例。

③配置 OSPF 域。

在 OSPF 域页签进入"OSPF 域配置"界面,单击按钮弹出"域创建"对话框,设置域属性。

单击"确定",弹出"确认"对话框。单击"确定",返回"设备管理器"对话框。

④配置 OSPF 域的 Network。

选中待配置 Network 的 OSPF 域。在 Network 页签中,单击按钮弹出"Network 创建"对话框。配置 Network 的属性。IP 填写加入所选 OSPF 域的端口三层 IP 地址网段或设备业务环回地址,反掩码填写 IP 地址对应的反掩码。单击"确定",返回"OSPF 域配置"界面。

拓展任务:组建如图 5-15 所示的相切环型 PTN 传输网,P3 为网关网元,通过与 P3 连接网管可以管理其他站点。

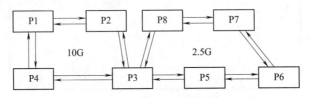

图 5-15 相切 PTN 环型传输网络连接

任务 4:PTN 传输系统时钟配置

任务:掌握 PTN 同步技术的分类,理解 ZXCTN 设备的同步实现方式。

要求:能配置主从同步环带链 PTN 传输系统中各网元的时钟源,并通过设置网元内多个时钟源的优先级,提高传输系统时钟的可靠性。

一、知识准备

1. 分组传输网络的同步

分组传输网络在一般情况下无需全网同步,在处理输入业务时,各自设备基于内部定时提供输入业务的定时适配,不同传输链路间无需相互同步。但是,当分组网络涉及基于 TDM 的业务应用及进行同步分配时,需要分组网络提供相应的功能。

在 PTN 传输网络中,对于同步的需求主要体现在两个方面。

(1)承载 TDM 业务以及与 PSTN 网络进行互通,要求分组传送网在 TDM 业务入口和出口提供同步功能,实现业务时钟的恢复。

(2)实现对时间和频率同步信号的传送。例如,当利用分组传送网承载移动基站业务时,由于所有的移动基站业务均需要优于 50 ppb 的频率同步,其中有些制式的移动基站业务还有高精度的时间同步需求,所以要求传输网络能够对时间和频率信号进行高精度稳定的传送。

2. PTN 传输系统的同步技术

PTN 传输系统的时钟同步有基于物理层的同步以太网技术、基于分组包的分组网上时钟(TOP)技术和 IEEE 1588 精确时间协议技术。传输网络同步包括时钟(频率)同步和时间相位同步。同步以太网技术和 TOP 技术只能支持频率信号的传送,不支持时间信号的传送。IEEE 1588 技术可以同时实现频率同步和时间同步。

(1)同步以太网(SyncE)技术

SyncE 技术与 SDH 同步技术类似,在分组网元中内置时钟子系统,负责整个网元的时钟处理,其将来自以太网接口、SDH 接口、PDH 接口和外定时接口恢复的时钟上报给时钟板,由时钟板根据 SSM 和以太 OAM 报文比较恢复时钟等级,选择锁定最优时钟源,并进行时钟抖动滤除处理,然后输出高精度时钟到各个单板,并用这个时钟进行数据的发送。SyncE 是一种采用以太网链路码流恢复时钟的技术,PTN 设备在以太接口上使用高精度的时钟发送数据,在接收端恢复并提取这个时钟,可以保持高精度的时钟性能。它通过物理层串行比特流提取时钟,获得类似 SDH 的时钟精度,实现网络时钟同步,但无法实现精确的时间同步,并且需要所有承载网设备都支持同步以太网特性。SyncE 技术的时钟精度由物理层保证,与以太网链路层负载和包转发时延无关。

(2)TOP 同步技术

TOP 同步技术在发送端将定时信息根据一定的封装格式放入分组包中进行传送,在接收端从分组包中恢复时钟,通过算法和封装格式尽量规避传送过程中带来的损伤。TOP 报文在经过中间节点时,与其他业务报文一样转发。TOP 同步技术只能支持频率同步信号的传送,不支持时间同步信号的传送。TOP 恢复时钟的质量依赖于承载的分组网络,受网络延迟、抖动、丢包、错序的影响非常大。TOP 一直没有标准化协议,每个厂家定时信息采用的封装方式存在一定的差异,使得不同厂家设备间的兼容性较差。

(3)IEEE 1588 同步技术

IEEE 1588 全称是网络测量和控制系统的精密时钟同步协议标准,是一种精确时间协议(PTP),同时实现频率同步和时间同步,其中时间同步能够达到亚微秒级精度,协议标准化较好,可以支持不同厂家对接,但中间链路双向时延必须保持一致,时延不一致会引起相位测量偏差,从而对时间精度造成一定的影响,需要在实际应用中加以注意。

IEEE 1588 同步技术采用主从时钟方案,主时钟对时间进行编码,周期性发布 PTP 时间同步协议及时间戳信息。从时钟端口接收主时钟端口发来的时间戳信息,利用网络链路的对称性和延时测量技术,计算出主从线路时间延迟及主从时间差,并利用该时间差调整本地时钟,使从设备时间保持与主设备时间一致的频率与相位。IEEE1588 通过同步(Sync)报文、跟随(Followup)报文、延时请求(Delay_Req)报文、延时响应(Delay_Resp)报文等四种报文完成时间对齐和延时补偿。IEEE1588 主从时钟同步原理为:主时钟设备定期发送 Sync 报文,随后发送 Followup 报文通告上个报文的实际发送时间 T_1,从时钟记录 Sync 报文的到达时间 T_2;从时钟在 T_3 时刻发送 Delay_Req 报文,主时钟记录报文到达时间 T_4,并将其通过响应报文 Delay_Resp 发送给从时钟。根据 T_1、T_2、T_3 和 T_4,可以计算得到两个时钟之间链路的时延和两个时钟的时间偏差,据此调整从时钟的时间输出,从而实现主时钟和从时钟的时间同步。

2. ZXCTN 设备的同步实现方式

ZXCTN 6300 设备的时钟时间同步方案为同步以太网与 IEEE 1588 结合方式,以同步以太网实现时钟同步,在此基础上由 IEEE 1588 实现时间同步。ZXCTN 6300 将两种同步方式结合,时钟精度和时间精度完全可以满足所承载的 TDM、移动等业务的需求。

(1)时钟同步配置规范

通过网管可以配置网元的时钟源并指定其优先级别,保证网络中所有网元能够建立合理的时钟跟踪关系。跟踪模式时,时钟性能主要取决于同步传输链路的性能和定时提取电路的性能。保持模式或自由运行模式时,时钟性能主要取决于产生各类时钟的时钟源的性能(时钟源位于不同的网元节点),因此高级别的时钟须采用高性能的时钟源。

PTN 设备的时钟源类型有内时钟、外时钟、线路抽时钟、抽以太网时钟、1588 时钟、支路抽时钟、BDS 或 GPS 时钟。系统默认的时钟源优先级中,最低优先级为内时钟。同步状态信息(SSM)用于在同步定时传递链路中直接反映同步定时信号的等级。根据这些信息可以判断收到同步定时信号的质量等级,以控制本节点时钟的运行状态(包括继续跟踪该信号、倒换输入基准信号、转入保持状态等)。通过 SSM 字节功能完成 SSM 字节启用、禁用以及属性配置。SSM 字节有效时,网元将按照 SSM 算法自动选择时钟;SSM 字节无效时,时钟源排序由定时源配置时的优先级决定,不考虑时钟的质量等级。全网网元的 SSM 使用方式均设置一致,SSM 字节才能有效地传送。

(2)时间同步配置规范

IEEE 1588 同步技术定义了时钟域、PTP 时钟节点、PTP 时钟端口三个概念。时钟域、时钟节点、PTP 时钟端口的关系如下:一个时钟域包括一个或多个时钟节点,一个时钟节点对应于一个网元,包括一个或多个 PTP 时钟端口;一个 PTP 时钟端口对应于一个具体的以太网物理端口或者链路聚合端口。

应用 ZXCTN 设备实现时间同步时,必须先进行时钟同步的配置,再进行时间同步的配置,从而实现时钟和时间链路的自动保护倒换,保证同步的可靠传送。

二、任务实施

本任务的目的是完成 PTN 传输系统网元的时钟源配置,以保证网络中所有网元能够建立合理的时钟跟踪关系。P3 为主时钟,其余站点为从时钟。网元 P3 接入的以太网业务携带 1588 时间同步信息(时间同步信息的优先级为 10),通过 P3 提取该时间信息,使全网实现时间同步。

1. 材料准备

高 2 m 的 19 英寸机柜、ZXCTN 6300 子架 6 套,单板若干,NETNUMEN U31 网管 1 套,G.652 光纤跳线若干根。

2. 实施步骤

(1)启动网管,创建 P1~P6 网元,安装单板,建立环带链拓扑。

(2)时钟源配置

①规划并填写网元时钟源

定时源配置不合理会导致全网业务混乱,配置完成后建议检查下配置是否可能导致时钟成环或导致业务混乱。PTN 传输系统时钟源规划见表 5-10。为实现时钟保护,至少需要为每个网元配置两路以上时钟源。

表 5-10 PTN 传输系统网元时钟源规划表

网元名称	第 1 时钟源(优先级:1)	第 2 时钟源(优先级:2)	第 3 时钟源(优先级:3)	第 4 时钟源(优先级:4)
P1	R1EXG[0-1-9]-ETH_U:1 线路抽时钟	R1EXG[0-1-10]-ETH_U:1 线路抽时钟	内时钟	—
P2	R1EXG[0-1-9]-ETH_U:1 线路抽时钟	R1EXG[0-1-10]-ETH_U:1 线路抽时钟	内时钟	—
P3	外时钟	内时钟	R1EXG[0-1-9]-ETH_U:1 线路抽时钟	R1EXG[0-1-10]-ETH_U:1 线路抽时钟

续上表

网元名称	第1时钟源(优先级:1)	第2时钟源(优先级:2)	第3时钟源(优先级:3)	第4时钟源(优先级:4)
P4	R1EXG[0-1-10]-ETH_U:1 线路抽时钟	R1EXG[0-1-9]-ETH_U:1 线路抽时钟	内时钟	—
P5	R1EXG[0-1-10]-ETH_U:1 线路抽时钟	R1EXG[0-1-9]-ETH_U:1 线路抽时钟	内时钟	—
P6	R1EXG[0-1-10]-ETH_U:1 线路抽时钟	内时钟	—	—

②设置网元的时钟源

在拓扑视图中,右击选择网元进入设备管理器,选择"网元操作"→"时钟时间配置"→"时钟源配置"菜单项,进入网元的时钟源配置页面,单击"增加"按钮,在时钟源列表中增加一条待配置时钟源,单击时钟源类型列表,根据表5-8为各网元选择时钟源并设置相关参数。选中列表内的时钟源,单击上移或下移调整其优先级,排在最上方的时钟源作为网元的首选时钟。单击"应用"按钮,在弹出的配置时钟板同步状态提示对话框中,单击"是"按钮,使配置生效。完成所有网元的时钟源设置后,重新查询全网的时钟跟踪状态。

③设置 SSM 字节

单击 SSM 字节方式页签,进入 SSM 字节方式页面,设置 SSM 使用方式为自定义方式一,时钟 ID 为 1,ID 保护方式为不保护,自振质量等级为 SETS/G.813 同步设备时钟(等级为四级),如图 5-16 所示,单击"应用"按钮下发配置。

在拓扑视图中,右击网元进入设备管理器,选择"网元操作"→"时钟时间配置"→"时钟源配置"菜单项,进入网元的时钟源配置页面,可查询时钟源配置和 SSM 字节方式。

④时钟源保护倒换配置

单击时钟源保护倒换配置页签,进入"时钟源保护倒换配置"页面,选择时钟源和保护倒换方式,如图 5-17 所示。倒换方式包括强制倒换、人工倒换和清除。强制倒换用于更改设备现在已经选择的定时源,定时源是打开且没有被暂停的。人工倒换用于更改制订定时源的优先级。清除用于清除强制倒换和人工倒换指令。

图 5-16 设置 SSM 字节　　图 5-17 时钟源保护倒换配置

⑤设置时钟源闭锁

保护闭锁用于设置制订定时源闭锁,设置后,该定时源状态不能被更改。选择时钟源闭锁区域中的项,选择锁定状态为闭锁或清除闭锁,单击"应用"按钮下发配置,弹出提示对话框提示操作成功,单击"关闭"按钮完成操作。

⑥时钟源保护倒换恢复设置

选择"时钟时间管理"→"时钟源配置",单击时钟源保护倒换恢复设置页签,设置时钟源的倒换恢复时间和清除等待恢复状态的属性,如图 5-18 所示,单击"应用"按钮下发配置。勾选"清除",用户可以强制时钟源退出等待恢复状态,马上倒换到高优先级时钟源。

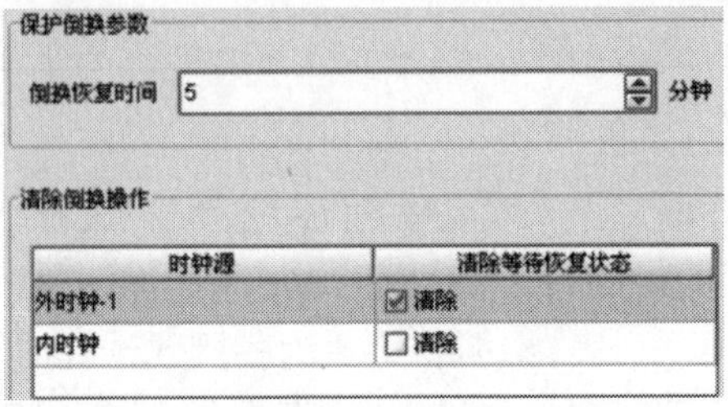

图 5-18 时钟源保护倒换恢复设置

(3)配置时间同步

①时间同步规划

时间同步规划见表 5-11。

表 5-11 PTN 传输系统网元时间同步规划表

网元名称	时间节点配置				域延时测量机制	时间源端口配置		
	时间节点类型	本地时间同步算法	本地时钟优先级 1	本地时钟优先级 2		启用	端口	1588 协议包格式
P1	边界时钟	BMC 算法	100	101	E2E	使能	R1EXG[0-1-9]-ETH_U:1、R1EXG[0-1-10]-ETH_U:1	1588OverETH
P2	边界时钟	BMC 算法	102	103	E2E	使能	R1EXG[0-1-9]-ETH_U:1、R1EXG[0-1-10]-ETH_U:1	1588OverETH
P3	边界时钟	BMC 算法	104	105	E2E	使能	R1EXG[0-1-9]-ETH_U:1、R1EXG[0-1-10]-ETH_U:1、R1EXG[0-1-11]-ETH_U:1、R1EXG[0-1-9]-ETH_U:1、1588 时钟口	1588OverETH
P4	边界时钟	BMC 算法	106	104	E2E	使能	R1EXG[0-1-9]-ETH_U:1、R1EXG[0-1-10]-ETH_U:1	1588OverETH
P5	边界时钟	BMC 算法	108	109	E2E	使能	R1EXG[0-1-9]-ETH_U:1、R1EXG[0-1-10]-ETH_U:1	1588OverETH
P6	边界时钟	BMC 算法	110	111	E2E	使能	R1EXG[0-1-9]-ETH_U:1、R1EXG[0-1-10]-ETH_U:1	1588OverETH

时间节点类型有点到点 P2P、端到端 E2E 普通时钟、边界时钟、E2E 透传时钟、P2P 透传时钟,缺省为边界时钟。普通时钟只有一个 PTP 物理通信端口与网络相连,因此仅用作整个网络的时间源和时钟终端。边界时钟有多个 PTP 物理通信端口与网络相连,相当于时间的中继器,既可以恢复时间和频率,又可以作为时间源往下游传递时间。E2E 透传时钟像

路由器或交换机一样转发所有的 PTP 消息,但对于事件消息,会计算该消息报文在本点停留的时间。P2P 透传时钟对每个端口测量该端口和对端端口的延时,对端端口也必须支持 P2P 模式。P2P 透传时钟和 E2E 透传时钟只是对 PTP 时间消息的修正和处理方法不同,在其他方面完全一样。

本地时间同步算法为设置 PTP 端口状态选择方式,支持 BMC 算法、SSM 算法、人工强制指定三种算法,缺省为人工强制指定。BMC 算法指对支持 1588 的时钟通过 BMC 算法选择最优选时钟,只作为时间同步使用,系统时钟还是采用时钟的 SSM 算法。SSM 算法是指本网元的所有输入时钟通过 SSM 算法选择最优选时钟,也作为时间同步用,要求所有的输入时钟必须支持 1588 协议。人工强制指定指对支持 1588 协议的 PTP 时钟端口直接指定是处于 Master、Slave 或 Passive 状态中的一种。

域延时测量机制有 P2P、E2E 两种,P2P 为点到点延时机制,E2E 为端到端延时机制。1588 协议包格式有 1588OverETH、1588OverUDP 两种。对于 1588OverETH 方式,还需要指定 VLAN,缺省为 untagged。

②配置时间节点

在拓扑视图中,右击网元进入设备管理器,选择"网元操作"→"时钟时间配置"→"时钟源配置"菜单项,进入"NE1 的时钟源配置"页面,单击"时间节点配置"页签,进入"时间节点配置"页面。根据表 5-11 所示配置网元的时间节点属性,如图 5-19 所示。配置完成后,单击"应用"按钮,弹出提示对话框,提示时间节点设置成功,单击"确定"按钮。

③配置时间域端口

图 5-19 时间节点配置

单击"时间域配置"页签,进入"时间域配置"页面。配置网元 NE1 的时间域属性,如图 5-20 所示。单击"应用"按钮,弹出提示对话框,提示时间域设置成功,单击"确定"按钮。

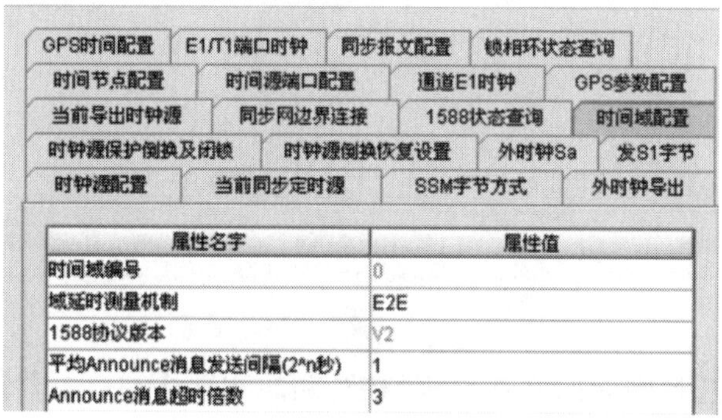

图 5-20 时间域配置

④配置时间源端口

单击"时间源端口配置"页签,进入"时间源端口配置"页面。单击"增加"按钮,弹出"时间源端口配置"对话框,如图 5-21 所示。CTN 设备默认的是二层交互,当需要三层交互时,应将 1588 协议包格式设置成 1588OVERUDP，并输入源 IP 地址。

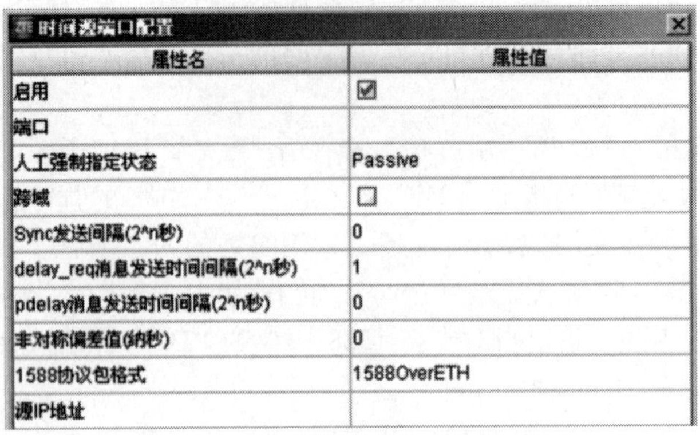

图 5-21 时间源端口配置

选择端口文本框，单击"…"按钮，弹出"资源选择器"对话框，如图 5-22 所示。

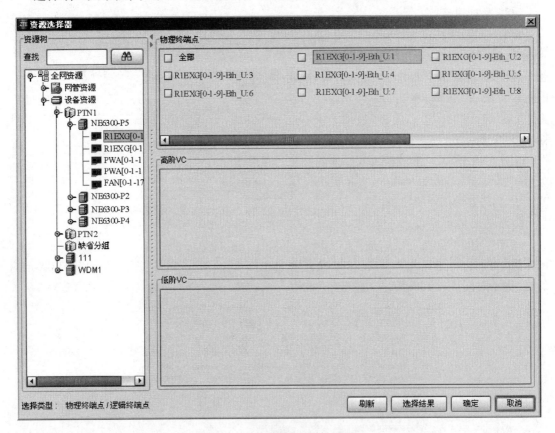

图 5-22 时间源端口属性配置

在左侧资源树中选择网元的互连单板，在右侧的物理终端点中勾选相应的端口。单击"确定"按钮，返回"时间源端口配置"对话框。单击"确定"按钮，列表中将新增一条记录。根据表 5-11，配置所有网元端口的时间源端口属性。

（4）同步网元与网管时间

在拓扑视图中，选择所有网元，右击进入设备管理器，选择"网元操作"→"时钟时间管理"

→"网元时间管理"菜单项,进入"网元时间管理"对话框中的网元当前时间页面。单击"全网校时"按钮,校对网元与网管服务器之间的时间。弹出提示对话框,提示全网校时成功,单击"确定"按钮。

拓展任务:根据环带链 PTN 传输网的时钟配置步骤,将主时钟网元更改为 P1 网元,完成各网元的时钟源配置。

项目2 PTN 传输系统业务开通

完成 PTN 传输系统开局配置后,根据业务需求进行业务开通配置和测试。PTN 传输系统主要传送 E1、E3 等 TDM 业务和以太网业务,为了提高传输网络的可靠性,还需要进行网络保护配置。

任务1:E1 业务开通

任务:理解 PTN 对不同类型的业务承载方式,掌握 PTN 隧道的作用,理解不同类型的 TDM 业务单板功能。

要求:能根据业务需求配置 TDM 业务单板,进行 E1 业务规划,开通 PTN 传输系统两个站点间的 E1 业务。

一、知识准备

1. PTN 承载的业务类型

PTN 设备具有多业务承载能力,可以通过 PWE3 电路仿真实现 PTN 网元之间 TDM 业务、ATM 业务、以太网业务的综合承载。

(1)TDM 仿真

PTN 设备采用电路仿真业务(CES)技术,在 PTN 网络上实现 TDM 电路交换数据的业务透传。ZXCTN 设备支持 TDM E1 业务和通道化 STM-1 业务的仿真透传。

TDM 业务应用在语音业务和企业专线业务中。语音交换设备或企业专线通过 TDM 业务接口接入 PTN 设备。PTN 设备再将 TDM 业务封装到伪线中,通过 PTN 网络传送到远端。

(2)ATM 仿真

PTN 设备从不同 UNI 端口接入 ATM 信号。从信号中提取出 ATM 信元,封装为伪线报文后,映射到隧道上,通过 PTN 网络发送到目的网元。在接收站点,从接收的伪线报文中还原出 ATM 信元,重组 ATM 帧发送到用户端口,完成 ATM 业务的仿真。

(3)以太网业务

PTN 设备可以灵活实现 E-Line、E-LAN、E-Tree 等多种连接方式,实现多分支网络的安全灵活部署,并根据具体需要提供相应的流量监控、QoS、OAM 和保护功能。

2. 隧道(Tunnel)

PTN 作为一种基于分组内核的新型传送网,其电路开放模式与 SDH/MSTP 传输系统有着一定的区别,主要体现为:SDH/MSTP 网络中电路的配置是分段进行的,下层环的电路配置与上层环的电路配置可以分别考虑;PTN 传输系统除了可以与 SDH/MSTP 传输系统一样分段进行电路配置以外,还具有 MPLS 端到端配置的电路开放模式:业务从起始端到终点端以 E1 或以太网形式落地,各条业务在起始端—中间站点—终点端之间组成一条完整的隧道。

PTN 隧道是本端设备与对端设备直连的一条通道,用于承载伪线,将业务从本端设备传送到远端设备。一条隧道可承载多条伪线,通过伪线标签区分隧道内的不同伪线。隧道有静态隧道、动态隧道和 GRE 隧道三种。静态隧道即 MPLS-TP 隧道,采用手工方式配置隧道的标签,不需要 MPLS 信令协议触发,不需要交互控制报文,消耗资源比较小,适用于拓扑结构简单且稳定的小型网络。动态隧道是指通过信令建立的隧道,由协议分发隧道的标签,对资源消耗较大,适用于拓扑结构复杂的大型网络。GRE 隧道是一种基于 IP 网络传输的隧道,应用于 L2VPN/L3VPN 网络中,当 PE 设备之间不支持静态隧道、RSVP-TE 或 LDP 隧道时,可以通过 GRE 隧道实现业务传输。

3. TDM 业务单板

ZXCTN 6300 支持 2K PW 伪线,2K 隧道,512 个隧道保护组,最大 1 024 个高性能快速 OAM 检测,业务接口支持 FE/GE/10GE、POS STM-1/4、通道化 STM-1/4、ATM STM-1、IMA/CES/MLPPPE1 等接口,常见的 TDM 业务单板见表 5-12。

表 5-12 常见 TDM 业务单板

单板名称	说明	对应槽位
RE1PI	32 端口 E1 保护接口板(75 Ω)	S1、S2
	32 端口 E1 保护接口板(120 Ω)	S1、S2
R16E1B	16 端口后出线 E1 板	S3 ~ S8
R16E1F	16 端口前出线 E1 板(75 Ω)	S3 ~ S8
	16 端口前出线 E1 板(120 Ω)	S3 ~ S8
R16T1F	16 端口前出线 T1 板	S3 ~ S8
R4ASB	4 端口 ATM STM-1 板	S3 ~ S8
R4CSB	1 端口通道化 STM-4 板	S3 ~ S8
	4 端口通道化 STM-1 板	S3 ~ S8
R4CPS	1 端口通道化 STM-4 POS 板	S3 ~ S8
	4 端口通道化 STM-1 POS 板	S3 ~ S8
R4GW	1 端口 STM-4 网关板	S3 ~ S8
	4 端口 STM-1 网关板	S3 ~ S8

二、任务实施

本任务的目的是在环带链 PTN 传输系统开局配置完成的情况下,配置 E1 业务单板,创建隧道和伪线,开通如图 5-23 所示站点间的不带保护的 E1 业务,业务为:P1 与 P3 之间有两个 E1 业务,P3 与 P5 之间有 1 个 E1 业务。

1. 材料准备

高 2 m 的 19 英寸机柜,ZXCTN 6300 子架 6 套,单板若干,NETNUMEN U31 网管 1 套,G.652 光纤跳线若干根,PDH 测试仪 1 台。

2. 实施步骤

(1)E1 业务单板安装

在 P1、P3 和 P5 网元的槽位 3 上各安装一块 R16E1B 板。

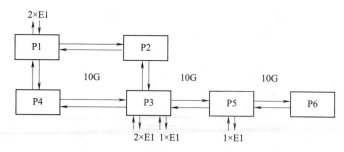

图 5-23　PTN 传输系统 E1 业务开通拓扑结构

（2）创建隧道

源站点到目的站点之间需要创建隧道，用以承载传输业务的伪线。如果业务的源站点和目的站点相同，多条业务和伪线可以共同使用同一条隧道，也可按业务类型创建多条隧道。隧道配置可采用单站点方式配置，也可采用端到端方式配置。本项目中隧道、伪线、业务创建均采用端到端配置方式。

本任务中 P3 与 P5 之间的 1 个 E1 业务可共用一条隧道（P3-P5），P1 与 P3 之间的两个 E1 业务共用另一条隧道（P1-P2-P3），隧道规划见表 5-13。建议隧道的用户标签命名规范为 TMP-首节点-末节点-业务类型-业务号。

表 5-13　E1 业务开通隧道规划表

参数名称	隧道 1 参数值	隧道 2 参数值
业务方向	双向	双向
业务速率	TMP	TMP
批量条数	1	1
用户标签	TMP-P3-P5-E1-1	TMP-P1-P3-E1-2
隧道模式	管道	管道
A1 端点	P3-R1EXG[0-1-11]-ETH_U:1	P1-R1EXG[0-1-9]-ETH_U:1
Z1 端点	P5-R1EXG[0-1-10]-ETH_U:1	P3-R1EXG[0-1-10]-ETH_U:1
路由	P3-P5	P1-P2-P3

端到端配置隧道步骤如下：

在业务视图中，选择"业务管理"→"创建业务"→"创建 TMP 隧道"，弹出"创建 TMP 隧道"对话框，如图 5-24 所示。

创建第一条隧道：输入用户标签 TMP-P3-P5-E1-1，在 A1 端点右侧选择隧道源站点 P3 的 R1EXG[0-1-11]-ETH_U:1，在 Z1 端点右侧选择隧道目的站点 P5 的 R1EXG[0-1-10]-ETH_U:1。点击"路由"标签页中的"计算"按钮进行路由计算，即可计算出隧道路由 P3-P5，视图中会高亮显示该隧道路由，此时点击"应用"下发配置命令，完成 P3-P5 隧道创建。

继续创建下一条隧道：输入用户标签 TMP-P1-P3-E1-2，在 A1 端点右侧选择隧道源站点 P1 的 R1EXG[0-1-9]-ETH_U:1，在 Z1 端点右侧选择隧道目的站点 P3 的 R1EXG[0-1-10]-ETH_U:1。在"路由"标签页中可以在路由约束中指定隧道必经过或者不经过的网元，点击"约束"按钮，添加必经过 P2 网元，点击"计算"按钮进行路由计算，即可计算出隧道路由 P1-P2-P3，视图中会高亮显示该隧道路由，此时点击"应用"下发配置命令。

下发配置后，网管会提示是否继续配置 OAM，选择"否"，回到业务视图，查看已创建的两条隧道。

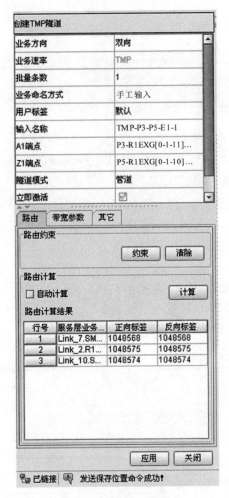

图 5-24 创建 TMP 隧道

(3) 创建伪线

每条业务都要配置一条伪线,伪线和业务要做到一一对应。由于同一业务路径上可以传输多条不同类型的业务,因此同一路径上的多条伪线可绑定在同一条隧道上。伪线规划见表 5-14。建议伪线的用户标签命名规范为 PW-首节点-末节点-业务类型-号。正向标签和反向标签值必须大于 16,不可重复使用,正向标签和反向标签可以一致,也可以不一致。

表 5-14 E1 业务开通伪线规划表

参数名称	伪线 1 参数值	伪线 2 参数值
业务方向	双向	双向
业务速率	TMP	TMP
用户标签	PW-P3-P5-E1-1	PW-P1-P3-E1-2-3
A1 端点	P3	P1
Z1 端点	P5	P3
正向标签	101	102
反向标签	101	102

续上表

参数名称	伪线 1 参数值	伪线 2 参数值
批量条数	1	2
控制字支持	是	是
序列号支持	是	是
绑定隧道	TMP-P3-P5-E1-1	TMP-P1-P3-E1-2

在业务视图中,选择"业务管理"→"创建业务"→"创建伪线",弹出"创建伪线"对话框,如图 5-25 所示。

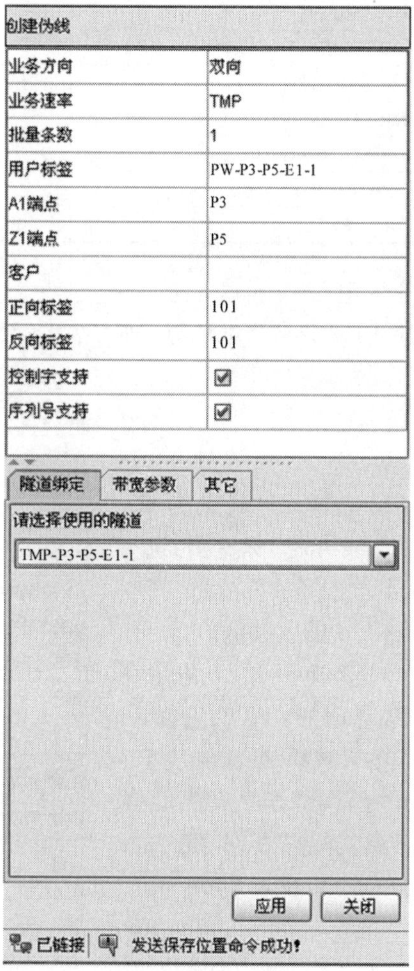

图 5-25 创建伪线

创建第一条伪线:批量条数输入 1,输入用户标签为 PW-P3-P5-E1 业务-1,选择 A1 端点为 P3,选择 Z1 端点为 P5,设置正向标签值为 101,反向标签值为 101,勾选控制字支持和序列号支持。在"隧道绑定"标签页中选择使用的隧道 TMP-P3-P5-E1-1。

在"带宽参数"标签页中,设置正向 CIR(固定业务速率)和 PIR(最高业务速率)值为特定值 100 000,具体数值需根据实际链路带宽需求设置,参数设置完毕后,下发应用即可。在进行限速配置时,必须保证 CIR≤PIR。

接着创建下一条伪线:批量条数输入 2,输入用户标签为 PW-P1-P3-E1 业务-2,选择 A1 端点为 P1,选择 Z1 端点为 P3,设置正向标签值为 102,反向标签值为 102,勾选控制字支持和序列号支持。在"隧道绑定"标签页中,选择使用的隧道 TMP-P1-P3-E1-2。在"带宽参数"标签页中,设置正向 CIR 和 PIR 值。

（4）创建业务

规划并填写 E1 业务规划表,见表 5-15。

表 5-15　E1 业务开通业务规划表

参数名称	业务1参数值	业务2参数值
批量条数	1	2
业务方向	双向	双向
业务速率	E1	E1
用户标签	E1-P3-P5-1	E1-P3-P5-2
A1 端点	P3-R16E1B[0-1-3]-E1:1	P1-R16E1B[0-1-3]-E1:2-3
Z1 端点	P5-R16E1B[0-1-3]-E1:1	P3-R16E1B[0-1-3]-E1:2-3
伪线绑定	PW-P3-P5-E1-1	PW-P1-P3-E1-2-3
封装类型	PWE3	PWE3

在业务视图中,选择"业务管理"→"创建业务"→"创建 CES 业务",弹出"创建 CES 业务"对话框,如图 5-26 所示。根据表 5-15 创建 E1 业务,步骤如下：

创建第一条业务：选择业务速率为 E1,业务命名方式选择手工输入,输入名称为 E1-P3-P5-1,选择 A1 端点为 P3-R16E1B[0-1-3]-E1:1,选择 Z1 端点为 P5-R16E1B[0-1-3]-E1:1。点击"伪线绑定"标签页,选择伪线 P3-P5-E1-1-2。点击"封装类型"标签页,选择封装类型为 PWE3。单击"应用",下发配置数据。

继续创建下一条业务：选择业务速率为 E1,业务命名方式选择手工输入,输入名称为 E1-P1-P3-2,选择 A1 端点为 P1-R16E1B[0-1-3]-E1:2-3,选择 Z1 端点为 P3-R16E1B[0-1-3]-E1:2-3。点击"伪线绑定"标签页,选择伪线 P1-P3-E1-2-3。点击"封装类型"标签页,选择封装类型为 PWE3。单击"应用",下发配置数据。

（5）E1 业务测试

在 P3-R16E1B[0-1-3]端口 1 连接一台 PDH 仪表,对 P5-R16E1B[0-1-3]端口 1 进行环回,在 PDH 仪表上发送 E1 信号流,PDH 仪表上正确接收到从 P5 返回的全部 E1 信号流,说明 P3 与 P5 之间的 1 个 E1 业务创建成功。

在 P1-R16E1B[0-1-3]端口 2 连接一台 PDH 仪表,对 P3-R16E1B[0-1-3]端口 2 进行环回,PDH 仪表上正确接收到从 P3 返回的全部 E1 信号流。再将 PDH 仪表换到 R16E1B[0-1-3]端口 3 上,P3-R16E1B[0-1-3]

图 5-26　创建 CES 业务

端口 3 进行环回,注意保持两侧的端口号相同,PDH 仪表上正确接收到从 P3 返回的全部 E1 信号流。说明 P1 与 P3 之间的两个 E1 业务创建成功。

拓展任务:请开通环带链 PTN 传输系统中 P1 与 P5 之间的 20 个 E1 业务,P4 和 P6 之间的 30 个 E1 业务。

任务 2:点到点以太网业务开通

任务:掌握 PTN 传输系统支持的 EPL 业务和 EVPL 业务特点,理解不同类型的以太网业务单板功能。

要求:能根据业务需求配置以太网业务板,创建隧道和伪线,进行点到点以太网业务规划,开通 PTN 传输系统两个站点间的点到点 EPL 业务和 EVPL 业务。

一、知识准备

PTN 传输系统可以承载的以太网业务分为点到点业务(E-LINE)、点到多点业务(E-Tree)和多点到多点业务(E-LAN)三种类型。不同类型的数据根据 E-Line、E-LAN 和 E-Tree 属性和定义通过点到点和点到多点以太网虚拟连接(EVCs)来传输。

1. PTN 系统的点到点业务

E-LINE 业务为点到点业务,可以便捷提供虚拟专用网(VPN)主要的虚拟专线业务(VPWS),在用户与网络提供商之间,保持连接特性不变,业务封装后在网络提供商的 IP 骨干网络上传输。E-Line 不仅提供了类似功能的帧中继和 ATM 租用线路服务,而且具有更好的成本节省和易用特性。

E-LINE 业务包括以太网专线(EPL)和以太网虚拟专线(EVPL)两种类型。

(1) EPL 业务

EPL 业务具有两个业务用户接入点,PE 设备的一个 UNI 接口只能接入一个用户,PTN 网络对用户以太网 MAC 帧进行点到点的透明传送,如图 5-27 所示。每个 EPL 业务由专用的隧道承载,不同 EPL 业务不能复用 NNI 端口、伪线和隧道,不需要共享链路带宽,因此具有与 SDH 完全相同的带宽保障和安全性能。由于是点到点传送,因此不需要 L2 交换功能和 MAC 地址学习。

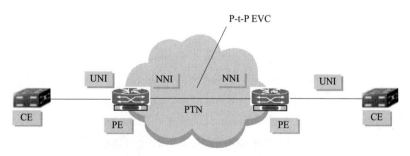

图 5-27 EPL 业务

(2) EVPL 业务

EVPL 业务具有多个业务用户接入点,PE 设备的一个 UNI 接口可以接入多个用户,多个用户之间用不同的 VLAN 区分,如图 5-28 所示。不同类型的用户之间相互隔离,共享链路带宽。如果需要对不同用户提供不同的服务质量,则需要采用相应的 QoS 机制。

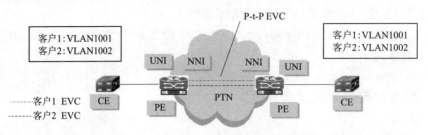

图 5-28 EVPL 业务

2. ZXCTN6300 的以太网业务单板

ZXCTN6300 常见的以太网业务单板见表 5-16。

表 5-16 常见以太网业务单板

单板名称	说明	对应槽位
R4EGC	4 端口增强千兆 Combo 板	S3 ~ S8
R4GCG	4 端口增强千兆 GRE(通用路由封装)板	S3 ~ S8
R8EGE	8 端口增强千兆电口板	S3 ~ S8
R8EGF	8 端口增强千兆光口板	S3 ~ S8
R8FEI	8 端口百兆电口板	S3 ~ S12
R8FEF	8 端口百兆光口板	S3 ~ S12

二、任务实施

本任务的目的是在环带链 PTN 传输系统开局配置完成的情况下,配置以太网业务单板,创建隧道和伪线,开通如图 5-29 所示站点间的点到点以太网业务,业务详情如下:

(1) P1 与 P4 之间有 1 个专用数据业务,速率为 1 Gbit/s。

(2) P4 与 P5 之间有 1 个视频业务和 1 个专用数据业务,速率均为 1 Gbit/s,两类业务相互隔离。

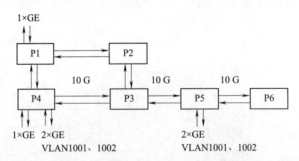

图 5-29 PTN 传输系统点到点以太网业务开通拓扑结构

1. 材料准备

高 2 m 的 19 英寸机柜、ZXCTN 6300 子架 6 套,单板若干,NETNUMEN U31 网管 1 套,G.652 光纤跳线若干根,交换机两台,计算机若干台。

2. 实施步骤

根据业务需求分析,P1 与 P4 之间有 1 个专用数据业务,可以通过 EPL 业务实现;P4 与 P5

之间有1个视频业务和1个专用数据业务,两类业务之间相互隔离,可以通过EVPL业务实现。视频业务划分为VLAN1001,专用数据业务划分为VLAN1002。

(1)以太网业务单板配置

在P1、P4和P5网元的槽位4上各安装一块R8EGE。右击P1、P4和P5网元,选择"自动上载单板",加载已安装的以太网业务单板R8EGE。

(2)创建隧道

规划并填写点到点以太网业务开通隧道规划表,见表5-17。在业务视图中,选择"业务管理"→"创建业务"→"创建TMP隧道",根据规划,创建P1-P4隧道和P4-P3-P5两条隧道。

表5-17 点到点以太网业务开通隧道规划表

参数名称	隧道3参数值	隧道4参数值
业务方向	双向	双向
业务速率	TMP	TMP
批量条数	1	1
用户标签	TMP-P1-P4-EPL-21	TMP-P4-P5-EVPL-22
A1端点	P1-R1EXG[0-1-10]-ETH_U:1	P4-R1EXG[0-1-10]-ETH_U:1
Z1端点	P4-R1EXG[0-1-9]-ETH_U:1	P5-R1EXG[0-1-10]-ETH_U:1
隧道模式	管道	管道
路由	P1-P4	P4-P3-P5

(3)创建伪线

规划并填写点到点以太网业务开通伪线规划表,见表5-18。在业务视图中,选择"业务管理"→"创建业务"→"创建伪线",根据规划,创建伪线PW-P1-P4-EPL-21、PW-P4-P5-EVPL-22-23。

表5-18 点到点以太网开通伪线规划表

参数名称	伪线3参数值	伪线4参数值	伪线5参数值
业务方向	双向	双向	双向
业务速率	TMP	TMP	TMP
批量条数	1	1	1
用户标签	PW-P1-P4-EPL-21	PW-P4-P5-EVPL-22	PW-P4-P5-EVPL-23
A1端点	P1	P4	P4
Z1端点	P4	P5	P5
正向标签	103	104	105
反向标签	103	104	105
控制字支持	是	是	是
序列号支持	否	否	否
A网元伪线类型	Ethernet	Ethernet VLAN	Ethernet VLAN
Z网元伪线类型	Ethernet	Ethernet VLAN	Ethernet VLAN
绑定隧道	TMP-P1-P4-EPL-21	TMP-P4-P5-EVPL-22	TMP-P4-P5-EVPL-22

(4) 点到点以太网业务规划

规划并填写点到点以太网业务规划表,见表 5-19。

表 5-19 点到点以太网业务开通业务规划表

参数名称		业务 3 参数值	业务 4 参数值	业务 5 参数值
业务类型		以太网专线业务	以太网虚拟专线业务	以太网虚拟专线业务
用户标签		EPL-P1-P4-21	EVPL-P4-P5-22	EVPL-P4-P5-23
VLAN ID 保持		否	是	是
VLANCOS 保持		否	是	是
端点	接入类型	UNI(1)	UNI + LAN(2)	UNI + LAN(2)
	端点	P1-R8EGE[0-1-4]-ETH:1	P4-R8EGE[0-1-4]-ETH:2	P4-R8EGE[0-1-4]-ETH:2
		P4-R8EGE[0-1-4]-ETH:1	P5-R8EGE[0-1-4]-ETH:2	P5-R8EGE[0-1-4]-ETH:2
VLAN 映射		无	2001	2002
路由配置（绑定伪线）		PW-P1-P4-EPL-21	PW-P4-P5- EVPL-22	PW-P4-P5- EVPL-23

(5) 配置 EPL 业务

① UNI 用户端口配置

选择需要配置的网元,进入"设备管理器"→"PTN 业务配置"→"接口配置"→"UNI 管理",增加一个 UNI,与将要配置 EPL 业务的用户以太网端口进行绑定。分别建立 P1 的 UNI1 与 R8EGE [0-1-4]-ETH:1 之间的绑定,P4 的 UNI1 与 R8EGE[0-1-4]-ETH:1 之间的绑定,如图 5-30 所示。

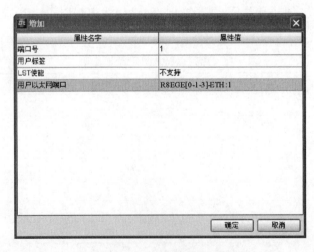

图 5-30 UNI 用户端口配置

② 在业务视图中,选择"业务管理"→"创建业务"→"创建以太网业务",弹出"创建以太网业务配置"对话框,配置 EPL 业务,如图 5-31 所示。

业务类型选择为以太网专线业务(EPL),输入用户标签为 EPL-P1-P4-21。点击"端点"标签页中,选择源、宿两个网元的 UNI 端点分别为 P1-R8EGE[0-1-4]-ETH:1、P4-R8EGE[0-1-4]-ETH:1。点击"路由配置"标签页,单击添加下拉菜单,选择"基于隧道",弹出"伪线配置面板"对话框,选择已配置的伪线 PW-P1-P4-EPL-21,单击"确定"按钮,单击"应用",完成业务配置。

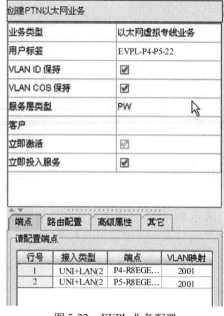

图 5-31　EPL 业务配置　　　　　图 5-32　EVPL 业务配置

③EPL 业务配置完成后,在业务视图中,选中该业务的任意一个端点网元,右击查询网元相关业务,可以显示出创建的业务。

④在网元 P1 和 P4 槽位 4 的以太网用户端口 1 上用双绞线各连接一台计算机,将两台计算机的 IP 地址设置在同一个网段内(如 10.1.1.1/24 和 10.1.1.2/24),通过两台计算机互相 Ping 对方的 IP 地址,能够收到对方计算机的响应数据包,说明 EPL 业务配置成功。

(6)配置 EVPL 业务

①UNI 用户端口配置

选择需要配置的网元,进入"设备管理器"→"PTN 业务配置"→"接口配置"→"UNI 管理",增加一个 UNI,与将要配置 EPL 业务的用户以太网端口进行绑定。建立 P4 的 UNI2 与 R8EGE[0-1-4]-ETH:2 之间的绑定,P5 的 UNI2 与 R8EGE[0-1-4]-ETH:2 之间的绑定。

②在业务视图中,选择"业务管理"→"创建业务"→"创建以太网业务",弹出"创建以太网业务配置"对话框,配置 EVPL 业务,如图 5-32 所示。

业务类型选择为以太网虚拟专线业务(EVPL),分别输入用户标签为 EVPL-P4-P5-22 和 EVPL-P4-P5-23。点击"端点"标签页中,选择源、宿两个网元的 UNI 端点为 P4-R8EGE[0-1-4]-ETH:2 和 P4-R8EGE[0-1-4]-ETH:3、P5-R8EGE[0-1-4]-ETH:2 和 P5-R8EGE[0-1-4]-ETH:3,VLAN 映射分别为 2001 和 2002。点击"路由配置"标签页,单击"添加"下拉菜单,选择"基于隧道",弹出"伪线配置面板"对话框,分别选择已配置的伪线 PW-P4-P5-EVPL-22 和 PW-P4-P5-EVPL-23。单击"确定"按钮,单击"应用"。

③EVPL 业务配置完成后,选中配置了该业务的任意一个网元,右击查询网元相关业务,可以显示出创建的业务。

④EVPL 业务验证

在网元 P1 和网元 P4 槽位 4 的以太网用户端口 2 上用双绞线各接一台交换机,每台交换机端口 1 和端口 2 上各连接 1 台计算机,交换机端口 1 设置为 VLAN2001,端口 2 设置为

VLAN2002,与 PTN 网元之间的端口设置为 TRUNK,允许 VLAN2001 和 VLAN2002 通过。将四台计算机的 IP 地址设置在同一个网段内(如 10.1.1.1/24、10.1.1.2/24、10.1.1.3/24、10.1.1.4/24),四台计算机互相 Ping 其他计算机的 IP 地址,连接在同一个 VLAN 接口的计算机能够收到对方计算机的响应数据包,连接在不同 VLAN 接口的计算机不能收到对方计算机的响应数据包,说明 EVPL 业务配置成功。

拓展任务:请开通环带链 PTN 传输系统中 P1 与 P5 之间的 1 个点到点视频业务和两个点到点专用数据业务。视频业务带宽为 1 Gbit/s,专用数据业务宽为 100 Mbit/s。

任务 3:点到多点以太网业务开通

任务:掌握 PTN 传输系统支持的 EPTREE 业务和 EVPTREE 业务特点。

要求:能根据业务需求配置以太网业务板,创建隧道和伪线,进行点到多点以太网业务规划,开通 PTN 传输系统两个站点间的点到多点 EPTREE 业务和 EVPTREE 业务。

一、知识准备

E-Tree 业务为点到多点业务,业务在两个或多个站点之间连通,主要应用在需要点到多点拓扑结构,如视频点播、互联网接入、三重播放等。E-Tree 业务的拓扑结构是点到多个点的连接,多个节点汇聚到中心节点的一个以太网物理接口。其中,中心节点为根节点,其他节点为叶子节点。叶子节点只能与根节点通信,叶子节点之间不能互相通信。E-Tree 业务包括 EPTREE(以太网专树)业务和 EVPTREE(以太网虚拟专树)业务两种类型。

1. EPTREE 业务

如图 5-33 所示,EPTREE 业务中,PE 设备的一个 UNI 接口只接入一个用户;每个 EPTREE 用户的业务由专用的叶子节点端口承载,不同用户不需要共享链路带宽。如果需要对不同用户提供不同的服务质量,则需要采用相应的 QoS 机制。由于业务是点到多点传送,因此不需要二层交换功能和 MAC 地址学习。

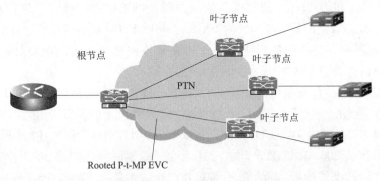

图 5-33 EPTREE 业务

2. EVPTREE 业务

如图 5-34 所示,EVPTREE 业务中,PE 设备的一个 UNI 接口允许接入多个用户,多个用户之间用不同的 VLAN 区分,共享节点的端口带宽,如图 5-34 所示。如果需要对不同用户提供不同的服务质量,则需要采用相应的 QoS 机制。

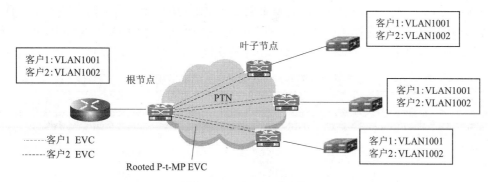

图 5-34 EVPTREE 业务

二、任务实施

本任务的目的是在环带链 PTN 传输系统开局配置完成的情况下,配置以太网业务单板,创建隧道和伪线,开通如图 5-35 所示的点到多点以太网业务,业务详情如下:

(1) P1、P2、P6 与 P3 之间有 1 个专用数据业务速率为 1 Gbit/s, P3 的业务设备可以与其他站的业务设备相互通信,但 P1、P2、P6 之间的业务设备不能相互通信。

(2) P1、P2、P6 与 P3 之间有 1 个视频业务和 1 个专用数据业务,速率均为 1 Gbit/s,两类业务相互隔离。P3 的业务设备可以与其他站的业务设备相互通信,但 P1、P2、P6 之间的业务设备不能相互通信。

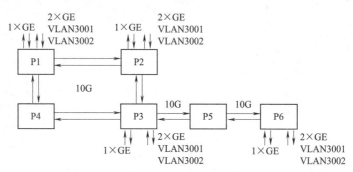

图 5-35 PTN 系统点到多点以太网业务拓扑结构

1. 材料准备

高 2 m 的 19 英寸机柜,ZXCTN 6300 子架 6 套,单板若干,NETNUMEN U31 网管 1 套,G.652 光纤跳线若干根,交换机四台,PC 若干台。

2. 实施步骤

根据业务需求分析,P1、P2、P6 与 P3 之间有 1 个专用数据业务,可以通过 EPTREE 业务实现;P1、P2、P6 与 P3 之间有 1 个视频业务和 1 个专用数据业务,两类业务之间相互隔离,可以通过 EVPTREE 业务实现,视频业务划分为 VLAN3001,专用数据业务划分为 VLAN3002。

(1) 以太网业务单板配置

在 P1、P2、P3 和 P6 网元的槽位 4 上各安装一块 R8EGE。右击 P1、P2、P3 和 P6 网元,选择自动上载单板,加载已安装的以太网业务单板 R8EGE。

(2) 创建隧道

P3 的业务设备可以与其他站的业务设备相互通信,但 P1、P2、P6 之间的业务设备不能相互通信,需要创建 P3 与其他三个网元之间的隧道。规划并填写点到多点以太网业务开通隧道规划表,见表 5-20。在业务视图中,选择"业务管理"→"创建业务"→"创建 TMP 隧道",根据规划,创建 P1-P2-P3 隧道、P2-P3、P3-P5-P6 隧道三条隧道。

表 5-20 点到多点以太网业务开通隧道规划表

参数名称	隧道 31 参数值	隧道 32 参数值	隧道 33 参数值
业务方向	双向	双向	双向
业务速率	TMP	TMP	TMP
批量条数	1	1	1
用户标签	TMP-P1-P3-EPTREE-31	TMP-P2-P3-EPTREE-32	TMP-P3-P6-EPTREE-33
A1 端点	P1-R1EXG[0-1-9]-ETH_U:1	P2-R1EXG[0-1-9]-ETH_U:1	P3-R1EXG[0-1-11]-ETH_U:1
Z1 端点	P3-R1EXG[0-1-10]-ETH_U:1	P3-R1EXG[0-1-10]-ETH_U:1	P6-R1EXG[0-1-10]-ETH_U:1
隧道模式	管道	管道	管道
路由	P1-P2-P3	P2-P3	P3-P5-P6

(3) 创建 EPTREE 伪线

规划并填写点到多点以太网业务开通伪线规划表,见表 5-21。在业务视图中,选择"业务管理"→"创建业务"→"创建伪线",根据规划创建 3 条伪线用于承载 EPTREE 业务。

表 5-21 EPTREE 伪线规划表

参数名称	伪线 31 参数值	伪线 32 参数值	伪线 32 参数值
业务方向	双向	双向	双向
业务速率	TMP	TMP	TMP
批量条数	1	1	1
用户标签	PW-P1-P3-EPTREE-31	PW-P2-P3-EPTREE-32	PW-P3-P6-EPTREE-33
A1 端点	P1	P2	P3
Z1 端点	P3	P3	P6
正向标签	301	302	303
反向标签	301	302	303
控制字支持	是	是	是
序列号支持	否	否	否
A 网元伪线类型	Ethernet	Ethernet	Ethernet
Z 网元伪线类型	Ethernet	Ethernet	Ethernet
绑定隧道	TMP-P1-P3-EPTREE-31	TMP-P2-P3-EPTREE-32	TMP-P3-P6-EPTREE-33

(4) 配置 EPTREE 业务

① 规划并填写 EPTREE 业务规划表,见表 5-22。

表 5-22 EPTREE 业务开通业务规划表

参数名称	业务 31 参数值
业务类型	以太网 Tree 业务
用户标签	EPTREE -31

续上表

	VLAN ID 保持	否			
	VLAN COS 保持	否			
	服务类型	PW			
端点	接入类型	UNI(3)	UNI(3)	UNI(3)	UNI(3)
	端点	P3-R8EGE[0-1-4]-ETH:3	P1-R8EGE[0-1-4]-ETH:3	P2-R8EGE[0-1-4]-ETH:3	P6-R8EGE[0-1-4]-ETH:3
	节点类型	根节点	叶子结点	叶子结点	叶子结点
	VLAN 映射表	无	无	无	无
	路由配置（绑定伪线）		PW-P1-P2-EPTREE-31	PW-P2-P3-EPTREE-32	PW-P3-P6-EPTREE-33

②UNI 用户端口配置：选择需要配置的网元，进入"设备管理器"→"PTN 业务配置"→"接口配置"→"UNI 管理"，增加一个 UNI(3)，根据规划，将要配置 EPTREE 业务的用户以太网端口进行绑定。

③EPTREE 业务创建：在业务视图中，选择"业务管理"→"创建业务"→"创建以太网业务"，弹出"创建以太网业务"对话框，根据规划，创建 EPTREE 业务，在端点标签页中，分别添加 4 个网元的 UNI 端口，其中 P3 的 UNI6 为根结点，P1、P2 和 P6 的 UNI6 为叶子结点，如图 5-36 所示。

图 5-36 EPTREE 业务创建

点击"路由配置"标签页，单击"添加"下拉菜单，选择"基于隧道"，弹出"伪线配置面板"对话框，选择已配置的 3 条 EPTREE 伪线，注意要将"水平分割"选上，以免造成广播风暴。单击"确定"按钮，单击"应用"，完成业务配置。

④EPTREE 业务配置完成后，选中配置了该业务的任意一个网元，右击查询网元相关业务，可以显示出创建的业务。

⑤在网元 P1、P2、P3、P6 槽位 4 的以太网用户端口 3 上用双绞线各接一台计算机,将四台计算机的 IP 地址设置在同一个网段内,每台计算机上 Ping 另外三台计算机的 IP 地址,连接在 P3 上的计算机能够与其他三台计算机之间相互接收到对方计算机的响应数据包,但另外三台计算机相互之间不能接收到对方计算机的响应数据包,说明 EPTREE 业务配置成功。

(5)创建 EVPTREE 伪线

规划并填写 EVPTREE 业务开通伪线规划表,见表 5-23。在业务视图中,选择"业务管理"→"创建业务"→"创建伪线",根据规划,创建 6 条伪线用于承载 EVPTREE 业务。

表 5-23　EVPTREE 伪线规划表

参数名称	伪线 34-35 参数值	伪线 36-37 参数值	伪线 38-39 参数值
业务方向	双向	双向	双向
业务速率	TMP	TMP	TMP
批量条数	2	2	2
用户标签	PW-P1-P3-EVPTREE-34、35	PW-P2-P3-EVPTREE-36、37	PW-P3-P6-EVPTREE-38、39
A1 端点	P1	P2	P3
Z1 端点	P3	P3	P6
正向标签	304、305	306、307	308、309
反向标签	304、305	306、307	308、309
控制字支持	是	是	是
序列号支持	否	否	否
A 网元伪线类型	Ethernet VLAN	Ethernet VLAN	Ethernet VLAN
Z 网元伪线类型	Ethernet VLAN	Ethernet VLAN	Ethernet VLAN
绑定隧道	TMP-P1-P3-EPTREE-31	TMP-P2-P3-EPTREE-32	TMP-P3-P6-EPTREE-33

(6)配置 EVPTREE 业务

①规划并填写 EVPTREE 业务规划表,见表 5-24。

表 5-24　EVPTREE 业务规划表

参数名称		业务 32 参数值			
业务类型		EVPTREE			
用户标签		EVPTREE -32			
VLAN ID 保持		是			
VLANCOS 保持		是			
服务类型		PW			
端点	接入类型	UNI(4)	UNI(4)	UNI(4)	UNI(4)
	端口	P3-R8EGE[0-1-4]-ETH:4	P1-R8EGE[0-1-4]-ETH:4	P2-R8EGE[0-1-4]-ETH:4	P6-R8EGE[0-1-4]-ETH:4
	节点类型	根节点	叶子结点	叶子结点	叶子结点
	VLAN 映射表	VLAN3001、3002	VLAN3001、3002	VLAN3001、3002	VLAN3001、3002
	路由配置(绑定伪线)		PW-P1-P3-EVPTREE-34、35	PW-P2-P3-EVPTREE-36、37	PW-P3-P6-EVPTREE-38、39

②UNI 用户端口配置:选择需要配置的网元,进入"设备管理器"→"PTN 业务配置"→"接

口配置"→"UNI 管理",增加一个 UNI(4),根据规划,将要配置 EVPTREE 业务的用户以太网端口进行绑定。

③创建 EVPTREE 业务:在业务视图中,选择"业务管理"→"创建业务"→"创建以太网业务",弹出"创建以太网业务"对话框,根据规划,创建 EVPTREE 业务,在端点标签页中,分别添加 4 个网元的 UNI 端口,其中 P3 的 UNI6 为根结点,P1、P2 和 P6 的 UNI6 为叶子结点,如图 5-37 所示。

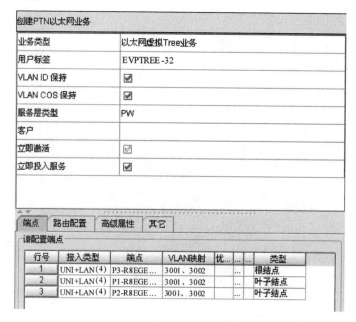

图 5-37　EVPTREE 业务创建

点击"路由配置"标签页,单击"添加"下拉菜单,选择"基于隧道",弹出"伪线配置面板"对话框,选择已配置的 6 条 EVPTREE 伪线,注意要将"水平分割"选上,以免造成广播风暴。单击"确定"按钮,单击"应用",完成业务配置。

EVPTREE 业务配置完成后,选中配置了该业务的任意一个网元,右击查询网元相关业务,可以显示出创建的业务。

在网元 P1、P2、P3、P6 槽位 4 的以太网用户端口 4 上用双绞线各接一台交换机,每台交换机端口 1 和端口 2 上各连接 1 台计算机,交换机端口 1 设置为 VLAN3001,端口 2 设置为 VLAN3002,与 PTN 网元之间的端口设置为 TRUNK,允许 VLAN3001 和 VLAN3002 通过。将这八台计算机的 IP 地址设置在同一个网段内,每台计算机上 Ping 另外七台计算机的 IP 地址,连接在同一个 VLAN 接口的计算机能够收到对方计算机的响应数据包,连接在不同 VLAN 接口的计算机不能收到对方计算机的响应数据包,说明 EVPTREE 业务配置成功。

拓展任务:请开通环带链 PTN 传输系统中 P1、P4、P5、P6 与 P3 之间的 1 个视频业务和 1 个专用数据业务。视频业务带宽为 1 Gbit/s,专用数据业务宽为 100 Mbit/s,两类业务相互隔离。P3 网元的业务设备可以与其他网元的业务设备相互通信,其他网元的业务设备之间不能相互通信。

任务4：多点到多点以太网业务开通

任务：掌握 PTN 传输系统支持的 EPLAN 业务和 EVPLAN 业务特点。

要求：能配置以太网业务板，创建隧道和伪线，进行多点到多点以太网业务规划，开通 PTN 传输系统两个站点间的多点到多点 EPLAN 业务和 EVPLAN 业务。

一、知识准备

E-LAN 业务为多点到多点业务，业务的连通性在两个或多个网元之间。E-LAN 业务包括 EPLAN（以太网专网）业务、EVPLAN（以太网虚拟专网）业务。

如图 5-38 所示，EPLAN 业务中，PE 设备的一个 UNI 接口只接入一个用户，可以有多个 PE 接入用户，如图 5-38 所示。这些不同用户不需要共享链路带宽，因此具有严格的带宽保障和用户隔离，不需要采用其他的 QoS 机制和安全机制。由于具有多个节点，因此需要基于 MAC 地址进行数据转发，需要具有 MAC 地址学习和 L2 交换的能力。

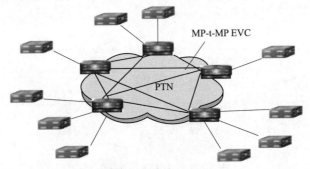

图 5-38　EPLAN 业务

如图 5-39 所示，EVPLAN 业务中，PE 设备的一个 UNI 接口允许接入多个用户，多个用户之间用不同的 VLAN 区分，相互隔离，如图 5-39 所示。从用户的角度来看，EVPLAN 使得运营商的网络看起来类似一个 LAN。与 EPLAN 的本质区别是 EVPLAN 用户需要共享链路带宽。EVPLAN 具有特定的带宽、保护和可用性属性，以及 MAC 地址学习能力和数据转发能力。

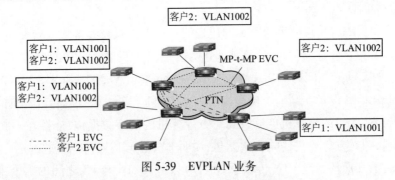

图 5-39　EVPLAN 业务

二、任务实施

本任务的目的是在环带链 PTN 传输系统开局配置完成的情况下，配置以太网业务单板，创建隧道和伪线，开通如图 5-40 所示的多点到多点以太网业务，业务详情如下：

（1）P1、P2、P3 之间有 1 个专用数据业务速率为 1 Gbit/s，三个网元之间的业务设备都能相互通信。

（2）P1、P2、P3 之间有 1 个视频业务和 1 个专用数据业务，速率均为 1 Gbit/s，三个网元之间的业务设备都能相互通信，但两类业务相互隔离。

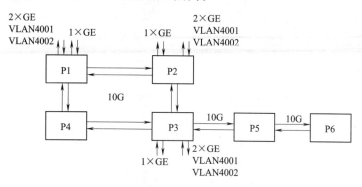

图 5-40　环带链 PTN 系统拓扑结构

1. 材料准备

高 2 m 的 19 英寸机柜，ZXCTN 6300 子架 6 套，单板若干，NETNUMEN U31 网管 1 套，G.652 光纤跳线若干根，交换机三台，PC 若干台。

2. 实施步骤

根据业务需求分析，P1、P2、P3 之间有 1 个专用数据业务，三个网元之间的业务设备都能相互通信，可以通过 EPLAN 业务实现；P1、P2、P3 之间有 1 个视频业务和 1 个专用数据业务，三个网元之间的业务设备都能相互通信，两类业务之间相互隔离，可以通过 EVPLAN 业务实现。视频业务划分为 VLAN4001，专用数据业务划分为 VLAN4002。

（1）以太网业务单板配置

在 P1、P2 和 P3 网元的槽位 4 上各安装一块 R8EGE。右击 P1、P2 和 P3 网元，选择自动上载单板，加载已安装的以太网业务单板 R8EGE。

（2）创建隧道

三个网元之间的业务设备都能相互通信，需要在每两个网元之间都创建隧道，规划并填写点到点以太网业务开通隧道规划表，见表 5-25。在业务视图中，选择"业务管理"→"创建业务"→"创建 TMP 隧道"，根据规划，创建 P1-P2 隧道、P2-P3 隧道、P1-P4-P3 三条隧道。

表 5-25　多点到多点以太网业务开通隧道规划表

参数名称	隧道 41 参数值	隧道 42 参数值	隧道 43 参数值
业务方向	双向	双向	双向
业务速率	TMP	TMP	TMP
批量条数	1	1	1
用户标签	TMP-P1-P2-EPLAN-41	TMP-P2-P3-EPLAN-42	TMP-P1-P3-EPLAN-43
A1 端点	P1-R1EXG[0-1-9]-ETH_U:1	P2-R1EXG[0-1-9]-ETH_U:1	P1-R1EXG[0-1-10]-ETH_U:1
Z1 端点	P2-R1EXG[0-1-10]-ETH_U:1	P3-R1EXG[0-1-9]-ETH_U:1	P3-R1EXG[0-1-9]-ETH_U:1
隧道模式	管道	管道	管道
路由	P1-P2	P2-P3	P1-P4-P3

(3) 创建 EPLAN 伪线

规划并填写点到点以太网业务开通伪线规划表,见表 5-26。在业务视图中,选择"业务管理"→"创建业务"→"创建伪线",根据规划,创建 3 条伪线。

表 5-26　EPLAN 伪线规划表

参数名称	伪线 41 参数值	伪线 42 参数值	伪线 42 参数值
业务方向	双向	双向	双向
业务速率	TMP	TMP	TMP
批量条数	1	1	1
用户标签	PW-P1-P2-EPLAN-41	PW-P2-P3-EPLAN-42	PW-P1-P3-EPLAN-43
A1 端点	P1	P2	P1
Z1 端点	P2	P3	P3
正向标签	401	402	403
反向标签	401	402	403
控制字支持	是	是	是
序列号支持	否	否	否
A 网元伪线类型	Ethernet	Ethernet	Ethernet
Z 网元伪线类型	Ethernet	Ethernet	Ethernet
绑定隧道	TMP-P1-P2-EPLAN-41	TMP-P2-P3-EPLAN-42	TMP-P1-P3-EPLAN-43

(4) 配置 EPLAN 业务

① 规划并填写 EPLAN 业务规划表,见表 5-27。

表 5-27　EPLAN 以太网业务开通业务规划表

参数名称		业务 41 参数值
业务方向		双向
业务速率		TMP
批量条数		1
业务类型		EPLAN
用户标签		EPLAN-P1-P2-P3
VLAN ID 保持		否
VLAN COS 保持		否
端点	接入类型	UNI(5)
	端点	P1-R8EGE[0-1-4]-ETH:5
		P2-R8EGE[0-1-4]-ETH:5
		P3-R8EGE[0-1-4]-ETH:5
	VLAN 映射	无
路由配置 (绑定伪线)		PW-P1-P2-EPLAN-41
		PW-P2-P3-EPLAN-42
		PW-P1-P3-EPLAN-43

② UNI 用户端口配置

选择需要配置的网元,进入"设备管理器"→"PTN 业务配置"→"接口配置"→"UNI 管理",增加一个 UNI(5),根据规划,将要配置 EPLAN 业务的用户以太网端口进行绑定。

③ 在业务视图中,选择"业务管理"→"创建业务"→"创建以太网业务",弹出"创建以太

网业务"对话框,根据规划,配置 EPLAN 业务,如图 5-41 所示。

点击"路由配置"标签页,单击"添加"下拉菜单,选择"基于隧道",弹出"伪线配置面板"对话框,选择已配置的伪线,单击"确定"按钮,单击"应用",完成业务配置。

④EPLAN 业务配置完成后,选中配置该业务的任意一个网元,右击查询网元相关业务,可以显示出创建的业务。

⑤在网元 P1、P2 和 P3 槽位 4 的以太网用户端口 5 上用双绞线各接一台计算机,将三台计算机的 IP 地址设置在同一个网段内(如 10.1.1.1/24、10.1.1.2/24、10.1.1.3/24),每台计算机上 Ping 另外两台计算机的 IP 地址,能够收到对方计算机的响应数据包,说明 EPLAN 业务配置成功。

(5)创建 EVPLAN 伪线

规划并填写点到点以太网业务开通伪线规划表,见表 5-28。在业务视图中,选择"业务管理"→"创建业务"→"创建伪线",根据规划,创建 6 条伪线。

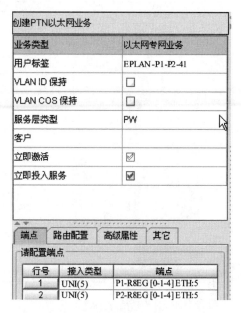

图 5-41 EPLAN 业务配置

表 5-28 EVPLAN 伪线规划表

参数名称	伪线 44-45 参数值	伪线 46-47 参数值	伪线 48-49 参数值
索引	44	46	48
批量条数	2	2	2
用户标签	PW-P1-P2-EVPLAN-44、45	PW-P2-P3-EVPLAN-46、47	PW-P1-P3-EVPLAN-48、49
A1 端点	P1	P2	P1
Z1 端点	P2	P3	P3
正向标签	404、405	406、407	408、409
反向标签	404、405	406、407	408、409
控制字支持	是	是	是
序列号支持	否	否	否
A 网元伪线类型	Ethernet VLAN	Ethernet VLAN	Ethernet VLAN
Z 网元伪线类型	Ethernet VLAN	Ethernet VLAN	Ethernet VLAN
绑定隧道	TMP-P1-P2-EPLAN-41	TMP-P2-P3-EPLAN-42	TMP-P1-P3-EPLAN-43

(6)配置 EVPLAN 业务

①业务规划

规划并填写 EVPLAN 业务规划表,见表 5-29。

表 5-29　EVPLAN 以太网业务开通业务规划表

参数名称		业务 44 参数值	业务 45 参数值
索引		44	45
业务类型		EVPLAN	EVPLAN
用户标签		EVPLAN-P1-P2-P3-1	EVPLAN-P1-P2-P3-2
VLAN ID 保持		是	是
VLAN COS 保持		是	是
端点	接入类型	UNI + LAN(7)	UNI + LAN(8)
	端点	P1-R8EGE[0-1-4]-ETH:7	P1-R8EGE[0-1-4]-ETH:8
		P2-R8EGE[0-1-4]-ETH:7	P2-R8EGE[0-1-4]-ETH:8
		P3-R8EGE[0-1-4]-ETH:7	P3-R8EGE[0-1-4]-ETH:8
	VLAN 映射	VLAN4001	VLAN4002
路由配置（绑定伪线）		PW-P1-P2-EVPLAN-44 PW-P2-P3-EVPLAN-46 PW-P1-P3-EVPLAN-48	W-P1-P2-EVPLAN-45 PW-P2-P3-EVPLAN-47 PW-P1-P3-EVPLAN-49

②UNI 用户端口配置

选择需要配置的网元，进入"设备管理器"→"PTN 业务配置"→"接口配置"→"UNI 管理"，增加一个 UNI，根据规划，将要配置 EPLAN 业务的用户以太网端口进行绑定。

③在业务视图中，选择"业务管理"→"创建业务"→"创建以太网业务"，弹出"创建以太网业务"对话框，根据规划，配置 6 条 EVPLAN 业务，如图 5-42 所示。点击"路由配置"标签页，单击"添加"下拉菜单，选择"基于隧道"，弹出"伪线配置面板"对话框，选择已配置的伪线，单击"确定"按钮，单击"应用"。

④EVPLAN 业务配置完成后，在业务视图中，选中该业务的任意一个端点网元，右击查询网元相关业务，可以显示出创建的业务。

⑤EVPLAN 业务验证

在网元 P1、P2 和 P3 槽位 4 的以太网用户端口 7 上用双绞线各接一台计算机，将三台计算机的 IP 地址设置在同一个网段内，计算机上互相 Ping 另外两台计算机的 IP 地址，能够收到对方计算机的响应数据包；再将三台计算机接到以太网用户端口 8 上，计算机上互相 Ping 另外两台计算机的 IP 地址，能够收到对方计算机的响应数据包；如果互相 Ping 的两台计算机没有同时接在用户端口 7 或 8 上，不能收到对方计算机的响应数据包。说明 EVPLAN 业务配置成功。

拓展任务：请开通环带链 PTN 传输系统中 P1、P4、P5、P6 与 P3 之间的 1 个视频业务和 1 个专用数据业务。视频业务带宽为 1 Gbit/s，专用数据业务宽为 100 Mbit/s。所有网元的业务设备可以与其他网元的业务设备相互通信，但两类业务相互隔离。

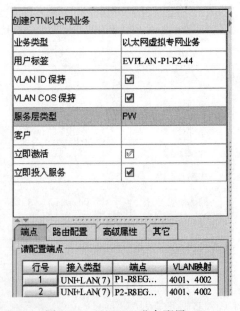

图 5-42　EVPLAN 业务配置

任务5:网络保护配置

任务:理解 PTN 网络保护的分类,掌握 PTN 的隧道保护和伪线保护。
要求:能配置环带链 PTN 网络的隧道保护,提高网络的可靠性。

一、知识准备

PTN 系统的保护分为设备级保护、网络级保护和客户级保护。设备级保护提供关键单元冗余保护,包括电源板、主控板、时钟板等重要单板 1+1 热备份,支持部件热插拔,提高对灾难的恢复能力和故障灵活处理能力。客户侧保护包括以太网链路聚合(LAG)保护和以太网生成树(STP)保护等。以太网 LAG 保护通过链路聚合实现端口的负载分担和非负载分担。STP 保护通过有选择性地阻塞网络冗余链路,形成转发树,达到消除网络二层环路的目的。

PTN 网络级支持多种保护方式,提供分层分段的隧道保护、伪线保护和面向连接的环网保护等,为复杂的全业务应用场景提供多种选择,确保 50 ms 以内的快速倒换。

1. 隧道保护

(1)隧道 1+1 保护

隧道 1+1 保护采用业务双发选收,当工作通道故障时,业务接收端选择保护通道接收业务,实现业务的倒换。

在 1+1 结构中,保护通道是每条工作通道专用的,工作通道与保护通道在保护域的源端进行桥接。1+1 路径保护的倒换类型是单向倒换,即只有受影响的连接方向倒换至保护路径。为避免单点失效,工作通道与保护通道应走分离路由。

(2)隧道 1:1 保护

隧道 1:1 保护采用业务单发单收,扩展 APS 协议通过保护通道传送,相互传递协议状态和倒换状态。两端设备根据协议状态和倒换状态,进行业务倒换。

在 1:1 结构中,保护通道是每条工作通道专用的,被保护的工作业务由工作或保护通道进行传送。1:1 路径保护的倒换类型是双向倒换,即受影响的和未受影响的连接方向均倒换至保护路径。为避免单点失效,工作通道与保护通道应走分离路由。

2. 伪线保护

伪线保护(PW 保护)致力于解决双归这种最普遍的网络模型的端到端业务收敛问题,当 PE 节点发生故障时,业务能够迅速切换到备份的 PE 设备上。PW 保护通过 OAM 和 BFD 机制检测 PW 层面的故障,并进行故障通告和流量快速切换。PW 保护主要用于以下两种组网:

(1)双归属对称接入

双归属对称接入伪线保护网络中,两端设备都有两条 AC 对称接入 PE,故障检测和传递后,由对称的设备完成倒换,如图 5-43 所示。

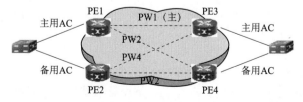

图 5-43 双归属对称接入伪线保护

(2) 非对称接入

非对称接入伪线保护网络中,一端使用单 AC 接入到 U-PE,另一端使用双 AC 接入到 N-PE,所有的 PW 冗余控制均是由 U-PE 控制,N-PE 负责实现 PW 状态和 AC 接入状态(OAM)进行联动,如图 5-44 所示。

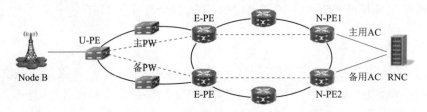

图 5-44 非对称接入伪线保护

2. 环网保护

环网保护能够节省光纤以及相关网络资源,并且满足传送网严格的保护时间要求,在 50 ms 之内完成保护倒换动作。当网络上节点检测到网络失效,故障侧相邻节点通过 APS 协议向相邻节点发出倒换请求。当某个节点检测到失效或接收到倒换请求,转发至失效节点的普通业务将被倒换至另一个方向(远离失效节点)。当网络失效或 APS 协议请求消失时,业务将返回至原来路径。其保护原理同 SDH 的二纤双向复用段保护。

二、任务实施

本任务是为开通了 EPL 业务的环带链 PTN 传输系统配置隧道保护,提高传输网络的可靠性。

1. 材料准备

高 2 m 的 19 英寸机柜、ZXCTN 6300 子架 6 套、单板若干,NETNUMEN U31 网管 1 套,G.652 光纤跳线若干根,交换机三台,PC 若干台。

2. 实施步骤

PTN 端到端业务配置完成后,进行隧道保护配置。隧道的主备用方向选择原则:选择经过节点(含设备与跳纤点)较少,光缆路由较短,安全性较高的链路作为主用隧道,其反方向作为备用隧道;主备用隧道的物理路由应尽量分开,避免出现同路由段落,汇聚层环网的东西方向不得出现同路由段落。

(1) 以太网业务单板配置

在 P1 和 P4 网元的槽位 4 上各安装一块 R8EGE。右击 P1 和 P4 网元,选择自动上载单板,加载已安装的以太网业务单板 R8EGE。

(2) 创建工作隧道和伪线

创建 P1-P4 工作隧道,A 端口为 P1-R1EXG[0-1-10]-ETH_U:1,Z 端口为 P4-R1EXG[0-1-9]-ETH_U:1。创建伪线 PW-P1-P4-EPL-21,绑定工作隧道。

(3) 配置 EPL 业务

EPL 业务源、宿两个网元的 UNI 端点分别为 P1-R8EGE[0-1-4]-ETH:1 和 P4-R8EGE[0-1-4]-ETH:1。

(4) 创建保护隧道

端到端配置线性隧道保护前,需要再建立一条没有承载任何业务的保护隧道,用新建立的没有承载业务的隧道去保护已承载业务的隧道。创建保护隧道的方法与创建工作隧道方法一致,注意保护隧道选择的 A/Z 端点光口与工作隧道要分开。例如 TMP-P1-P4-EPL 工作隧道,保护隧道应为 TMP-P1- P2- P3-P4-EPL。已创建的隧道 A/Z 端点是 P1 的 R1EXG[0-1-10]-ETH_U:1 和 P4 的 R1EXG[0-1-9]-ETH_U:1,那么创建保护隧道时,选择的 A/Z 端点就是 P1 的 R1EXG[0-1-9]-ETH_U:1 和 P4 的 R1EXG[0-1-10]-ETH_U:1。

(5)打开 MEG 全局配置

新隧道创建成功后,选择要设置隧道保护子网的网元,进入"设备管理器"→"PTN 业务配置"→"OAM 配置"→"T-MPLS OAM",勾选"全局配置"即可打开 MEG 全局配置,如图 5-45 所示。

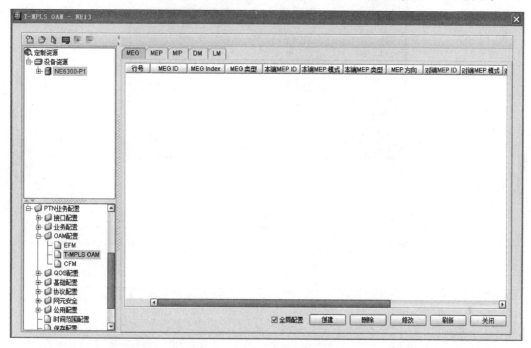

图 5-45　打开 MEG 全局配置

(6)创建线性隧道保护子网

进入"业务视图"→"业务管理"→"隧道保护子网管理",点击"添加"按钮,选择已创建的工作隧道和保护隧道。工作隧道和保护隧道通过 A/Z 端点参数进行区别,保护类型可以选择 1+1 或 1:1 路径保护,等待恢复时间为缺省的 5 min,倒换迟滞时间为 0,如图 5-46 所示。参数设置完毕后,点击"确定"下发应用即可。

(7)查看隧道保护子网

隧道保护子网设置成功后,在隧道保护子网列表会显示刚才创建成功的保护子网,选择该保护子网,然后点击"图形显示"按钮,能以图形方式显示保护组,如图 5-47 所示。隧道保护子网配置成功后,隧道 OAM 参数会自动配置好,不必另外手动配置隧道 OAM。

(8)保护倒换测试

在网元 P1 和 P4 槽位 4 的以太网用户端口 1 上用双绞线各连接一台计算机,将两台计算机的 IP 地址设置在同一个网段内(如 10.1.1.1/24 和 10.1.1.2/24),通过两台计算机互相 Ping 对方的 IP 地址,能够收到对方计算机的响应数据包,说明工作隧道上的 EPL 业务配置成功。在测试计算机持续 Ping 对方的 IP 地址,拔去 P1 站点 R1EXG[0-1-10]-ETH_U:1 光接口或者 P4 站点 R1EXG[0-1-9]-ETH_U:1 光接口上的两根光纤,观察到 P1 与 P4 之间的光纤中断后,测试数据包中断一段时间后恢复,说明保护倒换成功。保护倒换结果也可以在网管软件上查看到。

图 5-46 创建线性隧道保护组

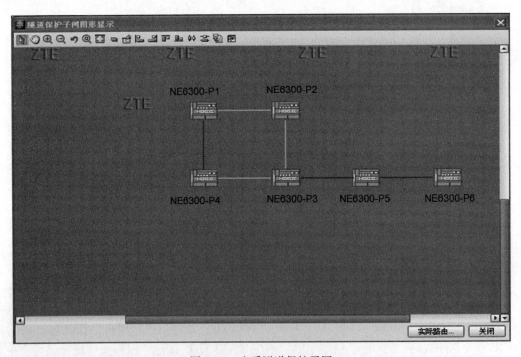

图 5-47 查看隧道保护子网

拓展任务：环带链 PTN 传输系统已开通 EVPLAN 业务，为其配置双归属对称接入伪线保护，提高传输网络的可靠性。

复习思考题

1. 简述 PTN 传输技术的特点。
2. PTN 的关键技术有哪些？
3. 简述 IEEE1588 同步技术原理。
4. PTN 采用什么方式承载 TDM 业务？
5. PTN 传输系统承载的以太网业务类型有哪些？
6. 简述 PTN 传输系统的网络保护方式。

模块六　传输系统维护与管理

【学习目标】

本项目围绕传输系统的维护和管理,重点阐述如何完成传输系统维护和故障处理。教学内容选取传输系统维护规程、通道性能测试、系统性能测试、典型故障案例,以任务实施为导向,突出课程应用性,重在维护和故障处理任务的完成过程。学习目标包括E1通道和以太网通道性能测试、系统抖动测试、保护倒换测试、光信噪比测试、典型故障分析处理等。

知识目标:能够阐述传输系统的维护、测试、故障处理方法。

素质目标:能够通过系统维护树立安全保底线的责任意识。

能力目标:能够独立完成传输系统维护和故障处理任务。

【课程思政】

让学生在学习过程中感受我国传输系统维护方法的进步。

以项目为载体,将公民道德融入教学过程,培养学生在维护过程中按章作业、精益求精的工匠精神,以及在故障处理过程中安全、高效的责任意识。

在项目化学习中,带领学生参与工程实践,让学生身临其境领体会现场工程师在传输系统的维护和管理过程中的认真仔细、责任担当,让铁色文化、工匠精神入脑入心。

【情景导入】

项目需求方:中国铁路A局集团有限公司。

项目承接方:中铁B局第C工程建设公司。

项目背景:中国铁路A局集团有限公司需要对管辖范围内的传输系统进行维护。

担任角色:中铁B局第C工程建设公司通信工程师。

工作任务:

1. E1通道误码测试。
2. 以太网通道性能测试。
3. 系统抖动性能测试。
4. 波分系统性能测试。
5. 系统保护倒换测试。
6. 传输系统典型故障处理。
7. 传输系统R-LOS告警故障处理。
8. 传输系统单个业务不通故障处理。
9. 传输系统网元脱管故障处理。
10. 波分系统误码率过高故障处理。

项目1　传输系统维护

任务1：传输系统维护规程

任务：掌握传输设备和传输网管日常维护项目，掌握传输网管系统的常见告警，熟练掌握传输系统的基本维护操作。

要求：能对传输系统进行日常巡检，识别传输设备各指示灯，能准确判断传输网管系统的告警类型，能进行系统性能检测，能备份网管数据库。

一、知识准备

（一）传输系统维护任务

传输系统组建完成，验收通过后，进入到系统运行状态。为了确保传输系统的正常运行，需要专业维护人员对传输设备和网管系统进行维护，传输系统维护和管理的基本任务是：

（1）保证传输系统的高效和可靠运行，保证设备性能符合维护指标要求；
（2）迅速准确地排除故障，尽力减少故障引起的损失；
（3）确保机房环境符合要求，保持设备完整、安全、清洁和良好；
（4）在保证通信业务质量的前提下，提高维护效率，合理使用费用，提高经济效益。

传输系统维护的基本原则是：在例行维护工作中及时发现、解决问题，防患于未然。优秀的维护人员在通信故障产生之前，能够通过维护及时检测到故障先兆，消除故障隐患，将故障解决在萌芽时期，预防或减少故障的发生，使传输系统长期稳定地运行，提高业务传输质量。

对传输系统进行良好、有效的维护，不仅可以减少通信故障率，避免故障发生后，由于业务中断、抢修所造成的经济损失，而且还可以避免故障严重化对整个设备所造成的损伤，从而降低单板更换等维护费用，延长设备的使用寿命。这就要求维护人员有深厚的理论知识功底，丰富的维护经验，还要有洞察秋毫的高度敏感性。

（二）维护作业管理制度

维护人员必须认真遵守"十不准""三不动""三不离"作业管理制度。

1."十不准"

（1）不准任意中断电路或业务；
（2）不准任意加、甩、倒换设备；
（3）不准任意变更电路；
（4）不准任意配置、修改数据；
（5）不准任意切断告警；
（6）不准借故推迟故障处理时间和隐瞒填报故障；
（7）不准泄露用户信息；
（8）不准泄露系统口令；
（9）不准在系统上进行与维护无关的操作；
（10）不准关闭业务联络电话。

2."三不动"

（1）未登记联系好不动；

(2) 对设备性能、状态不清楚不动；
(3) 正在使用中的设备不动。
3. "三不离"
(1) 工作完了，不彻底试验好不离；
(2) 影响正常使用的设备缺点未修好前不离；
(3) 发现设备有异状时，未查清原因不离。
(三) 传输系统维护内容

以传输机房传输业务的数字配线架(DDF架)、以太网配线架(EDF架)为界，配线架及配线架以内的部分属于传输系统维护范畴，包括传输机房中的传输机柜与及其配线架、室外光缆和网管系统。

传输系统维护从周期性维护发展到等级化周期维护和状态修相结合方式。

1. 日常维护：是指按照维护作业计划及要求定期对传输设备、网络及配套设施进行巡检、清洁和数据备份等日常操作和周期性测试，及时了解网络运行情况，通过阶段性性能数据分析，及时发现网络隐患，并随时排除故障，确保通信畅通。传输系统日维护内容和维护周期见表6-1。

表6-1 传输系统日常维护内容和维护周期

维护范围	维护内容	维护周期
传输机房	检查机房温湿度	每日
	检查机柜指示灯	每日
	检查单板指示灯	每日
	检查设备声音告警	每日
	检查配线、标签	每季
	检查公务电话	每季
	检查风扇和清理防尘滤网	每季
传输网管	查看网管日志	每日
	查看全网告警	每日
	浏览性能事件	每日
	查看网元和单板状态	每日
	查询异常事件	每日
	网元时间检查调整	每季
	检查光板光功率	每季
	备份网管数据库	每季
	检查时钟跟踪状态	每年
室外光缆线路	检查光缆线路路径	每月
	光纤后向散射曲线测试	每半年
	光纤损耗测试	每半年
业务通道	E1通道误码测试	每半年
	以太网通道测试	每半年
传输系统	系统抖动性能测试	每年
	波分系统性能测试	每年
	系统保护倒换测试	每年

2. 集中检修:是指恢复、改善与提高设备强度和性能,且技术性较强的专业维护作业,包括设备轮修、检修以及系统性能测试和调整等。其基本任务是较深层次恢复和改善管内各通信系统和设备运行质量。

3. 重点整治:是指对网络存在的重大隐患(如大范围运行指标劣化等)进行专题解决或对网络进行优化调整,通过重点整治,解决重大网络隐患,保证网络运行质量。

传输网设备的维护主要是依靠相应的网管系统进行。网管机构值班人员应具备熟练使用网管系统指导维护工作的能力,现场维护人员在日常维护工作时,必须在网管机构的指导下进行维护操作。

(四)传输网管告警

1. 传输网络管理功能

传输网络管理系统(简称网管系统)是传输系统的一个支撑网专门负责管理传输网元,包括以下五种功能。

(1)性能管理

性能管理主要收集网元和网络状况的各种数据,进行监视和控制,包括网络性能数据收集、性能监视历史、门限设置以及统计性能数据报告等内容。

(2)故障管理

故障管理是对不正常的网络运行状况或环境条件进行检测、隔离和校正的一系列功能,从网元接收故障和告警数据,并将其转换为网络性能报告,主要包括告警监视、告警历史管理以及测试管理等内容。告警历史数据通常存在传输网元的寄存器内,每个寄存器包含有告警消息的所有参数,并应能周期地读出或按请求读出。

(3)配置管理

配置管理主要实施对网元的控制、识别和数据交换,实现对传送网进行增加或撤销网元、通道、电路等调度功能,以及对传输网元进行配置、检查和测试等功能。配置管理分为网络初次运行的初始配置管理和网络正常运行维护时的工作配置管理两个阶段。

(4)安全管理

安全管理主要包括用户、口令、操作权限、操作日志的管理等。

(5)计费管理

计费管理主要是收集和提供计费管理的基础信息等内容。

告警监视是指对网络中出现的有关事件和情况进行检测和报告。传输网管系统一旦发出告警,就表明出现故障或异常,其中造成业务受损的故障称为电路障碍或设备障碍。网管系统的告警分为紧急告警、主要告警、次要告警、提醒告警、正常 5 个等级。

2. SDH 网管系统告警

SDH 常见的告警如下:

(1)LOS:信号丢失,紧急告警。产生原因:输入无光功率、光功率过低、光功率过高,使 BER 劣于 10^{-3}。

(2)OOF:帧失步,紧急告警。产生原因:搜索不到 A1、A2 字节时间超过 625 μs。

(3)LOF:帧丢失,紧急告警。产生原因:OOF 持续 3 ms 以上。

(4)MS-AIS:复用段告警指示信号,次要告警。产生原因:检测到 K2(b6~b8 比特) = 111 超过 3 帧。

(5)MS-RDI:复用段远端劣化指示,次要告警。产生原因:对端检测到 MS-AIS、MS-EXC,

由 K2(b6~b8 比特)回发过来。

(6) MS-REI:复用段远端误码指示,提醒告警。产生原因:由对端通过 M1 字节回发由 B2 检测出的复用段误块数。

(7) MS-EXC:复用段误码过量,主要告警。产生原因:由 B2 检测的误码块个数超过规定值。

(8) AU-AIS:管理单元告警指示信号,次要告警。产生原因:整个 AU 为全"1"(包括 AU-PTR),一般由 LOS、MS-AIS 告警引起,常见业务配置有问题。

(9) AU-LOP:支路单元指针丢失,紧急告警。产生原因:连续 8 帧收到无效 AU 指针或 NDF。

(10) HP-RDI:高阶通道远端劣化指示,次要告警。产生原因:收到 HP-TIM、HP-SLM,由 G1(b5)=1 回发过来,表示下游站接收到的本站信号有故障,一般由对端复用段或高阶通道引起。

(11) HP-REI:高阶通道远端误码指示,提醒告警。产生原因:回送给发端由收端 B3 字节检测出的误块数。

(12) TU-AIS:支路单元告警指示信号,次要告警。产生原因:整个 TU 为全"1"(包括 TU 指针),一般由线路板、交叉板或支路板故障引起,或是业务故障。

(13) TU-LOP:支路单元指针丢失,紧急告警。产生原因:连续 8 帧收到无效 TU 指针或 NDF。

(14) TU-LOM:支路单元复帧丢失,紧急告警。产生原因:H4 连续 2~10 帧不等于复帧次序或无效的 H4 值。

(15) LP-RDI:低阶通道远端劣化指示,次要告警。产生原因:接收到 TU-AIS 或 LP-SLM、LP-TIM。

(16) LP-REI:低阶通道远端误码指示,提醒告警。产生原因:回送给发端由收端 V5(b1、b2 比特)检测出的误块数。

3. OTN 网管系统告警

G.709 OTN 帧内帧外的所有开销设置目的都是为了便于进行网络的性能管理和故障管理,每个开销都有自己的作用,都有自己的管理范围,开销监测的结果反映到设备上就是各种各样的告警维护信号。维护信号主要是指当本节点的状态不正常时,通知下游接收设备的信号,常常是某些开销取特殊值或者发送特殊码型。对于 OTN 来说,维护信号更多更复杂,光域的光传送段、光复用段、光通道,电域的 OTUk 层和 ODUk 层等都有自己的维护信号。

(1) OTUk 的维护信号

OTUk 层只有 OTUk 告警指示信号(OTUk-AIS)。AIS 是一种提示信息,在网络节点的输出端口产生,当上游节点遇到失效情况时将向下游节点发送 AIS 信号进行通知,网络节点的输入端口检测 AIS,这样做可以抑止下游节点由于业务中断而产生的告警。

OTUk AIS 是伪随机码 PN-11,是一个长度为 2 047 bit 的 11 次多项式,生成多项式为 $1+x^9+x^{11}$。OTUk-AIS 就是将 PN-11 伪随机序列填充到整个 OTUk 帧中并不断重复发送,如图 6-1 所示。

图 6-1 OTUk-AIS

OTUk 帧的长度为 130 560 bit,而 PN-11 的长度为 2 047 bit,两者不能整除,所以 PN-11 码可能跨接两个 OTUk 帧。OTUk-AIS 用来支持将来的服务层应用,G.709 标准中规定,OTUk-AIS 只检测不产生,因此,设备正常情况下不会告 OTUk_AIS 告警,除非人为通过网管或仪表插入这个信号。

由于 PN-11 码填充到整个 OTUk 帧中,并且占用帧定位字节的位置,所以 OTUk_AIS 是没有 OTN 帧头的,它仅仅是一个随机的码流,不携带任何其他信息。当出现 OTUk-AIS 时一定有 OTUk-LOF,而此时报 OTUk-LOF 没有意义,所以一般来说上报 OTUk-AIS 告警后就不再报 OTUk-LOF。

(2)ODUk 的维护信号

ODUk 的维护信号包括 ODUk-AIS、ODUk-OCI、ODUk-LCK。

①ODUk 告警指示信号(ODUk-AIS)

ODUk-AIS 在检测到信号失效和 OMSn-FDI 和 OCh-FDI 信号时产生,向 OMSn、OCh 和 ODUk 连接的出口方向发送,信号图案为 0×ff,即全"1",也就是将 ODUk 的所有内容全部置成 1,但不包括帧定位字节(FA OH)、OTUk 开销字节和 ODUk 的 FTFL 字节,如图 6-2 所示。虽然 ODUk 数据为全 1,但 OTUk 开销仍是完整的,因此用于站与站之间连接监测的 SM 开销不受影响。

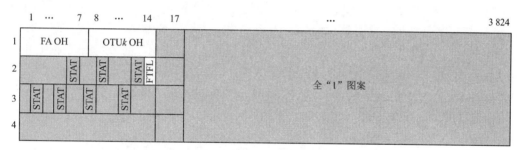

图 6-2 ODUk-AIS

图中,所有阴影的内容都为 1。通道监测 PM-STAT 和串联连接监测 TCMi-STAT 都是将 111 定义为 ODUk-AIS,这些开销都位于阴影区域内。ODUk-AIS 是通过检测 PM-STAT 和 TCMi-STAT 为"111"实现的。

PM-AIS、TCMi_AIS 和 ODUk_AIS 类似,只不过 PM_AIS、TCMi_AIS 仅检测 STAT 字节的三个比特为 111,而 ODUk_AIS 检查图中所有阴影区域的比特值为 111。因此,当有 ODUk_AIS 时必然会有 PM_AIS、TCMi_AIS,单板会自动过滤 PM_AIS、TCMi_AIS,网管只显示 ODUk_AIS。但有 PM_AIS、TCMi_AIS 时,不一定有 ODUk_AIS。这种情况同样适合于 ODUk_LCK、ODUk_OCI 与 PM_LCK、PM_OCI 之间。只是 LCK、OCI 检测比特取值与 AIS 检测的值不一样而已。

②ODUk 连接断路指示(ODUk-OCI)

OCI 是一种提示信息,当上游节点不向下游输出业务信号时向下游节点发送此信号。例如,OTU-A 和 OTU-B 相连,当 OTU-A 认为此时不需要向 OTU-B 发送业务信号时,就发送 OCI 信号通知 OTU-B,当前 OTU-A 和 OTU-B 的连接处于中断状态。OCI 产生于连接函数,当连接函数检测到某个输出端口没有任何一个输入端口和它对应时,就认为输出端口处于开路状态,就在此输出端口发送 OCI。该信号能使端点区分人为的信号缺失与故障引起的信号缺失。

ODUk-OCI 在输入端和输出端信号连接断开时产生,图案为 0×66,在整个 ODUk 帧中重复发送"0110 0110",不包括 FA OH 和 OTUk OH。"0110 0110"仅仅是默认的 OTUk-OCI 标识,也可换成其他值,但必须保证 PM-STAT 和 TCMi-STAT 为 110。PM-STAT 和 TCMi-STAT 都将 110 定义为 ODUk-OCI,这些开销都位于阴影区域内,如图 6-3 所示。ODUk-OCI 的检测是通过检测 PM-STAT 和 TCMi-STAT 为"110"实现的。

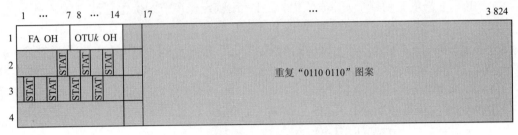

图 6-3　ODUk-OCI

③ODUk 锁定(ODUk-LCK)

LCK 是一种提示信息,向下游节点发送此信息表示上游节点处于连接锁定状态,没有信号通过。连接建立但不传送数据的情况在 OTU 单板中不会存在,这种情况是为面向连接的通用通信模型制定的。

ODUk-LCK 在 ODUk 串联连接的端点产生,在管理状态锁定时插入 ODUk-LCK,用于阻止用户接入该连接,防止网络中的测试信号进入用户域。信号图案为 0×55,就是在整个 ODUk 帧中重复发送"0101 0101"。"0101 0101"是默认的 OTUk-LCK 标示,也可换成其他值,但必须保证 PM-STAT 和 TCMi-STAT 为 101,如图 6-4 所示。PM-STAT 和 TCMi-STAT 都将 101 定义为 ODUk-LCK,这些开销都位于阴影的区域内。ODUk-LCK 是通过检测 PM-STAT 和 TCMi-STAT 为"101"实现的。

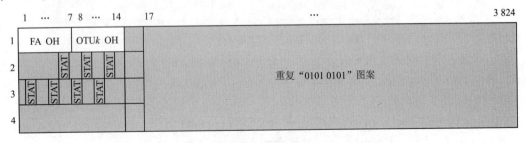

图 6-4　ODUk-LCK

用 G.709 OTN 提供的维护信号进行故障隔离和告警抑制,极大地减轻了系统维护的负担。在光传送网中若发生光纤断开事故,光纤内传输的每一路光通道都有 LOS。此时如果下游网元每一路都向网管系统报告一个 LOS 告警,对于长途波分系统来说是不可想象的。设每根光纤有 100 个波长,每根光缆有 96 根光纤,每根敷设管有 5 根光缆,那么光缆管被挖断时将有 $100 \times 96 \times 5 = 48\,000$ 个信号丢失。对同一个原因导致的信号失效,各个网元都会告警。

在 G.709 OTN 网络中,如果光纤断开,下游第一个再生器收不到光信号,就向下游分别在 OTS 发送 OTS-PM,在 OMS 发送 OMS-PM 维护信号。在光复用段,OMS-PM 维护信号转变为光通道层 OCh-FDI 维护信号;在光通道层 3R 再生时,OCH-FDI 转化为 ODUk-AIS 维护信号。这样对于一个光纤断开事件,最终只上报一个告警给网管系统,光纤断裂处下游的所有告警均用维护信号抑制。

二、任务实施

本任务的目的是对传输系统的机房设备和网管系统进行日常巡检,判断传输设备和网管是否处于正常运行状态。

1. 材料准备

已配置业务的光纤传输系统1套。

2. 实施步骤

(1)检查机房温湿度

维护人员通过查看温湿度计来获得机房温度和湿度参数。传输机房温湿度由空调调节,应达到国标GB2887-89 A级标准,温度控制在20 ℃~24 ℃之间、相对湿度保持在45%~65%范围内。湿度降雨较多的季节需要增加除湿机来降低机房湿度。

(2)检查机柜指示灯

维护人员主要通过告警指示灯来获得告警信息,因此在日常维护中,要时刻关注告警灯的闪烁情况,据此来初步判断设备是否正常工作。

首先从整体上观察设备是否有高级别(紧急和主要)告警,可观察机柜顶部的告警指示灯来获得。在机柜顶上,有红、黄、绿三个不同颜色的指示灯。表6-2为机柜顶上红、黄、绿三个指示灯表示的含义。

表6-2 传输机柜指示灯含义

指示灯	名称	状态	
		亮	灭
红灯	紧急或主要告警指示灯	设备有紧急或主要告警	设备无紧急或主要告警
黄灯	次要告警指示灯	设备有次要告警	设备无次要告警
绿灯	电源指示灯	设备供电电源正常	设备供电电源中断

观察传输设备机柜顶部的指示灯状态,判别是否传输设备有告警产生以及告警的级别。

告警信号是由主控板通过电源告警线送至柜顶。注意告警的级别可通过网管更改。传输系统维护人员应每天查看机柜指示灯的状态,发现有红、黄灯亮,应及时通知中心站的网管人员,并进一步查看电路板指示灯。在设备没有异常和无告警的情况下,柜顶指示灯应该仅有绿灯亮。

(3)检查单板指示灯

机柜指示灯的告警状态可以预示本端传输设备的故障隐患或者对端传输设备存在故障。只观察机柜顶部的告警指示灯,可能会漏过设备的次要告警(因为发生次要告警时机柜顶部指示灯不亮),而次要告警往往预示着本端设备的故障隐患或对端设备存在故障,不可轻视。在查看传输设备机柜顶部的指示灯状态之后,还要查看传输设备各单板指示灯的状态,进一步了解设备的运行状态。

观察传输设备各单板的指示灯状态,判别传输设备是否有告警产生以及告警的级别。

(4)检查设备声音告警

设备声音告警能够更直观地告知维护人员设备故障。维护人员检查机房或网管系统是否有声音告警,并确保声音告警装置正常,保证设备发生故障时,能够正常发出告警声。

(5)查看网管日志

所有登录网管的用户,对网管的操作,将按照预先设定的要求记录在"操作日志"中。定期查询操作日志,可以检查是否有非法用户入侵,是否有误操作影响系统运行,这是网管的安全保障之一。

对于中兴 E300 网管,选择"系统/日志管理"菜单,在弹出窗口预先设置好记库选项,一般选"全选";然后选择"日志"菜单下的相应条件,窗口就显示相应的操作日志。

(6)查看全网告警

选择要查看的告警网元,右击选择当前告警管理。右击选择历史告警管理,如图6-5所示。

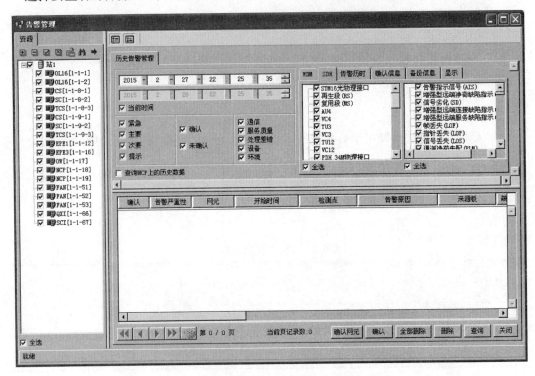

图6-5 查看网元历史告警

(7)浏览性能事件

利用传输监控系统设置性能告警门限,当性能超越门限时,监控系统应得到有关中断段、复用段、通道性能劣化的告警事件,并可进行历史性能数据分析。

差错性能是数字传输系统运行状况的主要质量指标,如监控系统未能实现对差错秒(ES)、严重差错秒(ESE)或比特差错率(BER)的实时监测,则应进行必要的周期维护测试。光纤数字传输系统在投入业务运行前,应进行投入业务测试;设备和系统因障碍和其他原因,经维修重新返回业务运行前,应进行返回业测试。此两项均为差错性能测试。

当传输网未实现集中监测或已实现集中监测而监测系统未能进行差错性能监测时,均应使用差错仪,对传输系统进行周期性差错性能测试。此项测试可在 2 Mbit/s 数字口进行。为此,传输网各中继局向应有备用的 2 Mbit/s 数字口,以循环调度在用系统进行不中断业务的差错测试。

根据网管性能值发现网络隐患。选择要查看的网元,右击选择当前性能管理查看当前性能,如图6-6所示。右击选择"历史性能管理"查看历史性能。

(8)传输网管数据库维护

维护人员要定期对传输网管数据库进行备份。在当前数据库出现故障时,可以使用数据库恢复方式将之前备份的有效数据库恢复。具体步骤如下:点击网管系统中菜单栏的系统,选择传输网管数据库备份或恢复对话框,如图6-7所示。选择备份或要恢复文件的路径,输入备份文件的名称,单击"备份数据库",即可完成备份。

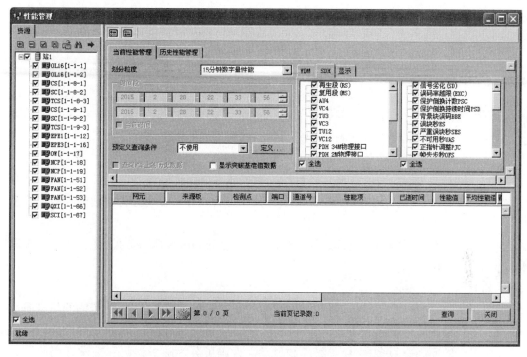

图6-6　查看网管当前性能

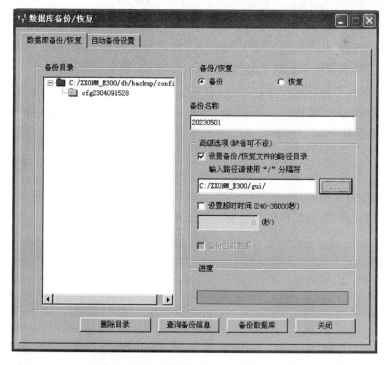

图6-7　传输网管数据库备份/恢复对话框

当正在运行的数据库出现故障,短时间内无法修改正确时,可以从已备份的正确数据库中恢复。数据库恢复操作比较危险,不到万不得已时不要轻易使用。

任务 2：E1 通道误码测试

任务：理解传输系统的误码性能参数，掌握传输系统误码性能的测试方法。
要求：识别 2M 误码仪，能使用环回方法测试传输系统误码性能。

一、知识准备

传输系统的性能对整个电信网的通信质量起着至关重要的作用，因此必须对其参数测试进行规范。传输系统的性能参数测试分为设备测试和系统测试。

传输设备测试包括电性能参数和光性能参数两部分。电性能参数主要有误码性能、定时性能、系统可用性三个参数，波分系统还包括光信噪比参数。传输设备的光性能参数主要有中继段的损耗与色散、发送光功率、接收灵敏度、动态范围，波分系统还分为主信道和监控信道光参数。

在进行传输系统性能测试时，除了要测试光性能参数和电性能参数外，还要测试系统保护倒换时业务的中断时间。

(一) 误码

误码是指经接收、判决、再生后，数字码流中的某些比特发生了差错，使传输的信息质量产生损伤。误码是影响传输系统质量的重要因素，轻则使系统稳定性下降，重则导致传输信号中断。产生误码的原因有很多，主要是噪声和抖动。误码可分为随机误码和突发误码两种。随机误码是内部机理产生的误码，突发误码是脉冲干扰产生的误码。

1. 平均误码率

传统的误码性能常使用平均误码率(BER)来度量信息传输质量，定义为某一特定的观测时间内，错误的比特数与传输的总比特数之比。

平均误码率是一种长期误码率，只反映了测试时间内的平均误码，无法反映误码的突发性和随机性。当传输网的传输速率越来越高，以比特为单位衡量系统的误码性能有其局限性。因此，常用下面的误码性能参数来弥补。

2. 低速通道的误码性能参数

ITV-T G.821 规定的 64 kbit/s 数字连接的误码性能参数有：

(1) 误码秒(ES)和误码秒比(ESR)

凡是出现误码的秒称为误码秒。误码秒比是 ES 的时间百分数，定义为可用时间内 ES 与可用秒数之比。

(2) 严重误码秒(SES)和严重误码比(SESR)

误码率劣于 1×10^{-3} 的秒称为严重误码秒。严重误码比定义为可用时间内 SES 与可用秒数之比。

PDH 中的误码特性使用平均误码率 BER、误码秒 ES 和严重误码秒 SES 来描述。

3. 高速通道的误码性能参数

目前高比特率通道的误码性能是以块为单位进行度量的(B1、B2、B3 监测的均是误码块)，由此产生出一组以"块"为基础的参数。SDH 网络的误码性能参数主要依据 G.826 建议，以"块"为基础。当块中的比特发生传输差错时称此块为误块。

SDH 网络的误码性能参数为：

(1) 误块秒(ES)和误块秒比(ESR)

当某一秒中发现 1 个或多个误码块时称该秒为误块秒。

在规定测量时间段内出现的误块秒总数与总的可用时间的比值称为误块秒比。

(2) 严重误块秒(SES)和严重误块秒比(SESR)

某一秒内包含有不少于 30% 的误块或者至少出现一个严重扰动期(SDP)时认为该秒为严重误块秒。其中严重扰动期指在测量时，在最小等效于 4 个连续块时间或者 1 ms(取二者中较长时间段)时间段内所有连续块的误码率大于或等于 10^{-2} 或者出现信号丢失。

在测量时间段内出现的 SES 总数与总的可用时间之比称为严重误块秒比(SESR)。

严重误块秒一般是由于脉冲干扰产生的突发误块，所以 SESR 往往反映出设备抗干扰的能力。

(3) 背景误块(BBE)和背景误块比(BBER)

扣除不可用时间和 SES 期间出现的误块称为背景误块(BBE)。BBE 数与在一段测量时间内扣除不可用时间和 SES 期间内所有块数后的总块数之比称为背景误块比(BBER)。

若这段测量时间较长，那么 BBER 往往反映的是设备内部产生的误码情况，与设备采用器件的性能稳定性有关。

上述 3 种参数中，SESR 最严格，BBER 最松。大多数情况下，只要通道满足 SESR 和 ESR 指标，BBER 指标也就满足。

4. SDH 网络误码标准

我国国内数字链路标准最长假设参考通道为 6 900 km。国内网可分为接入网和核心网两部分。核心网按距离线性分配到再生段位置。国内 420 km、280 km 和 50 km 各类假设参考数字段(HRDS)的通道误码性能要求见表 6-3 ~ 表 6-5。

表 6-3　420 km HRDS 误码性能指标

速率(Mbit/s)	155.520	622.080	2488.320
ESR	3.696×10^{-3}	待定	待定
SESR	4.62×10^{-5}	4.62×10^{-5}	4.62×10^{-5}
BBER	2.31×10^{-6}	2.31×10^{-6}	2.31×10^{-6}

表 6-4　280 km HRDS 误码性能指标

速率(Mbit/s)	155.520	622.080	2488.320
ESR	2.464×10^{-3}	待定	待定
SESR	3.08×10^{-5}	3.08×10^{-5}	3.08×10^{-5}
BBER	3.08×10^{-6}	1.54×10^{-6}	1.54×10^{-6}

表 6-5　50 km HRDS 误码性能指标

速率(Mbit/s)	155.520	622.080	2488.320
ESR	4.4×10^{-4}	待定	待定
SESR	5.5×10^{-6}	5.5×10^{-6}	5.5×10^{-6}
BBER	5.5×10^{-7}	2.7×10^{-7}	2.7×10^{-7}

5. OTN 网络误码标准

用于光传送系统设计的假设参考模型使用操作域概念，而不是分成国内和国际部分。定义的域类型有 3 种，即本地运营商域(LOD)、区域运营商域(ROD)和骨干运营商域(BOD)。

域之间的边界称为运营商网关(OG)。LOD 和 ROD 关联于国内部分,而 BOD 关联于国际部分,总共 8 个运营商域将使用 4 个 BOD(每个中继国一个)和两个 LOD-ROD 对。因此,假设参考光通道 HROP 在本地运营商产生和终结,经过了区域运营商和骨干运营商。

假定参考光通道 HROP 为 27 500 km 长的通道,跨越共 8 个域,如图 6-8 所示,相关误码参数见表 6-6。

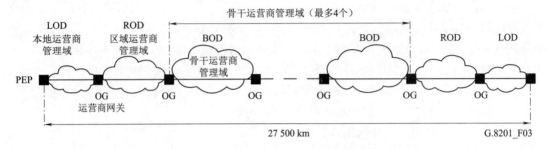

图 6-8　误码性能的假设参考模型

表 6-6　27 500 km 国际 ODUk HROP 端到端误码性能指标

标称速率(kbit/s)	通道类型	块/s	严重误块秒比 (SESR)	背景误块秒比 (BBER)
1 244 160	ODU0	10 168	0.002	2.5×10^{-6}
239/238 × 2 488 320	ODU1	20 421	0.002	2.5×10^{-6}
239/237 × 9 953 280	ODU2	82 026	0.002	2.5×10^{-6}
239/237 × 10 312 500	ODU2e	84 986	0.002	2.5×10^{-6}
239/236 × 39 813 120	ODU3	329 492	0.002	2.5×10^{-6}
239/227 × 99 532 800	ODU4	856 388	0.002	2.5×10^{-6}
任意比特率 $X \geq 1\,244\,160$	ODUflex	$(1\,000 \times X)/122\,368$	0.002	2.5×10^{-6}

ODUk(k = 0、1、2、2e、3、4、flex)的块大小等于 ODUk 的帧大小,即 $4 \times 3\,824 \times 8 = 122\,368$ bit。误码检测为 BIP-8,在 OPU 净负荷加 OPU 开销,总共 $4 \times 3\,810 \times 8 = 121\,920$ bit 之上进行。

背景误块 BBE 是一个块里有了除 SES 外的严重异常发生。

严重误块秒 SES 是在 1 s 内,出现 15% 以上的误块(EB)或存在一个 OCI、AIS、PLM、TIM、IAE、BDI 之类的缺陷。导致近端和远端严重误块秒的缺陷见表 6-7。

表 6-7　导致近端和远端严重误块秒的缺陷

	通道终端	串联连接	含义
近端	OCI	OCI	断开连接指示
	AIS	AIS	上游告警指示
	—	IAE	输入帧定位错误
	LCK	LCK	锁定
	—	LTC	串联连接丢失
	PLM	—	净负荷标记失配
	TIM	TIM	追踪标记失配
远端	BDI	BDI	背向缺陷指示

严重误块秒的门限值见表 6-8。

表6-8 严重误块秒的门限值

速率(kbit/s)	通道类型	SES 门限值(1 s 里的误块数)
1 244 160	ODU0	1 526
2 498 775	ODU1	3 064
10 037 273	ODU2	12 304
10 399 525	ODU2e	12 748
40 319 218	ODU3	49 424
104 794 445	ODU4	128 459
任意比特率 $X \geqslant 1\ 244\ 160$	ODUflex	最高限度$((150 \times X)/122\ 368)$

对于3种类型的运营商域,切块分配误码指标:对于骨干运营商域,分配为5%;对于区域运营商域,分配为5%;对于本地运营商域,分配为7.5%;此外还对各个运营商域给出额外的基于距离的分配,分配基于空中路由距离和路由因子的乘积,为每100 km分得0.2%。基于距离的分配叠加到切块分配上,得出运营商域的总分配指标。

6. 误码减少策略

误码减少策略主要有以下两种方式:

(1) 内部误码的减小

改善接收机的信噪比是降低系统内部误码的主要途径。另外,适当选择发送机的消光比,改善接收机的均衡特性,减少定位抖动都有助于改善内部误码性能。在再生段的平均误码率低于10^{-14}数量级以下,可认为处于"无误码"运行状态。

(2) 外部干扰误码的减少

基本对策是加强所有设备的抗电磁干扰和静电放电能力,如加强接地。此外在系统设计规划时留有充足的冗余也是一种简单可行的对策。

(二) 可用性参数

误码性能参数只有在传输通道可用状态时才有意义。

1. 不可用时间

传输系统任一个传输方向的数字信号连续10 s期间内,每秒的误码率均劣于10^{-3},从这10 s的第1 s起就认为进入不可用时间。

2. 可用时间

当传输系统任一个传输方向的数字信号连续10 s期间内每秒的误码率均优于10^{-3},那么从这10 s的第1 s起就认为进入可用时间。

3. 可用性

可用时间占全部总时间的百分比称为可用性。传输系统的可用性测试可以通过系统的误码测试得到。为保证系统的正常使用,系统要满足一定的可用性指标。我国各类假设参考数字段(HRDS)的可用性目标见表6-9。

表6-9 假设参考数字段可用性目标

长度(km)	可用性	不可用性	不可用时间/年
420	99.977%	2.3×10^{-4}	120 min/年
280	99.985%	1.5×10^{-4}	78 min/年
50	99.99%	1×10^{-4}	52 min/年

(三)传输系统通道测试方法

日常维护测试分为实时监测和周期维护检测。传输网应以不中断业务的实时维护监测作为主要维护测试手段,并结合进行必要的周期维护检测。

传输系统主要有 TDM 业务和以太网业务两种通道。通道测试分为在线业务测试和中断业务测试两大类。

1. 在线业务测试

对于实时计费等业务,中断业务测试对业务影响大时,常采用在线业务测试。根据测试仪表与被测通道的关系,在线业务测试可分为跨接模式和通过模式。

(1)跨接模式测试

当数字配线架上有三通接头时,测试仪表接在数字配线架的三通头上,也就是与原来通道上传输的信号并联。此时测试仪表采用跨接(也称桥接)模式,并设置为高阻状态,如图 6-9 所示。

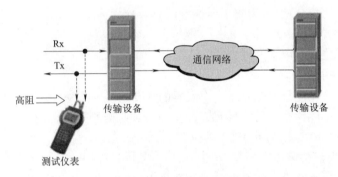

图 6-9　跨接式在线业务测试

(2)通过模式测试

若数字配线架上没有三通接头时,采用通过模式,测试仪表与原来通道上传输的信号串联,如图 6-10 所示。

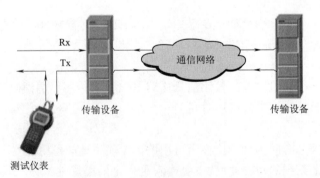

图 6-10　通过式在线业务测试

2. 中断业务测试

对于数据等非紧急业务较多采用中断业务测试,中断业务测试时测试仪表采用终接模式。根据测试的配置方式,分为单向测试和环回测试。

(1)单向测试

单向测试时,在本端传输设备和对端传输设备均需连接测试仪表,测试原理如图 6-11 所示。

图6-11 中断业务单向测试原理

（2）环回测试

环回测试时，一端传输设备连接测试仪表，另一端传输设备环回，如图6-12所示。环回测试法不仅可以用于系统测试，还可以用于故障定位。

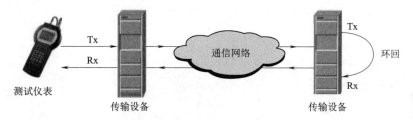

图6-12 中断业务环回测试原理

环回测试方法根据环回的不同位置分为：

①光接口环回和电接口环回

根据环回接口的光电类型，分为光接口环回和电接口环回。光接口环回是对光纤接口环回，电接口环回是对电接口环回。

②硬件环回和软件环回

根据环回使用的手段，分为硬件环回和软件环回。

a. 硬件环回

硬件环回是指人工手动将传输设备光（或电）接口的发送（Tx）和接收（Rx）用光（或电）缆跳线或U形连接器进行环回操作。为了避免对传输设备造成损坏，硬件环回一般在配线架（ODF、EDF或DDF）上完成。根据环回位置，硬件环回分为本板自环和交叉环回，如图6-13所示。

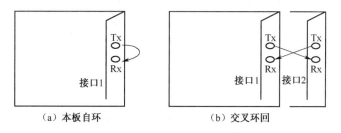

(a) 本板自环　　(b) 交叉环回

图6-13 本板自环与交叉环回

本板自环是指用一根光（或电）缆跳线将同一块光（或电）接口板上的接收、发送连接起来。用光纤对光接口板进行自环测试时要加光衰耗器，以防接收光功率太强导致接收光模块饱和，损坏接收光模块。

交叉环回是指用光（或电）缆跳线将一个无故障光（或电）接口的发送和另一个光（或电）接口的接收连接，另一个电（或光）接口的发送和这个光（或电）接口的接收连接。交叉环回只能在两个光（或电）接口之间进行，常用于判断接口的故障在发送模块还是接收模块。

b. 软件环回

软件环回是指通过传输系统网络管理软件设置传输设备的接口环回,如图 6-14 所示。

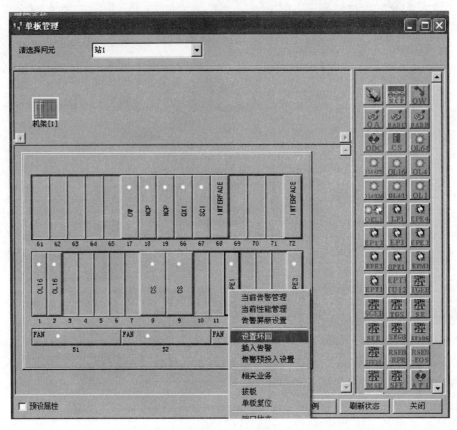

图 6-14 软件环回

③ 内环回和外环回

根据业务信号的流向,软件环回分为内环回和外环回。内环回执行环回后信号流向本网元内部,外环回执行环回后信号流向本网元外部,如图 6-15 所示。内环回和外环回既可以对光线路环回,也可以对电支路环回。

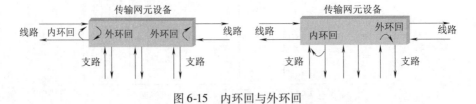

图 6-15 内环回与外环回

④ 线路环回和终端环回

根据业务信号的流向,软件环回分为线路环回和终端环回。线路环回执行环回后信号流经网元间的光纤线路,终端环回执行环回后信号流向终端设备,如图 6-16 所示。

无论采用哪种环回方法,都要注意信号的流向,以确定测试仪表的放置位置。例如,在支路板上执行线路环回时测试仪表应设置在对端的配线架上,在支路板上执行终端环回时测试仪表应设置在本端的配线架上。

中断业务的环回测试也可以通过本级自环,然后由逐段环回来确定通道的故障位置。传输系统维护过程中,可以通过由远及近或由近及远的逐段环回法,将故障定位到某一单站传输设备或某段光纤。

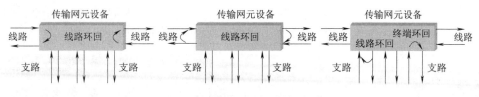

图 6-16 线路环回与终端环回

二、任务实施

本任务的目的是识别 2M 误码测试仪,通过硬件环回和软件环回测试传输系统 E1 通道的误码性能。

1. 材料准备

已开通业务的光传输系统 1 套,ZXONM E300 网管 1 套,2M 误码测试仪 1 台,光纤跳线、电缆跳线若干。

2. 实施步骤

(1)建立如图 6-17 所示的传输网络,并在站 1 和站 3 间开通一个 E1 业务,配置通道或复用段保护。

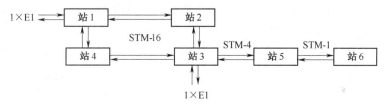

图 6-17 误码测试网络连接

(2)并校准 2M 误码测试仪

2M 误码测试仪应用于数据通信设备和线路的安装测试、工程验收、日常维护、故障查找、信令分析等,是判断数据通信线路是否正常的必不可少的测试工具。XG2138 型 2M 误码测试仪是一款集各种数据接口为一体的手持式测试仪表,如图 6-18 所示。

2M 误码仪的 75 Ω 输出、输入接口和 120 Ω 接口,分别用于连接 75 Ω 非平衡和 120 Ω 平衡数字链路。USB 接口用于实现与计算机的互连。

在进行 E1 通道的误码测试以前,首先要对 2M 误码测试仪进行校准,具体做法为:根据 DDF 架的类型选择电缆跳线,使用电缆跳线将 2M 误码测试仪 75 Ω 或 120 Ω 接口的 Tx 与 Rx 自环,设置成终接模式,编码类型为 HDB3 码,将收发帧格式设置相同,时钟设置为内部时钟,将发送误码率设置为零或插入一定的误码率,测试接收到的误码率,检查接收的误码率减去发送的误码率是否为零。若不为零,需要对 2M 误码测试仪进行校准。

图 6-18 夏光 XG2138 型 2M 误码测试仪

(3) 硬件环回测试

①对端向线路侧环回测试

在远端(如站3)传输设备的 DDF 架上用 U 形连接器向线路侧将已经配置 E1 业务的电支路接口(如第一个 E1)Tx 和 Rx 相互连接在一起,如图 6-19(b)所示。

 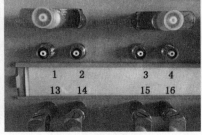 

(a) 正常情况　　　　　　　　(b) 向线路侧自环　　　　　　　　(c) 向终端侧自环

图 6-19　DDF 架上自环

使用 2M 误码仪连接在本端(如站1)传输设备的 DDF 架上已配置 E1 业务的电支路接口(如第一个 E1)的 Tx 和 Rx 上,将 2M 误码仪设置成终接模式,编码类型为 HDB3 码,将收发帧格式设置相同,时钟设置为内部时钟;在发送端设置为零或插入一定的误码率,测试接收到的误码率,传输系统该 E1 通道的误码率为接收的误码率减去发送的误码率。若该 E1 通道的误码率小于 10^{-10},则认为该通道工作正常。否则要进行故障排除。

②本端向终端侧环回测试

在本端(如站1)传输设备的 DDF 架上用 U 形连接器向线路侧将已经配置 E1 业务的电支路接口 Tx 和 Rx 相互连接在一起,如图 6-19(c)所示。使用 2M 误码仪连接在本端终端设备的 DDF 架上 E1 接口的 Tx 和 Rx 上,测试通道误码率是否小于 10^{-10}。若达不到要求须进行故障排除。

(4) 软件环回测试

①对端向线路侧环回测试

通过网管软件双击要设置环回的对端网元(如站3),打开单板管理界面,右击 EPE1 单板,选择设置环回。

在打开的环回设置对话窗口中选择环回的单板类型为 EPE1,环回类型选择为线路侧,插入点类型选择为 VC12,端口号设置为已配置 E1 业务的端口(如端口1),如图 6-20 所示。单击"增加"按钮,将 EPE1 支路板的第一个 2M 接口设置为环回。单击"应用"按钮,下发环回设置。注意下发环回设置后,原来的 E1 业务将中断。

使用 2M 误码仪连接在本端传输设备 DDF 架上已配置 E1 业务的电支路接口(如第一个 E1)的 Tx 和 Rx 上,测试通道误码率是否小于 10^{-10}。若达不到要求须进行故障排除。

②本端向终端侧环回测试

通过网管软件双击要设置环回的本端网元(如站1),打开单板管理界面,右击 EPE1 单板,选择设置环回。在打开的环回设置对话窗口中,选择环回的单板类型为 EPE1,环回类型选择为终端侧,插入点类型选择为 VC12,端口号设置为已配置 E1 业务的端口(如端口1),如图 6-21 所示。单击"增加"按钮,将 EPE1 支路板的第一个 E1 接口设置为环回。使用 2M 误码仪连接在本端终端设备的 DDF 架上 E1 接口的 Tx 和 Rx 上,测试通道误码率是否小于 10^{-10}。

若达不到要求须进行故障排除。

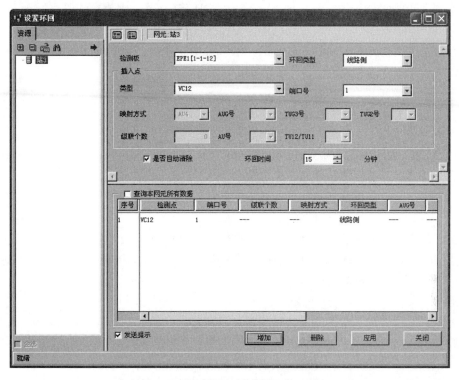

图 6-20　对端设置线路侧软件环回

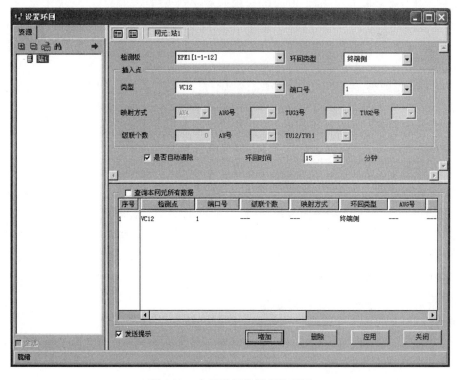

图 6-21　本端设置终端侧软环回

通常 E1 通道误码测试时间为 15 min/端口,可以将多个端口串成一路同时测试。对于市话 SDH 传输网络,要求误码率低于 10^{-10}。长途 SDH 传输网络,则要求误码率低于 10^{-11}。

注意:软件环回在网管上可以完成,不需要维护人员到传输机房进行环回操作,比较方便,维护时应优先选用。无论采用哪一种环回方法都会中断业务,测试完成后一定要将环回解除,否则会影响到业务之间的通信。

任务 3:以太网通道性能测试

任务:理解以太网通道性能参数,掌握传输系统以太网通道的测试方法。
要求:识别以太网测试仪,能测试传输设备以太网通道性能参数。

一、知识准备

以太网是应用最普遍的局域网技术,主要遵循 IEEE 802.3 及其扩展标准,是目前通信设备最常使用的接口方式。MSTP、PTN、OTN 传输系统都支持以太网业务。以太网通道的性能参数包括带宽、吞吐量、传输时延、过载丢包率、背靠背等。

1. 带宽

以太网通道的带宽是指链路上的可用带宽,即链路上每秒所能传送的比特数,用 bit/s 表示。它取决于链路时钟速率、信道编码、硬件设备的处理速度和软件的带宽配置。如果通道带宽不足,通道传输数据的速度会减慢,从而影响通道的性能。

以太网通道的带宽测试方法为:在以太网通道上发送特定数量的数据流,逐步增加发送流量,直到通道出现流量拥塞等问题,此时的数据传输速率为以太网通道的极大带宽。

2. 吞吐量

吞吐量是指在没有帧丢失的情况下,设备能够接受并转发的最大数据速率,通常表示为每秒转发的比特数。吞吐量是链路中实际每秒所能传送的比特数。

吞吐量测试原理为:发送端以太网测试仪以一定速率发送一定数量的帧,并计算待测设备传输的帧,如果发送的帧与接收的帧数量相等,那么就将发送速率提高并重新测试;如果接收帧少于发送帧则降低发送速率重新测试,直至得出最终结果。吞吐量一般用 bit/s 或帧/s 表示。吞吐量应大于或等于配置带宽。

3. 传输时延

传输时延是指数据包从发送端发出,到达接收端所经过的时间。传输时延包括传输设备处理时延和信号传输时延。在短距离应用时,以太网通道的传输时延主要是设备时延。传输设备的处理时延与以太帧的长度是正相关的关系。一般 MSTP 设备处理时延在 1 ms 以内,每台 SDH 设备引入的处理时延在 0.5 ms 以内。在长距离应用时,以太网通道的传输时延主要是信号传输时延。如果传输时延很高,用户不仅会感到网络很慢,而且可能无法及时完成所需的操作。

传输时延测试时,需要测试相同带宽下不同数据包长度时的时延,以及相同数据包长度时不同带宽下的时延。相同带宽下时延与数据包长度基本成正比,不同带宽下时延与带宽基本成反比。

4. 过载丢包率

过载丢包率是指设备在不同负荷下,转发数据过程中丢弃数据包占应转发数据报的比例。

丢包率的高低不仅影响数据的传输速度,还可能损坏数据本身,导致数据丢失或失效。不同帧长下的丢包率会有所变化,随着帧长的增加,丢包率会增加。

过载丢包率测试方法为:测试仪表发送数据包的流量从配置带宽开始,以配置带宽递增到100%,测试在不同过载情况下的过载丢包率。

5. 背靠背

背靠背是指以太网端口工作在最大速率时,在不发生数据包丢弃的前提下,设备可以接收的最大报文序列的长度。背靠背反映了设备对突发报文的容纳能力。

背靠背的测试原理为:测试仪表以所能够产生的速率,发送一定长度的数据包,不断改变一次发送的数据包数目,直到被测通道不能够完全转发所有发送的数据包,此时的发送数据包数为通道的背对背值。

在日常维护过程中,以太网通道测试是一项常规维护内容。以太网通道测试常用以太网测试仪或安装以太网测试软件的计算机进行单向测试,测试仪器不具备时可以使用计算机进行简单的 Ping 命令进行连通性测试。

二、任务实施

本任务的目的是认识以太网测试仪,测试传输系统的以太网通道性能。

1. 材料准备

已开通业务的光纤传输系统 1 套,以太网测试仪或安装以太网测试软件的计算机两台,网线两根。

2. 实施步骤

(1) 建立如图 6-22 所示 SDH 传输网络,并在站 1 和站 3 间开通一个 10 Mbit/s 以太网业务,配置通道或复用段保护。

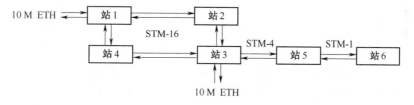

图 6-22 以太网测试网络拓扑

(2) 认识并校准以太网测试仪

XG5051 型以太网测试仪是一款用于 10 M/100 M/1 000 M 以太网安装、维护的手持式仪表,如图 6-23 所示。它集网络性能测试、网络监测、数据包捕获、流量生成、电缆测试以及误码测试等功能于一机,应用于物理层电缆测试、第二层与第三层业务量发生以及完整的 RFC-2544 等测试,可帮助一线技术人员分析以太网网络性能参数,快速判定故障,是网络管理和维护人员必不可少的测试工具。

图 6-23 XG5051 型以太网测试仪

(3) 在已开通以太网业务的站 1 和站 3 两个网元的以太网板上分别连接发送以太网测试仪和接收以太网测试仪。发送端发送一定长度的数据帧,接收端以太网测试仪检测数据包,测试通道的带宽、吞吐量、时延等性能参数,步骤如下:

① 初始化仪表:长按"开关机/背光"键,仪表上电,鸣叫一声,启动操作系统,进入仪表主

界面。进入仪表主菜单后,开始进行仪表测试模块的初始化配置,该过程约需 15 s。

②网络设置:仪表开机后在待机状态下,会不间断地检查两个端口的连接状态。点击主界面的"网络设置",如图 6-24 所示,界面中将实时刷新显示当前两个端口网络状态和配置信息。如需改变当前端口的设置,点击网络设置界面下面的编辑网络设置,可以配置 MAC、IP、VLAN、QoS 等信息,点击"下一步",可以进行网络连接的各种设置。

③性能测试:点击主界面的"性能测试",进入"RFC2544 测试"界面,勾选吞吐量设置、时延、丢帧率、背靠背选项,如图 6-25 所示。点击"设置",设置端口模式、端口和目标,点击"下一步",依次进入吞吐量、时延、丢帧率、背靠背设置界面。吞吐量设置如图 6-26 所示。

图 6-24 端口网络配置信息

图 6-25 RFC2544 测试

图 6-26 吞吐量设置

配置完成后,点击"确定",完成配置过程。点击"开始",进行测试。测试完成后,各项指标测试结果可直观地显示在屏幕上,点击"绘图",可通过图形模式直观显示测试结果。

(4)将两个网络测试仪发送和接收反过来设置,测试通道的性能参数。

若只有一台以太网测试仪,则可以采用远端环回的方法进行以太网通道测试。若没有以太网测试仪,可以借助以太网测试软件来实现以太网通道的性能测试。

实际应用中也常用两台计算机连接在两个传输节点上,使用 Ping 命令简单测试以太网通道的连通性。

任务 4:系统抖动性能测试

任务:了解传输系统的抖动和漂移性能对系统的危害,掌握抖动的度量参数。
要求:能测试传输设备抖动性能参数。

一、知识准备

传输系统的定时性能主要体现在抖动和漂移两个方面。

(一)抖动

抖动和漂移与系统的定时特性有关。抖动是指数字信号的特定时刻(如最佳抽样时刻)相对其理想时间位置的短时间偏离。所谓短时间偏离是指变化频率高于 10 Hz 的相位变化。

抖动的幅度是数字信号的特定时刻相对于其理想参考时间位置偏移的时间范围,单位为 UI,$1UI = 1/f_b$。例如:速率为 139.264 Mbit/s 的信号,其抖动幅度的单位是 $1UI = 1/f_b = 1/139.264$ Mbit/s = 7.18 ns。

抖动来源于系统线路与设备。光缆线路引入的抖动一般可忽略不计,设备是抖动的主要来源,包括调整抖动、映射/去映射抖动、复用/解复用抖动。

1. 抖动对传输系统性能的影响

抖动对传输系统的性能损伤表现在以下方面:

(1)对数字编码的模拟信号,在解码后数字流的随机相位抖动使恢复后的样值具有不规则的相位,从而造成输出模拟信号的失真,形成所谓抖动噪声。

(2)在再生器中,定时的不规则性使有效判决偏离接收眼图的中心,从而降低再生器的信噪比余度,直至发生误码。

(3)在传输系统中,如同步复用器等配有缓存器的网络单元,过大的输入抖动会造成缓存器的溢出或取空,从而产生滑动损伤。

2. 传输系统中常见的度量抖动性能的参数

传输系统中常见的度量抖动性能的参数有输入抖动容限、输出抖动容限和抖动转移函数—抖动转移特性。输入抖动容限越大越好,输出抖动越小越好。

(1)输入抖动容限

输入抖动容限定义为能使光设备产生 1 dB 光功率代价的正弦峰—峰抖动值。SDH 线路口输入抖动容限分为 PDH 输入口(支路口)和 STM-N 输入口(线路口)两种输入抖动容限。对于 PDH 输入口,输入抖动容限指在使设备不产生误码的情况下,该支路输入口所能承受的最大输入抖动值。为满足传输网中 SDH 网元传送 PDH 业务的需要,该 SDH 网元的支路输入口必须能包容 PDH 支路信号的最大抖动,即该支路口的抖动容限能承受所传输的 PDH 信号的抖动。

线路口(STM-N)输入抖动容限定义为能使光设备产生 1 dB 光功率代价的正弦峰—峰抖动值。该参数是用来规范当 SDH 网元互连在一起接收 STM-N 信号时,本级网元的输入抖动容限应能包容上级网元产生的输出抖动。

图 6-27 所示为输入抖动容限的下限。图中的 $f_1 \sim f_4$、$A_1 \sim A_2$ 是被测设备或数字段能正常工作的正弦抖动频率和极限抖动幅度,它们对不同码速有不同的值。

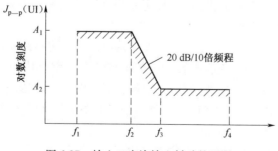

图 6-27 输入口容许输入抖动的下限

(2) 输出抖动容限

与输入抖动容限类似，输出抖动容限也分为 PDH 支路口和 STM-N 线路口两种输出抖动容限。输出抖动定义为在设备输入端信号无抖动的情况下，输出端口信号的最大抖动。SDH 设备的 PDH 支路端口的输出抖动应保证在 SDH 网元传送 PDH 业务时，输出 PDH 信号的抖动应该在接收此信号设备的承受范围内，STM-N 线路端口的输出抖动应保证接收此 STM-N 信号的对端 SDH 网元能承受。

(3) 抖动转移函数——抖动转移特性

抖动转移函数定义为设备输出的 STM-N 信号的抖动与设备输入的 STM-N 信号的抖动的比值随抖动的频率的变化关系，此特性是规范设备输出 STM-N 信号的抖动对输入 STM-N 信号抖动的抑制能力（即抖动增益），以控制线路系统的抖动积累。

此外，在 PDH/SDH 网络边界处由于指针调整和映射会产生 SDH 的特有抖动，为规范这种抖动采用映射抖动和结合抖动来描述这种抖动情况。映射抖动指在 SDH 设备的 PDH 支路端口处输入不同频偏的 PDH 信号，在 STM-N 信号未发生指针调整时，SDH 设备的 PDH 支路端口处输出 PDH 支路信号的最大抖动。结合抖动指在 SDH 设备线路端口处输入符合 G.783 规范的指针测试序列信号，此时 SDH 设备发生指针调整，适当改变输入信号频偏，这时设备的 PDH 支路端口处测得的输出信号最大抖动就是设备的结合抖动。

3. 抖动减少策略

可以通过减少线路系统抖动和减少支路口输出抖动两种方式来减少传输系统的抖动。

(1) 减少线路系统抖动

线路系统抖动是传输系统的主要抖动源，设法减少线路系统产生的抖动是保证整个网络性能的关键之一。

减少线路系统抖动的基本对策是减少单个再生器的抖动（输出抖动）、控制抖动转移特性（加大输出信号对输入信号的抖动抑制能力）、改善抖动积累的方式（采用扰码器和抖动抑制器，使传输信息随机化，各个再生器产生的系统抖动分量的相关性减弱，改善抖动积累特性）等。

(2) 减少支路口输出抖动

由于 SDH 采用的指针调整可能会引起很大的相位跃变（指针调整是以字节为单位的），随即产生抖动和漂移，因而可在 SDH/PDH 网络边界处支路口采用解同步器来减少其抖动和漂移量。解同步器有缓存和相位平滑作用，实际常由带缓存器的锁相环来实现。其主要技术包括自适应比特泄漏技术。

(二) 漂移

漂移是指数字信号的特定时刻相对其理想时间位置的长时间的偏离，所谓长时间是指变化频率低于 10 Hz 的相位变化。

与抖动相比，漂移从产生机理、本身特性及对网络的影响都有所不同。引起漂移的一个最普遍的原因是环境温度的变化，它会导致光缆传输特性发生变化从而引起传输信号延时的缓慢变化，因而漂移可以简单地理解为信号传输延时的慢变化，这种传输损伤靠光缆线路本身是无法解决的。在光同步线路系统中，还有一类由于指针调整与网同步结合所产生的漂移机理，采取一些额外措施是可以设法降低的。

漂移引起传输信号比特偏离时间上的理想位置，致使输入信号比特偏离时间上的理想位置，最终使输入信号比特在判决电路中不能正确地识别，从而产生误码。减小这类误码的一种方法是靠传输线与终端设备之间接口中添加缓存器来重新对数据进行同步。

一般来说,较小的漂移可以被缓存器吸收,而那些大幅度漂移最终将转移为滑动。滑动对各种业务的影响在较大程度上取决于业务本身的速度和信息冗余度。速度越高,信息冗余度越小,滑动的影响越大。

（三）SDH 网络抖动特性

SDH 网络输出口的最大允许输出抖动,不应超过表 6-10 中规定数值。在网元时钟同步工作且输入信号无抖动时,数字段输出口的最大允许输出抖动不应超过表 6-10 括号中规定数值。

表 6-10 SDH 网络输出口的最大允许输出抖动

速率(kbit/s)	网络接口限值		测量滤波器参数		
	B_1(UIp-p) f_1-f_4	B_2(UIp-p) f_3-f_4	f_1	f_3	f_4
STM-1(电)	1.5(0.75)	0.075(0.075)	500 kHz	65 kHz	1.3 kHz
STM-1(光)	1.5(0.75)	0.15(0.15)	500 kHz	65 kHz	1.3 kHz
STM-4(光)	1.5(0.75)	0.15(0.15)	1 000 kHz	250 kHz	5 kHz
STM-16(光)	1.5(0.75)	0.15(0.15)	5 000 kHz	1 000 kHz	20 kHz
STM-64(光)	1.5(0.75)	0.15(0.15)	20 kHz	4 MHz	80 MHz
STM-256(光)	1.5	0.18	80 kHz	16 MHz	320 MHz

STM-1 电接口输入抖动容限见表 6-11。STM-1/4/16/64/256 光接口输入抖动容限见表 6-12~表 6-16。

表 6-11 STM-1 电接口输入抖动容限

频率 f(Hz)	抖动幅度(峰—峰值)
$10 < f \leqslant 19.3$	38.9UI(0.25 μs)
$19.3 < f \leqslant 500$	$750f^{-1}$ UI
$500 < f \leqslant 3\ 300$	1.5UI
$3\ 300 < f \leqslant 65\ 000$	$4.9 \times 10^3 f^{-1}$ UI
$65\ 000 < f \leqslant 1\ 300\ 000$	0.075UI

表 6-12 STM-1 光接口输入抖动容限

频率 f(Hz)	抖动幅度(峰—峰值)
$10 < f \leqslant 19.3$	38.9UI(0.25 μs)
$19.3 < f \leqslant 68.7$	$750f^{-1}$ UI
$68.7 < f \leqslant 500$	$750f^{-1}$ UI
$500 < f \leqslant 6\ 500$	1.5UI
$6\ 500 < f \leqslant 65\ 000$	$9.8 \times 10^3 f^{-1}$ UI
$65\ 000 < f \leqslant 1\ 300\ 000$	0.15UI

表 6-13　STM-4 光接口输入抖动容限

频率 f(Hz)	抖动幅度(峰—峰值)
$9.65 < f \leqslant 100$	$1\,500 f^{-1}$ UI
$100 < f \leqslant 1\,000$	$1\,500 f^{-1}$ UI
$1\,000 < f \leqslant 25\,000$	1.5 UI
$25\,000 < f \leqslant 250\,000$	$3.8 \times 10^4 f^{-1}$ UI
$250\,000 < f \leqslant 5\,000\,000$	0.15 UI

表 6-14　STM-16 光接口输入抖动容限

频率 f(Hz)	抖动幅度(峰—峰值)
$10 < f \leqslant 12.1$	622 UI
$12.1 < f \leqslant 500$	$7\,500 f^{-1}$ UI
$500 < f \leqslant 5\,000$	$7500 f^{-1}$ UI
$5\,000 < f \leqslant 100\,000$	1.5 UI
$100\,000 < f \leqslant 1\,000\,000$	$1.5 \times 10^5 f^{-1}$ UI
$1\,000\,000 < f \leqslant 20\,000\,000$	0.15 UI

表 6-15　STM-64 光接口输入抖动容限

频率 f(Hz)	抖动幅度(峰—峰值)
$10 < f \leqslant 12.1$	2 490 UI(0.25 μs)
$12.1 < f \leqslant 2\,000$	$3.0 \times 10^4 f^{-1}$ UI
$2\,000 < f \leqslant 20\,000$	$3.0 \times 10^4 f^{-1}$ UI
$20\,000 < f \leqslant 400\,000$	1.5 UI
$400\,000 < f \leqslant 4\,000\,000$	$6.0 \times 10^5 f^{-1}$ UI
$4\,000\,000 < f \leqslant 80\,000\,000$	0.15 UI

表 6-16　STM-256 光接口输入抖动容限

频率 f(Hz)	抖动幅度(峰—峰值)
$10 < f \leqslant 12.1$	9 953 UI(0.25 μs)
$12.1 < f \leqslant 8\,000$	$1.2 \times 10^5 f^{-1}$ UI
$8\,000 < f \leqslant 80\,000$	$1.2 \times 10^5 f^{-1}$ UI
$80\,000 < f \leqslant 1\,920\,000$	1.5 UI
$1\,920\,000 < f \leqslant 16\,000\,000$	$2.88 \times 10^6 f^{-1}$ UI
$16\,000\,000 < f \leqslant 320\,000\,000$	0.18 UI

SDH 设备 2 048 kbit/s 支路输入口的正弦调制抖动容限和漂移容限应符合表 6-17 的规定测试序列,应采用伪随机码(PRBS)。

表 6-17 2 048 kbit/s 接口的输入抖动和漂移容限

频率 f(Hz)	抖动幅度(峰—峰值)
$10 < f \leq 19.3$	38.9UI(0.25 μs)
$19.3 < f \leq 500$	$750 f^{-1}$ UI
$500 < f \leq 3\ 300$	1.5UI
$3\ 300 < f \leq 65\ 000$	$4.9 \times 10^3 f^{-1}$ UI
$65\ 000 < f \leq 1\ 300\ 000$	0.075UI

(四)OTN 网络抖动特性

与电域层的 PDH、SDH 网络一样,为保证 TDM 业务信号传送质量,OTN 对抖动和漂移性能有相应的要求,OTN 设备接口的抖动和漂移性能包括最大允许抖动、抖动转移特性和最小输入抖动容限。

OTN 设备接口主要是 UNI 用户业务接口和 NNI 域间接口。

对 UNI 接口,对输入输出 UNI 接口的 SDH 业务,要求抖动和漂移性满足 G.825 标准,这与 SDH 光传输设备 STM-N 接口上的抖动和漂移性能要求一致。

对 NNI 域间接口,ITU-T 制定了 G.8251,只对 OTM-0.m 的单波白光接口上输入输出的 OTUk 信号制定了相应的抖动和漂移性能要求。

(1)OTUk 接口(NNI)允许输出的最大抖动和漂移(见表6-18)

表 6-18 OTUk 接口允许的最大输出抖动

接口类型	测量带宽 -3 dB 频率(Hz)	峰—峰抖动幅度(UI_{p-p})
OTU1	5 k ~ 20 M	1.5
	1 M ~ 20 M	0.15
OTU2	20 k ~ 80 M	1.5
	4 M ~ 80 M	0.15
OTU3	20 k ~ 320 M	6.0
	16 M ~ 320 M	0.18
OTL3.4(OTU3 多通道) 每通道	FFS	FFS
	4 M[IEEE 802.3ba,87.8.9]	每通道按 IEEE 802.3ba,87.7.2
OTL4.4(OTU4 多通道) 每通道	FFS	FFS
	10 M[IEEE 802.3ba,88.8.8]	每通道按 IEEE 802.3ba,88.8.10

在测试设备的 OTUk 接口之前,不论已串连了多少个 OTN 的节设备,OTUk 接口的最大输出抖动值都要求满足允许输出的最大抖动和漂移的指标要求。

由于在 NNI 接口单元内,通常不需要独立的时钟电路提供工作定时(独立时钟电路通常包含在 ODUk/客户层信号适配电路内,也就是 UNI 接口单元内),接收侧通常采用从通过的 OTUk 信号中提取时钟,因此,对 OTUk 接口的定时输出漂移指标无要求。

(2)OTUk 接口(NNI)的输入抖动和漂移容限

在 OTN 网络的传送过程中,每经过一个 OTN 的节点,OTUk 信号的抖动和漂移都会有所增加。因此,在每一个 OTUk 接口的输入侧,都要求能容忍一定量的输入抖动和漂移,在保证正常传输的情况下,OTUk 接口能容忍的最大输入抖动和漂移就称为 OTUk 接口(NNI)的输入抖动和漂移容限。

在输入信号上叠加的输入抖动和漂移大于给定的容限值,等效于 1dB 接收光功率劣化的情况下测试不产生任何误码。

"1 dB 接收光功率劣化"的定义为:先测试误码达到 10^{-10} 情况下的最低接收光功率,之后将接收光功率增加 1 dB,再向输入信号调制不同频率的抖动和漂移信号,在接收误码达到 10^{-10} 时的调制量要求在给定的容限指标之上。如果有前向纠错 FEC,要求将 FEC 功能关闭。

OTU1/2/3 输入正弦抖动容限应满足表 6-19 要求。

表6-19 OTU1/2/3 输入正弦抖动容限

OTU1		OTU2		OTU3	
频率 f(Hz)	峰—峰抖动幅度(UI_{p-p})	频率 f(Hz)	峰—峰抖动幅度(UI_{p-p})	频率 f(Hz)	峰—峰抖动幅度(UI_{p-p})
500 < f ≤ 5 k	7 500f^{-1}	2 k < f ≤ 20 k	3.0 ×$10^4 f^{-1}$	8 k < f ≤ 20 k	1.2 ×$10^5 f^{-1}$
5 k < f ≤ 100 k	1.5	20 k < f ≤ 400 k	1.5	20 k < f ≤ 480 k	6.0
100 k < f ≤ 1 M	1.5 ×$10^5 f^{-1}$	400 k < f ≤ 4 M	6.0 ×$10^5 f^{-1}$	480 k < f ≤ 16 M	2.88 ×$10^6 f^{-1}$
1 M < f ≤ 20 M	0.15	4 M < f ≤ 80 M	0.15	16 M < f ≤ 320 M	0.18

二、任务实施

本任务的目的是使用传输分析仪测试 SDH 传输系统的抖动性能指标。

1. 材料准备

已开通业务的 SDH 传输系统 1 套,传输分析仪 1 台,75 Ω 同轴电缆线两根。

2. 实施步骤

(1)如图 6-28 所示,使用 75 Ω 同轴电缆线连接传输设备和分析仪。

图 6-28 抖动性能测试连接

(2)设置分析仪的 SDH 发射机的信号速率、发送时钟源、阻抗、码型等参数。

(3)设置分析仪的 SDH 接收机的信号速率、发送时钟源、阻抗、码型等参数与发射机相同,观察面板上的告警指示灯全部熄灭。

(4)在发射"SDH""抖动""自动抖动容限"设置抖动容限测量点数、稳定时间、测量时间等参数。

(5)在结果"抖动""自动容限""列表"或"图形",查看抖动容限结果。若测试曲线位于图 6-27 所示的曲线之上,则测试通过,说明系统的抖动容限高于最低要求。若测试曲线位于图 6-27 所示的曲线之下,则测试不通过,说明系统的抖动容限没有达到最低要求。

(6)设置传输函数测量点数、稳定时间、测量时间等参数。

(7)查看传输函数结果。

任务5:波分系统性能测试

任务:掌握波分系统性能参数的定义和测试方法。
要求:能对波分系统进行主信道特性测试、监控信道特性测试和系统测试。

一、知识准备

DWDM 系统和 OTN 系统都属于波分系统,其性能测试比 SDH 系统更为复杂。波分系统的性能测试包括主信道特性测试、监控信道特性测试和系统测试,测试参考点如图 6-29 所示。

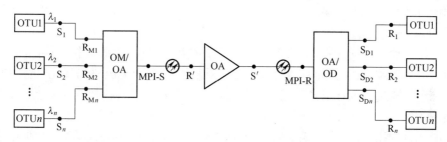

图 6-29 波分系统性能测试参考点

图 6-32 中,S_1、$\cdots$、S_n 为发送机光接口的输出端连接器的参考点,R_{M1}、$\cdots$、R_{Mn} 为 OM/OA 输入光接口光连接器的参考点,MPI-S 为 OM/OA 输出光连接器之后的光纤参考点,R 为线路光放大器的输入之前光连接器的参考点,S 为线路光放大器的输出之后光连接器的参考点,MPI-R 为在 OA/OD 输入光连接器之前的光纤参考点,S_{D1}、$\cdots$、S_{Dn} 为在 OA/OD 输出光接口光连接器的参考点,R_1、$\cdots$、R_n 为接收机光接口的输入端连接器的参考点。

1. 主信道特性测试

波分系统主信道由 OTU、OMU、ODU、OA 单元组成。

(1)OTU 单元测试

OTU 单元测试项目主要有平均发送光功率、光接收机灵敏度和过载光功率、输入抖动容限、抖动转移特性、中心频率与偏差、最小边模抑制比、最大 -20 dB 带宽等。

中心频率与偏差是指 OTU 发送机发出的光信号的实际中心频率,该值应当符合设计要求。设备工作的实际中心频率与标称值的偏差称为中心频率偏差,该值不应超出系统选用信道间隔的 $\pm 10\%$。

最小边模抑制比指在最坏的发射条件时,全调制下主纵模的平均光功率与最显著边模的光功率之比。

最大 -20 dB 带宽指在相对最大峰值功率跌落 20 dB 时的最大光谱宽度。

(2)OMU 单元测试

OMU 单元测试项目主要有插入损耗及偏差。

插入损耗及偏差是指穿过 OMU 器件的某一特定光通道所引起的功率损耗,插入损耗偏差则是插入损耗测试值与插入损耗平均值之差的绝对值。

(3)ODU 单元测试

ODU 单元测试项目主要有插入损耗及偏差、中心波长与偏差、信道隔离度。

信道隔离度是指本信道的光功率与其他信道串扰到本信道的光功率之差。信道隔离度分为相邻信道隔离度和非相邻信道隔离度。

(4) OA 单元测试

OA 单元测试项目有增益、增益平坦度和噪声系数。

增益是指在 OA 工作波长区间内，输出光功率与输入光功率的差值。增益平坦度是指在 OA 工作波长区间内，对光信号放大能力的差异。噪声系数是指光信号在进行放大的过程中，由于放大器的自发辐射等原因引起的光信噪比的劣化值，即输入光信号的信噪比与输出光信号的信噪比之差。

2. 监控信道特性测试

监控信道由 OSC 单元构成，测试项目有工作波长及偏差、发送光功率、接收灵敏度、最小边模抑制比、最大 –20 dB 带宽等。

3. 波分系统的性能参数

波分系统的性能包括误码、抖动和光信噪比等参数。其中，误码和抖动性能与 SDH 系统相同。对于波分系统来说，目前对传输距离造成限制的主要因素是：光信噪比、色散和非线性。色散的问题可以通过色散补偿光纤完成。光信噪比的受限是通过拉曼放大器、超强 FEC 技术的引进而解决的。

光信噪比（OSNR）是光通信系统日常维护中最重要的指标之一，能够比较准确地反映信号质量，是衡量一个 DWDM 系统传输系统稳定运行一个必要先决条件。OSNR 的定义为

$$\text{OSNR} = 10\lg\frac{P_i}{N_i} + 10\lg\frac{B_m}{B_r} \tag{6-1}$$

式中，P_i 为 i 个通路内的光信号功率；B_r 为参考光带宽，通常取 0.1 nm；B_m 为噪声的等效带宽；N_i 为等效带宽 B_m 范围内的噪声功率。

在不考虑非线性效应以及色散影响的前提下，光层的信噪比直接决定了电层的误码率，OSNR 越高，则电层的误码率越低。

对于 10 Gbit/s 信号接收端一般要求在 25 dB 以上（没有前向纠错编码 FEC 技术时），光信噪比在 WDM 系统发送端一般有 35 ~ 40 dB，但是经过第 1 个 EDFA 光放大器后，信号 OSNR 将有比较明显的下降，以后每经过一个 EDFA 光放大器，OSNR 都将继续下降，但下降的速度会逐渐放慢。劣化主要原因在于光放大器在放大信号、噪声的同时，还引入新的自发辐射噪声（ASE），也就是该放大器的噪声，使总噪声水平提高，OSNR 下降。下降速度逐步放慢的原因在于随着线路中级联的放大器数目增加，"基底"噪声水平提高，仅增加一个 EDFA ASE 对总噪声水平的影响不大。

EDFA 的噪声系数决定了系统自发辐射噪声的累积速度。目前商用化 EDFA 噪声系数为 5 ~ 7 dB，要解决光信噪比受限问题，必须降低光放大器的噪声系数。为了克服噪声的累积，在超长距传输环境下，采用拉曼放大器，降低了光放大器的噪声系数和噪声累积速度，大大延伸了光电传输距离。

波分系统在进行初期设计时，除了要考虑损耗受限和色散受限之外，还要考虑接收端的光信噪比 OSNR 以及质量因子值、误码率。只有三者全部满足要求，设计才算成立。

以 DWDM 系统为例，接收端 OSNR 为

$$\text{OSNR} = P_{\text{out}} - 10\lg M - L + 58 - NF - 10\lg N \tag{6-2}$$

式中，P_{out} 为入纤光功率，M 为波分系统的复用通路数，L 为任意两个光放大器之间的损耗，即

区段损耗，NF 为光放大器 EDFA 的噪声系数；N 为波分系统合波器、分波器之间的光放大器数目。在其他参数不变的情况下，线路损耗越大，OSNR 越低，此时，光线路的传输质量下降。

在光谱仪中滤波器的噪声等效带宽为 0.1 nm 时，DWDM 系统各光通路在 MPI-RM 点的光信噪比应符合表 6-20～表 6-23 的规定。

表 6-20 32/40×2.5 G 波分复用系统光通路信噪比指标

跨段损耗	8×22 dB	5×30 dB	3×33 dB
光通路信噪比(dB)	22(18)	20(18)	20(18)

注：括号内数值适用于采用常规带外 FEC 的波分复用系统。

表 6-21 32/40×10 G 波分复用系统光通路信噪比指标

跨段损耗	8×22 dB	6×22 dB	3×33 dB	3×27 dB
光通路信噪比(dB)	22	25	20	25

注：8×22 dB、3×33 dB 参数仅适用于采用常规带外 FEC 的波分复用系统。

表 6-22 80×10 G 波分复用系统光通路信噪比指标

跨段损耗	$N×22$ dB	$M×30$ dB
光通路信噪比(dB)	20(18)	20(18)

注：适用于采用带外 FEC 的波分复用系统，括号内数值适用于采用超强带外 FEC 的波分复用系统。

表 6-23 40/80×40 G 波分复用系统光通路信噪比指标

跨段损耗 $n×W$(dB)	8×22	16×22	8×22	12×22	16×22
通路数(个)	40		80		
调制格式	ODB/PSBT	RZ-AMI	NRZ-DPSK	ODB/PSBT	P-DPSK	RZ-DQPSK	DP-QPSK
光通路信噪比(dB)	21	19.5	18.5	21	19	18.5	15.5

二、任务实施

本任务的目的是测试波分系统的性能参数。

1. 材料准备

已开通业务的 DWDM 传输系统 1 套，ZXONM E300 网管 1 套，光谱分析仪 1 台，光功率计 1 台，光纤跳线若干。

2. 实施步骤

(1) OTU 单元测试

平均发送光功率、光接收机灵敏度、过载光功率、输入抖动容限、抖动转移特性测试见前面的任务。

中心频率与偏差、最小边模抑制比、最大 -20 dB 带宽可以采用光谱分析仪进行测试。MS9710 型光谱分析仪外观如图 6-30 所示。

将光谱分析仪分别在 S_1、…、S_n 参考点接入，依次点击"Auto Measure"→"Analysis"，选择"Threshold""Cut Level"测试中心频率与偏离、最大 -20 dB 带宽，选择"2nd Peak"测试最小边模抑制比。

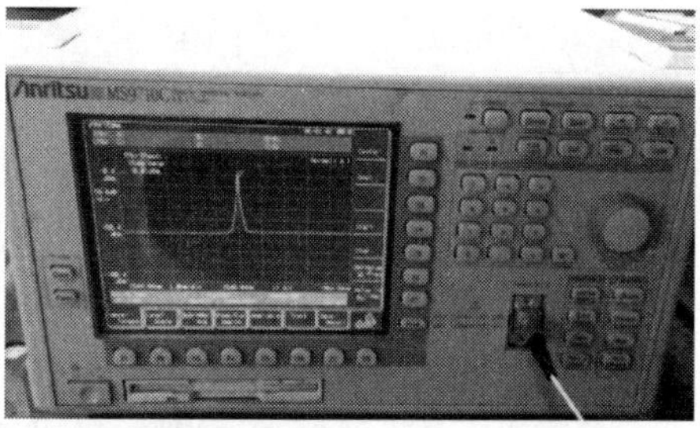

图 6-30 MS9710 型光谱分析仪外观

(2) OMU 单元测试

将光谱分析仪在 R_{M1} 参考点接入,依次点击"Auto Measure"→"Trace"→"Trace A"→"Single"→"Memory A";然后将光谱分析仪在 MPI-S 参考点接入,依次点击"Trace"→"Trace B"→"Single"→"Memory B"。选择"Trace A-B"→"Single",将在显示屏上出现一条 A 和 B 差值的光谱。点击"Marker"→"TMKr",输入被测参考点的波长,即可得到波长处的插入损耗。依次测试 R_{M2}、…、R_{Mn} 参考点与 MPI-S 之间的插入损耗,计算出插入损耗平均值和偏差。

(3) ODU 单元测试

将光谱分析仪在 MPI-R 参考点接入,依次点击"Auto Measure"→"Trace"→"Trace A"→"Single"→"Memory A";然后将光谱分析仪在 S_{D1} 参考点接入,依次点击"Auto Measure"→"Trace"→"Trace B"→"Single"→"Memory B"。选择"Trace A-B"→"Single",显示屏上将出现一条 A 和 B 差值的光谱。点击"Marker"→"TMKr",输入被测参考点的波长,即可得到波长处的插入损耗。依次测试 MPI-R 参考点与 S_{D1}、…、S_{Dn} 之间的插入损耗,计算出插入损耗平均值和偏差。

将光谱分析仪分别在 S_{D1}、…、S_{Dn} 参考点接入,依次点击"Auto Measure"→"Analysis",选择"Threshold""Cut Level"测试中心频率与偏差。

将光谱分析仪在 S_{D1} 参考点接入,点击"Auto Measure"→"Graph"→"Overlap",输入 A 光谱;再将光谱分析仪在 S_{D2} 参考点接入,输入 B 光谱。点击"Marker",移动 Mkr_A 和 Mkr_B 到 A、B 光谱曲线的峰值处,移动 LMkr_C 到 A 峰值处,移动 LMkr_D 到 A 串入 B 的中心波长处,在显示屏上可以读到 C-D 的值,即 S_{D1} 信道的相邻信道隔离度。保持 A 光谱的接入点不变,将光谱分析仪依次在 S_{D3}、…、S_{Dn} 参考点接入,输入 B 光谱,测得 S_{D1} 信道的非相邻信道隔离度。S_{D2}、…、S_{Dn} 信道的隔离度测试方法与 S_{D1} 信道相同。

(4) OA 单元测试

将光谱分析仪在 R′参考点接入,依次点击"Auto Measure"→"Application"→"Memory Pin/Pout"→"Single",输入 OA 的输入光功率光谱;将光谱分析仪在 S 参考点接入,依次点击"Auto Measure"→"Application"→"Memory Pin/Pout"→"Single",输入 OA 的输出光功率光谱,选择工作波长,在 NF-ASE 处可以读到噪声系数值,在 Gain 处可以读到增益值,通过测试曲线,可以得出不同波长的增益平坦度。

(5) OSC 单元测试

将光谱分析仪分别在 OM/OA 监控输出参考点和 OA/OD 监控输入参考点接入,测试工作波长及偏差、最小边模抑制比、最大 -20 dB 带宽。发送光功率、接收灵敏度测试方法见前面的任务。

(6) 系统测试

波分系统误码测试见前面的任务。

波分系统信噪比测试方法如下:将光谱分析仪在 MPI-S 参考点接入。设置光谱分析仪为 DWDM 测试方式,将光谱仪分辨率带宽设置为 0.1 nm,待读数稳定后记录各信道的光功率和 OSNR 值。当测试信道总功率时,光谱仪的位置用光功率计代替。分析记录数值,查表 6-24 系统指标,验证是否满足系统正常传输。将光谱分析仪在 MPI-R 点接入,记录各信道的光功率和 OSNR 值,当测试信道总功率时,光谱仪的位置用光功率计代替。验证是否满足系统正常传输,当信噪比 OSNR 大于 20 dB 时,能够保证误码率(BER)优于 1×10^{-12}。

表 6-24 波分系统参数指标

项目	指标
MPI-S 点每通道输出光功	≤5 dBm
MPI-S 点的最大通道光功率差	≤6 dB
MPI-S 点每通道光信噪比	≥30 dB
MPI-S 点总的输出光功率	≤17 dBm
MPI-R 点每通道输出光功率	≤5 dBm
MPI-R 点的最大通道光功率差	≥8 dB
MPI-R 点每通道光信噪比	≥20 dB
MPI-R 点总的输出光功率	≤17 dBm

任务6：系统保护倒换测试

任务：掌握传输系统保护倒换功能的测试方法。
要求：能对传输系统进行保护倒换功能测试。

一、知识准备

为了保证传输系统的保护倒换功能工作正常，要定期对系统进行保护倒换测试。系统保护倒换测试要进行逐项检查。保护倒换方式可以为人工倒换、自动倒换或优先倒换（如具备）等。测试倒换时间，检查该系统告警功能。

SDH 系统和 OTN 系统都包括通道保护、复用段保护。本任务以二纤单向通道保护和二纤双向复用段保护系统为例，说明系统保护倒换的测试方法。

1. 二纤单向通道保护倒换系统

二纤单向通道保护倒换传输系统保护倒换有如下情况：

（1）保护通道上的光信号中断

当光发送失败、光接收失败或保护通道 P2 上光纤断都将引起保护通道 P2 上的光信号中断时，保护通道 P2 上的数据传送失败，但不影响工作通道 W1 和 W2 上的数据传输，在业务上下的接收端设备（站 A 和站 C）仍然选择接收工作通道上数据的传输，将不引起传输系统中设备的保护倒换，如图 6-31 所示。传输系统上所有站点设备上观察不到任何变化。

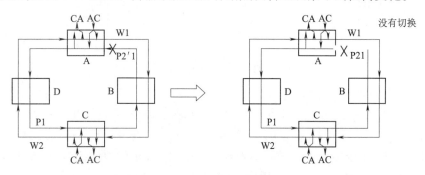

图 6-31 二纤单向通道保护通道光信号中断

(2) 工作通道上的光信号中断

当光发送失败、光接收失败或工作通道 W1 上光纤断都将引起工作通道 W1 上的光信号中断时,工作通道 W1 上的数据传送失败。站 C 接收端将工作通道 W1 切换到保护通道 P1 工作,选择接收保护通道 P1 上传输的数据,如图 6-32 所示。站 A 接收端仍然在工作通道 W2 上接收传输的数据。可以观察到传输系统上所有经过该工作通道 W2 的业务都会中断一段时间,环上所有设备将出现告警。

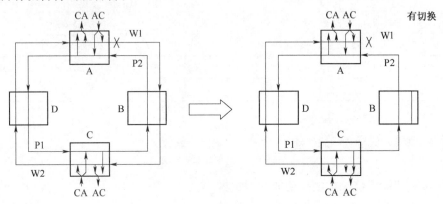

图 6-32 二纤单向通道保护工作通道光信号中断

(3) 站点间的两根光纤中断

当两个站点间的主用通道 W1 和保护通道 P2 两根光纤中断后,工作通道 W1 上和保护通道 P2 的数据传送失败。

站 C 接收端将工作通道 S1 切换到保护通道 P1 工作,选择接收保护通道 P1 上传输的数据,如图 6-33 所示。保护通道 P2 上的数据传送失败不影响工作通道 W2 上的数据传输,站 A 接收端仍然在工作通道 W2 上接收传输的数据。可以观察到传输系统上所有经过该工作通道的业务都会中断一段时间,环上所有设备将出现告警。

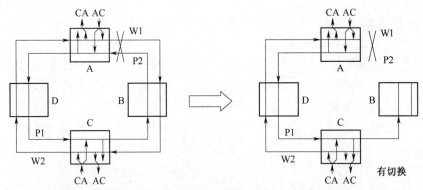

图 6-33 二纤单向通道保护两根光纤中断

(4) 某个站点失效

当传输系统中某站点失效后,工作通道 W1 上和保护通道 P2 的数据传送失败。站 C 接收端将工作通道 W1 切换到保护通道 P1 工作,选择接收保护通道 P1 上传输的数据,如图 6-34 所示。保护通道 P2 上的数据传送失败不影响工作通道 W2 上的数据传输,站 A 接收端仍然在工作通道 W2 上接收传输的数据。可以观察到传输系统上所有经过该 B 站点上的业务会中断一段时间,环上所有设备将出现告警。

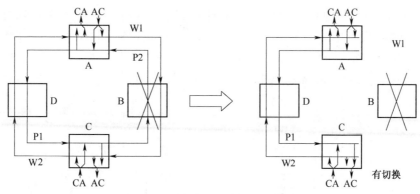

图 6-34　二纤单向通道保护站点失效

2. 二纤双向复用段保护倒换系统

二纤双向复用段保护倒换系统保护倒换有如下情况：

(1) 单根光纤中断

由于光发送失败、光接收失败或某处光纤中断都将引起通道上的光信号中断时,该通道上的数据传送失败,工作通道上的数据将倒换到保护通道上传输。图 6-35 所示为 A、B 间的 W1/P2 光纤上光信号中断,C 发往 A 的数据继续由 W2/P1 光纤上的 W2 时隙传送。但 A 发往 C 的数据在 A 站的右端口上 W1/P2 光纤与 S2/P1 光纤将环回,数据转换到 W2/P1 光纤的 P1 时隙传送；在 B 站的上端口上 W1/P2 光纤与 W2/P1 光纤将环回,数据又转换回到 W1/P2 光纤的 W1 时隙传送,站 C 在 W1 时隙上接收数据。可以观察到传输系统上所有经过 A、B 站点间 W1/P2 光纤上的业务会中断一段时间,环上所有设备将出现告警。记录数据中断的时间,即为系统保护倒换时间,记录产生的告警。A、B 间的 W2/P1 通道上光信号中断,将切换到 C 发往 A 的数据将切换由 W1/P2 光纤上的 P2 时隙传送。

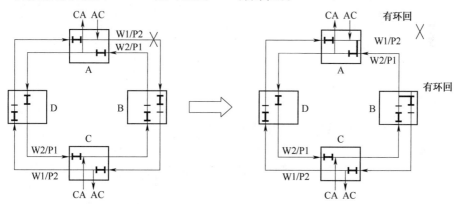

图 6-35　二纤双向复用段保护单根光纤中断

(2) 站点间的两根光纤中断

当两个站点间的 W1/P2 和 W2/P1 两根光纤中断后,光缆两端的两个站点设备将自动环回,重新组环,所有站点间的业务都不会中断。图 6-36 所示为 A、B 间光缆断,A、B 两个站点设备将自动环回,接收端也将进行保护倒换到新的通道上接收数据。可以观察到传输系统上所有经过该两个站点设备上的业务会中断一段时间,环上所有设备将出现告警。记录数据中断的时间,即为系统保护倒换时间,记录产生的告警。

(3) 某个站点失效

当传输系统中某站点失效后,与该站点相邻两端的两个站点设备将自动环回,重新组环,除失效站点外所有站点间的业务都不会中断。图 6-37 所示为 B 站点设备失效,与 B 站点相邻的 A、C 两个站点设备将自动环回,接收端也将进行保护倒换到新的通道上接收数据。可以观察到传输系统上所有经过该 B 站点上的业务会中断一段时间,环上所有设备将出现告警。记录数据中断的时间,即为系统保护倒换时间,记录产生的告警。

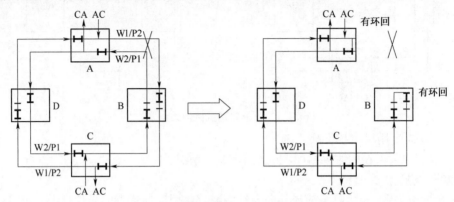

图 6-36　二纤双向复用段保护光缆中断

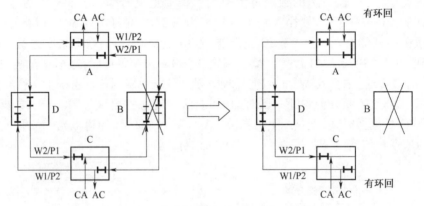

图 6-37　二纤双向复用段保护站点失效

二、任务实施

本任务的目的是对传输系统的保护倒换进行测试。

1. 材料准备

已开通业务且配置保护的 SDH 或 OTN 光纤传输系统 1 套,ZXONM E300 网管 1 套,2M 误码仪 1 台。

2. 实施步骤

使用 2M 误码仪连接已配置业务的站点 DDF 架上,进行 2M 误码测试。测试通道业务的误码状态和业务中断时间是否满足系统要求。无论系统采用何种保护方式,均可采用下列步骤进行系统保护倒换测试:

(1) 保护通道上的光信号中断

在 ODF 架上拔去保护通道上的一根光纤,观察所有设备上的业务中断情况和告警现象,并在网管上查看网元的倒换状态。

①选择网元,在客户端操作窗口中,单击"维护"→"诊断"→"保护倒换"菜单项,弹出"保护倒换"对话框,包括复用段保护倒换设置、子网连接保护倒换设置、RPR 保护倒换设置和保

护倒换状态查询4个页面。

②在对话框中单击"保护倒换状态查询",进入"保护倒换查询"页面,如图6-38所示。

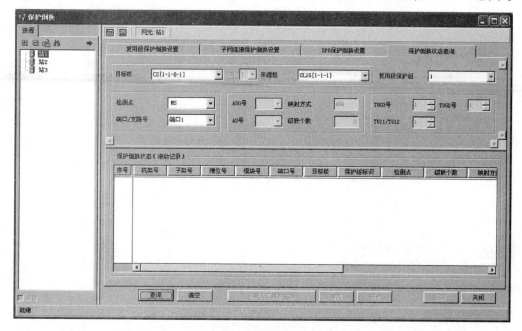

图6-38 保护倒换状态查询

③在"目标板"和"来源板"下拉列表框中选择执行倒换的单板和业务来源单板(如光板和支路板)。

④单击"查询"按钮,网元上报符合查询条件的倒换记录并在"保护倒换状态(滚动记录)"列表中显示。

(2)工作通道上的光信号中断

在ODF架上拔去工作通道上的一根光纤,观察所有设备上的业务中断情况和告警现象。记录业务中断的时间,即为系统保护倒换时间,记录产生的告警。在网管上查看网元的倒换状态。

(3)站点间的光缆断

在ODF架上同时拔去工作通道和保护通道上的两根光纤,观察所有设备上的业务中断情况和告警现象。记录业务中断的时间,即为系统保护倒换时间,记录产生的告警。在网管上查看网元的倒换状态。

(4)某个站点失效

将传输系统上的某个站点的电源关闭。记录业务中断的时间,即为系统保护倒换时间,记录产生的告警。在网管上查看网元的倒换状态。

项目2 传输系统典型故障处理

任务1:传输系统R-LOS告警故障处理

任务:熟悉传输系统的故障处理流程,掌握故障处理原则,掌握R_LOS告警产生的原因。

要求:能分析R_LOS告警产生的原因,处理R_LOS告警故障。

一、知识准备

运行中的设备和系统失效导致电路中断或质量降低影响使用以及指标劣化(如差错)超过限值时,称为故障。传输系统一旦出现故障,要及时进行故障处理。

1. 故障处理流程

当发生通信阻断等重大事件时,维护中心应及时向上级报告,并且一周内制定好书面报告,说明通信阻断发生原因、责任界线、经验教训和改进措施。

数字系统如有备用(或空闲),则主用发生故障经维修后重返业务前应进行差错的返回业务测试。若故障发生于构成电路的传输系统,在传输系统进行返回测试时,同时进行系统的测试。若故障发生于构成电路的复分接设备,则单独对系统进行测试。如无备用时,则经维修后告警消失即可重返业务。重返业务后,应密切注意传输系统的性能监测。

故障处理是维护工作的重要环节。处理故障的维护人员必须经过专业培训,具备专业基础知识和操作技能。严重故障、疑难故障应有维护中心技术骨干前往处理;遇重大阻断,维护中心负责人须到现场指挥抢修。

当两个以上的故障同时发生时,维护中心既应及时处理各类故障,缩短故障历时,又应在特殊情况下分清轻重缓急,对重大阻断、骨干式汇聚、链路故障、重要用户故障等予以首先处理。

为迅速准确地判断处理故障,维护人员必须做到:

(1)全面了解传输网络结构和整体状况,全面掌握光纤数字传输系统的基础知识,熟悉设备各功能单元的原理及各机盘的功能。

(2)熟悉传输设备、系统、电路在各类配线架的配置和机房布局以及布线情况。

(3)熟悉各类告警的含义和处理原则,了解监测系统的监测内容和工作原理。

(4)了解传输与交换、电源、非话、线路等专业的关系及维护责任的划分。

(5)熟记系统、电路调度、业务领导、维护机构各级职权等制度重要原则和重要内容。

2. 故障处理原则

故障处理首先要根据设备的告警进行判断,通过对告警事件、性能事件、业务流向的分析,初步判断故障点范围,并进行环回、替换、测试等方法进行故障定位。

故障分析原则归纳为:先外部,后传输;先单站,后单板;先线路,后支路;先高级,后低级;先多波,后单波。

(1)先外部,后传输

外部是指接地、电源、中继线、业务设备等问题。对于光路的中断告警,先要通过网管确定故障段落。对于发生保护倒换的系统,应在确定是线路故障或设备故障后再通知维修。如果同一段落多个系统同时阻断或两端现场人员测试线路光功率不正常,可判断为线路故障。对于2M端口告警,可通过软件环回和硬件环回配合测试,确定故障段落。

(2)先单站,后单板

一般综合网管分析和环回操作,可将故障定位至单站,然后再在网管采用更改配置、配置数据分析,或采用单板替换、逐段环回、测试等方法将故障定位至单板。

(3)先线路,后支路

根据告警信号流分析,支路板的某些告警常随线路板故障产生,应先解决线路板故障。

(4)先高级,后低级

当网络中出现多个告警时,要先处理等级高的告警,再出理等级低的告警。例如,某个网元已使用光口上同时出现 R-LOS 告警和 MS-EXC 告警,应先解决告警等级高的 R-LOS 告警,然后再处理告警等级低的 MS-EXC 告警。但在故障发生时,要结合网络应用情况分清主次,如复用段远端失效(MS-RDI)告警可能属于低等级告警,但相对于无业务的 2 M 端口 LOS 告警来说,仍应优先处理。

(5)先多波,后单波

波分系统中,合波器件将多路单波信号合成后经过放大器进行远距离传输。分析波分系统告警时,要先处理合波信号告警,再分析单波信号告警。

3. 故障定位方法

故障处理的关键在于故障定位。常见的故障定位方法有告警性能分析法、环回法、替换法、仪表测试法和更改数据配置法等。

(1)告警性能分析法

当传输系统出现故障时,通常会产生大量的告警事件和异常的性能数据。通过对这些信息的分析,可以大致确定中断的类型和位置。几乎所有的故障都需要使用这种方法进行初始定位,从而减少了调查的范围,减少了定位时间。

获取告警和性能事件信息的方式有两种:一是通过网管查询传输系统当前或历史发生的告警和性能事件数据;二是通过传输设备机柜和单板的运行灯、告警灯的状态,了解设备当前的运行状况。在实际应用中,常采用两种方式相结合,由网络管理中心和设备维护人员共同完成。网络管理中心的维修人员协调、指挥,各站设备维修人员密切配合。

(2)环回法

环回法不依赖于对大量告警和性能数据的深入分析,是传输系统定位故障最常用、最行之有效的一种方法。通过告警分析法将故障定位到一定范围后,就可以利用环回法进行故障定位,具体步骤如下:首先通过咨询、观察和测试等手段,选取其中一个有故障的业务通道作为处理、分析的对象;然后画出所选取业务一个方向的路径图,表示出该业务的源和宿、所经过的站点、所占用的通道和时隙。根据所画出的业务路径图,采取逐段、逐站环回的方法,定位出故障站点。

注意:环回操作可能会影响正常的业务,建议在夜间等业务量小的时候使用。环回测试结束后,一定要"还原"相应环回的操作。对光接口进行环回时,要在光接收机之前增加光衰减器,以避免光功率过载的情况发生。

(3)替换法

替换法是使用一个工作状态正常的物件去替换一个被怀疑工作状态不正常的物件,从而达到定位故障、排除故障的目的。替换的物件,可以是一段线缆、一个设备或一块单板。替换法既适用于排除传输外部设备的问题,如光纤、电缆、交换机、供电设备等,又适用于故障定位到单站后,用于排除单站内单板的问题。

替换法是确定故障最为简捷、有效的方法之一。但替换单板一定要由有经验的维护人员按照有关规范进行操作。由于传输设备单板种类较多,各单板的版本也有较大的区别。在替换单板前,一定要仔细鉴别单板的规格、型号、版本,确认与被替换的单板具有互换性,以免在替换过程中出现意外问题,尽可能通过网管系统、环回等方法准确定位故障区间、故障单板。在插拔单板时,一定要戴好防静电手环。

(4)仪表测试法

仪表测试法一般用于排除传输设备外部问题以及与其他设备的对接问题。传输系统故障处理常用的仪表有 2M 误码仪、SDH 综合分析仪、光功率计、万用表。

若怀疑电源供电电压过高或过低,则可以用万用表进行测试。若怀疑传输设备与其他设备对接不上是由于接地的问题,可用万用表测量对接通道发端和收端同轴端口屏蔽层之间的电压值,若电压值超过 0.5 V,则可认为接地有问题。若怀疑光板激光器发光有问题,可利用光功率计进行测试;若怀疑 2M 通道有问题,可结合环回法利用 2M 误码仪进行测试等。

(5)更改数据配置法

更改数据配置法所更改的配置内容包括时隙配置、板位配置、单板参数配置等。当故障定位到单板之后比较适合用这种方法,消除因为配置错误所产生的故障。

由于传输系统的站点网元与站点网元之间的距离较远,因此在进行传输设备的故障处理中,最关键的一步就是将故障点准确地定位到单站,这是每个维护人员必须牢固树立的信念。一旦将故障定位到单站后,就可以集中精力,通过数据分析、硬件检查、更换单板等各种手段来排除该站的故障。

二、任务实施

本任务的目的是解决传输系统主干通道上 R-LOS 告警故障。

1. 材料准备

已开通业务的传输系统 1 套,ZXONM E300 网管 1 套,OTDR 仪 1 台,光功率计 1 台。

2. 实施步骤

故障现象:如图 6-39 所示,站 1、站 2、站 3、站 4 组成 STM-16 的传输环上,站 2 网元出现 R-LOS 告警,无业务中断,环上网元报 MS-AIS 告警其他网元工作正常。

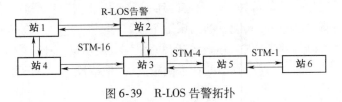

图 6-39 R-LOS 告警拓扑

故障分析:

R-LOS 告警表示中继段信号丢失,属于紧急告警级别。传输系统中出现 R-LOS 告警,说明线路接收侧信号丢失。R-LOS 告警产生后,线路接收侧业务中断,系统自动向下游下插 MS-AIS 信号,向上游站点回告 MS-RDI,上游站点会产生 MS-RDI 告警。

主干通道上出现 R-LOS 告警,无业务中断,说明网络保护倒换正常。告警站接收光信号异常,可能出现的原因有:本端光接口板的光口未使用;本端接收单板故障,线路接收失效;断纤或者线路性能劣化;两端的信号模式不一致;对端激光器关闭,造成无光信号输入;对端发送单板故障,线路发送失效。

可通过由近到远逐段排查的方法解决 R-LOS 告警故障,故障解决步骤如下:

(1)在网管上查询告警,根据告警参数确定上报告警的端口号。网管上查询到 R-LOS 告警出现在站 2 的 OL16[1-1-2]端口 1。

(2)使用光功率计在站 2 的 ODF 架上测量端口 1 的接收光功率,以判断是否是本端室内故障。

若接收光功率介于光端机的灵敏度 +3 dB 和过载光功率 −5 dB 之间,则说明为本端室内故障。经查阅技术文件,站 2 的 OL16 单板灵敏度为 −35 dBm,过载光功率为 2 dBm。测试

ODF 架上的接收光功率为 -5 dBm,说明 ODF 接收光功率正常,站 2 本端室内存在故障。此时可更换站 2 上报告警的单板。若单板支持可插拔光模块,更换可插拔光模块。若测试 ODF 架上光端口 1 的接收光功率低于 -35 dBm,使用带衰减的光纤跳线对站 2 的 ODF 架光端口 1 做终端自环,R-LOS 告警消失,说明站 2 本端室内正常。

本端室内故障包括光接口板的光口未使用和接收单板故障。首先检查上报告警的端口是否未使用,单板光接口处是否连接未使用的光纤。若光纤未使用,可使用带损耗器的光纤将收发光口自环。若故障未消除,清洁光纤连接器和光纤适配器。若故障仍未消除,则为接收单板故障。此时可更换本端上报告警的单板。若单板支持可插拔光模块,更换可插拔光模块。

(3)本端室内正常,故障在室外光缆或对端机房内。

在对端站 1 的 ODF 架上将光纤跳线断开,利用 OTDR 仪对室外光缆进行测试,以判断是否是室外光缆故障。如图 6-40 所示为光纤线路正常时的后向散射曲线,如图 6-41 所示为光纤线路故障时的后向散射曲线。若 OTDR 测得的后向散射曲线上出现较大的下降台阶,损耗大于 0.08 dB,则说明光纤线路存在弯曲过度或者接头质量不佳。若 OTDR 测得的后向散射曲线上末端无明显反射峰或光纤总长度小于两个站点之间光纤的实际长度,则说明是光缆出现中断。测试光缆故障点距离测试点的距离,立即将断点上报调度,组织抢险,进行光纤熔接、重新盘留余纤。

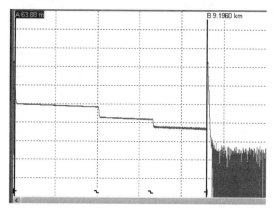
图 6-40 光纤线路正常时的后向散射曲线

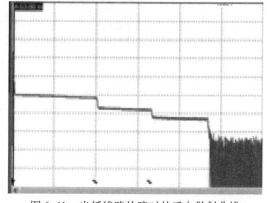
图 6-41 光纤线路故障时的后向散射曲线

(4)检查两端的信号模式是否一致。检查与上报告警单板相连的对端单板的信号速率和信号模式设置是否正确。若单板支持光口和电口两种信号模式,则实际使用的端口类型与配置的"工作模式"必须匹配。若不匹配,重新修改"工作模式"。

(5)若以上均正常,则为对端室内故障。

对端室内故障包括对端激光器关闭和发送单板故障。查询与上报告警端口相连的对端对应端口的激光器是否处于关闭状态,若是则开启。激光器处于开启状态,仍有告警,清洁光纤连接器和光纤适配器。若故障仍未消除,则为对端站 1 的发送单板故障。可更换与上报告警单板相连的对端站 1 的 OL16[1-1-1]单板。若单板支持可插拔光模块,更换可插拔光模块。查询告警是否消除。若告警未消除,更换对端交叉时钟板,故障解决。

处理 R-LOS 告警故障时,需要注意以下事项:光接口板上未用的光接口要用防尘帽盖住;不用尾纤接头要带防尘帽盖住;不要直视光板上的光接口,以防激光灼伤眼睛;清洁尾纤接头时,应用无尘纸蘸沾无水酒精,小心清洁。不能使用工业酒精、医用酒精或水清洗;更换光板时,带好防静电手腕,先拔掉光板上的尾纤,再拔光板。禁止带纤插拔光板。

任务 2：传输系统单个业务不通故障处理

任务：掌握传输系统的业务类型，理解单个业务不通产生的原因。
要求：能分析传输系统单个业务不通产生的原因，解决业务故障，恢复通信。

一、知识准备

SDH/MSTP 传输系统支持 E1、E3 和 E4 等 PDH 业务、ATM 业务、以太网业务。DWDM 传输系统支持 STM-N 业务，OTN 传输系统支持 STM-N 业务、ATM 业务和以太网业务。

传输系统是铁路通信系统中最为重要的子系统，在整个铁路通信系统中发挥着主导作用，能够高效、准确地为指挥列车运行、运营管理、公务联络等提供专线通道，以传送各类信息，是铁路运输必备的信息传输媒体和通信枢纽，是实现铁路列车运营不可缺少的部分。由 SDH/MSTP 和 OTN 组建的铁路传输系统承载的业务主要有以下两类：

1. 为其他通信系统提供通道需求

铁路传输系统为 GSM-R 系统、数字调度通信系统、动力及环境监控系统、应急通信系统、接入网系统、时钟及时间同步系统等提供 E1 或以太网传输通道，为数据通信系统、会议电视系统等提供 STM-1/4、GE、10GE 通道。

2. 为铁路其他专业提供通道需求

铁路传输系统为信号、电力等其他专业提供通道需求，主要包括：为信号集中监测、无线闭塞中心（RBC）与 GSM-R 核心交换机之间、电力调度电话、区间逻辑功能检查等提供 E1 通道，为铁路列车调度指挥系统（TDCS）、调度集中（CTC）系统组网、电子客票系统组网等提供 E1 和 FE/GE 以太网通道，为电力监视控制及数据采集系统（SCADA）、车辆运行安全监控系统、道岔融雪系统、防灾系统、光半自动闭塞组网、公安信息系统等提供 10 M/100 M 以太网通道。

二、任务实施

本任务的目的是解决传输系统单个业务不通故障。

1. 材料准备

已开通业务的光纤传输系统 1 套，ZXONM E300 网管 1 套，电缆跳线若干根。

2. 实施步骤

故障现象：SDH 环带链网中站 1 与站 2、站 3、站 4、站 5、站 6 之间各配置 10 个 E1 业务，站 4 与站 3、站 5 之间各配置 5 个 E1 业务。站 3 与站 4 间的第一个 E1 业务不通，其他业务均正常。

故障分析：

业务中断的原因有外部原因和设备本身原因两种。业务中断的外部原因有：电源故障（设备掉电、供电电压过低等）；业务设备故障；光纤、电缆故障（光纤性能劣化、损耗过高或光纤中断）；中继电缆损断或接触不良。设备本身的原因主要是设备本身故障，单板失效或性能不好。

本任务中仅站 3 与站 4 间的第一个 E1 业务不通，说明传输系统主干通道上光信号正常，故障应在网管或站点终端侧支路板或者业务设备上。

故障解决步骤如下：

(1) 查看网管上有无告警信息。

如果网管上有告警或性能值，则应根据告警或性能值进行分析判断，找出故障点，再通过环回法、替换法等方法排除故障。如果网管上没有告警，进入下一步。

(2) 检查网管上业务配置是否正确。

在网管上单击站 3 与站 4 网元，查看业务配置情况。若业务配置错误，重新配置业务。故障现象消除，说明业务配置错误。如图 6-42 所示，站 3 和站 4 间 5 个 E1 业务配置正确。

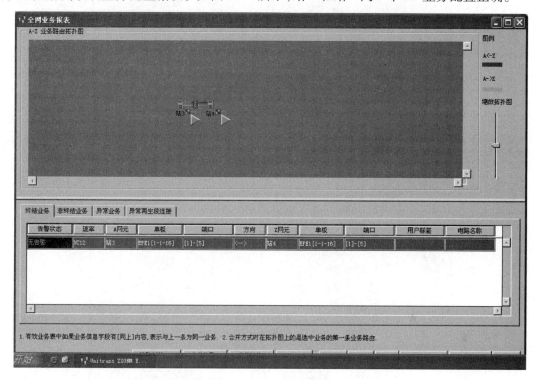

图 6-42　业务配置查询

若业务配置正确，故障现象未消除，进入下一步。

(3) 网管上检查上下业务的两个 SDH 网元的支路板有无软件环回。

可以通过查看支路板上的标识来判断是否有软件环回。如图 6-43 所示的 EPE1 支路板上有环回标志" "，说明该支路板存在软件环回。

若有软件环回，则进入"环回设置"窗口，如图 6-44 所示。选中已有环回，依次点击"删除""应用"按钮，去掉软件环回。若故障现象消除，说明故障由软环回造成。

若无软件环回，故障现象未消除，进入下一步。

(4) 分别在上下业务两个 SDH 网元的支路板上做终端侧软件环回或在 DDF 上做终端硬件环回，查看终端设备是否有告警。

环回后若终端设备有告警，则说明故障在终端设备侧，可通过逐段回环确定故障。若故障在配线处，通过更换跳线等方法处理故障。若故障在终端设备，通过清洁、更换跳线或单板处理终端设备故障。

环回后若终端设备正常，则说明故障在 SDH 网络侧，可通过检查数据、环回、仪表测试判断故障，更换跳线、支路板复位、更换支路板等方法解决故障。

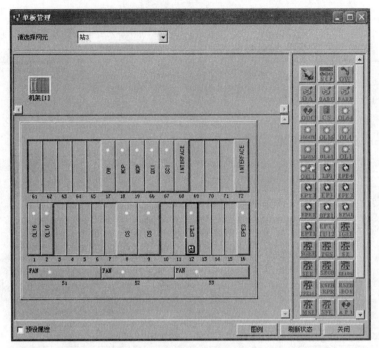

图 6-43 支路板上的软件环回

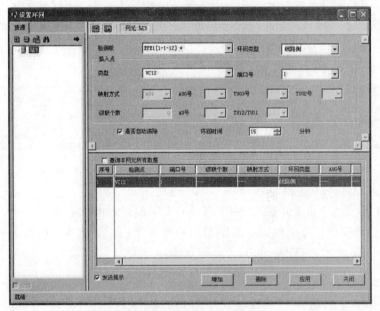

图 6-44 软件环回设置窗口

(5) 更换支路单板

支路单板更换方法如下:

① 戴上防静电手环,完全拧松故障单板拉手条上下两头的锁定螺钉,两只手一起向外拉动拉手条上的扳手,直至单板拔出。

② 将拔下的单板放入防静电保护袋中。

③ 检查新单板和旧单板是否为同一种型号。

④ 检查新更换单板的引脚是否正常。一旦发生断针,应查看是否为地线针。若是地线针,

可用尖嘴钳或镊子拔掉;若是信号针,则应尽量修复或换板位。

⑤将新单板的上下两头边沿对准子架的上下导槽,沿上下导槽轻轻地用力去推动单板的拉手条,直到单板刚好嵌入母板为止。若感觉到单板插入有阻碍时不要强行插单板,应调整单板位置后再试。

⑥将拉手条的上下扳手往里面扣,将单板完全插进去,观察插头和插座的位置是否完全匹配,拧紧锁定螺钉。

⑦观察支路单板上的工作指示灯点亮。网管上载数据,无单板告警。

任务3:传输系统网元脱管故障处理

任务:理解传输系统网络管理的分层和接口,掌握传输系统网元脱管产生的原因。
要求:能分析网元脱管产生的原因,解决网元脱管故障。

一、知识准备

1. 传输网络管理分层

传输系统管理网是电信管理网(TMN)的一个子集,专门负责管理传输网元(NE)。传输系统管理网又可细分成一系列的管理子网,这些管理子网由一系列分离的嵌入控制通路(ECC)及有关站内的数据通信链路组成,并构成整个 TMN 的有机部分。

一个管理子网是以数据通信通路(DCC)为物理层的嵌入控制通路(ECC)互连的若干网元,其中至少一个网元有 Q 接口,并可通过此接口与上一级管理层互通,如图 6-45 所示。这个能与上级互通的网元称为网关网元。

SDH 网元之间使用段开销的 DCC 字节传送 TMN 信息,其中 D1~D3 属于再生段数据通路字节(DCCR),速率为 3×64 kbit/s = 192 kbit/s,用于再生段终端间传输 OAM 数据;D4~D12 是复用段数据通路字节(DCCM),速率为 9×64 kbit/s = 576 kbit/s,用于复用段终端间传输 OAM 数据。OTN 网元之间使用 GCC0~GCC2 字节传送 TMN 信息,不同设备制造商可以自行定义字节内容。例如,GCC0 可以用于承载某设备制造商自己的监控信息,GCC1、GCC2 字节可以用来透传其他设备制造商的监控信息,有利于多个设备制造商共同组建一个端到端的 WDM/OTN 光传送网络。在没有光纤连接但需要交换 TMN 信息的两个网元之间一般使用扩展 ECC,即将两个网元通过网口经交叉网线连接在一起,并传送 TMN 信息。

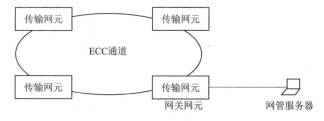

图 6-45 传输系统管理子网

传输网络管理可以划分为五层,从下至上分别为网元层、网元管理层、网络管理层、业务管理层和商务管理层。

(1)网元层(NEL)

NEL 是最基本的管理层,基本功能应包含单个网元的配置、故障和性能等管理功能。NEL

分为两种：一种是使单个网元具有很强的管理功能，可实现分布管理；另一种是给网元以很弱的管理功能，将大部分管理功能集中在网元管理层上。

（2）网元管理层（EML）

EML直接参与管理个别网元或一组网元，其管理功能由网络管理层分配，提供配置管理、故障管理、性能管理、安全管理和计费管理等功能。所有协调功能在逻辑上都处于网元管理层。

（3）网络管理层（NML）

NML负责对所辖区域的网络进行集中式或分布式控制管理，如电路指配、网络监视和网络分析统计等功能。NML应具备TMN所要求的主要管理应用功能，并能对多数不同厂家的单元管理器进行协调和通信。

（4）业务管理层（SML）

业务管理层负责处理服务的合同事项，如服务订购处理、申告处理和开票等。业务管理层主要承担下述任务：为所有服务交易（包括服务的提供和中止、计费、业务质量及故障报告等）提供与用户的基本联系点，以及提供与其他管理机关的接口；与网络管理层、商务管理层及业务提供者进行交互式；维护统计的数据（如服务质量）；服务之间的交互。

（5）商务管理层（BML）

商务管理层是最高的逻辑功能层，负责总的企业运营事项，主要涉及经济方面，包括商务管理和规划。

2. 传输网络管理接口

传输网络管理的主要操作运行接口包括Q接口和F接口，当与其他电信管理网相连时还涉及X接口。

（1）Q接口

Q接口包括完全的Q3接口和简化的QX接口。Q3接口是ITU标准接口，具OSI七层功能，利用DCC构建数据通道，采用ECC协议栈，一般用于将操作系统连至另一个操作系统或将操作系统连至网关网元，以及NML与EML之间的连接。QX接口是一种简化的Q3接口，只含有OSI下三层功能，一般用于网元层与网元管理层的连接等。

（2）F接口

F接口可用来连接传输网元和本地网络操作终端，物理接口可用RS-232/X.25/V.24等接口。F接口支持远程登录，便于厂家远程技术支援。

（3）X接口

在低层协议中，X接口与Q3接口完全相同。在高层协议中，X接口涉及不同电信运营商与电信管理网之间的互通，需要比Q3接口更好的支持安全功能。

传输网元与TMN其他部分的连接可以通过一系列标准接口，如与工作站连接可以通过F接口，可以通过标准的Q3接口或简化的Q3接口相连于操作系统。传输网管系统支持网管客户端通过TCP/IP连接到网管服务器，实现远程管理传输系统。

在同一设备站内可能有多个可寻址的传输网元，要求所有的网元都能终结ECC，并要求传输网元支持Q3接口和F接口。不同局站的传输网元之间的通信链路通常由ECC通道构成。在同一局站内，传输网元可以通过站内ECC或本地通信网（LCN）进行通信，趋势是采用LCN作为通用的站内通信网，既为传输网元服务，又可以为非传输网元服务。

3. 传输系统网元脱管故障

传输网管系统中网元脱管是指网络管理器或网元管理器与其监控的网元不能正常通信，

在网管上不能操作控制该网元。一般来说,网元脱管不会引起该网元上所承载业务的中断,但会给传输网管的监控带来极大的不便。因为它会导致网管无法实时监控脱管的网元,而脱管网元的运行状态及告警信息也无法上传至网管,失去对网元监控的连续性。

二、任务实施

本任务的目的是解决在传输系统中单个网元脱管故障。

1. 材料准备

已开通业务的光纤传输系统 1 套,ZXONM E300 网管 1 套,光纤跳线若干根。

2. 实施步骤

(1)故障现象:SDH 环带链网中站 6 网元脱管,ECC 不通。站 1~5 网元工作正常,无其他告警。

(2)故障分析:

传输系统中,造成网元脱管产生的原因主要有:网元用户密码设置错误;外部供电设备或电源板故障;主控板故障;网元 IP/ID 配置错误;光板故障;光口 DCC 关闭;光纤故障;主机软件故障;网络规模过大,网元间 ECC 通信的规模超过网元处理能力的极限;DCC 通道的 D1~D3 字节被删除。

本任务中传输网只有 6 个传输网元,网络规模较小,不会因为传输路径过长造成网元脱管问题。站 6 网元供电电源故障、主控板故障、交叉板故障、光板故障均会造成网元脱管,可依次逐一排查。

(3)故障解决步骤:

①查看网元用户密码设置是否正确。查看用户密码输入是否正确,如果有误,则重新输入正确的密码。

②查看电源是否工作正常。检查外部供电设备是否工作正常。如果外部供电设备存在故障,处理外部供电设备故障。若外部供电设备工作正常,检查电源单板是否工作正常。如果电源单板故障,更换故障单板。

③判断是否为主控板故障。重新初始化或复位主控板。主控单板复位如图 6-46 所示。

单板复位包括软复位和硬复位两种。单板软复位时,FPGA 不会更新,单板内存中的配置数据不会丢失。单板硬复位时,FPGA 会更新,单板内存中未及时保存到闪存的配置数据会丢失。非主控单板硬复位会影响业务。当出现故障时,首先推荐采用软复位方式复位单板。当采用软复位方式复位单板后,故障仍然存在,可采用硬复位方式复位单板。

若软复位和硬复位主控板后,故障仍然存在,可以更换主控板。复位或更换主控板后,若故障消除,说明是主控板故障;故障仍然存在,判断不是主控板故障。

④网元 IP/ID 配置错误,导致网元脱管。

通过本地网管登录网元,可根据记录恢复网元原来的 IP 地址和 ID 号。

图 6-46　NCP 单板复位

⑤判断是否为线路板故障。插拔、更换 OL1 线路板。若故障消除,DCC 连接失败告警消失,网元上线,说明是 OL1 线路板故障。站 6 网元上线可将该告警屏蔽或将端口环回。

⑥查询光口 DCC 设置是否正确。查询站 6 网元连接光纤的光口 2 上 DCC 的使用状态,如图 6-47 所示。如果光口 DCC 的使能状态为"不使用 DCC",设置光口 DCC 收方向、发方向均为 DCCr 或 DCCm。

图 6-47　DCC 使用设置

⑦判断是否为光纤故障。使用 OTDR 仪表测量光纤,通过分析仪表显示的线路损耗曲线判断是否断纤。如果线路出现断纤现象,则熔接光纤。

⑧判断是否为主机软件故障。重新加载主机软件后,软复位故障单板,故障解决。

任务 4:波分系统误码率过高故障处理

任务:理解波分系统误码率过高产生的原因。
要求:能分析波分系统误码率过高产生的原因,降低误码率,解决故障。

一、知识准备

在 DWDM、OTN 等波分系统中,影响传输系统非常关键的两个指标是光信噪比(OSNR)和误码率(BER)。信号脉冲在传输中由于色散和非线性效应会引起信号波形失真,在这种情况下光信噪比就很难定量地评估信号的传输质量,主要以传输误码性能来衡量信号的传输质量。

误码率是衡量数据在规定时间内数据传输精确性的指标。误码率为传输中的误码数与所传输的总码数之比。波分传输系统最初定位为干线高质量传输,线路传输误码率要求非常严格,具有超强的前向纠错能力,纠错后误码率最基本要求是低于 10^{-12} 量级。误码率过高会引起传输系统上承载的业务通信不畅,严重情况下造成业务中断。

误码问题常从外部和设备本身两个原因分析。

1. 外部原因

产生误码的外部原因包括光功率异常、色散容限、光纤非线性效应、外界干扰、设备接地、环境温度等问题。

(1)光功率异常

光功率异常产生误码的原因分两种情况：

一种情况是接收光功率低于接收灵敏度导致误码。目前接收端 OTU 单板常采用 PIN 管和 APD 管两种激光探测器。对于 2.5 Gbit/s 速率采用的 PIN 管，灵敏度为 -18 dBm，若采用 APD 管接收灵敏度为 -28 dBm。在实际应用中，由于光缆距离比较长，考虑系统的通道代价，最小接收灵敏度要有 3 dB 的余量。10 Gbit/s 速率信号接收目前只采用 PIN 管，接收灵敏度一般可以达到 -17 dBm，当光功率低于 -14 dBm 时，一般就会出现光功率过低告警。

另一种情况是接收端信噪比下降导致误码。由于光功率下降，影响了接收端的信噪比。如果信噪比本来余量不大，光功率下降直接会导致信噪比的劣化，引起接收端 OTU 单板出现误码。

(2)色散容限

系统的色散容限受限将导致接收端产生误码。色度色散一般可以通过色散补偿光纤 DCF 进行补偿，G.652 光纤的色散系数为 17 ps/(nm·km)，G.655 光纤的色散系数为 4.5 ps/(nm·km)。2.5 Gbit/s 速率的发送光模块色散容限大，一般不需要进行补偿。而 10 Gbit/s 速率的发送光模块色散容限比较小，一般为几百 ps/(nm·km)。因此信号传输一段距离后就需要进行色散补偿，在 G.652 光纤上传输距离超过 30 km 需要进行色散补偿，在 G.655 光纤上传输距离超过 100 km 需要进行色散补偿。

(3)光纤非线性效应

不仅光功率过低会导致系统误码产生，光功率过高也会产生误码。这主要是由于光功率过高，会导致信号产生非线性畸变。可以通过网管查询系统的发光光功率，使其保持在特定范围内，从而消除非线性导致的误码。

(4)外部干扰

造成误码的外界干扰有：外界电子设备带来的电磁干扰，来自设备供电电源的电磁干扰，雷电和高压输电线产生的电磁干扰。为防止外部电磁干扰，主要是做好防护工作。

(5)设备接地

机房内的各种设备电缆接地不良也会引起误码。传输设备机柜、传输设备机柜的侧板、子架、信号电缆、DDF、ODF、网管设备以及各种用电设备都要有良好的接地。另外，机房避免建在雷电多发和高压输电线的附近，并做好防雷措施。

(6)环境温度

机房的环境温度必须达到规定的标准。机房温度过高或过低都可能引起误码。

2. 设备本身的原因

设备本身产生误码的原因有：光器件失效或性能劣化，波长转换单板的 FEC 功能没有打开，风扇异常。

(1)光器件的性能劣化

①波长转换板性能劣化

客户端信号在 OTU 单板上经过复杂转换，所经环节较多，任何一个环节出现故障都会造成性能劣化进而造成误码。发端激光器波长不稳定、偏移过大或合波后相邻波长信号隔离度不够，也会导致产生误码。如果是由于波长转换板性能劣化导致误码，可以通过更换单板来解决故障。

②光放大器性能劣化

掺铒光纤放大器的泵浦激光器可能会引入很大的 ASE（自激辐射噪声），会使接收端的信噪比过低，从而导致误码。如果是由于光放大器性能劣化导致误码，通过更换单板来解决故障。

(2) OTU 单板 FEC 功能没有打开

关闭 FEC 功能的 OTU 单板仍可接收数据，但灵敏度、信噪比容限和色散容限会劣化，当波分侧有误码而光功率又正常时，应该首先查询单板的 FEC 功能是否打开。

(3) 风扇异常

如果风扇出现异常情况，可能会造成设备温度升高，从而导致设备出现误码。风扇出现异常情况，有两种原因：一种可能是由于出风通道不畅，如防尘网被阻塞，这时需要立即清洗防尘网；另一种可能是风扇本身故障，这就需要立即更换风扇来解决故障。

二、任务实施

本任务的目的是解决在波分系统中误码率过高故障。

1. 材料准备

已开通业务的 OTN 传输系统 1 套，ZXONM E300 网管 1 套，误码测试仪 1 台。

2. 实施步骤

(1) 故障现象：OTN 环带链网中站 O1 至站 O6 之间有一个 STM-16 业务，在站 O2、站 O3 和站 O5 直通（ODU 到 OMU 穿通，无中继 OTU），如图 6-48 所示。本业务采用 SRM41 支线合一板，频率配置为 192.6 THz。SRM41 为 ERZ 编码方式，FEC 为 AFEC，总距离为 200 km 左右。从开局开始，该波道一直存在很大的 FEC 纠错前误码率和 FEC 纠错后误码率，误码率数量级为 10^{-3} 到 10^{-4}，其他波道纠错误码率为 10^{-7} 左右，有的波道没有纠错误码。同时在站 O1 的 SRM41 输入端口（OCH 宿）有 OTU2 复帧丢失告警（不停地闪报，每次持续时间 3～6 s），站 O6 的 SRM41 输入端口（OCH 宿）有信号丢失告警。

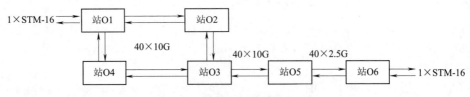

图 6-48　误码率过高的波分系统

(2) 故障分析

误码出现有所有通道出现误码、个别通道出现误码两种形式：所有通道出现误码说明故障在 MPI-S 和 MPI-R 之间的线路上，需要重点检查系统的光放大板、线路光缆及相关尾纤连接的波分主通道；个别通道出现误码可能是个别通道存在自身原因或者使系统正工作在临界状态，如 OTU 单元故障、接入客户侧信号异常、单站内的尾纤连接等，由此可以快速定位故障发生位置。本任务中出现的故障为个别通道出现误码，出现的原因可能是光功率异常引起信噪比降低、光纤连接器过脏引起误码、色散过大引起误码。

(3) 故障解决步骤

①测试各站点的信噪比

通过各站点配置的 OPCS 单板和 OPA 单板查询站 O1、站 O2、站 O3、站 O5 和站 O6 的接收方向 OPA 第 6 波的信噪比。若信噪比低于 21 dB，可以通过调节该波道的光功率来解决故障。

若信噪比都在 21 dB 以上,满足设计要求,说明各站光功率正常。

②判断是否为光纤连接器过脏引起误码

对站 O2、站 O3 和站 O5 进行光纤连接器的检查和清洁,对站 O1 至站 O6 涉及第 6 波的尾纤进行检查和清洁。若误码改善,说明是光纤连接器不清洁造成。若误码情况没有改善,则说明不是光纤连接器引起的误码。

③判断是否为色散过大引起误码

第 6 波跨距较长,采用的是色散容纳值较小的 ERZ 编码,设计原则是理想残余色散值 5 ~ 15 km 之间。实际上由于光缆距离和设计的偏差,DCM 模块标称值和实际补偿的偏差都可能造成色散补偿不合适。

通过在第 6 波的传输线路(站 O1→站 O2→站 O3→站 O5→站 O6)上增减 DCM 模块,确定是由于色散补偿问题造成误码。在站 O6 增加 DCM 模块后,故障解决。

复习思考题

1. 如何测试传输系统的误码特性?
2. 传输系统的抖动性能参数有哪些?
3. 简述传输系统保护倒换测试的步骤。
4. 简述传输系统故障定位原则。
5. 简述更换传输系统支路单板的过程。
6. 如图 6-49 所示,环带链 OTN 网络中,站 1 至站 2、站 3、站 4、站 5、站 6 间各配置 10 个 E1 业务。维护过程中,与站 3 相连的站 2 光口上出现 R-LOS 告警,应如何处理?

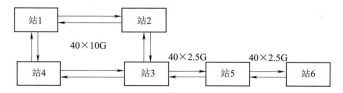

图 6-49 环带链 OTN 网络

7. 如图 6-50 所示,环带链 SDH 网络中,站 1 至站 2、站 3、站 4、站 5、站 6 间各配置 10 个 E1 业务。维护过程中发现站 1 与站 3 间的第 3 个 E1 业务不通时,应如何查找故障?

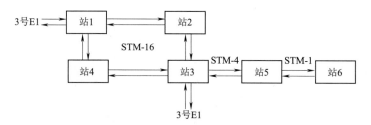

图 6-50 环带链 SDH 网络

8. 传输系统中网元脱管产生的原因有哪些?
9. 简述解决波分系统误码率过高故障处理步骤。

参 考 文 献

[1] 李筱林. 传输系统组建与维护[M]. 北京:人民邮电出版社,2012.
[2] 铁道部劳动和卫生司,铁道部运输局. 高速铁路通信网管岗位(传输及接入/各类监控系统)[M]. 北京:中国铁道出版社,2012.
[3] 铁路职工岗位培训教材编审委员会. 铁路通信工(现场综合维护)(室内设备维护)[M]. 北京:中国铁道出版社,2014.
[4] 沈建华. 光纤通信系统[M]. 北京:机械工业出版社,2014.
[5] 王健. 光传送网(OTN)技术、设备及工程应用[M]. 北京:人民邮电出版社,2016.
[6] 曹畅. 光传送网:前沿技术与应用[M]. 北京:电子工业出版社,2014.
[7] 中国国家铁路集团有限公司工电部. 铁路通信承载网[M]. 北京:中国铁道出版社有限公司,2022.